云南省一流课程《建筑工程计价 A》建设成果

土木建筑工程计量与计价

MEASUREMENT AND PRICING OF CIVIL ENGINEERING

主编 李国良

哈尔滨工业大学出版社

内 容 简 介

本书依据《建设工程工程量清单计价规范》(GB 50500—2013)、《房屋建筑与装饰工程工程量计算规范》(GB 50854—2013)、《云南省建设工程造价计价标准(2020 版)》,以及二级造价工程师职业资格考试土木建筑工程专业《建设工程计量与计价实务》相关考试内容要求,按照工程量清单编制、招标控制价及投标报价编制、计量计价管理 3 个版块对相关内容进行重构。全书分为 3 编 8 章,基于二维码等形态在第 1 编对房屋建筑与装饰工程各分项的工程量计算及招标工程量清单的编制做了较详细的解释说明,第 2 编基于《云南省建设工程造价计价标准(2020 版)》阐释了云南省房屋建筑与装饰工程各分项的综合单价计算及相关计价文件的编制,第 3 编主要介绍了建设工程价款结算及合同价款调整等造价管理知识,并给出了计量与计价的习题及实训项目资料。本书通过大量典型示例说明在计量与计价实践中的有关问题及解决办法,详细阐述了房屋建筑与装饰工程工程量清单、计价文件的编制方法及注意事项,集标准与实务于一体。计量部分以国家相关标准为依据编制,适用于全国所有地区的工程量清单编制工作,计价部分以云南省最新相关规范为依据编制,具有较强的地域性和时效性。

本书既是工程造价及工程管理等建筑类相关专业教材,也是二级造价工程师职业资格考试培训教材,同时还是房屋建筑与装饰工程招标工程量清单、招标控制价或投标报价、竣工结算文件编制与审查工作的实用工具书。

图书在版编目(CIP)数据

土木建筑工程计量与计价/李国良主编. —哈尔滨:
哈尔滨工业大学出版社,2024.8
ISBN 978-7-5767-0618-5

Ⅰ.①土… Ⅱ.①李… Ⅲ.①土木工程−计量②土木
工程−建筑造价 Ⅳ.①TU723.3

中国国家版本馆 CIP 数据核字(2023)第 255455 号

策划编辑　李艳文　范业婷
责任编辑　李佳莹
封面设计　屈　佳
出版发行　哈尔滨工业大学出版社
社　　址　哈尔滨市南岗区复华四道街 10 号　邮编 150006
传　　真　0451-86414749
网　　址　http://hitpress.hit.edu.cn
印　　刷　哈尔滨市石桥印务有限公司
开　　本　880 毫米×1 230 毫米　1/16　印张 19.5　字数 618 千字
版　　次　2024 年 8 月第 1 版　2024 年 8 月第 1 次印刷
书　　号　ISBN 978-7-5767-0618-5
定　　价　68.00 元

前　言

本书是国家一流本科专业建设点工程管理专业和云南省一流本科专业建设点工程造价专业的建设成果,云南省一流课程"建筑工程计价 A"的建设成果,昆明理工大学 2022 年度在线开放课程(慕课)建设项目"建筑工程计价 A"(项目编号:202323)的配套教材。

本书依据《建设工程工程量清单计价规范》(GB 50500—2013)、《房屋建筑与装饰工程工程量计算规范》(GB 50584—2013)、《云南省建设工程造价计价标准(2020 版)》,以及二级造价工程师职业资格考试土木建筑工程专业《建设工程计量与计价实务》相关考试内容要求,按照工程量清单编制、招标控制价及投标报价编制、计量计价管理 3 个版块对相关内容进行组织重构。全书分为 3 编 8 章,基于二维码等形态在第 1编对房屋建筑与装饰工程各分项的工程量计算及招标工程量清单的编制做了较详细的解释说明,第 2 编基于《云南省建设工程造价计价标准(2020 版)》阐释了云南省房屋建筑与装饰工程各分项的综合单价计算及相关计价文件的编制,第 3 编主要介绍了建设工程价款结算及合同价款调整等造价管理知识,并给出了计量与计价的习题及实训项目资料。本书通过大量典型示例说明在计量与计价实践中有关问题及解决办法,详细阐述了房屋建筑与装饰工程工程量清单、计价文件的编制方法及注意事项,集标准与实务于一体。计量部分以国家相关标准为依据编制适用于全国所有地区的工程量清单编制工作,计价部分以云南省最新相关规范为依据编写具有较强的地域性和时效性。

本书既是工程造价及工程管理等建筑类相关专业教材,也是二级造价工程师职业资格考试培训教材,同时还是房屋建筑与装饰工程招标工程量清单、招标控制价或投标报价、竣工结算文件编制与审查工作的实用工具书。

本书由昆明理工大学李国良主编,曲靖师范学院王兴冲、昆明学院朱双颖、云南经济管理学院王羽婕、昆明理工大学尹孝君参与编写,华昆工程管理咨询有限公司袁芳,云南省设计院集团有限公司陈光华、杨丽娟、谭富、张帆对清单项目常见组价进行审定。编写具体分工为:李国良负责全书的编写与统稿,朱双颖参与编写第 1 章、第 2 章,王兴冲参与编写第 3 章、第 6 章,王羽婕参与编写第 4 章、第 7 章,尹孝君参与编写第 5章、第 8 章。重庆大学土木工程学院研究生冯贺豪,中建三局李紫雄、徐兴苏、关航,中铁二十三局集团建筑设计研究院有限公司陈权丽,中建八局熊润政、彭云飞,中建深圳装饰有限公司朱龙,昆明理工大学建筑工程学院本科生王天爽、张雪敏、刘淳、陈艳丽、龙合美、方昱琨、张文林、聂茂川、吴函羲、姚燕珊、蔡晓燕、时琦、陶涛、王雪妍参与资料收集整理、绘图、计算及复核等相关编写工作,在此表示衷心感谢。

本书在编写过程中,参考了有关标准、规范和教材,得到了昆明理工大学 2022 年度在线开放课程(慕课)建设项目"建筑工程计价 A"(项目编号:202323)资助,谨此一并表示感谢! 由于工程造价管理工作涉及面广,专业技术强,相关计价依据处于变革期,本书结构又依据岗位任务进行了重构,编写中难免存在疏漏与不足,敬请同行专家和广大读者提出宝贵意见和建议。

编　者
2023 年 10 月

目　　录

第1编　土木建筑工程工程量清单编制及计算

第2编　土木建筑工程工程量清单计价

第3编 建筑工程计量计价管理及习训

第1编 土木建筑工程工程量清单编制及计算

第1章 建设工程招标工程量清单编制概述

1.1 建设工程计量概述

1.1.1 土木建筑工程概念界定

建设工程是指为人类生活、生产提供物质技术基础的各类建筑物和工程设施的统称。本书中建设工程指人类有组织、有目的、大规模的建造或改造并为人类生活、生产提供物质技术基础的各类建筑物和工程设施等固定资产的经济活动。

土木建筑工程是土木工程和建筑工程的总称,一般认为涵盖地上、地下、陆地、水上、水下等各范畴内的房屋、道路、铁路、机场、桥梁、水利、港口、隧道、给排水、防护等诸多工程范围内的设施与场所内的建筑物、构筑物、工程物的建设;依据《造价工程师职业资格考试实施办法》及二级造价工程师资格考试大纲专业科目的划分,"建设工程计量与计价实务"考试专业科目分为土木建筑工程、交通运输工程、水利工程和安装工程4个专业类别,其中土木建筑工程专业工程计量考试内容主要基于房屋建筑与装饰工程进行,故本书中的土木建筑工程特指房屋建筑与装饰工程。

1.1.2 工程计量及工程量

依据《房屋建筑与装饰工程工程量计算规范》(GB 50854—2013)术语定义,工程量计算指建设工程项目以工程设计图纸、施工组织设计或施工方案及有关技术经济文件为依据,按照相关工程国家标准的计算规则、计量单位等规定,进行工程数量的计算活动,在工程建设中简称工程计量。

工程量是指以物理计量单位或自然计量单位所表示的各个具体分部分项工程或构配件的数量。物理计量单位是指需要度量的具有物理性质的单位。例如,长度以 m 为计量单位,面积以 m^2 为计量单位,体积以 m^3 为计量单位,质量以 kg 或 t 为计量单位。自然计量单位是指不需要度量的具有自然属性的单位,如屋顶水箱以"座"为计量单位,设备安装工程以"台""组""件"等为计量单位。计量单位有基本计量单位和扩大计量单位,基本计量单位有 m、m^2、m^3、kg、个等;扩大计量单位有 10 m、100 m^2、1 000 m^3、10 个等。

工程量并不一定是实物量。实物量是实际完成的工程数量,而工程量是按照工程量计算规则计算所得到的工程数量。为了简化工程量的计算,在工程量计算规则中,往往对某些零星的实物量做出扣除或不扣除、增加或不增加的规定。因此,要求造价人员具有高度的责任感和耐心,力求计算准确。

1.1.3 工程量计算基本要求

工程量因所依据的计算标准不同而分为清单工程量和定额工程量两种。工程量计算需遵守以下基本要求:

(1)工作内容须与 GB 50854—2013 或定额(如《云南省建设工程造价计价标准(2020 版)》)中分项工程所包括的内容和范围相一致。计算工程量时,要熟悉每个分项工程所包括的内容和范围,避免重复列项和漏计项目。

（2）工程量计算单位须与 GB 50854—2013 或定额（如《云南省建设工程造价计价标准（2020 版）》）中的单位相一致。一般清单规范计量单位为基本单位，而定额常采用扩大 10 倍、100 倍后的计量单位。

（3）工程量计算规则要与 GB 50854—2013 或定额（如《云南省建设工程造价计价标准（2020 版）》）的要求相一致。一般按清单规则计算出的工程量为清单工程量，按定额规则计算出的工程量为定额工程量。

（4）工程量计算式力求简单明了，按一定顺序排列。为了便于工程量的核对，在计算工程量时有必要注明层数、部位、断面、图号等。工程量计算式一般按长、宽、高（厚）的顺序排列，如计算面积时按长×宽（高），计算体积时按长×宽×高，等等。

（5）工程量计算的精确程度要符合要求。工程量在计算的过程中，一般可保留三位小数，计算结果四舍五入后保留两位小数。但钢材、木材的计算结果要求保留三位小数。

1.2　建设工程工程量清单计价与工程量计算规范概述

建筑工程工程量清单计价与工程量计算规范是计价活动中主要的依据之一，由《建设工程工程量清单计价规范》（GB 50500—2013）、《房屋建筑与装饰工程工程量计算规范》（GB 50854—2013）等组成。

1.2.1　《建设工程工程量清单计价规范》概述

1.《建设工程工程量清单计价规范》构成

《建设工程工程量清单计价规范》（以下简称《清单计价规范》）包括总则、术语、一般规定、工程量清单编制、招标控制价、投标报价、合同价款约定、工程计量、合同价款调整、合同价款期中支付、竣工结算与支付、合同解除的价款结算与支付、合同价款争议的解决、工程造价鉴定、工程计价资料与档案、工程计价表格、附录等。

2.《清单计价规范》的适用范围

《清单计价规范》适用于建设工程发承包及其实施阶段的计价活动。使用国有资金投资的建设工程发承包，必须采用工程量清单计价；非国有资金投资的建设工程，宜采用工程量清单计价；不采用工程量清单计价的建设工程，应执行计价规范中除工程量清单等专门性规定外的其他规定。国有资金投资的项目包括全部使用国有资金（含国家融资资金）投资或国有资金投资为主的工程建设项目。

（1）国有资金投资的工程建设项目包括：

①使用各级财政预算资金的项目。

②使用纳入财政管理的各种政府性专项建设资金的项目。

③使用国有企事业单位自有资金，并且国有资产投资者实际拥有控制权的项目。

（2）国家融资资金投资的工程建设项目包括：

①使用国家发行债券所筹资金的项目。

②使用国家对外借款或者担保所筹资金的项目。

③使用国家政策性贷款的项目。

④国家授权投资主体融资的项目。

⑤国家特许的融资项目。

（3）国有资金（含国家融资资金）为主的工程建设项目是指国有资金占投资总额 50% 以上，或虽占投资总额不足 50% 但国有投资者实质上拥有控股权的工程建设项目。

1.2.2　《房屋建筑与装饰工程工程量计算规范》概述

《房屋建筑与装饰工程工程量计算规范》（以下简称《工程量计算规范》）一般包括总则、术语、工程计量、工程量清单编制和附录，其中附录包括《附录 A　土石方工程》《附录 B　地基处理与边坡支护工程》《附录 C　桩基工程》《附录 D　砌筑工程》《附录 E　混凝土及钢筋混凝土工程》《附录 F　金属结构工程》《附录 G　木结构工程》《附录 H　门窗工程》《附录 J　屋面及防水工程》《附录 K　保温、隔热、防腐工程》《附录 L　楼地面装饰工程》《附录 M　墙、柱面装饰与隔断、幕墙工程》《附录 N　天棚工程》《附录 P　油漆、涂料、裱糊工程》《附录 Q　其他装饰工程》《附录 R　拆除工程》和《附录 S　措施项目》。

现行《工程量计算规范》由住房和城乡建设部以第 1568 号公告发布,编号为 GB 50854—2013,自 2013 年 7 月 1 日起实施。本规范适用于工业与民用的房屋建筑与装饰工程发承包及实施阶段计价活动中的工程计量和工程量清单编制。

1.3　招标工程量清单的编制

依据 GB 50500—2013 术语定义,招标工程量清单指招标人依据国家标准、招标文件、设计文件以及施工现场实际情况编制的,随招标文件发布供投标报价的工程量清单,包括其说明和表格;工程量清单指载明建设工程的分部分项工程项目、措施项目、其他项目的名称和相应数量以及规费、税金项目等内容的明细清单。

1.3.1　招标工程量清单文件组成

1. 工程量清单文件的构成

根据 GB 50500—2013 规定,工程量清单文件的组成如下:

(1)招标工程量清单封面。

(2)招标工程量清单扉页。

(3)工程计价总说明。

(4)分部分项工程和单价措施项目清单与计价表。

1.3-1

(5)总价措施项目清单与计价表。

(6)其他项目清单与计价汇总表。

(7)暂列金额明细表。

(8)材料(工程设备)暂估单价及调整表。

(9)专业工程暂估价及结算价表。

(10)计日工表。

(11)总承包服务费计价表。

(12)规费、税金项目计价表。

(13)发包人提供材料和工程设备一览表。

(14)承包人提供主要材料和工程设备一览表(按适用于造价信息差额调整法或适用于价格指数差额调整法选择)。

注意事项:

(1)扉页应按规定的内容填写、签字、盖章,由造价员编制的工程量清单应有负责审核的造价工程师签字、盖章。受委托编制的工程量清单,应有造价工程师签字、盖章以及工程造价咨询人盖章。

(2)总说明应按下列内容填写。

①工程概况:建设规模、工程特征、计划工期、施工现场实际情况、自然地理条件、环境保护要求等。

②工程招标和专业工程发包范围。

③工程量清单编制依据。

④工程质量、材料、施工等的特殊要求。

⑤其他需要说明的问题。

工程计价表宜采用统一格式。各省(自治区、直辖市)建设行政主管部门和行业建设主管部门可根据本地区、本行业的实际情况,在 GB 50500—2013 相关计价表格的基础上补充完善。

2. 云南省建设工程工程量清单文件构成

根据《云南省建设工程造价计价规则及机械仪器仪表台班费用定额》(DBJ 53/T—58—2020)规定,云南省工程量清单文件构成如下:

(1)招标工程量清单封面。

(2)招标工程量清单扉页。

(3)编制说明。

(4)分部分项工程和施工技术措施项目清单与计价表。

(5)施工组织措施项目清单与计价表。

1.3-2

(6)其他项目清单与计价表。

(7)暂列金额明细表。

(8)材料(工程设备)暂估单价及调整表。

(9)专业工程暂估价(结算价)表。

(10)专项技术措施暂估价(结算价)表。

(11)计日工表。

(12)总承包服务费计价表。

(13)主要工日一览表。

(14)发包人提供材料和设备一览表。

(15)单位工程主要材料和工程设备汇总一览表。

(16)单位工程主要机械台班一览表。

招标人编制的工程量清单应在编制说明中明确:

(1)工程概况。建设规模、工程特征、编制依据、计划工期、施工现场实际情况、自然地理条件、环境保护要求等。

(2)工程招标和专业工程发包范围。

(3)工程量清单编制依据。

(4)工程质量、材料、施工等特殊要求。

(5)其他需要说明的问题。

1.3.2 招标工程量清单编制要求

1. 一般规定

根据 GB 50500—2013,招标工程量清单的编制应符合以下要求:

(1)招标工程量清单应由具有编制能力的招标人或受其委托、具有相应资质的工程造价咨询人编制。

(2)招标工程量清单必须作为招标文件的组成部分,其准确性和完整性应由招标人负责。

(3)招标工程量清单是工程量清单计价的基础,应作为编制招标控制价、投标报价、计算或调整工程量、索赔等的依据之一。

(4)招标工程量清单应以单位(项)工程为单位编制,应由分部分项工程项目清单、措施项目清单、其他项目清单、规费和税金项目清单组成。

(5)编制招标工程量清单应依据:

①本规范和相关工程的国家计量规范。

②国家或省级、行业建设主管部门颁发的计价定额和办法。

③建设工程设计文件及相关资料。

④与建设工程有关的标准、规范、技术资料。

⑤拟定的招标文件。

⑥施工现场情况、地勘水文资料、工程特点及常规施工方案。

⑦其他相关资料。

2. 分部分项工程项目

(1)分部分项工程项目清单必须载明项目编码、项目名称、项目特征、计量单位和工程量。

(2)分部分项工程项目清单必须根据相关工程现行国家计量规范规定的项目编码、项目名称、项目特征、计量单位和工程量计算规则进行编制。

3. 措施项目

(1)措施项目清单必须根据相关工程现行国家计量规范的规定编制。

(2)措施项目清单应根据拟建工程的实际情况列项。

4. 其他项目

(1)其他项目清单应按照下列内容列项:

①暂列金额。

②暂估价,包括材料暂估单价、工程设备暂估单价、专业工程暂估价。

③计日工。

④总承包服务费。

(2)暂列金额应根据工程特点按有关计价规定估算。暂列金额明细表由招标人填写,如不能详列,也可只列暂定金额总额。

(3)暂估价中的材料、工程设备暂估单价应根据工程造价信息或参照市场价格估算,列出明细表;专业工程暂估价应分不同专业,按有关计价规定估算,列出明细表。

①材料(工程设备)暂估单价及调整表由招标人填写"暂估单价",并在备注栏说明暂估价的材料、工程设备拟用在哪些清单项目上。

②专业工程暂估价及结算价表"暂估金额"由招标人填写。

③专项技术措施暂估价(结算价)表"暂估金额"由招标人填写。

(4)计日工应列出项目名称、计量单位和暂估数量。计日工表项目名称、暂定数量由招标人填写。主要工日一览表中"工日名称(类别)、单位"栏内容由招标人填写。

(5)总承包服务费应列出服务项目及其内容等。总承包服务费计价表中"项目名称""项目价值""服务内容"由招标人填写;发包人提供材料和设备一览表由招标人填写;单位工程主要材料和工程设备汇总一览表中"名称、规格、型号""单位"栏内容由招标人在招标工程量清单内填写;单位工程主要机械台班一览表中"机械名称、规格、型号""单位"栏内容由招标人在招标工程量清单内填写。

(6)出现其他未列的项目,应根据工程实际情况补充。

5. 规费

(1)规费项目清单应按照下列内容列项:

①社会保险费,包括养老保险费、失业保险费、医疗保险费、工伤保险费、生育保险费。

②住房公积金。

③工程排污费。

(2)出现其他未列的项目,应根据省级政府或省级有关部门的规定列项。

6. 税金

(1)税金项目清单应包括下列内容:

①增值税(原营业税)。

②城市维护建设税。

③教育费附加。

④地方教育附加。

(2)出现其他未列的项目,应根据税务部门的规定列项。

1.3.3　分部分项工程量清单的编制

在分部分项工程量清单的编制过程中,由招标人负责前6项内容填列,金额部分在编制最高投标限价或投标报价时分别由招标人或投标人填列。

1. 项目编码

项目编码是分部分项工程项目和措施项目清单名称的阿拉伯数字标识。分部分项工程量清单项目编码以五级编码设置,用12位阿拉伯数字表示。一、二、三、四级编码为全国统一,即1~9位按GB 50500—2013附录的规定设置;第五级,即10~12位应根据拟建工程的工程量清单项目名称设置,不得有重码,这3位清单项目编码由招标人针对招标工程项目具体编制,并应自001顺序编制。

各级编码代表的含义如下:

(1)第一级表示专业工程代码(2位)。

(2)第二级表示附录分类顺序码(2位)。

(3)第三级表示分部工程顺序码(2位)。

(4)第四级表示分项工程项目名称顺序码(3位)。

(5)第五级表示工程量清单项目名称顺序码(3位)。

项目编码结构如图1.1所示(以房屋建筑与装饰工程为例)。

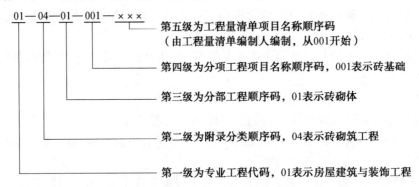

图1.1　项目编码结构(以房屋建筑与装饰工程为例)

当同一标段(或合同段)的一份工程量清单中含有多个单位工程且工程量清单是以单位工程为编制对象时,在编制工程量清单时应特别注意对项目编码10~12位的设置不得有重码。例如,一个标段(或合同段)的工程量清单中含有3个单位工程,每一单位工程中都有项目特征相同的实心砖墙砌体,在工程量清单中又需反映3个不同单位工程的实心砖墙砌体工程量时,则第一个单位工程的实心砖墙的项目编码应为010401003001,第二个单位工程的实心砖墙的项目编码应为010401003002,第三个单位工程的实心砖墙的项目编码应为010401003003,并分别列出各单位工程实心砖墙的工程量。

2. 项目名称

分部分项工程量清单的项目名称应按各专业工程工程量计算规范附录的项目名称结合拟建工程的实际确定。附录表中的"项目名称"为分项工程项目名称,是形成分部分项工程量清单项目名称的基础。即在编制分部分项工程量清单时,以附录中的分项工程项目名称为基础,考虑该项目的规格、型号、材质等特征要求,结合拟建工程的实际情况,使其工程量清单项目名称具体化、细化,以反映影响工程造价的主要因素。如"门窗工程"中"特殊门"应区分"冷藏门""冷冻闸门""保温门""变电室门""隔音门""人防门""金库门"等。清单项目名称应表达详细、准确。随着工程建设中新材料、新技术、新工艺等的不断涌现,各专业工程的工程量计算规范附录中所列的工程量清单项目不可能包含所有项目。编制工程量清单出现附录中未包括的项目,编制人应做补充。在编制补充项目时应注意以下3个方面:

(1)补充项目的编码由专业工程计算规范的代码前2位(第一级)与B和3位阿拉伯数字组成,并应从B001起顺序开始编制。例如,房屋建筑与装饰工程如需补充项目,则补充项目编码应从01B001开始。

（2）在工程量清单中应附补充项目的项目名称、项目特征、计量单位、工程量计算规则和工作内容。

（3）将编制的补充项目报给省级或行业工程造价管理机构备案。

3. 项目特征

项目特征是构成分部分项工程项目、措施项目自身价值的本质特征。项目特征是对项目的准确描述，是确定清单项目综合单价不可缺少的重要依据，是区分清单项目的依据，是履行合同义务的基础。分部分项工程量清单项目特征的描述应按各专业工程工程量计算规范附录中规定的项目特征内容，结合技术规范、标准图集、施工图纸，按照工程结构、使用材质及规格或安装位置等，予以准确、全面的表述和说明。

涉及正确计量、结构要求、材质要求、安装方式的内容必须描述，对计量计价没有实质影响的内容可不描述。还有一些项目可不详细描述，但清单编制人在项目特征描述中应注明由投标人自定，如土石方工程中的"取土运距""弃土运距"等。若有些项目特征用文字难以准确、全面地描述清楚时，可采用标注标准图集号或施工图纸图号的方式进行描述，如详见××图集或××图号。若各专业工程工程量计算规范清单项目中的项目特征有未描述到的独有特征，由清单编制人视项目具体情况确定，以准确描述清单项目为准。

在各专业工程工程量计算规范附录中还有关于各清单项目"工程内容"的描述。工程内容是指完成清单项目可能发生的具体工作和操作程序，但应注意的是，在编制分部分项工程量清单时，工程内容通常无须描述，因为在各专业工程工程量计算规范中，工程量清单项目与工程量计算规则、工程内容有一一对应关系，当采用各专业工程工程量计算规范这一标准时，工程内容均有规定。

4. 计量单位

计量单位应采用基本单位，除各专业另有特殊规定外均按以下单位计量：

（1）以质量计算的项目——吨或千克（t 或 kg）。

（2）以体积计算的项目——立方米（m³）。

（3）以面积计算的项目——平方米（m²）。

（4）以长度计算的项目——米（m）。

（5）以自然计量单位计算的项目——个、套、块、樘、组、台等。

（6）没有具体数量的项目——宗、项等。

当计量单位有两个或两个以上时，应根据所编工程量清单项目的特征要求，选择最适宜表现该项目特征并方便计量的单位。在一个建设项目（或标段、合同段）中，有多个单位工程的相同项目计量单位必须保持一致。

计量单位的有效位数应遵守下列规定：

（1）以"t"为单位时，应保留三位小数，第四位小数四舍五入。

（2）以"m²""m³""m""kg"为单位时，应保留两位小数，第三位小数四舍五入。

（3）以"个""件""组"等为单位时，应取整数。

5. 工程量计算

工程量计算指建设工程项目以工程设计图纸、施工组织设计或施工方案及有关技术经济文件为依据，按照各专业工程工程量计算规范的计算规则、计量单位等规定，进行工程数量的计算活动。根据 GB 50500—2013 与各专业工程工程量计算规范的规定，工程量计算规则可以分为房屋建筑与装饰工程、仿古建筑工程、通用安装工程、市政工程、园林绿化工程、构筑物工程、矿山工程、城市轨道交通工程、爆破工程 9 大类。

以房屋建筑与装饰工程为例，GB 50854—2013 中规定的分类项目包括土石方工程，地基处理与边坡支护工程，桩基工程，砌筑工程，混凝土及钢筋混凝土工程，金属结构工程，木结构工程，门窗工程，屋面及防水工程，保温、隔热、防腐工程，楼地面装饰工程，墙、柱面装饰与隔断、幕墙工程，天棚工程，油漆、涂料、裱糊工程，其他装饰工程，拆除工程，措施项目等，分别制定了它们的项目设置和工程量计算规则。

除另有说明外，所有清单项目的工程量应以实体工程量为准，并以完成后的净值计算；投标人投标报价时，应在单价中考虑施工中的各种损耗和需要增加的工程量。

1.3.4　措施项目清单的编制

1.措施项目列项

措施项目是指为完成工程项目施工,发生于该工程施工准备和施工过程中的技术、生活、安全、环境保护等方面的项目。

措施项目清单应根据相关工程现行国家计算规范的规定编制,并应根据拟建工程的实际情况列项。例如,GB 50854—2013 中规定的措施项目,包括脚手架工程、混凝土模板及支架(撑),垂直运输,超高施工增加,大型机械设备进出场及安拆,施工排水,降水,安全文明施工及其他措施项目。

2.措施项目清单的标准格式

(1)措施项目清单的类别。

①以"项"计价的措施项目。措施项目费的发生与使用时间、施工方法或者两个以上的工序相关,不能计算工程量,如安全文明施工费,夜间施工,非夜间施工照明,二次搬运,冬雨季施工,地上、地下设施和建筑物的临时保护设施,已完工程及设备保护等。

②以综合单价形式计价的措施项目。如脚手架工程,混凝土模板及支架(撑),垂直运输,超高施工增加,大型机械设备进出场及安拆,施工排水,降水等,这类措施项目按照分部分项工程量清单的方式采用综合单价计价,更有利于措施费的确定和调整。

措施项目中可以计算工程量的项目(单价措施项目或技术措施项目)宜采用分部分项工程量清单的方式编制,列出项目编码、项目名称、项目特征、计量单位和工程量;不能计算工程量的项目(总价措施项目),以"项"为计量单位进行编制。

(2)措施项目清单的编制依据。

措施项目清单的编制需考虑多种因素,除工程本身的因素外,还涉及水文、气象、环境、安全等因素。鉴于工程建设施工特点和承包人组织施工生产的施工装备水平、施工方案及其管理水平的差异,同一工程、不同承包人组织施工采用的施工措施有时是不一致的,所以措施项目清单应根据拟建工程的实际情况列项。若出现清单计算规范中未列的项目,可根据工程实际情况补充。

措施项目清单的编制依据主要有:

①施工现场情况、地勘水文资料、工程特点。

②常规施工方案。

③与建设工程有关的标准、规范、技术资料。

④拟定的招标文件。

⑤建设工程设计文件及相关资料。

1.3.5　其他项目清单的编制

其他项目清单是指除分部分项工程量清单、措施项目清单所包含的内容以外,因招标人的特殊要求而发生的与拟建工程有关的其他费用项目和相应数量的清单。工程建设标准的高低、工程的复杂程度、施工工期的长短、工程的组成内容、发包人对工程管理要求等都直接影响其他项目清单的具体内容。其他项目清单包括暂列金额、暂估价(包括材料暂估单价、工程设备暂估单价、专业工程暂估价)、计日工、总承包服务费。

1.暂列金额

暂列金额是招标人在工程量清单中暂定并包括在合同价款中的一笔款项。用于工程合同签订时尚未确定或者不可预见的所需材料、工程设备、服务的采购,施工中可能发生的工程变更、合同约定调整因素出现时的合同价款调整以及发生的索赔、现场签证确认等费用。

不管采用何种合同形式,其理想的标准是,一份合同的价格就是其最终的竣工结算价格,或者至少两者应尽可能接近。我国规定对国有资金投资工程实行设计概算控制管理,经项目审批部门批复的设计概算是工程投资控制的刚性指标,即使商业性开发项目也有成本的预先控制问题,否则无法相对准确地预测投资的收益和科学合理地进行投资控制。但工程建设自身的特性决定了工程的设计需要根据工程进展不断地进行优化和调整,业主需求可能会随工程建设进展出现变化,工程建设过程还会存在一些不能预见、不能确定的因素。消化这些因素必然会影响合同价格的调整,暂列金额正是因这类不可避免的价格调整而设立的,以便达到合理确定和有效控制工程造价的目标。设立暂列金额并不能保证合同结算价格就不会再出现超过合同价格的情况,是否超出合同价格完全取决于工程量清单编制人对暂列金额预测的准确性,以及工程建设过程是否出现了其他事先未预测到的事件。

暂列金额应根据工程特点,要求招标人能将暂列金额与拟用项目列出明细,如确实不能详列也可只列暂列金额总额,投标人应将暂列金额计入投标总价中。

2. 暂估价

暂估价是指招标人在招标文件中提供的用于支付必然发生但暂时不能确定价格的材料、工程设备的单价以及专业工程的金额,包括材料暂估单价、工程设备暂估单价和专业工程暂估价。它是在招标阶段预见肯定要发生,只是因为标准不明确或者需要由专业承包人完成的,暂时无法确定价格。暂估价数量和拟用项目应当结合工程量清单中的“暂估价表”予以补充说明。为方便合同管理,需要纳入分部分项工程量清单综合单价中的暂估价应只是材料、工程设备暂估单价,以方便投标人组价。

专业工程的暂估价一般应是综合暂估价,包括人工费、材料费、施工机具使用费、企业管理费和利润,不包括规费和增值税。总承包招标时,专业工程设计深度往往是不够的,一般需要交由专业设计人员设计,在国际社会,出于对提高可建造性的考虑,一般由专业承包人负责设计,以发挥其专业技能、专业施工经验的优势。这类专业工程交由专业分包人完成在国际工程施工中有良好的实践,目前在我国工程建设领域也比较普遍。公开、透明、合理地确定这类暂估价实际金额的最佳途径,就是通过施工总承包人与工程建设项目招标人共同组织的招标。

材料、工程设备暂估价应根据工程造价信息或参照市场价格估算,列出明细表;专业工程暂估价应按专业划分,给出工程范围及包括内容,按有关计价规定估算,列出明细表。

3. 计日工

计日工是在施工过程中,承包人完成发包人提出的工程合同范围以外的零星项目或工作,按合同中约定的单价计价的一种方式。计日工是为了解决现场发生的零星工作的计价而设立的。国际上常见的标准合同条款中,大多数都设立了计日工计价机制。计日工对完成零星工作所消耗的人工工日、材料数量、施工机械台班进行计量,并按照计日工表中填报的适用项目的单价进行计价支付。计日工适用的所谓零星项目或工作一般是指合同约定之外的或者因变更而产生的、工程量清单中没有相应项目的额外工作,尤其是那些难以事先商定价格的额外工作。

计日工应列出项目名称、计量单位和暂估数量。

4. 总承包服务费

总承包服务费是指总承包人为配合协调发包人进行的专业工程发包,对发包人自行采购的材料、工程设备等进行保管以及施工现场管理、竣工资料汇总整理等服务所需的费用。

总承包服务费的用途包括三部分:一是当招标人在法律法规允许的范围内对专业工程进行发包时,要求总承包人协调服务;二是当发包人自行采购供应部分材料、工程设备时,要求总承包人提供保管等相关服务;三是总承包人对施工现场进行协调和统一管理、对竣工资料进行统一汇总整理等所需的费用。

5. 规费、增值税项目清单

规费项目清单应按照下列内容列项:社会保险费,包括养老保险费、失业保险费、医疗保险费、工伤保险费、生育保险费;住房公积金;出现计价规范中未列的项目,应根据省级政府或省级有关权力部门的规定列项。规费和增值税必须按国家或省级、行业建设主管部门的规定计算,不得作为竞争性费用。

1.4　建设工程计量与计价规范的演化

本节详细内容见二维码 1.4-1。

1.4-1

思考题

比较 DBJ 53/T—58—2020 与 GB 50500—2013 中招标工程量清单文件构成的异同。

第2章 建筑面积计算

本章参照《建筑工程建筑面积计算规范》(GB/T 50353—2013)编写,规范工业与民用建筑工程建设全过程的建筑面积计算,统一计算方法。适用于新建、扩建、改建的工业与民用建筑工程建设全过程的建筑面积计算。规范包括总则、术语、计算建筑面积的规定和条文说明,规定了计算全部建筑面积、计算部分建筑面积和不计算建筑面积的情形。

2.1 建筑面积概述

2.1.1 建筑面积的含义及作用

1. 建筑面积的概念

建筑面积是指建筑物(包括墙体)所形成的楼地面面积。建筑面积包括外墙结构所围的建筑物每一自然层水平投影面积的总和,也包括附属于建筑物的室外阳台、雨篷、檐廊、走廊、楼梯所围的水平投影面积。建筑面积包括使用面积、辅助面积和结构面积,如图2.1所示。

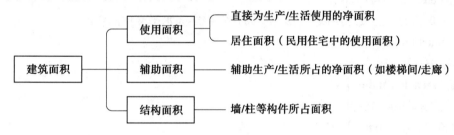

图2.1 建筑面积类型

2. 建筑面积的作用

建筑面积的计算是工程计量的基础工作,在工程建设中具有重要意义。

(1)确定建筑规模的重要指标。

$$单方造价 = 工程总造价/建筑面积$$
$$平方米用工量 = 总用工量/建筑面积$$
$$平方米材料用量 = 该材料的总用量/建筑面积$$

(2)确定各技术经济指标的基础。

(3)计算相关工程量的依据。

(4)建设投资、建设项目可行性研究等工作的重要研究指标。

2.1.2 相关术语解释

根据GB/T 50353—2013,对建筑面积计算中涉及术语做如下解释。

1. 建筑面积(construction area)

建筑物(包括墙体)所形成的楼地面面积。

2. 自然层(floor)

按楼地面结构分层的楼层。

2.1-1

3. 结构层高(structure story height)

楼面或地面结构层上表面至上部结构层上表面之间的垂直距离。

4. 围护结构(building enclosure)

围合建筑空间的墙体、门、窗。

5. 建筑空间(space)

以建筑界面限定的、供人们生活和活动的场所。

6. 结构净高(structure net height)

楼面或地面结构层上表面至上部结构层下表面之间的垂直距离。

7. 围护设施(enclosure facilities)

为保障安全而设置的栏杆、栏板等围挡。

8. 地下室(basement)

室内地平面低于室外地平面的高度超过室内净高的1/2的房间。

9. 半地下室(semi-basement)

室内地平面低于室外地平面的高度超过室内净高的1/3,且不超过1/2的房间。

10. 架空层(stilt floor)

仅有结构支撑而无外围护结构的开敞空间层。

11. 走廊(corridor)

建筑物中的水平交通空间。

12. 架空走廊(elevated corridor)

专门设置在建筑物的二层或二层以上,作为不同建筑物之间水平交通的空间。

13. 结构层(structure layer)

整体结构体系中承重的楼板层。

14. 落地橱窗(french window)

凸出外墙面且根基落地的橱窗。

15. 凸窗(飘窗)(bay window)

凸出建筑物外墙面的窗户。

16. 檐廊(eaves gallery)

建筑物挑檐下的水平交通空间。

17. 挑廊(overhanging corridor)

挑出建筑物外墙的水平交通空间。

18. 门斗(air lock)

建筑物入口处两道门之间的空间。

19. 雨篷(canopy)

建筑出入口上方为遮挡雨水而设置的部件。

20. 门廊(porch)

建筑物入口前有顶棚的半围合空间。

21. 楼梯(stairs)

由连续行走的梯级、休息平台和维护安全的栏杆(或栏板)、扶手以及相应的支托结构组成的作为楼层之间垂直交通使用的建筑部件。

22. 阳台(balcony)

附设于建筑物外墙,设有栏杆或栏板,可供人活动的室外空间。

23. 主体结构(major structure)

接受、承担和传递建设工程所有上部载荷,维持上部结构整体性、稳定性和安全性的有机联系的构造。

24. 变形缝（deformation joint）

防止建筑物在某些因素作用下引起开裂甚至破坏而预留的构造缝。

25. 骑楼（overhang）

建筑底层沿街面后退且留出公共人行空间的建筑物。

26. 过街楼（overhead building）

跨越道路上空并与两边建筑相连接的建筑物。

27. 建筑物通道（passage）

为穿过建筑物而设置的空间。

28. 露台（terrace）

设置在屋面、首层地面或雨篷上的供人室外活动的有围护设施的平台。

29. 勒脚（plinth）

在房屋外墙接近地面部位设置的饰面保护构造。

30. 台阶（step）

联系室内外地坪或同楼层不同标高而设置的阶梯形踏步。

2.2　建筑面积计算规则

GB/T 50353—2013 的适用范围是新建、扩建、改建的工业与民用建筑工程建设全过程中的建筑面积计算，用于工业厂房、仓库、公共建筑、居住建筑、农业生产使用的房屋、粮种仓库、地铁车站等工程。

2.2.1　《建筑工程建筑面积计算规范》修订概述

我国的《建筑面积计算规则》最初是 20 世纪 70 年代制订的，之后根据需要进行了多次修订。1982 年国家经委基本建设办公室（82）经基设字 58 号印发了《建筑面积计算规则》，对 20 世纪 70 年代制订的《建筑面积计算规则》进行了修订。1995 年建设部发布《全国统一建筑工程预算工程量计算规则》（土建工程 GJD$_{GZ}$—101—95），其中含建筑面积计算规则的内容，是对 1982 年的《建筑面积计算规则》进行的修订。2005 年建设部以国家标准的形式发布了 GB/T 50353—2005。2013 年在总结 GB/T 50353—2005 实施情况的基础上，鉴于建筑发展中出现的新结构、新材料、新技术、新的施工方法，为了解决由于建筑技术的发展产生的面积计算问题，本着不重算、不漏算的原则，对建筑面积的计算范围和计算方法进行了修改、统一和完善。2013 年 12 月 19 日，住房和城乡建设部以第 269 号公告发布了国家标准《建筑工程建筑面积计算规范》（GB/T 50353—2013），规定新标准自 2014 年 7 月 1 日起实施。与上一版相比，新规范主要对以下部分内容做了修订：

（1）本次规范对于设计是否注明建筑空间用途没有特别约束，只要具备可出入、可利用条件的围合空间，均属于建筑空间，都应计算建筑面积。这一解释解决了有一部分设计使用功能不明确、但从结构观点来看却是必需的建筑空间是否应该计算建筑面积的争议，与现实情况比较吻合。

（2）修订的主要技术内容为：增加了建筑物架空层的面积计算规定，取消了深基础架空层；取消了有永久性顶盖的面积计算规定，增加了无围护结构有围护设施的面积计算规定；修订了落地橱窗、门斗、挑廊、走廊、檐廊的面积计算规定；增加了凸（飘）窗的建筑面积计算要求；修订了围护结构不垂直于水平面而超出底板外沿的建筑物的面积计算规定；删除了原室外楼梯强调的有永久性顶盖的面积计算要求；修订了阳台的面积计算规定；修订了外保温层的面积计算规定；修订了设备层、管道层的面积计算规定；增加了门廊的面积计算规定；增加了有顶盖的采光井的面积计算规定。

2.2.2　建筑面积计算

1. 计算全建筑面积的部位

（1）以结构层高进行区分（控制标准为 2.20 m）。

2.2-1

①建筑物结构层高在2.20 m及以上的。

②建筑物内局部楼层(有围护结构按围护结构,无围护结构按结构底板水平面积)层高在2.20 m及以上的。

③建筑物架空层、坡地吊脚架空层,结构层高在2.20 m及以上的。

④门厅、大厅内设置的走廊,结构层高在2.20 m及以上的。

⑤地下室、半地下室,结构层高在2.20 m及以上的。

⑥门斗有围护结构,结构层高在2.20 m及以上的。

⑦建筑物顶部的、有围护结构的楼梯间、水箱间、电梯机房,结构层高在2.20 m及以上的。

⑧建筑物内设备层、管道层、避难层等有结构层的楼层,结构层高在2.20 m及以上的。

⑨有围护结构的舞台灯光控制室,结构层高在2.20 m及以上的。

⑩附属在建筑物外墙的落地橱窗,结构层高在2.20 m及以上的。

(2)以结构净高进行区分(控制标准为2.10 m)。

①形成建筑空间的坡屋顶,结构净高2.10 m及以上的。

②场馆看台下的建筑空间,结构净高2.10 m及以上的。

③围护结构不垂直于水平面的楼层,结构净高在2.10 m及以上的。

④有顶盖的采光井应按一层计算面积,且结构净高在2.10 m及以上的。

(3)其他特殊构件。

①在主体结构内的阳台。

②建筑物间的架空走廊,有顶盖和围护设施。

2.计算一半建筑面积的部位

(1)以结构层高进行区分(控制标准为2.20 m)的。

①建筑物结构层高在2.20 m以下的。

②局部楼层,结构层高在2.20 m以下的。

③建筑物架空层、坡地吊脚架空层,结构层高在2.20 m以下的。

④门厅、大厅内设置的走廊,结构层高在2.20 m以下的。

⑤地下室、半地下室,结构层高在2.20 m以下的。

⑥门斗有围护结构,结构层高在2.20 m以下的。

⑦建筑物顶部的、有围护结构的楼梯间、水箱间、电梯机房,结构层高在2.20 m以下的。

⑧建筑物内设备层、管道层、避难层等有结构层的楼层,结构层高在2.20 m以下的。

⑨有围护结构的舞台灯光控制室,结构层高在2.20 m以下的。

⑩附属在建筑物外墙的落地橱窗,结构层高在2.20 m以下的。

(2)以结构净高进行区分(控制标准为1.20~2.10 m)。

①形成建筑空间的坡屋顶,结构净高在1.20 m及以上至2.10 m以下的。

②场馆看台下的建筑空间,结构净高在1.20 m及以上至2.10 m以下的。

③围护结构不垂直于水平面的楼层,结构净高在1.20 m及以上至2.10 m以下的。

④有顶盖的采光井应按一层计算面积,且结构净高在2.10 m以下的。

⑤窗台与室内楼地面高差在0.45 m以下且结构净高在2.10 m及以上的凸(飘)窗。

(3)其他特殊构件。

①门廊、有柱雨篷、无柱雨篷的结构外边线至外墙结构外边线的宽度在2.10 m及以上的。

②有顶盖无围护结构的场馆看台。

③出入口外墙外侧坡道有顶盖部分。

④建筑物间的架空走廊,无围护结构、有围护设施的。

⑤有围护设施的室外走廊(挑廊)、有围护设施(或柱)的檐廊。

⑥室外楼梯(非消防专用)。

⑦在主体结构外的阳台。

⑧有顶盖无围护结构的车棚、货棚、站台、加油站、收费站。

3. 不计算建筑面积的部位

①形成建筑空间的坡屋顶,且结构净高在 1.2 m 以下的。

②场馆看台下的建筑空间,且结构净高在 1.2 m 以下的。

③围护结构不垂直于水平面的楼层,且结构净高在 1.2 m 以下的。

④与建筑物内不相连通的建筑部件(空调搁板等)。

⑤骑楼、过街楼底层的开放公共空间和建筑物通道。

⑥舞台及后台悬挂幕布和布景的天桥、挑台。

⑦露台、露天游泳池、花架、屋顶的水箱及装饰性结构构件。

⑧建筑物内的操作平台、上料平台、安装箱和罐体的平台。

⑨勒脚、附墙柱、垛、台阶、墙面抹灰、装饰面、镶贴块料面层、装饰性幕墙,主体结构外的空调室外机搁板(箱)、构件、配件,挑出宽度在 2.10 m 以下的无柱雨篷和顶盖高度达到或超过两个楼层的无柱雨篷。

⑩窗台与室内地面高差在 0.45 m 以下且结构净高在 2.10 m 以下的凸(飘)窗,窗台与室内地面高差在 0.45 m 及以上的凸(飘)窗。

⑪室外爬梯、室外专用消防钢楼梯。

⑫无围护结构的观光电梯。

⑬建筑物以外的地下人防通道,独立的烟囱、烟道、地沟、油(水)罐、气柜、水塔、贮油(水)池、贮仓、栈桥等构筑物。

2.3　建筑面积计算实例

【例 2.1】　某坡屋面建筑空间的平面尺寸如图 2.2 所示,该建筑物长 40 m,试计算其建筑面积。

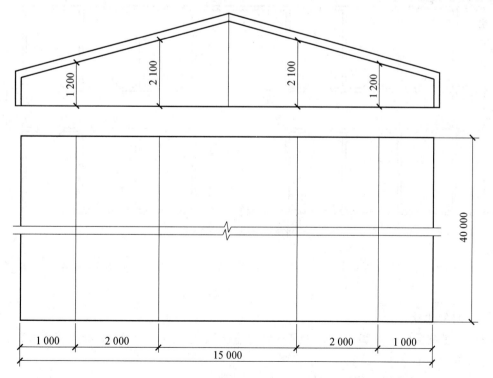

图 2.2　某坡屋面建筑空间平面示意图

【解】　全面积部分：

$$S_{全}=40\times(15-1\times2-2\times2)=360(m^2)$$

1/2 面积部分：

$$S_{1/2}=40\times2\times2\times\frac{1}{2}=80(m^2)$$

合计建筑面积：

$$S_{建}=360+80=440(m^2)$$

【例2.2】　某建筑物局部楼层如图2.3所示，墙厚240 mm，轴线居中布置，试计算其建筑面积。

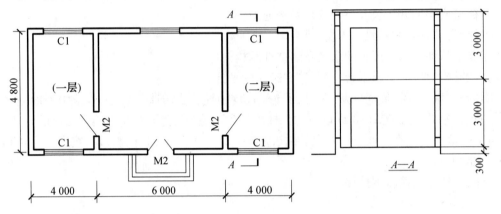

图2.3　某建筑物局部楼层示意图

【解】

$$S_{建}=(4.0\times2+6.0+0.24)\times(4.8+0.24)+(4.0+0.24)\times(4.8+0.24)=93.14(m^2)$$

【例2.3】　某多层建筑平面图、立面图如图2.4、2.5所示。计算：当 $H=3.6$ m 时，建筑物的建筑面积；当 $H=2.0$ m 时，建筑物的建筑面积。

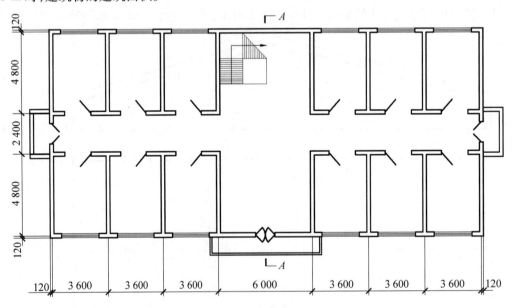

图2.4　某多层建筑平面图

【解】　（1）计算思路。

多层建筑，当建筑层高在2.20 m 及以上者应计算全面积；层高不足2.20 m 者应计算1/2面积。

（2）计算过程。

①当 $H=3.6$ m 时，建筑物的建筑面积

$$S_{建}=[(0.12+3.6\times3+6.0+3.6\times3+0.12)\times(0.12+4.8+2.4+4.8+0.12)]\times5$$

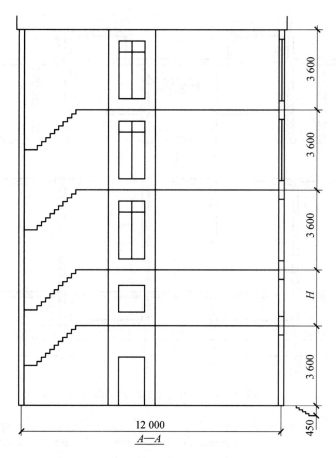

图 2.5　某多层建筑立面图

$$= 1\ 703.81(\text{m}^2)$$

②当 $H=2.0$ m 时,建筑物的建筑面积

$$S_建 = \big[(0.12+3.6\times3+6.0+3.6\times3+0.12)\times(0.12+4.8+2.4+4.8+0.12) \big]\times4+$$

$$\big[(0.12+3.6\times3+6.0+3.6\times3+0.12)\times(0.12+4.8+2.4+4.8+0.12) \big]\times\frac{1}{2}$$

$$= 1\ 533.43(\text{m}^2)$$

习题与思考题

1. 总结建筑面积计算规则的规律。

2. 某栋五层住宅楼单元平面布置图如图 2.6 所示。楼梯间一侧的阳台不封闭,另一侧的阳台封闭,底层无阳台,外墙及阳台墙体厚度各层均为 240 mm,定位轴线均居中标注。试求该栋住宅楼的建筑面积。

3. 某办公楼一层平面如图 2.7 所示。外墙厚度均为 240 mm,定位轴线均居中标注。试求该建筑一层建筑面积(本题一楼出入口雨篷挑出宽度<2.10 m)。

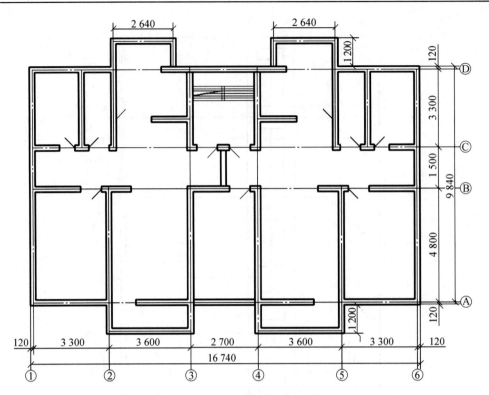

图 2.6　某五层住宅建筑单元平面布置图

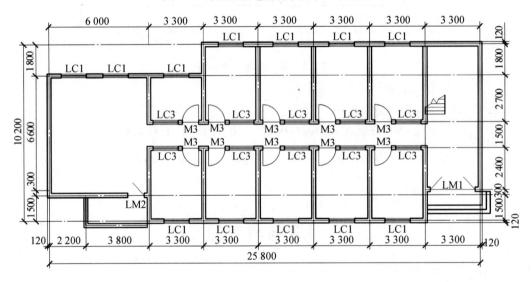

图 2.7　某办公楼一层平面图

第3章 房屋建筑与装饰工程清单工程量计算

3.1 工程量计算概述

3.1.1 工程量计算顺序

工程量计算就是根据施工图、GB50854—2013 划分的项目及工程量计算规则,列出分部分项工程的名称和计算式,然后计算出结果的过程。

工程量计算是一项繁杂而细致的工作,为了达到既快又准确、防止重复或错漏的目的,合理安排计算顺序是非常重要的。工程量计算顺序一般有以下几种方法。

1. 按顺时针方向计算

先从平面图左上角开始,按顺时针方向环绕一周后回到左上角为止,如图3.1 所示。

2. 按先横后竖、先上后下、先左后右的顺序计算

如图3.2 所示,在计算内墙基础、内墙砌体、内墙装饰工程量时,先计算横墙,按图中编号①～⑤的顺序进行;然后再计算竖墙,按图中编号⑥～⑩的顺序进行。

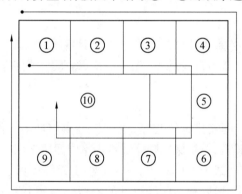

图3.1 按顺时针方向计算示意图

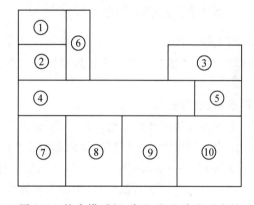

图3.2 按先横后竖、先上后下、先左后右的顺序计算示意图

3. 按图样编号顺序计算

对于图样上注明了部位和编号的构件,如图3.3 所示,可按柱(Z_1,Z_2,Z_3,…)、梁(L_1,L_2,L_3,…)、板(B_1,B_2,B_3,…)构件的编号顺序计算。

4. 按轴线编号顺序计算

按图样所标注的轴线编号顺序依次计算轴线所在位置的工程量。如图3.4 所示,可按图上轴线①～⑤的顺序和轴线 A～D 的顺序分别计算竖向和横向墙体、基础、墙面等的工程量。

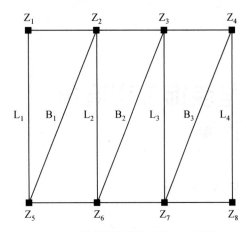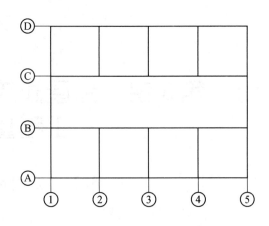

图 3.3　按构件编号顺序计算示意图　　　　　图 3.4　按轴线编号顺序计算示意图

5. 按施工先后顺序计算

使用这种方法要求对实际的施工过程比较熟悉,否则容易出现漏项的情况。例如,基础工程量按施工顺序计算,即平整场地→挖基础土方→做基础垫层→基础浇筑或砌筑→做防潮层→回填土→余土运输。

6. 清单规范附录顺序计算

在计算工程量时,对应施工图按照清单规范附录顺序和子目顺序进行分部分项工程的计算。采用这种方法要求熟悉图纸,有较全面的设计基础知识。由于目前的建筑设计从造型到结构形式都千变万化,尤其是新材料、新工艺的层出不穷,无法从清单规范附录中找全既有的项目供套用,因此在计算工程量时,最好将这些项目列出来编制成补充附录,以避免漏项。

3.1.2　基于统筹法原理的工程量计算

为了提高工程量计算的工作效率,减少重复计算,有必要在计算之前合理安排计算顺序,确定先算哪些项目,后算哪些项目。统筹法计算工程量是根据工程量计算的自身规律,先主后次,统筹安排计算过程的一种方法。

1. 统筹程序、合理安排

要达到准确而又快速计算工程量的目的,首先就要统筹安排计算程序,否则就会事倍功半。例如,室内地面工程中的室内回填土、地坪垫层、地面面层的工程量计算,若按施工顺序计算为室内回填土(长×宽×高)→地坪垫层(长×宽×厚)→地面面层(长×宽)。从以上计算列式中可以看出,每个分项工程都计算了一次“长×宽”,浪费了时间。而利用统筹法计算,可以先算地面面层,然后利用已经得到的面积(长×宽)乘以相应高度和厚度,就可以很快计算出室内回填土和地坪垫层的工程量。这样既简化了计算过程,又提高了工作效率。通常土建工程可按以下顺序计算工程量:基础及土方工程→混凝土及钢筋工程→门窗工程→砌体工程→墙面装饰工程→楼地面工程→天棚装饰工程→屋面工程→室外工程。按这种顺序计算工程量,便于重复利用已算数据,避免重复劳动。

2. 利用基数连续计算

在工程量计算中离不开几个基数,即“三线一面”。“三线”是指建筑平面图中的外墙中心线($L_{中}$)、外墙外边线($L_{外}$)和内墙净长线($L_{内}$)。“一面”是指底层建筑面积(S_d),利用好“三线一面”,会使许多工程量的计算化繁为简。

例如,利用$L_{中}$可计算外墙基槽土方、垫层、基础、圈梁、防潮层、外墙墙体等分项工程量;利用$L_{外}$可计算建筑面积、外墙抹灰、散水、地沟等分项工程量;利用$L_{内}$可计算内墙防潮层、内墙墙体等分项工程量;利用S_d可计算综合脚手架、平整场地、地面垫层、楼地面、天棚、平屋面防水等分项工程量。在计算过程中要注意尽可能地使用前面已经算出的数据,减少重复计算。“三线一面”在统筹法中的应用举例见表 3.1 所列。

表 3.1　"三面一线"在统筹法中的应用举例

序号	分项工程名称	工程量计算式	单位	备注
1	场地平整	$S_场 = S_d$	m²	—
2	室内整体地面	$S_净 = S_d - (L_内 + L_中) \times \delta(墙厚)$	m²	净面积
3	室内回填土	$V_填 = S_净 \times h(回填土厚)$	m³	—
4	室内地坪垫层	$V_垫 = S_净 \times h(垫层厚)$	m³	—
5	楼地面面积	$S_{楼地面} = S_净 \times 层数 - 楼梯水平投影面积 \times (层数-1)$	m²	—
6	外墙挖基槽	$V_{外墙挖基槽} = L_中 \times F(基槽截面面积)$	m³	—
7	内墙挖基槽	$V_{内墙挖基槽} = L_槽 \times F(基槽截面面积)$	m³	—
8	外墙砌体基础	$V_{外墙砌体基础} = L_中 \times F(砌体基础截面面积)$	m³	—
9	内墙砌体基础	$V_{内墙砌体基础} = L_槽 \times F(砌体基础截面面积)$ 或 $V_{内墙砌体基础} = (L_{内中} - 基础顶面宽) \times F(砌体基础截面面积)$	m³	—
10	墙身防潮层	$S_{墙身防潮层} = (L_内 + L_中) \times \delta(墙厚)$	m²	—
11	基础回填土	$V_{基础回填土} = V_挖 - V_{埋入物}$	m³	—
12	余土外运	$V_{余土外运} = V_挖 - V_填 \times 1.15(基槽回填+房心回填)$	m³	—
13	外墙圈梁混凝土	$V_{外墙圈梁混凝土} = L_中 \times F(圈梁截面面积)$	m³	—
14	内墙圈梁混凝土	$V_{内墙圈梁混凝土} = L_净 \times F(圈梁截面面积)$	m³	—
15	内墙面抹灰	$S_{内墙面抹灰} = L_{净面抹灰} \times h_内墙 - S_门窗洞$	m²	—
16	外墙面抹灰	$S_{外墙面抹灰} = L_{外墙面抹灰} \times h_外墙 - S_门窗洞$	m²	—
17	内墙裙	$S_{内墙裙} = (L_净 - b_门洞) \times h_内墙裙 - S_窗洞 + S_{门窗洞侧壁}$	m²	—
18	外墙裙	$S_{外墙裙} = (L_外 - b_门洞) \times h_外墙裙 - S_窗洞 + S_{门窗洞侧壁}$	m²	—
19	腰线抹灰	$S_{腰线抹灰} = L_外 \times b_展开$	m²	—
20	室外散水	$S_{室外散水} = L_外 \times b_散水 + b_散水^2 \times 4$	m²	—
21	室外排水沟	$L_{室外排水沟} = L_外 + b_散水 \times 8 + b_沟道 \times 4$	m	—

3. 一次算出，多次使用

工程量计算过程中，通常会多次用到某些数据，因此，可以预先把这些数据计算出来供以后查阅使用。例如，先计算出门窗、预制构件等工程量，按不同位置和不同规格做好分类统计，便于以后计算砖墙体、抹灰等工程量时使用。

4. 结合实际，灵活应用

由于各种工程之间存在差异，设计上灵活多变以及施工工艺不断改进，造价人员在各种工程量计算方法的应用上也要根据实际情况灵活处理。例如，在计算同一项目的工程量时，由于结构断面、高度或深度不同，可以采取分段计算法；当建筑物各层的建筑面积或平面布置不同时，可采取分层计算法；当建筑物的局部构造尺寸与整体有所不同时，可先视其为相同尺寸，利用基数连续计算，然后再进行增减计算。总之，工程量计算方法多种多样，在实际工作中，读者可根据自己的经验、习惯，采取各种形式和方法，做到计算准确、不漏项、不错项即可。

3.2　土石方工程

3.2.1　工程项目划分

土石方工程分为土方工程、石方工程、回填 3 节，共 13 个项目，具体划分见二维码 3.2−1 中内容。

3.2−1

1. 相关概念

（1）平整场地。平整场地是指室外设计地坪与自然地坪平均厚度在±0.3 m以内的就地挖、填、运、找平。

（2）挖沟槽土方。底宽≤7 m，且底长>3倍底宽的挖土方为沟槽。

（3）挖基坑土方。底长≤3倍底宽，且底面积≤150 m² 的挖土方为基坑。

（4）挖一般土方。超出沟槽、基坑范围的挖土方则为一般土方。厚度>±300 mm的竖向布置挖土（超过30 cm的挖土方、用方格网控制填至设计标高就称为按竖向布置挖、填土方）或山坡切土应按挖一般土方项目编码列项。

（5）冻土开挖。冻土是指零摄氏度以下，并含有冰的各种岩石和土壤。

（6）挖淤泥、流砂。淤泥指在静水或缓慢的流水环境中沉积，并经生物化学作用形成的黏性土；流砂指当在地下水位以下挖土时，底面和侧面随地下水一起涌出的流动状态的土方。

（7）管沟土方。预埋管时，所需要开挖的地沟。

（8）挖沟槽石方。底宽≤7 m，且底长>3倍底宽的挖石方为挖沟槽石方。

（9）挖基坑石方。底长≤3倍底宽，且底面积≤150 m² 的挖石方为挖基坑石方。

（10）挖一般石方。超出沟槽、基坑范围则为一般石方。厚度>±300 mm的竖向布置挖石或山坡凿石应按挖一般石方项目编码列项。

（11）管沟石方。预埋管时，所需要开挖的石沟。

（12）回填方。建筑工程的填土，主要有地基填土、基坑（槽）或管沟回填、室内地坪回填、室外场地回填平整等。

2. 相关说明

（1）工程量清单项目特征中土壤类别（岩石类别）依据土壤分类表（岩石分类表）判断。

（2）挖土方（石方）平均厚度应按自然地面测量标高至设计地坪标高间的平均厚度确定。基础土方开挖深度应按基础垫层底表面标高至交付施工现场地标高确定，无交付施工场地标高时，应按自然地面标高确定。

3.2-2

（3）建筑物场地厚度≤±300 mm的挖、填、运、找平，应按平整场地项目编码列项；厚度>±300 mm的竖向布置挖土或山坡切土应按挖一般土方项目编码列项；厚度>±300 mm的竖向布置挖石或山坡凿石应按一般石方项目编码列项。

（4）底宽≤7 m，且底长>3倍底宽为沟槽；底长≤3倍底宽，且底面积≤150 m² 为基坑；超出上述范围则为一般土（石）方。

（5）挖土方如需截桩头时，应按桩基工程相关项目编码列项。

（6）桩间挖土不扣除桩的体积，并在项目特征中加以描述。

（7）土（石）方体积应按挖掘前的天然密实体积计算。

（8）管沟石方项目适用于管道（给排水、工业、电力、通信）、光（电）缆沟（包括人（手）孔、接口坑）及连接井（检查井）等。

3.2.2　工程量计算规则

1. 土方工程

（1）平整场地按设计图示尺寸以建筑物首层建筑面积计算。

（2）挖一般土方按设计图示尺寸以体积计算。

（3）挖沟槽土方、挖基坑土方。房屋建筑按设计图示尺寸以基础垫层底面积乘以挖土深度计算；构筑物按最大水平投影面积乘以挖土深度（原地面平均标高至坑底高度）以体积计算。

（4）冻土开挖按设计图示尺寸开挖面积乘以厚度以体积计算。

（5）挖淤泥、流砂按设计图示位置、界限以体积计算。

（6）管沟土方按设计图示以管道中心线长度以长度计算，以米计量；或按设计图示管底垫层面积乘以挖土深度以体积计算，无管底垫层按管外径的水平投影面积乘以挖土深度以体积计算，以立方米计量。

(7)挖沟槽、基坑、一般土方因工作面和放坡增加的工程量(管沟工作面增加的工程量)是否并入各土方工程量中,应按各省(自治区、直辖市)或行业建设主管部门的规定实施。

2. 石方工程

(1)挖一般石方按设计图示尺寸以体积计算,以立方米计量。

(2)挖沟槽石方、挖基坑石方按设计图示尺寸沟槽(基坑)底面积乘以挖石深度以体积计算,以立方米计量。

(3)管沟石方按设计图示以管道中心线长度计算,以米计量;或按设计图示截面积乘以长度计算,以立方米计量。

3. 回填

(1)回填方按设计图示尺寸以体积计算,以立方米计量。场地回填以回填面积乘以平均回填厚度计算;室内回填以主墙间面积乘以回填厚度,不扣除间隔墙计算;基础回填以挖方体积减去自然地坪以下埋设的基础体积(包括基础垫层及其他构筑物)计算。

(2)余方弃置按挖方清单项目工程量减利用回填方体积(正数)计算,以立方米计量。

3.2.3 计算示例

3.2-3

【例 3.1】 某工程平面布置如图 3.5 所示,轴线尺寸居中标注,墙厚为 240 mm,图中 R 为墙中心半径,土壤为三类土,请编制平整场地的工程量清单。

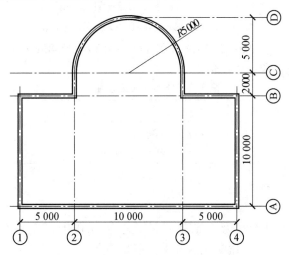

图 3.5 某工程平面布置图

【解】 (1)计算思路。

平整场地工程量计算规则为按建筑面积计算。将平面图分为下部大矩形、中间小矩形与上部半圆形。

(2)计算过程。

$$大矩形\ S_1 = (5+10+5+0.24) \times (10+0.24) = 207.26(m^2)$$

$$小矩形\ S_2 = (10+0.24) \times (2-0.12) = 19.25(m^2)$$

$$半圆形\ S_3 = \pi \times (5+0.12)^2 \times \frac{1}{2} = 41.16(m^2)$$

$$S = 207.26 + 19.25 + 41.16 = 267.67(m^2)$$

(3)编制分部分项工程量清单(表 3.2)。

表 3.2 分部分项工程量清单

项目编码	项目名称	项目特征	计量单位	工程量
010101001001	平整场地	(1)土壤类别:三类土 (2)弃土运距:自行考虑	m²	267.67

【例3.2】　某内、外墙基础平面如图3.6所示,内、外墙基础剖面如图3.7所示,轴线尺寸均居中标注,沟槽宽均为800 mm,垫层底标高为-2.000 m,室外地坪标高为-0.300 m。土壤为三类土,土方由装载机装车,自卸汽车运输7 km弃置,请编制土方开挖相关工程量清单。

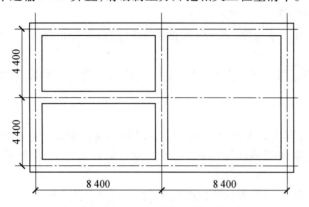

图3.6　内、外墙基础平面图

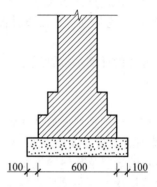

图3.7　内、外墙基础剖面图

【解】　(1)计算思路。

外墙沟槽工程量以断面积乘以中心线长计算,内墙工程量以断面积乘以基础垫层净长线计算。

(2)计算过程。

$$L_{中}=(8.4+4.4)\times2\times2=51.2(\text{m})$$
$$L_{垫层}=8.4+4.4+4.4-0.8\times2=15.6(\text{m})$$
$$V_{挖}=(51.2+15.6)\times0.8\times(2-0.3)=90.85(\text{m}^3)$$

(3)编制分部分项工程量清单(表3.3)。

表3.3　分部分项工程量清单

项目编码	项目名称	项目特征	计量单位	工程量
010101003001	挖沟槽土方	(1)土壤类别:三类土 (2)挖土深度:1.7 m	m^3	90.85
010103002001	余方弃置	(1)装土方式:装载机装车 (2)弃土运距:7 km	m^3	90.85

【例3.3】　某圆形基坑,基底半径为4 m,垫层底标高为-5.000 m,室外地坪标高为-0.300 m。土壤为二类土,采用挖掘机场内转堆土方,请编制土方开挖工程量清单。

【解】　(1)计算思路。

清单中计算土方开挖工程量时不考虑措施因素,按照清单计量规范规定的土方开挖工程量计算即可。

(2)计算过程。

$$V=3.14\times4^2\times(5-0.3)=236.13(\text{m}^3)$$

(3)编制分部分项工程量清单(表3.4)。

表3.4　分部分项工程量清单

项目编码	项目名称	项目特征	计量单位	工程量
010101004001	挖基坑土方	(1)土壤类别:二类土 (2)挖土深度:4.7 m (3)弃土方式:挖掘机场内转堆土方	m^3	236.13

【例3.4】　土方回填场地平面图如图3.8所示,筏板底标高为-3.000 m,筏板厚度为1 500 mm,垫层底标高为-3.100 m,垫层厚度为100 mm,出边150 mm,大开挖土方底标高为-3.100 m,室外地坪标高为-0.300 m。填方材料为三类土,采用人力车在场内运100 m,请编制土方回填工程量清单。

【解】　(1)计算思路。

基础回填土体积=挖方体积-设计室外地坪以下埋设的基础体积(包括基础垫层及其他构筑物体积)。

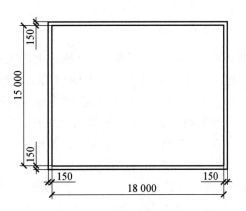

图 3.8　土方回填平面图

（2）计算过程。

$$V = 18.3 \times 15.3 \times (3.1-0.3) - (18 \times 15 \times 1.5 + 18.3 \times 15.3 \times 0.1)$$
$$= 783.972 - 432.999$$
$$= 350.97 (\text{m}^3)$$

（3）编制分部分项工程量清单（表 3.5）。

表 3.5　分部分项工程量清单

项目编码	项目名称	项目特征	计量单位	工程量
010103001001	回填方	（1）填方材料品种：三类土 （2）填方来源、运距：场内人力车运 100 m	m³	350.97

【例 3.5】　挖管沟石方，底长为 500 m，底宽为 3.6 m，挖深为 2.5 m。采用液压锤破碎，岩石为极软岩，弃渣运距为 6 km，请编制管沟石方工程量清单。

【解】　（1）计算思路。

管沟石方工程量计算规则为以管道中心线长度计算，以米计量；或按截面积乘以长度计算，以立方米计量。

（2）计算过程。

$$L = 500 \text{ m}$$

或

$$V = 500 \times 3.6 \times 2.5 = 4\,500 (\text{m}^3)$$

（3）以立方米计量编制分部分项工程量清单（表 3.6）。

表 3.6　分部分项工程量清单

项目编码	项目名称	项目特征	计量单位	工程量
010102004001	管沟石方	（1）岩石类别：极软岩 （2）挖沟深度：2.5 m	m³	4 500
010103002001	余方弃置	（1）弃渣运距：6 km （2）破碎机械：液压锤	m³	4 500

3.3　地基处理与边坡支护工程

3.3.1　工程项目划分

地基处理与边坡支护工程分为地基处理、基坑与边坡支护 2 节，共 28 个项目，具体划分

3.3-1

见二维码 3.3-1 中内容。

1. 地基处理相关概念

（1）换填垫层。当建筑物基础下的持力层比较软弱、不能满足上部结构载荷对地基的要求时，常采用换填垫层来处理软弱地基。即将基础下一定范围内的土层挖去，然后回填强度较大的砂、砾石或灰土等，并分层夯实至设计要求的密实程度，作为地基的持力层。

3.3-2

（2）铺设土工合成材料。土工合成材料是土木工程应用的合成材料的总称。作为一种土木工程材料，它是以人工合成的聚合物（如塑料、化纤、合成橡胶等）为原料，制成各种类型的产品，置于土体内部、表面或各种土体之间，发挥加强或保护土体的作用。

（3）预压地基。在原状土上加载，使土中水排出，以实现土的预先固结，从而减少建筑物地基后期沉降和提高地基承载力。按加载方法的不同，分为堆载预压、真空预压、降水预压 3 种不同预压地基。

（4）强夯地基。强夯地基是指用起重机械（起重机或起重机配三脚架、龙门架）将大吨位（一般为 8～30 t）夯锤起吊到 6～30 m 高度后，自由落下，给地基以强大冲击能量的夯击，使土中出现冲击波和很大的冲击应力，迫使土层空隙压缩，土体局部液化，在夯击点周围产生裂隙，形成良好的排水通道，孔隙水和气体逸出，使土料重新排列，经时效压密达到固结，从而提高地基承载力。

（5）振冲密实（不填料）。振冲密实（不填料）一般仅适用于处理黏粒含量小于 10% 的粗砂和中砂地基，是利用振冲器强烈振动和压力水灌入到土层深处，使松砂地基加密，提高地基强度的加固技术。

（6）振冲桩（填料）。振冲桩是指在天然软弱地基中，通过振冲器借助其自重、水平振动力和高压水，将黏性土变成泥浆水排出孔外，形成略大于振冲器直径的孔，再向孔中灌入碎石料，并在振冲器的侧向力作用下，将碎石挤入周围土中，形成密实度高、直径大的桩体。振冲桩与黏性土（作为桩间土）构成复合地基共同工作，其作用是改变地基排水条件，加速地震时超孔隙水压力的消散，有利于地基抗震和防止液化。

（7）砂石桩。振动沉管砂石桩是振动沉管砂桩和振动沉管碎石桩的简称。振动沉管砂石桩就是在振动机的振动作用下，把套管打入规定的设计深度，夯入土后，挤密了套管周围土体，然后投入砂石，再排砂石于土中，振动密实成桩，多次循环后就成为砂石桩。砂石桩也可采用锤击沉管方法。桩与桩间土形成复合地基，从而提高地基的承载力和防止砂土振动液化，也可用于增大软弱黏性土的整体稳定性。砂石桩处理深度可达 10 m 左右。

（8）水泥粉煤灰碎石桩。水泥粉煤灰碎石桩（cement fly-ash gravel pile，CFG），由碎石、石屑、砂、粉煤灰掺水泥加水拌和，用各种成桩机械制成的可变强度桩。通过调整水泥掺量及配比，其强度等级在 C15～C25 之间变化，是介于刚性桩与柔性桩之间的一种桩型。水泥粉煤灰碎石桩和桩间土一起，通过褥垫层形成水泥粉煤灰碎石桩复合地基共同工作，故可根据复合地基性状和计算进行工程设计。水泥粉煤灰碎石桩一般不用计算配筋，并且还可利用工业废料粉煤灰和石屑作为掺和料，进一步降低了工程造价。

（9）深层搅拌桩。深层搅拌桩是利用水泥作为固化剂，通过特制的深层搅拌机械，在地基深处就地将软土或砂等和固化剂（浆液或粉体）强制拌和，利用固化剂和软土之间所产生的一系列物理-化学反应，使软土硬结成具有整体性的并具有一定承载力的复合地基。深层搅拌桩适宜于加固各种成因的淤泥质土、黏土和粉质黏土等，用于增加软土地基的承载能力，减少沉降量，提高边坡的稳定性，通过形成各种坑槽工程施工时的挡水帷幕发挥作用。

（10）粉喷桩。粉喷桩属于采用深层搅拌法加固地基方法的一种形式，也称加固土桩。深层搅拌法是加固饱和软黏土地基的一种新颖方法，利用水泥、石灰等材料作为固化剂的主剂，使软土硬结成具有整体性、水稳性和一定强度的优质地基。粉喷桩就是采用粉体状固化剂来进行软基搅拌处理的方法。粉喷桩最适合用于加固各种成因的饱和软黏土，目前国内常用于加固淤泥、淤泥质土、粉土和含水量较高的黏性土。

（11）夯实水泥土桩。夯实水泥土桩是用人工或机械成孔，选用相对单一的土质材料，与水泥按一定配比，在孔外充分拌和均匀制成水泥土，分层向孔内回填并强力夯实，制成均匀的水泥土桩。桩、桩间土和褥垫层一起形成复合地基。夯实水泥土桩作为中等黏结强度桩，不仅适用于地下水位以上的淤泥质土、素填土、粉土、粉质黏土等地基加固，对地下水位以下的情况，在进行降水处理后，采取夯实水泥土桩进行地基加固,也是一种行之有效的方法。夯实水泥土桩通过两方面作用使地基强度提高,一是成桩夯实过程中挤密桩间土,使桩周土强度有一定程度提高,二是水泥土本身夯实成桩,且水泥与土混合后可产生离子交换等一系列物理-化学反应,使桩体本身有较高强度,具有水硬性。处理后的复合地基强度和抗变形能力有明显提高。

(12)高压喷射注浆桩。高压喷射注浆桩就是利用钻机钻孔,把带有喷嘴的注浆管插至土层的预定位置后,利用高压设备使浆液成为20 MPa以上的高压射流,从喷嘴中喷射出来冲击破坏土体。部分细小的土料随着浆液冒出水面,其余土粒在喷射流的冲击力、离心力和重力等作用下,与浆液搅拌混合,并按一定的浆土比例有规律地重新排列。浆液凝固后,便在土中形成固结体,与桩间土一起构成复合地基,从而提高地基承载力,减少地基的变形,达到地基加固的目的。高压喷射注浆类型包括旋喷、摆喷、定喷,高压喷射注浆方法包括单管法、双重管法、三重管法。

(13)石灰桩。石灰桩是以生石灰为主要固化剂与粉煤灰或火山灰、炉渣、矿渣、黏性土等掺和料按一定的比例均匀混合后,在桩孔中经机械或人工分层振压或夯实所形成的密实桩体。为提高桩身强度,还可掺加石膏、水泥等外加剂。

(14)灰土(土)挤密桩。灰土(土)挤密桩是在基础底面形成若干个桩孔,然后将灰土(土)填入并分层夯实,以提高地基的承载力或水稳性。灰土挤密桩和土挤密桩适用于处理地下水位以上的湿陷性黄土、素填土和杂填土等地基,可处理的地基深度为5~15 m。当以消除地基土的湿陷性为主要目的时,宜选用土挤密桩;当以提高地基土的承载力或增强其水稳性为主要目的时,宜选用灰土挤密桩。当地基土的含水量大于24%、饱和度大于65%时,不宜选用灰土挤密桩或土挤密桩作为地基处理措施。

(15)柱锤冲扩桩。柱锤冲扩桩是指反复将柱状重锤提到高处使其自由下落冲击成孔,然后分层填料夯实形成扩大状体,与桩间土组成复合地基。适用于处理杂填土、粉土、黏性土、素填土、黄土等地基,对地下水位以下饱和松软土层应通过现场试验确定其适用性。地基处理深度不宜超过6 m,复合地基承载力特征值不宜超过160 kPa。

(16)注浆地基。注浆地基法是指将配置好的化学浆液或水泥浆液,通过压浆泵、灌浆管均匀注入各种介质的裂缝或孔隙中,以填充、渗进和挤密等方式,驱走裂缝、孔隙中的水分和气体,并填充其位置,硬化后将岩土胶结成一个整体,形成强度大、压缩性低、抗渗性高、稳定性良好的新的岩土体,从而改善地基的物理、化学性质。注浆地基在地基处理中应用十分广泛,主要用于截水、堵漏和加固地基。

(17)褥垫层。褥垫层法是水泥粉煤灰碎石桩复合地基中解决地基不均匀的一种方法。如建筑物一边在岩石地基上,一边在黏土地基上时,采用在岩石地基上加褥垫层(级配砂石)来解决。

2.基坑与边坡支护相关概念

(1)地下连续墙。地下连续墙是基础工程在地面上采用一种挖槽机械,沿着深开挖工程的周边轴线,在泥浆护壁条件下,开挖出一条狭长的深槽,清槽后,在槽内吊放钢筋笼,然后用导管法灌筑水下混凝土筑成一个单元槽段,如此逐段进行,在地下筑成一道连续的钢筋混凝土墙壁,作为截水、防渗、承重、挡水结构。

(2)咬合灌注桩。咬合灌注桩是指桩身密排且相邻桩桩身相割形成的具有防渗作用的连续挡土支护结构。该支护结构既可全部采用钢筋混凝土桩,也可采用素混凝土桩与钢筋混凝土桩相间布置。该桩一般采用全套管桩机施工,成孔深,振动小,噪声低,无需泥浆护壁,成桩质量稳定,相邻混凝土桩间部分圆周相嵌,使之形成具有良好防渗作用的整体连续挡土支护结构。

(3)圆木桩。圆木桩做基础用或者防止土方塌方,支设挡土板用。一般用于木结构的下方水中,或者作为围堰,起支撑等作用。

(4)预制钢筋混凝土板桩。在地下建筑物的建造过程中,预制筋混凝土板桩是用于垂直挡土护坡结构的一种常用板桩,其在基坑开挖过程中作为基坑的临时支护,在基坑开挖完成后,常常作为地下建筑的永久性结构。

(5)型钢桩。型钢桩在多种地层中的贯入能力较强,其对地层产生的扰动较为轻微,是部分挤土桩的一种。若打入桩在中心处的间距较小,可使用H型钢桩替换其他的挤土桩,从而预防因为打桩作业而引起的地面不良现象,如侧向挤动、隆起等。在工业(特别是在冶金工业)厂区内进行厂房建造和改造过程中,经常靠近旧有厂房和铁道旁,为保证邻近建筑物附属设施等的安全,需要在土方开挖时对坑壁进行支护来加以保护,而型钢桩由于具有施工方便、强度高、进度快、就地取材等特点,在其中得到广泛的利用。

(6)钢板桩。钢板桩是一种边缘带有联动装置,且这种联动装置可以自由组合以便形成一种连续紧密的挡土或者挡水墙的钢结构体。

(7)锚杆(锚索)。锚杆作为深入地层的受拉构件,它一端与工程构筑物连接,另一端深入地层中,整根锚杆分为自由段和锚固段,自由段是指将锚杆头处的拉力传至锚固段的区域,其功能是对锚杆施加预应力;锚固段是指水泥浆体将预应力筋与土层黏结的区域,其功能是将锚固段与土层的黏结摩擦作用增大,增加锚固段的承压作用,将自由段的拉力传至土体深处。

吊桥边孔施工时将主缆进行锚固时,要将主缆分为许多股钢束分别锚于锚锭内,这些钢束称为锚索。锚索是通过外端固定于坡面,另一端锚固在滑动面以内的稳定岩体中穿过边坡滑动面的预应力钢绞线,直接在滑面上产生抗滑阻力,增大抗滑摩擦阻力,使结构面处于压紧状态,以提高边坡岩体的整体性,从而从根本上改善岩体的力学性能,有效地控制岩体的位移,促使其稳定,达到整治顺层、滑坡及危岩、危石的目的。

(8)土钉。土钉又称土工锚杆,是一种将土体与混凝土结构物相连的土木工程材料,常用于防止边坡、挡土墙等土体结构的滑动、下滑或崩塌。

(9)喷射混凝土、水泥砂浆。用压力喷枪喷涂灌筑细石混凝土、水泥砂浆的施工法。常用于灌筑隧道内衬、墙壁、天棚等薄壁结构。

(10)混凝土支撑。混凝土支撑通俗来讲就是"模板支撑",主要用于建筑施工中的模板支撑机构,一般采用的是钢材或者木梁拼接而成的模板托架。最后再采用组合钢模板进行混凝土的施工。混凝土支撑一般是指临时混凝结构,到达一定程度即可拆除。目前大多体现在地下结构中,或者桥梁、其他临时工程中。

(11)钢支撑。钢支撑一般情况是倾斜的连接构件,最常见的是"人"字形和交叉形状的,截面形式可以是钢管、H 型钢、角钢等,作用是增强结构的稳定性。

3. 相关说明

(1)地层情况按规范土壤分类表和岩石分类表的规定,并根据岩土工程勘察报告按单位工程各地层所占比例(包括范围值)进行描述。对无法准确描述的地层情况,可注明由投标人根据岩土工程勘察报告自行决定报价。

(2)项目特征中的桩长应包括桩尖,空桩长度=孔深-桩长,孔深为自然地面至设计桩底的深度。

(3)高压喷射注浆类型包括旋喷、摆喷、定喷,高压喷射注浆方法包括单管法、双重管法、三重管法。

(4)如采用泥浆护壁成孔,工作内容包括土方、废泥浆外运;如采用沉管灌注成孔,工作内容包括桩尖制作、安装。

(5)土钉置入方法包括钻孔置入、打入或射入等。

(6)混凝土种类指清水混凝土、彩色混凝土等,如在同一地区既使用预拌(商品)混凝土,又允许现场搅拌混凝土时,也应注明(下同)。

(7)地下连续墙和喷射混凝土的钢筋网及咬合灌注桩的钢筋笼制作、安装,按混凝土及钢筋混凝土工程中相关项目编码列项;本分部未列的基坑与边坡支护的排桩按桩基工程中相关项目编码列项;水泥土墙、坑内加固按表地基处理中相关项目编码列项;砖、石挡土墙、护坡按砌筑工程中相关项目编码列项;混凝土挡土墙按混凝土及钢筋混凝土工程中相关项目编码列项;弃土(不含泥浆)清理、运输按土石方工程中相关项目编码列项。

3.3.2 工程量计算规则

1. 地基处理

(1)换填垫层按设计图示尺寸以体积计算。

(2)铺设土工合成材料按设计图示尺寸以面积计算。

(3)预压地基、强夯地基、振冲密实(不填料)按设计图示处理范围以面积计算。

(4)振冲桩(填料)、砂石桩可按设计图示尺寸以桩长(有桩尖者包括桩尖)计算,以米计量;或按设计桩截面积乘以桩长(有桩尖者包括桩尖)以体积计算,以立方米计量。

(5)水泥粉煤灰碎石桩、夯实水泥土桩、石灰桩、灰土(土)挤密桩按设计图示尺寸以桩长(包括桩尖)计算,以米计量。

(6)深层搅拌桩、粉喷桩、高压喷射注浆桩、柱锤冲扩桩按设计图示尺寸以桩长计算,以米计量。

(7)注浆地基可按设计图示尺寸以钻孔深度计算,以米计量;或按设计图示尺寸以加固体积计算,以立方米计量。

(8)褥垫层可按设计图示尺寸以铺设面积计算,以平方米计量;或按设计图示尺寸以体积计算,以立方米计量。

2. 基坑与边坡支护

(1)地下连续墙按设计图示墙中心线乘以厚度乘以槽深以体积计算,以立方米计量。

(2)咬合灌注桩、圆木桩、预制钢筋混凝土板桩可按设计图示桩长(有桩尖者包括桩尖)计算,以米计量;或按设计图示数量计算,以根计量。

(3)型钢桩可按设计图示尺寸以质量计算,以吨计量;或按设计图示数量计算,以根计量。

(4)钢板桩可按设计图示尺寸以质量计算,以吨计量;或按设计图示中心线长乘以桩长以面积计算,以平方米计量。

(5)锚杆、锚索,其他锚杆、土钉可按设计图示尺寸以钻孔深度计算,以米计量;或按设计图示数量计算,以根计量。

(6)喷射混凝土、水泥砂浆按设计图示尺寸以面积计算,以平方米计量。

(7)钢筋混凝土支撑按设计图示尺寸以体积计算,以立方米计量。

(8)钢支撑按设计图示尺寸以质量计算,以吨计量。不扣除孔眼质量,焊条、铆钉、螺栓等不另增加质量。

3. 计算示例

【例3.6】　换填垫层,材质为石屑,压实系数为 0.97,厚度为 200 mm,长度为 20 000 mm,宽度为 15 000 mm,请编制垫层工程量清单。

【解】　(1)计算过程。

以体积计量

$$V = 20 \times 15 \times 0.2 = 60(\text{m}^3)$$

(2)编制分部分项工程量清单(表 3.7)。

表 3.7　分部分项工程量清单

项目编码	项目名称	项目特征	计量单位	工程量
010201001001	换填垫层	(1)材料种类:石屑 (2)压实系数:0.97	m³	60

【例3.7】　强夯地基,长度为 180 000 mm,宽度为 15 000 mm,夯击能量为 2 000 kJ,夯击 2 遍,请编制强夯地基工程量清单。

【解】　(1)计算过程。

$$S = 180 \times 15 = 2\,700(\text{m}^2)$$

(2)编制分部分项工程量清单(表 3.8)。

表 3.8　分部分项工程量清单

项目编码	项目名称	项目特征	计量单位	工程量
010201004001	强夯地基	(1)夯击能量:2 000 kJ (2)夯击遍数:2 遍	m²	2 700

【例3.8】　如图3.9所示,砂石桩直径为900 mm,桩身长 $h_1 = 8\,000$ mm,桩尖长 $h_2 = 600$ mm,采用振动沉管成桩,材料为砂、砾石,请编制砂石桩工程量清单。

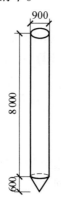

图3.9　砂石桩

【解】　(1)计算过程。

$$L = 8.6(\text{m})$$

或

$$V = \pi \times R^2 \times \left(h_1 + \frac{h_2}{3}\right) = 3.14 \times 0.45^2 \times (8 + 0.2) = 5.21(\text{m}^3)$$

(2)以立方米计量编制分部分项工程量清单(表3.9)。

表3.9　分部分项工程量清单

项目编码	项目名称	项目特征	计量单位	工程量
010201007001	砂石桩	(1)地层情况:一类土 (2)空桩长度、桩长:8.6 m (3)桩径:900 mm (4)成孔方法:振动沉管成桩 (5)材料种类:砂、砾石	m³	5.21

【例3.9】　钢筋混凝土地下连续墙,厚度为300 mm,高度为5 000 mm,长度为15 m,地层情况为一类土,采用现浇钢筋混凝土导墙,混凝土等级为C30,加灌高度为0.5 m,钢筋笼另计,请编制地下连续墙工程量清单。(注:钢筋混凝土导墙等级C25,工程量为7.2 m³)

【解】　(1)计算过程。

$$V = 15 \times 0.3 \times 5 = 22.5(\text{m}^3)$$

(2)编制分部分项工程量清单(表3.10)。

表3.10　分部分项工程量清单

项目编码	项目名称	项目特征	计量单位	工程量
010202001001	地下连续墙	(1)地层情况:一类土 (2)导墙类型:C25 现浇钢筋混凝土 (3)墙体厚度:300 mm (4)成槽深度:5 000 mm (5)混凝土类别、强度等级:C30	m³	22.5

【例3.10】　如图3.10所示,某地下室挡墙采用锚杆支护,锚杆成孔直径为90 mm,采用1根HRB335直径为25 mm的钢筋作为杆体,成孔深度均为15.0 m。锚杆支护面积,长为18 000 mm,宽为9 000 mm,锚杆间距为900 mm×900 mm,地层情况为二类土,采用P.S32.5水泥注浆。请编制锚杆工程量清单。

【解】　(1)计算过程。

$$根数 = (18\,000/900) \times (9\,000/900) = 200(根)$$

或

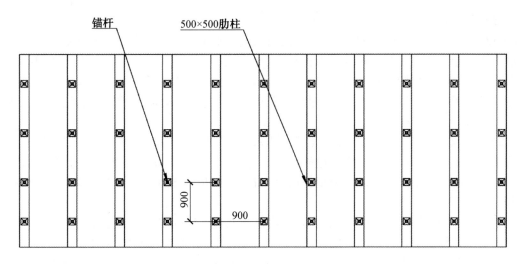

图 3.10　锚杆支护

$$L = 15 \times 200 = 3\ 000 (\text{m})$$

（2）以米计量编制分部分项工程量清单（表 3.11）。

表 3.11　分部分项工程量清单

项目编码	项目名称	项目特征	计量单位	工程量
010202007001	锚杆（锚索）	（1）地层情况：二类土 （2）锚杆类型：钢筋锚杆 （3）钻孔深度：15 m （4）钻孔直径：90 mm （5）杆体材料品种、规格：HRB335、φ25 （6）浆液种类、强度等级：P.S32.5 水泥	m	3 000

3.4　桩基工程

3.4.1　工程项目划分

桩基工程分为打桩和灌注桩 2 节，共 11 个子项目，具体划分见二维码 3.4–1 中内容。

1. 打桩相关概念

（1）预制钢筋混凝土方桩。预制钢筋混凝土方桩是采用振动或离心成形、外周截面为正方形的、用作桩基的预制钢筋混凝土构件。

3.4–1

（2）预制钢筋混凝土管桩。预制钢筋混凝土管桩就是管状的预制钢筋混凝土桩，它是在工厂或施工现场制作，然后运输到施工现场用沉桩设备打入、压入或振入土层中的钢筋混凝土预制空心筒体构件。其主要由圆筒形桩身、端头板和钢套箍等组成。

3.4–2

（3）钢管桩。钢管桩是适用于码头港口建设中的基础，其直径范围一般在 400～2 000 mm，最常用的是 1 800 mm。钢管桩通常是由钢管、企口楔槽、企口楔销构成，钢管直径的左端管壁上竖向连接企口槽，企口槽的横断面为一边开口的方框形，在企口槽的侧面设有加强筋，钢管直径的右端管壁上且偏半径位置竖向连接有企口销，企口销的槽断面为"工"字形。

（4）截（凿）桩头。桩基施工的时候，为了保证桩头质量，灌注的混凝土一般都要高出桩顶设计标高 500 mm。截桩头则是指预制桩在打桩过程中，将没有打下去且高出设计标高的那部分桩体截去。凿桩头是在基础施工时将桩基顶部的多余部分凿掉，使其顶标高符合设计要求。

2. 灌注桩相关概念

(1)干作业成孔灌注桩。干作业成孔灌注桩是指在地下水位以上地层可采用机械或人工成孔并灌注混凝土的成桩工艺。干作业成孔灌注具有施工振动小、噪声低、环境污染少等优点。干作业成孔灌注桩是不用泥浆或套管护壁措施而直接排除土成孔的灌注桩,是在没有地下水的情况下进行施工的方法。目前干作业成孔的灌注桩常用的有螺旋钻孔灌注桩、螺旋钻孔扩孔灌注桩、机动洛阳铲挖孔灌注桩及人工挖孔灌注桩4种。

(2)人工挖孔灌注桩。人工挖孔灌注桩是指桩孔采用人工挖掘方法进行成孔,然后安放钢筋笼,浇筑混凝土而成的桩。为了确保人工挖孔桩施工过程中的安全,施工时必须考虑预防孔壁坍塌和流砂现象发生,制定合理的护壁措施。护壁方法可以采用现浇混凝土护壁、喷射混凝土护壁、砖砌体护壁、沉井护壁、钢套管护壁、型钢或木板桩工具式护壁等。

(3)钻孔压浆桩。钻孔压浆桩是一种能在地下水位高、流砂、塌孔等各种复杂条件下进行成孔、成桩,且能使桩体与周围土体致密结合的钢筋混凝土桩。施工工艺为钻孔到预定深度,通过钻杆中心孔经钻头的喷嘴向孔内高压喷注制备好的水泥浆液(水:水泥＝1:(1.61～1.71)),至浆液达到地下水位以上或没有塌孔危险的高度为止,提出全部钻杆后向孔内放入钢筋笼,并放入至少一根直通孔底的注浆管,然后投入粗骨料至孔口,最后通过注浆管向孔内多次高压注浆,直至浆液到孔口为止。

(4)灌注桩后压浆。灌注桩后压浆技术是压浆技术与灌注桩技术的有机结合,主要有桩端后压浆和桩周后压浆两种。所谓后压浆,就是在桩身混凝土达到预定强度后,用压浆泵将水泥浆通过预置于桩身中的压浆管压入桩周或桩端土层中,利用浆液对桩端土层及桩周土进行压密固结、渗透、填充,使之形成高强度新土层及局部扩径,提高桩端、桩侧阻力,以提高桩的承载力、减少桩顶沉降量。

3. 说明

(1)地层情况按规范土壤分类表和岩石分类表的规定,并根据岩土工程勘察报告按单位工程各地层所占比例(包括范围值)进行描述。对无法准确描述的地层情况,可注明由投标人根据岩土工程勘察报告自行决定报价。

(2)项目特征中的桩截面、混凝土强度等级、桩类型等可直接用标准图代号或设计桩型进行描述。

(3)预制钢筋混凝土方桩、预制钢筋混凝土管桩项目以成品桩编制,应包括成品桩购置费,如果在现场预制桩,应包括现场预制桩的所有费用。

(4)打试验桩和打斜桩应按相应项目单独列项,并应在项目特征中注明试验桩或斜桩(斜率)。

(5)截(凿)桩头项目适用于 GB 50854—2013 地基处理与边坡支护工程、桩基工程所列桩的桩头截(凿)。

(6)预制钢筋混凝土管桩桩顶与承台的连接构造按 GB 50854—2013 混凝土及钢筋混凝土工程相关项目列项。

(7)项目特征中的桩长应包括桩尖,空桩长度＝孔深-桩长,孔深为自然地面至设计桩底的深度,即桩长＝孔深-空桩长度。

(8)泥浆护壁成孔灌注桩是指在泥浆护壁条件下成孔,采用水下灌注混凝土的桩。其成孔方法包括冲击钻成孔、冲抓锥成孔、回旋钻成孔、潜水钻成孔、泥浆护壁的旋挖成孔等。

(9)沉管灌注桩的沉管方法包括锤击沉管法、振动沉管法、振动冲击沉管法、内夯沉管法等。

(10)混凝土种类指清水混凝土、彩色混凝土、水下混凝土等,如在同一地区既使用预拌(商品)混凝土,又允许现场搅拌混凝土时,也应注明。

(11)混凝土灌注桩的钢筋笼制作、安装,按 GB 50854—2013 混凝土及钢筋混凝土工程中相关项目编码列项。

3.4.2　工程量计算规则

(1)预制钢筋混凝土桩按设计图示尺寸以桩长(包括桩尖)计算,以米计量;或按设计图示截面积乘以桩长(包括桩尖)以实体积计算,以立方米计量;或按设计图示数量计算,以根计量。

（2）钢管桩按设计图示尺寸以质量计算,以吨计量;或按设计图示数量计算,以根计量。

（3）截(凿)桩头按设计桩截面乘以桩头长度以体积计算,以立方米计量;或按设计图示数量计算,以根计量。

（4）泥浆护壁成孔灌注桩、沉管灌注桩和干作业成孔灌注桩按设计图示尺寸以桩长(包括桩尖)计算,以米计量;或按不同截面在桩上范围内以体积计算,以立方米计量;或按设计图示数量计算,以根计量。

（5）挖孔桩土(石)方按设计图示尺寸以截面积乘以挖孔深度计算,以立方米计量。

（6）人工挖孔灌注桩按桩芯混凝以土体积计算,以立方米计量;或按设计图示数量计算,以根计量。

（7）钻孔压浆桩按设计图示尺寸以桩长计算,以米计量;或按设计图示数量计算,以根计量。

（8）灌注桩后压浆按设计图示以注浆孔数计算。

3.4.3　计算示例

【例3.11】　如图3.11所示,预制混凝土方桩断面尺寸为 400 mm×400 mm,桩身长为 9 000 mm,桩尖长为 500 mm,数量为 1 根。请编制预制混凝土方桩工程量清单。（注:根据施工说明,打桩的地层情况为一类土,桩顶标高为-0.5 m,桩倾斜度为90°,接桩采用硫黄胶泥接桩,混凝土强度等级为 C20 混凝土）

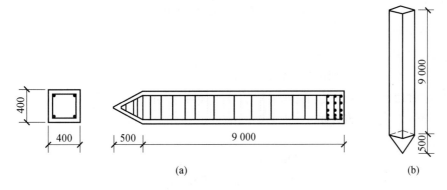

图 3.11　预制钢筋混凝土方桩

【解】　（1）计算思路。

预制钢筋混凝土方桩工程量计算规则为按设计图示尺寸以桩长(包括桩尖)计算,以米计量;或按设计图示截面积乘以桩长(包括桩尖)以实体积计算,以立方米计量;或按设计图示数量计算,以根计量。

（2）计算过程。

$$L=9+0.5=9.50(\text{m})$$

或

$$V=S×H_0+S×H_1/3$$
$$=0.4×0.4×9+0.4×0.4×0.5÷3=1.47(\text{m}^3)$$

（3）以米计量编制分部分项工程量清单(表3.12)。

表 3.12　分部分项工程量清单

序号	项目编码	项目名称	项目特征	计量单位	工程量
1	010301001001	预制钢筋混凝土方桩	（1）地层情况:一类土 （2）送桩深度、桩长:1 m,桩身长 9 m,桩尖长0.5 m （3）桩截面:400 mm×400 mm （4）桩倾斜度:90° （5）沉桩方法:无 （6）接桩方式:硫黄胶泥接桩 （7）混凝土强度等级:C20 混凝土	m	9.5

【例 3.12】　如图 3.12 所示,预制混凝土管桩外径为 600 mm,内径为 500 mm,桩身长为 9 000 mm,桩尖长为 500 mm,请编制 1 根预制混凝土管桩工程量清单。(已知:压桩地层情况为一类土,桩顶标高为-0.8 m,桩倾斜度为 90°,桩尖类型为钢板,混凝土强度等级为 C30,填充材料为 C30 混凝土)

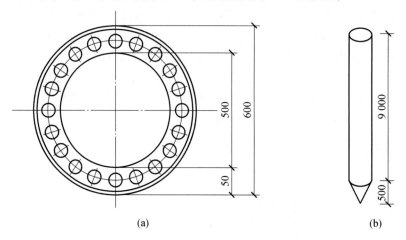

(a)　　　　　　　　　　　　　　　　　　　　(b)

图 3.12　预制钢筋混凝土管桩

【解】　(1)计算思路。

预制钢筋混凝土管桩工程量有 3 种计算方法。

①按设计图示尺寸以桩长(包括桩尖)计算,以米计量。

②按设计图示截面积乘以桩长(包括桩尖)以实体积计算,以立方米计量。

③按设计图示数量计量,以根计量。

(2)计算过程。

$$长度=桩身长度+桩尖长度$$
$$L=9+0.5=9.50(m)$$

(3)编制分部分项工程量清单(表 3.13),以米计量。

表 3.13　分部分项工程量清单

序号	项目编码	项目名称	项目特征	计量单位	工程量
1	010301002001	预制钢筋混凝土管桩	(1)地层情况:一类土 (2)送桩深度、桩长:1.3 m,桩身长 9 m,桩尖长 0.5 m (3)桩外径、壁厚:外径 600 mm,壁厚 50 mm (4)桩倾斜度:90° (5)沉桩方法:压桩 (6)桩尖类型:钢板 (7)混凝土强度等级:C30 (8)填充材料种类:C30 混凝土 (9)防护材料种类:无	m	9.50

【例 3.13】　某旋挖钻孔灌注桩工程,设计桩径为 1 500 mm,设计桩长为 35 m,数量为 100 根,截去桩长 1 000 mm,请编制泥浆护壁成孔灌注桩工程量和截(凿)桩头工程量清单。(已知:灌注桩混凝土强度等级为 C30,钢筋笼高不考虑,地层综合护筒高于地面 0.3 m)

【解】　(1)计算思路及过程。

泥浆护壁成孔灌注桩工程量有 3 种计算方法。

①按设计图示尺寸以桩长(包括桩尖)计算,以米计量。

$$35×100=3 500(m)$$

②按不同截面在桩上范围内以体积计算,以立方米计量。

$$3.14×0.75×0.75×35×100 = 6\ 181.88(\text{m}^3)$$

③按设计图示数量计算,以根计量。

$$1×100 = 100(根)$$

截(凿)桩头工程量有 2 种计算方法。

①按设计桩截面乘以桩头长度以体积计算,以立方米计量。

$$3.14×0.75×0.75×1×100 = 176.63(\text{m}^3)$$

②按设计图示数量计算,以根计量。

$$1×100 = 100(根)$$

(2)以立方米计量编制分部分项工程量清单(表3.14)。

表3.14　分部分项工程量清单

序号	项目编码	项目名称	项目特征	计量单位	工程量
1	010302001001	泥浆护壁成孔灌注桩	(1)地层情况:土层综合 (2)空桩长度、桩长:桩长:35 m (3)桩径:1 500 mm (4)成孔方法:旋挖钻孔 (5)护筒类型、长度:钢护筒(拆除),护筒顶高于地面0.3 m (6)混凝土类别、强度等级:C30 混凝土	m³	6 181.88
2	010301004001	截(凿)桩头	(1)桩类型:灌注钢筋混凝土桩 (2)桩头截面、高度:桩径1 500 mm,截去桩长1 000 mm (3)混凝土强度等级:C30 (4)有无钢筋:有	m³	176.63

3.5　砌筑工程

3.5.1　工程项目划分

砌筑工程分为砖砌体、砌块砌体、石砌体和垫层 4 节,共 27 个子项目,具体划分见二维码3.5-1中内容。

3.5-1

1. 砖砌体相关概念

砖砌体分项工程包括砖基础,砖砌挖孔桩护壁,实心砖墙,多孔砖墙,砖检查井,空心砖墙,空斗墙,空花墙,填充墙,砖检查井,实心砖柱,多孔砖柱,零星砌砖,砖散水、地坪,砖地沟、明沟等子项工程。

(1)砖基础。砖基础主要指由烧结普通砖砌筑而成的建筑物基础,属于刚性基础范畴。

(2)空斗墙。空斗墙是指用砖侧砌或平、侧交替砌筑成的空心墙体,是一种优良轻型

3.5-2

墙体。

(3)空花墙。空花墙是一种镂空的墙体结构,指用砖砌成各种镂空花式的墙。

(4)填充墙。框架结构的墙体是填充墙,起围护和分隔作用,质量由梁柱承担,填充墙不承重。

(5)砖检查井。砖检查井又称窨井,是指为地下基础设施(如供电、给水、排水、通信、有线电视、煤气管道、路灯线路等)的维修、安装方便而设置的各类检查井、阀门井、碰头井、排气井、观察井、消防井和用于清掏、清淤、维修的各类作业井,其功能是方便设备检查、维修和安装。

(6)零星砌砖。零星砌砖适用于台阶、台阶挡墙、梯带、锅台、炉灶、蹲台、池槽、池槽腿、砖胎模、花台、花池、楼梯栏板、阳台栏板、地垄墙≤0.3 m² 的孔洞填塞等。

(7)砖散水、地坪。为保护墙基不受雨水侵蚀,常在外墙四周将地面做成向外倾斜的坡面,以便将屋面雨水排至远处,这一坡面称为散水或护坡。散水坡度约为5%,宽一般为600~1 000 mm。当屋面排水方式为自由落水时,要求其宽度较屋顶出檐200 mm。砖地坪指普通黏土砖铺墁地面,是把砖按一定的几何形状,有规律地进行排列,组成异形的花格纹。

(8)砖地沟、明沟。明沟是设置在外墙四周的排水沟,将屋面落水和地面积水有组织地导向地下排水井,保护外墙基础。明沟可用砖砌筑,水泥砂浆粉面。明沟一般设置在墙边。当屋面为自由落水时,明沟外移,其中心线与屋面檐口对齐。

2. 砌块砌体相关概念

砌块砌体指的是空心砌块和轻体砌块,与砖砌体有区别,是空心的或者是轻质的。

(1)砌块墙。用砌块和砂浆砌筑成的墙体,可作为工业与民用建筑的承重墙和围护墙。

(2)砌块柱。砌块柱是使用砖块砌筑而成的立柱,常见于民居建筑和小型公共建筑,是一种简单经济的结构形式。

3. 石砌体相关概念

石砌体是用石材和砂浆或用石材和混凝土砌筑成的整体材料。

(1)石基础。石基础是建筑物的基础部分,它承受整个建筑的质量并将其传导到地面。石基础的主要作用是保证建筑物的稳定性和耐久性。石基础一般由石头或混凝土等材料构成,具有很好的承载能力和抗压性能。它通常位于建筑物的地面以下,与地基相连。

(2)石勒脚。石勒脚是一种常见的建筑结构部件,用于连接石基础和上部结构。它位于石基础和上部结构之间,承受来自上部结构的载荷,并将其传导到石基础上。石勒脚一般由石材制成,具有较强的抗压和抗弯能力。石勒脚的形式和构造因建筑物的结构形式和载荷要求而异。一般来说,石勒脚可分为直立式和倒角式两种形式。直立式石勒脚直立于石基础上,起到支撑和传力的作用;倒角式石勒脚则是将上部结构的载荷通过倒角传导到石基础上,具有一定的缓冲和传递效果。

(3)块石挡土墙。块石挡土墙是利用天然的大块石材修筑而成的挡土墙。其主要特点是结构稳固,具有很好的抗冲刷和防滑性能。块石挡土墙常用于河流边坡、海岸线以及山区等地的土方边坡防护。块石挡土墙也可以用于环境景观绿化,如园林设计、道路两侧等地方。

(4)石护坡。石护坡是指用石头、混凝土等材料建造的缓坡或陡坡,在坡面上种植植物,通过植物的根系、坡体材料的黏结和结构体系的协同作用,防止土坡因受水流冲刷而坍塌。石护坡适用于高速公路、城市道路等路基防护。

(5)石坡道。带有一定坡度的平面石砌体称为石坡道。

4. 垫层相关概念

垫层为介于基层与土基之间的结构层,在土基水稳状况不良时,用以改善土基的水稳状况,提高路面结构的水稳性和抗冻胀能力,并可扩散载荷,以减少土基变形。本节垫层指除混凝土垫层以外的其他材质的垫层,如砖砌垫层、砂垫层等。

5. 说明

(1)"砖基础"项目适用于各种类型砖基础,即柱基础、墙基础、管道基础等。

(2)基础与墙(柱)身使用同一种材料时,以设计室内地面为界(有地下室者,以地下室室内设计地面为界),以下为基础,以上为墙(柱)身。基础与墙身使用不同材料时,位于设计室内地面高度≤±300 mm时,以不同材料为分界线,高度>±300 mm时,以设计室内地面为分界线。

(3)砖围墙以设计室外地坪为界,以下为基础,以上为墙身。

(4)框架外表面的镶贴砖部分,按零星项目编码列项。

(5)附墙烟囱、通风道、垃圾道应按设计图示尺寸以体积(扣除孔洞所占体积)计算并入所依附的墙体体积内。

(6)空斗墙的窗间墙、窗台下、楼板下、梁头下等的实砌部分,按零星砌砖项目编码列项。

(7)"空花墙"项目适用于各种类型的空花墙,使用混凝土花格砌筑的空花墙,实砌墙体与混凝土花格应分别计算,混凝土花格按混凝土及钢筋混凝土中预制构件相关项目编码列项。

(8)台阶、台阶挡墙、梯带、锅台、炉灶、蹲台、池槽、池槽腿、砖胎模、花台、花池、楼梯栏板、阳台栏板、地垄墙、≤0.3 m² 的孔洞填塞等,应按零星砌砖项目编码列项。砖砌锅台与炉灶可按外形尺寸以个计算,砖砌台阶可按水平投影面积计算,以平方米计量,小便槽、地垄墙可按长度计算,其他工程以立方米计量。

(9)砖砌体内钢筋加固,应按 GB 50854—2013 中混凝土及钢筋混凝土工程中相关项目编码列项。

(10)砖砌体勾缝按 GB 50854—2013 墙、柱面装饰与隔断、幕墙工程中相关项目编码列项。

(11)检查井内的爬梯按 GB 50854—2013 混凝土及钢筋混凝土工程中相关项目编码列项;井内的混凝土构件按混凝土及钢筋混凝土预制构件编码列项。

(12)施工图设计标注做法见标准图集时,应在项目特征描述中注明标注图集的编码、页号及节点大样。

(13)砌体内加筋,墙体拉结的制作、安装,应按 GB 50854—2013 混凝土及钢筋混凝土工程中相关项目编码列项。

(14)砌块排列应上、下错缝搭砌,如果搭错缝长度满足不了规定的压搭要求,应采取压砌钢筋网片的措施,具体构造按设计规定,若设计无规定时,应注明由投标人根据工程实际情况自行考虑;钢筋网片按 GB 50854—2013 金属结构工程中相应编码列项。

(15)砌体垂直灰缝宽>30 mm 时,采用 C20 细石混凝土灌实。灌注的混凝土应按规范混凝土及钢筋混凝土工程相关项目编码列项。

(16)石基础、石勒脚、石墙的划分。基础与勒脚应以设计室外地坪为界,勒脚与墙身应以设计室内地面为界。石围墙内外地坪标高不同时,应以较低地坪标高为界,以下为基础;内外标高之差为挡土墙时,挡土墙以上为墙身。

(17)"石基础"项目适用于各种规格(粗料石、细料石等)、各种材质(砂石、青石等)和各种类型(柱基、墙基、直形、弧形等)基础。

(18)"石勒脚""石墙"项目适用于各种规格(粗料石、细料石等)、各种材质(砂石、青石、大理石、花岗石等)和各种类型(直形、弧形等)勒脚和墙体。

(19)"石挡土墙"项目适用于各种规格(粗料石、细料石、块石、毛石、卵石等)、各种材质(砂石、青石、石灰石等)和各种类型(直形、弧形、台阶形等)挡土墙。

(20)"石柱"项目适用于各种规格、各种石质、各种类型的石柱。

(21)"石栏杆"项目适用于无雕饰的一般石栏杆。

(22)"石护坡"项目适用于各种石质和各种石料(粗料石、细料石、片石、块石、毛石、卵石等)。

(23)"石台阶"项目包括石梯带(垂带),不包括石梯膀,石梯膀应按石挡土墙项目编码列项。

(24)除混凝土垫层应按 GB 50854—2013 混凝土及钢筋混凝土工程中相关项目编码列项外,没有包括垫层要求的清单项目应按砌筑工程垫层项目编码列项。

(25)砌筑工程下的垫层指的是除混凝土垫层以外的其他材质的垫层,如砖砌垫层、砂垫层等。

3.5.2　工程量计算规则

1. 砖砌体、砌块砌体

(1)砖基础。

①按设计图示尺寸以体积计算,包括附墙垛基础宽出部分体积,扣除地梁(圈梁)、构造柱所占体积,不扣除基础大放脚 T 形接头处的重叠部分及嵌入基础内的钢筋、铁件、管道、基础砂浆防潮层和单个面积≤0.3 m² 的孔洞所占体积,靠墙暖气沟的挑檐不增加。

②基础长度:外墙按外墙中心线,内墙按内墙净长线计算。

(2)砖砌挖孔桩护壁按设计图示尺寸以立方米计量。

(3)实心砖墙、多孔砖墙、空心砖墙、砌块墙、石墙。

①按设计图示尺寸以体积计算,扣除门窗、洞口、嵌入墙内的钢筋混凝土柱、梁、圈梁、挑梁、过梁及凹进

墙内的壁龛、管槽、暖气槽、消火栓箱所占体积,不扣除梁头、板头、檩头、垫木、木楞头、沿缘木、木砖、门窗走头、砖墙内加固钢筋、木筋、铁件、钢管及单个面积≤0.3 m² 的孔洞所占的体积。凸出墙面的腰线、挑檐、压顶、窗台线、虎头砖、门窗套的体积亦不增加。凸出墙面的砖垛并入墙体体积内计算。

②墙长度:外墙按中心线、内墙按净长计算。

③墙高度。a.外墙为斜(坡)屋面无檐口天棚者算至屋面板底;有屋架且室内外均有天棚者算至屋架下弦底另加200 mm;无天棚者算至屋架下弦底另加300 mm,出檐宽度超过600 mm 时按实砌高度计算;与钢筋混凝土楼板隔层者算至板顶;平屋顶算至钢筋混凝土板底。b.内墙位于屋架下弦者,算至屋架下弦底;无屋架者算至天棚底另加100 mm;有钢筋混凝土楼板隔层者算至楼板顶;有框架梁时算至梁底。c.女儿墙从屋面板上表面算至女儿墙顶面(如有混凝土压顶时算至压顶下表面)。d.内、外山墙按其平均高度计算。e.框架间墙不分内外墙按墙体净尺寸以体积计算。f.围墙高度算至压顶上表面(如有混凝土压顶时算至压顶下表面),围墙柱并入围墙体积内。

(4)空斗墙按设计图示尺寸以空斗墙外形体积计算。墙角、内外墙交接处、门窗洞口立边、窗台砖、屋檐处的实砌部分体积并入空斗墙体积内。

(5)空花墙按设计图示尺寸以空花部分外形体积计算,不扣除空洞部分体积。

(6)填充墙按设计图示尺寸以填充墙外形体积计算。

(7)实心砖柱、多孔砖柱、砌块柱按设计图示尺寸以体积计算。扣除混凝土及钢筋混凝土梁垫、梁头、板头所占体积。

(8)砖检查井按设计图示数量计算。

(9)零星砌砖按设计图示尺寸截面积乘以长度计算,以立方米计量;或按设计图示尺寸水平投影面积计算,以平方米计量;或按设计图示尺寸长度计算,以米计量;或按设计图示数量计算,以个计量。

(10)砖散水、地坪按设计图示尺寸以面积计算。

(11)砖地沟、明沟按设计图示以中心线长度计算,以米计量。

2. 石砌体、垫层

(1)石基础按设计图示尺寸以体积计算,以立方米计量,包括附墙垛基础宽出部分体积,不扣除基础砂浆防潮层及单个面积≤0.3 m² 的孔洞所占体积,靠墙暖气沟的挑檐不增加体积;基础长度外墙按中心线,内墙按净长计算。

(2)石勒脚按设计图示尺寸以体积计算,以立方米计量,扣除单个面积>0.3 m² 的孔洞所占的面积。

(3)石挡土墙、石柱、垫层按设计图示尺寸以体积计算,以立方米计量。

(4)石栏杆按设计图示以长度计算,以米计量。

(5)石护坡、石台阶按设计图示尺寸以体积计算,以立方米计量。

(6)石坡道按设计图示以水平投影面积计算,以平方米计量。

(7)石地沟、明沟按设计图示以中心线长度计算,以米计量。

3.5.3　计算示例

【例3.14】　某工程基础平面图如图3.13所示,断面图如图3.14所示。毛石基础每层高度为350 mm,混凝土垫层厚100 mm,墙基防潮层在±0.00 以下60 mm 处,请编制内外墙毛石基础、砖基础工程量清单。(注:该毛石基础为毛料石,砖基础为普通黏土砖,毛石基础、砖基础的类型均为条形基础,商品湿拌M2.5 混合砂浆砌筑石基础,商品湿拌M5.0 混合砂浆砌筑砖基础,砖基础防潮层材料种类本题暂不考虑)

解　(1)毛石基础计算。

偏心距:

$$e = 365 \div 2 - 125 = 57.5 (\text{mm})$$

调中后的外墙中心线长:

$$L = (9.6 + 9.6 + 8) \times 2 + 0.057\ 5 \times 8 = 54.86 (\text{m})$$

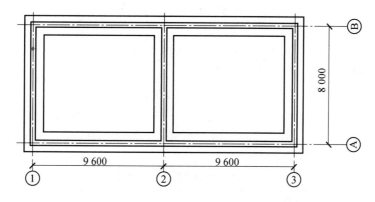

图 3.13　某工程基础平面图

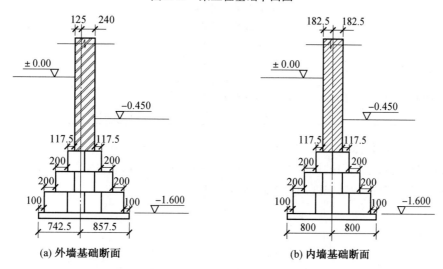

(a) 外墙基础断面　　　　　　　　　(b) 内墙基础断面

图 3.14　某工程基础断面图

外墙基础底面宽度：

$$742.5+857.5-2\times100=1.4(\text{m})$$

每层放脚宽为 $(0.2\times2)\text{m}$，则外墙基础从底到顶每层宽为 1.4 m、1.0 m、0.6 m。

3.5-3

外墙毛石基础断面面积：

$$A=(1.4+1.0+0.6)\times0.35=1.05(\text{m}^2)$$

内墙基础顶面净长线：

$$L_{基顶}=8-(0.125+0.117\ 5)\times2=7.52(\text{m})$$

$$L_{基中}=8-(0.125+0.1175+0.2)\times2=7.12(\text{m})$$

$$L_{基底}=8-(0.125+0.1175+0.2+0.2)\times2=6.72(\text{m})$$

石基础工程量：

$$V_{石}=L\times A+(L_{基顶}\times0.6\times0.35+L_{基中}\times1.0\times0.35+L_{基底}\times1.4\times0.35)$$
$$=(54.86\times1.05)+(7.52\times0.6\times0.35+7.12\times1.0\times0.35+6.72\times1.4\times0.35)$$
$$=64.97(\text{m}^3)$$

(2)砖基础计算。

本例中砖基础在毛石基础之上，其高度 $H=1.6-0.35\times3=0.55(\text{m})>0.3$ m，室内地坪以下应按砖基础计算。

外墙中心线长：

$$L_{中}=(9.6+9.6+8)\times2+0.057\ 5\times8=54.86(\text{m})$$

外墙砖基础断面面积：

$$A_{外墙}=0.55×0.365=0.20(\mathrm{m^2})$$

内墙基础顶面净长线:

$$L_{砖基顶}=8-0.125×2=7.75(\mathrm{m})$$

内墙砖基础断面面积:

$$A_{内墙}=A_{外墙}=0.20(\mathrm{m^2})$$

砖基础工程量:

$$V_{砖}=L_{中}×A_{外墙}+L_{砖基顶}×A_{内墙}=(54.86+7.75)×0.20=12.52(\mathrm{m^3})$$

(3)编制分部分项工程量清单(表3.15)。

表3.15 分部分项工程量清单

序号	项目编码	项目名称	项目特征	计量单位	工程量
2	010403001001	砖基础	(1)砖品种、规格、强度等级:黏土砖 (2)基础类型:条形基础 (3)砂浆强度等级:商品湿拌预拌砂浆 M5.0 (4)防潮层材料类:暂不考虑	m³	12.52
1	010401001001	石基础	(1)石料种类、规格:毛料石 (2)基础类型:条形基础 (3)砂浆强度等级:商品湿拌预拌砂浆 M2.5	m³	64.97

【例3.15】 某工程墙体如图3.15所示,柱截面尺寸为600 mm×600 mm,墙长为4 000 mm,墙厚为240 mm,墙高为4 000 mm,墙上门的尺寸为1 500 mm×2 100 mm,请编制墙体工程量清单。(注:砖块品种为轻集料混凝土小型空心砌块,砂浆强度均为 M10 水泥砂浆)

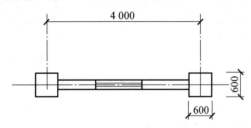

图3.15 某工程墙体示意图

解 (1)计算过程。

砌块墙工程量:

$$体积=长度×厚度×高度-门所占体积$$
$$=(4-0.3-0.3)×0.24×4-1.5×2.1×0.24$$
$$=2.51(\mathrm{m^3})$$

(2)编制分部分项工程量清单(表3.16)。

表3.16 分部分项工程量清单

序号	项目编码	项目名称	项目特征	计量单位	工程量
1	010402001001	砌块墙	(1)砌块品种、规格、强度等级:轻集料混凝土小型空心砌块,240 mm (2)墙体类型:砖墙 (3)砂浆强度等级:M10 现场拌制水泥砂浆	m³	2.51

3.6 混凝土及钢筋混凝土工程

3.6.1 现浇混凝土工程

3.6-1

现浇混凝土工程按结构部位及施工工艺划分为基础、柱、墙（混凝土墙）、梁、板、楼梯、其他混凝土构件、后浇带 8 节，共 39 个子项，具体划分见二维码 3.6-1 中内容。

1. 现浇混凝土基础

（1）工程项目划分。现浇混凝土基础项目包括垫层、带形基础、独立基础、满堂基础、桩承台基础、设备基础。

3.6-2

（2）相关概念。

①垫层。这里特指基础底部以下常以素混凝土浇筑的部分，厚度一般为 100 mm，四周每边尺寸往往会比基础尺寸大 100 mm，该尺寸通常称为出边。

②带形基础。带形基础又称承台基础，是一种基于带形混凝土梁的基础结构，适用于地质条件较差的地区。例如，墙下的长条形基础，或柱和柱之间的距离较近而连接起来的条形基础。

③独立基础。独立基础指将建筑物的基础支撑在独立于地基的根基上的一种构造方式。当建筑物上部结构采用框架结构或单层排架结构承重时，常采用独立基础。一般可以分为阶形基础、坡形基础、杯形基础 3 种。

④满堂基础。用板、梁、墙、柱组合浇筑而成的基础，称为满堂基础。一般有板式（也称无梁式）满堂基础、梁板式（也称片筏式）满堂基础和箱式满堂基础 3 种形式。

⑤桩承台基础。由桩和连接桩顶的钢筋混凝土平台（简称承台）组成的深基础，这里所说的桩承台基础主要指的就是承台，不包含桩本身的工程量，主要起承上，向下传递载荷的作用。

⑥设备基础。设备基础主要指建筑中机电设备的钢筋混凝土底座，特点是尺寸大、配筋复杂。

⑦独立基础与带形基础的区别。当一个基础上只承受一根柱子的载荷时，按独立基础计算。相邻两个独立柱，独立基础之间用小于柱基宽度的带形基础连接时，柱基按独立基础计算，两个独立柱基之间的带形基础仍执行带形基础项目；若此带形基础与柱基等宽，则全部执行独立基础项目。

（3）说明。

①有肋带形基础、无肋带形基础应按相关项目列项，并注明肋高。

②箱式满堂基础中柱、梁、墙、板按柱、梁、墙、板相关项目分别编码列项；箱式满堂基础底板按满堂基础项目列项。

③框架式设备基础中柱、梁、墙、板分别按柱、梁、墙、板相关项目编码列项；基础部分按相关项目编码列项。

④如为毛石混凝土基础，项目特征应描述毛石所占比例。

（4）工程量计算规则。

现浇混凝土基础按设计图示尺寸以体积计量，不扣除构件内钢筋、预埋铁件和伸入承台基础的桩头所占体积。

（5）计算示例。

【例 3.16】 条形基平面如图 3.16 所示，已知现浇混凝土带形基础强度等级为 C30，垫层为素混凝土，强度等数为 C15，厚度为 100 mm，出边距离为 100 mm，请编制带形基础工程量清单。

【解】 （1）计算公式为

$$V = S \times L + V_T \times n$$

式中　V——带形基础工程量，m^3；

　　　S——带形基础断面面积，m^2；

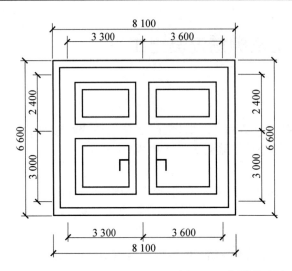 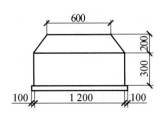

图 3.16　条形基础平面图

n——T 形接头数量；

L——带形基础长度，m(外墙按基础中心线,内墙按基础净长线)；

V_T——T 形接头的搭接部分的体积,T 形断面带形基础每个 T 字接头(图 3.17)的体积计算公式为

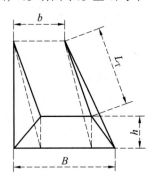

图 3.17　带形基础搭接示意图

$$V_T = 1/6(2b+B) \times L_T \times h$$

(2)计算过程。

$$L_{外墙中心线} = (3.6+3.3+2.4+3) \times 2 = 24.6(\text{m})$$
$$L_{内墙中心线} = 3.6+3.3+3+2.4-3.6 = 8.7(\text{m})$$

带形基础工程量为

$$V_T = 1/6(2b+B) \times L_T \times h_1 = (2 \times 0.6 + 1.2) \times 0.2 \times 0.3/6 = 0.024(\text{m}^3)$$
$$V = S \times L + V_T \times n = [(0.6+1.2) \times 0.2 \div 2 + (1.2 \times 0.3)] \times (24.6+8.7) + 0.024 \times 6$$
$$= 18.13(\text{m}^3)$$

垫层工程量为

$$V = F \times L = [(1.2+0.2) \times 0.1] \times (24.6+8.1) = 4.58(\text{m}^3)$$

(3)编制分部分项工程量清单(表 3.17)。

表 3.17　分部分项工程量清单

序号	项目编码	项目名称	项目特征	计量单位	工程数量
1	010501001001	垫层	(1)混凝土种类:素混凝土 (2)混凝土强度等级:C15	m³	4.58
2	010501002001	带形基础	(1)混凝土种类:素混凝土 (2)混凝土强度等级:C30	m³	18.13

【例 3.17】　某独立基础平面图及截面详图如图 3.18 所示,独立基础为现浇混凝土,强度等级为 C30。请编制四棱锥台形独立基础工程量清单。

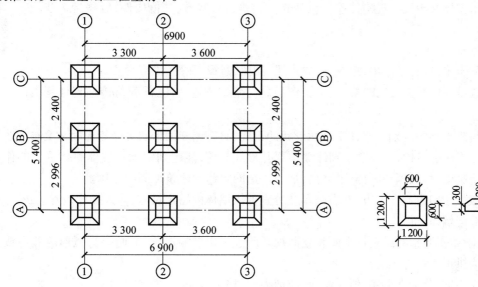

图 3.18　独基平面图及截面详图

【解】　(1)计算思路。

四棱锥台体积计算公式为

$$V = \left[A \times B + (A + a) \times (B + b) + a \times b \right] \times \frac{H}{6} + A \times B \times h$$

$$= \left[(2 \times A \times B + 2 \times a \times b + A \times b + a \times B) \right] \times \frac{H}{6} + A \times B \times h$$

或

$$V = A \times B \times h_1 + 1/3 h_2 \times \left(S_上 + S_下 + \sqrt{S_上 + S_下} \right)$$

式中　A、B——四棱锥台底边边长,m;

　　　　a、b——四棱锥台顶边边长,m;

　　　　h——四棱锥台底边长方体高度,m;

　　　　H——四棱锥台高度,m。

(2)计算过程。

由图 3.18 可知该独立基础形式为四棱锥台形独立基础,故其计算公式应为

$$V = n \times \left[A \times B + (A + a) \times (B + b) + a \times b \right] \times \frac{H}{6} + A \times B \times h$$

$$= 9 \times \left\{ \left[1.2 \times 1.2 + (1.2 + 0.6) \times (1.2 + 0.6) + 0.6 \times 0.6 \right] \times \frac{0.2}{6} + 1.2 \times 1.2 \times 0.3 \right\}$$

$$= 9 \times 0.6$$

$$= 5.4 (\text{m}^3)$$

(3)编制分部分项工程量清单(表 3.18)。

表 3.18　分部分项工程量清单

序号	项目编码	项目名称	项目特征	计量单位	工程数量
1	010501003001	独立基础	(1)混凝土种类:商品混凝土 (2)混凝土强度等级:C30	m³	5.40

2. 现浇混凝土主体结构及零星构件

（1）工程项目划分。

现浇混凝土主体结构及零星构件项目包括柱、墙、梁、板、楼梯、其他构件、后浇带7节，共
33个子项目。

（2）相关概念。

①现浇混凝土梁，分为基础梁、矩形梁、异形梁、圈梁、过梁、弧形、拱形梁。

3.6-3

a. 基础梁就是在地基土层上的梁，其主要作用是与基础相连，将上部载荷传递到地基上，
提高基础整体性。

b. 异形梁与矩形梁的区别主要在于断面形状的不同，只有当断面形状为非矩形时才会被称为异形梁。

c. 圈梁常见于砖混结构，一般位于砌体墙顶部并形成封闭，能起到使承重墙体整体受力的作用。此外，
当墙体超过一定高度时，在墙中高部位置也会加设一道圈梁起到建筑加固的作用。

d. 过梁一般位于门窗洞口上方，左右两端会分别伸入墙体内一定长度，伸入长度通常为每边各250 mm，
过梁的宽度一般同墙厚。

e. 弧形、拱形梁主要指的是它在平面和立面视角所表现出来的形状，平面上为弧形的即为弧形梁，立面
上为拱形的即为拱形梁。

②现浇混凝土墙，分为直形墙、弧形墙、短肢剪力墙、挡土墙。

a. 短肢剪力墙是指截面厚度不大于300 mm、各肢截面高度与厚度之比的最大值大于4但不大于8的剪
力墙。各肢截面高度与厚度之比的最大值不大于4的剪力墙按柱项目编码列项。

b. 挡土墙是指支承地基填土或山坡土体、防止填土或土体变形失稳的构筑物。在挡土墙横断面中，与
被支承土体直接接触的部位称为墙背；与墙背相对的、临空的部位称为墙面；与地基直接接触的部位称为基
底；与基底相对的、墙的顶面称为墙顶；基底的前端称为墙趾；基底的后端称为墙踵。

c. 直形墙、弧形墙也适用于电梯井。

③现浇板，分为有梁板、无梁板、平板、拱板、薄壳板、栏板、天沟（檐沟）、挑檐板、雨篷、悬挑板、阳台板、
其他板。

a. 有梁板是指梁（包括主、次梁）与板构成一体并至少有三边是以承重梁支承的。

b. 无梁板是指将板直接支承在墙和柱上、不设置梁的板，柱帽包含在板内。

c. 平板是指无柱支撑、又不是现浇梁板结构，直接由墙（包括钢筋混凝土墙）支承的现浇钢筋混凝土板。

d. 薄壳板属于薄壳结构，薄壳结构为曲面的薄壁结构，按曲面生成的形式分筒壳、圆顶筒壳、双曲扁壳
和双曲抛物面壳等，材料大多采用钢筋混凝土。

e. 现浇挑檐、天沟板、雨篷、阳台与板（包括屋面板、楼板）连接时，以外墙外边线为分界线；与圈梁（包括
其他梁）连接时，以梁外边线为分界线。外边线以外为挑檐、天沟、雨篷或阳台。

④后浇带。后浇带指的是在建筑施工中为防止现浇钢筋混凝土结构由于温度、收缩不均可能产生的有
害裂缝，按照设计或施工规范要求，在基础底板、墙、梁相应位置留设临时施工缝，将结构暂时划分为若干部
分，经过构件内部收缩，若干时间后在该施工缝浇捣混凝土，将结构连成整体。后浇带的留置宽度一般为700～
1 000 mm，常见的有800 mm、1 000 mm、1 200 mm。后浇带的接缝形式有平直缝、阶梯缝、槽口缝和X形缝。

（3）说明。

①混凝土种类指清水混凝土、彩色混凝土等，如在同一地区既使用预拌（商品）混凝土，又允许现场搅拌
混凝土时，也应注明。

②现浇混凝土小型池槽、垫块、门框等，应按其他构件项目编码列项。

③架空式混凝土台阶，按现浇楼梯计算。

（4）工程量计算规则。

①现浇混凝土主体构件除另有规定者外，均按设计图示尺寸以实体体积计算，不扣除构件内钢筋、预埋
铁件、螺栓所占体积。有关型钢混凝土构件，应扣除构件的型钢所占体积；压型钢板混凝土楼板应扣除压型

钢板所占体积。

②墙、板等面式构件应扣除门窗洞口以及单个面积>0.3 m² 的孔所占体积;入墙内的梁头、梁垫并入梁体积内计算;各类板伸入墙内的板头并入板体积内计算。

③构件扣减关系及长度取值。

柱高:a. 有梁板的柱高,应自柱基上表面(或楼板上表面)至上一层楼板上表面之间的高度计算;b. 无梁板的柱高,应自柱基上表面(或楼板上表面)至柱帽下表面之间的高度计算;c. 框架柱的柱高,应自柱基上表面至柱顶高度计算;d. 构造柱按全高计算,嵌接墙体部分(马牙槎)并入柱身体积;e. 依附柱上的牛腿和升板的柱帽,并入柱身体积计算。

梁长:a. 梁与柱连接时,梁长算至柱侧面;b. 主梁与次梁连接时,次梁长算至主梁侧面。

有梁板(包括主、次梁与板)按梁、板体积之和计算,无梁板按板和柱帽体积之和计算,薄壳板的肋、基梁并入薄壳板体积内计算。

雨篷、悬挑板、阳台板按图示设计尺寸以墙外部分体积计算,包括伸出墙外的牛腿和雨篷反挑檐的体积。

与墙相连接的薄壁柱按墙项目编码列项。

④零星构件计算规则。

a. 楼梯按设计图示尺寸以水平投影面积计算,以平方米计量,不扣除宽度≤500 mm 的楼梯井,伸入墙内部分不计算;或按设计图示尺寸以体积计算,以立方米计量。整体楼梯(包括直形楼梯、弧形楼梯)水平投影面积包括休息平台、平台梁、斜梁和楼梯的连接梁。当整体楼梯与现浇楼板无梯梁连接时,以楼梯的最后一个踏步边缘加 300 mm 为界。

b. 散水、坡道、室外地坪按设计图示尺寸以水平投影面积计算,以平方米计量,不扣除单个≤0.3 m² 的孔洞所占面积。

c. 电缆沟、地沟按设计图示以中心线长度计算,以米计量。

d. 台阶按设计图示尺寸以水平投影面积计算,以平方米计量;或按设计图示尺寸以体积计算,以立方米计量。

e. 扶手、压顶按设计图示的中心线延长米计算,以米计量;或按设计图示尺寸以体积计算,以立方米计量。

f. 化粪池、检查井按设计图示尺寸以体积计算,以立方米计量;或按设计图示数量计算,以座计量。

g. 其他构件按设计图示尺寸以体积计算,以立方米计量。

3. 计算示例

【例3.18】　构造柱平面图、构造柱详图如图 3.19 所示,砌体墙厚为 240 mm,构造柱截面尺寸为 240 mm× 240 mm,柱高为 3.6 m,两面设置马牙槎,混凝土强度等级为 C25。请编制带马牙槎的构造柱工程量清单。

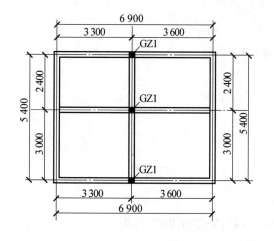
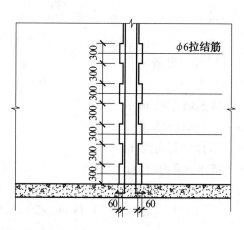

图 3.19　构造柱平面图、详图

【解】 (1)计算思路。

$$V = S \times H + 1/2 \times S_1 \times H \times n$$

式中　V——现浇钢筋混凝土柱体积,m^3;

　　　　H——柱高,m;

　　　　S——柱截面面积,m^2;

　　　　S_1——马牙槎截面面积,m^2;

　　　　n——设置马牙槎的个数。

(2)计算过程。

$$V = \left(0.24 \times 0.24 \times 3.6 + \frac{1}{2} \times 0.06 \times 0.24 \times 3.6 \times 3\right) \times 2 +$$

$$\left(0.24 \times 0.24 \times 3.6 + \frac{1}{2} \times 0.06 \times 0.24 \times 3.6 \times 4\right) = 0.88(m^3)$$

(3)编制分部分项工程量清单(表3.19)。

表3.19　分部分项工程量清单

项目编码	项目名称	项目特征	计量单位	工程数量
010502002001	构造柱	(1)混凝土种类:商品混凝土 (2)混凝土强度等级:C25	m^3	0.88

【例3.19】　C30剪力墙平面图如图3.20所示,内外墙厚度均为240 mm,墙高3 600 mm,C1尺寸为1 500 mm×1 800 mm、C2尺寸为1 800 mm×1 800 mm、M1尺寸为900 mm×2 100 mm,请编制弧形墙工程量清单。

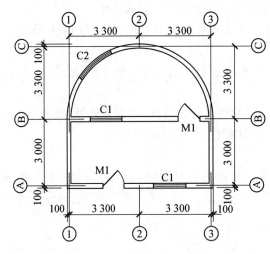

图3.20　剪力墙平面图

【解】 (1)计算思路。

$$V = (L_外 \times H - F_{门窗}) \times \delta$$

式中　V——弧形墙体积,m^3;

　　　　$L_外$——墙体计算长度,m;

　　　　H——墙体计算高度,m;

　　　　δ——墙体计算厚度,m。

(2)计算过程。

$$V_直 = [(3.3 \times 4 + 3 \times 2) \times 3.6 - 1.5 \times 1.8 \times 2 - 0.9 \times 2.1 \times 2] \times$$

$$0.24 - 0.24 \times 0.12 \times 2 \times 3.6 = 14.18(m^3)$$

$$V_弧 = (3.3 \times \pi \times 3.6 - 1.8 \times 1.8) \times 0.24 = 8.18(m^3)$$

(3)编制分部分项工程量清单。

表 3.20 分部分项工程量清单

序号	项目编码	项目名称	项目特征	计量单位	工程数量
1	010504001001	直形墙	(1)混凝土种类:商品混凝土 (2)混凝土强度等级:C30	m³	14.18
2	010504002001	弧形墙	(1)混凝土种类:商品混凝土 (2)混凝土强度等级:C30	m³	8.18

【例 3.20】 基础梁平面图如图 3.21 所示,独立基础尺寸为 1 000 mm×1 000 mm,基础梁截面尺寸为 300 mm×500 mm,混凝土强度等级为 C30,请编制基础梁混凝土工程量清单。

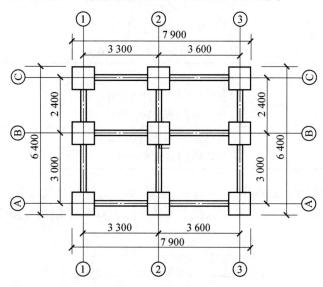

图 3.21 基础梁平面图

【解】 (1)工程量计算。

$$V=(0.3×0.5)×\left[(2+1.4+2.3+2.6)×3\right]=3.74(m^3)$$

(2)编制分部分项工程量清单(表 3.21)。

表 3.21 分部分项工程量清单

项目编码	项目名称	项目特征	计量单位	工程数量
010503001001	基础梁	(1)混凝土种类:商品混凝土 (2)混凝土强度等级:C30	m³	3.74

【例 3.21】 某建筑首层平面如图 3.22 所示,层高为 3.6 m,C1 尺寸为 1 500 mm×1 800 mm,C2 尺寸为 1 800 mm×1 800 mm,M0921 尺寸为 900 mm×2 100 mm,门窗过梁截面尺寸为 240 mm×240 mm,混凝土强度等级为 C25,其中过梁伸入墙内总长度为 500 mm,圈梁截面尺寸为 240 mm×500 mm,内外墙均设圈梁,其下所有墙厚度均为 240 mm,现浇板厚度为 120 mm,混凝土强度等级为 C25,请编制过梁、圈梁混凝土工程量清单。

【解】 (1)计算思路。

外圈梁按照中心线长度计算,内圈梁按照净长线长度计算。

(2)计算过程。

$$V_{过梁}=0.24×0.24×\left[(1.5+0.5)×2+(1.8+0.5)+(0.9+0.5)×2\right]=0.52(m^3)$$

$$V_{圈梁}=0.24×(0.5-0.12)×(6.9×3+5.4×3-0.12×6)=3.30(m^3)$$

(3)编制分部分项工程量清单(表 3.22)。

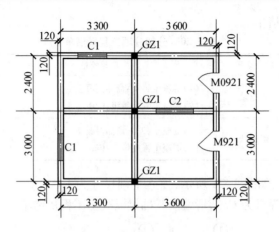

图 3.22　某建筑首层平面图

表 3.22　分部分项工程量清单

序号	项目编码	项目名称	项目特征	计量单位	工程数量
1	010503004001	圈梁	(1)混凝土种类:现浇混凝土 (2)混凝土强度等级:C25	m³	3.30
2	010503005001	过梁	(1)混凝土种类:现浇混凝土 (2)混凝土强度等级:C25	m³	0.52

【**例 3.22**】　某建筑首层平面图如图 3.23 所示,层高 3.6 m,柱截面尺寸为 400 mm×400 mm,梁截面尺寸为 300 mm×500 mm,板厚为 120 mm,现浇混凝土强度等级为 C30,请编制有梁板混凝土工程量清单。

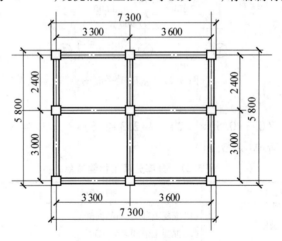

图 3.23　某建筑首层平面图

【**解**】　(1)工程量计算。

$$V_{有梁板} = V_{板} + V_{梁}$$

$$V_{板} = (6.9+0.3) \times (5.4+0.3) \times 0.12 = 7.2 \times 5.7 \times 0.12 = 4.92 (\text{m}^3)$$

$$V_{梁} = 0.3 \times (0.5-0.12) \times [(2.9+3.2+2.6+2.0) \times 3] = 0.3 \times 0.38 \times 32.1 = 3.66 (\text{m}^3)$$

$$V_{有梁板} = V_{板} + V_{梁} = 4.92 + 3.66 = 8.58 (\text{m}^3)$$

(2)编制分部分项工程量清单(表 3.23)。

表 3.23　分部分项工程量清单

项目编码	项目名称	项目特征	计量单位	工程数量
010505001001	有梁板	(1)混凝土种类:现浇混凝土 (2)混凝土强度等级:C30	m³	8.58

3.6.2　预制混凝土工程

1. 工程项目划分

预制混凝土项目分为预制混凝土柱、预制混凝土梁、预制混凝土屋架、预制混凝土板、预制混凝土楼梯、其他预制构件6节、共24个子项目。

2. 相关概念

预制构件指的是预先制作完成的混凝土构件,施工现场实施的重点在于对预制构件进行装配、固定。预制构件的混凝土和钢筋量可直接查询对应的预制构件图集。非标预制构件可以按现浇构件方式计算。

3.6-4

（1）预制混凝土梁。

项目划分为矩形梁、异形梁、过梁、拱形梁、鱼腹式吊车梁、其他梁。其中,鱼腹式吊车梁也是梁的一种形式,该梁中间截面大,逐步向两端减小,形状好像鱼腹,简称鱼腹梁,其目的是增大抗弯强度、节约材料。

（2）预制混凝土屋架。

项目划分为折线型屋架、组合屋架、薄腹屋架、门式刚架屋架、天窗架屋架。

①折线型屋架的每一榀均由一段段混凝土杆件拼接而成,分别为上弦杆、竖腹杆、斜腹杆、下弦杆,具有外形合理、自重较轻的特点,适用于非卷材防水屋面的中型厂房。

②组合屋架指的是混凝土与钢结构的组合,上弦为钢筋混凝土或预应力混凝土构件,下弦为型钢或钢筋。屋架杆件少,兼具自重轻,受力明确,构造简单,施工方便的特点。

③薄腹屋架指的是顶部起拱式的屋架,其构造形式相比折线型屋架更加简单,一般只有上弦杆、竖腹杆、下弦杆三部分组成,无斜腹杆,适用于采用横向天窗或井式天窗的厂房。

④门式刚架通常用于跨度为9~36 m、柱距为6 m、柱高为4.5~9 m、设于吊车起重量较小的单层工业房屋或公共建筑(超市、娱乐体育设施、车站候车室等)。其刚架可采用变截面,变截面时根据需要可改变腹板的高度和厚度及翼缘的宽度,做到材尽其用。

⑤天窗架指的是采用横向天窗的屋架上方设置的具有通风、采光效果的屋架构造。

（3）预制混凝土板。

项目划分为平板,空心板,槽形板,网架板,折线板,带肋板,大型板,沟盖板、井盖板、井圈。

①空心板。将板的横截面做成空心的一般称为空心板。常见的预制空心板跨度为2.4~6 m;板厚为120 mm或180 mm;板宽为600 mm、900 mm、1 200 mm等;圆孔直径当板厚为120 mm时为83 mm,当板厚为180 mm时为140 mm。

②槽形板是一种梁板结合的构件。实心板的两侧设有纵肋,相当于小梁,用来承受板的载荷。为便于搁置和提高板的刚度,在板的两端常设端肋封闭。跨度较大的板,为提高刚度,还应在板的中部增设横肋。槽形板有预应力和非预应力两种。

③网架板是一种新型绿色环保建筑材料,最常见的就是CL网架板,这是一种由钢筋焊接网架形成的保温夹芯板,极大地降低成本,减低损耗,适用于各种热工设计分区的不同抗震等级的民用建筑。

④折线板。顾名思义就是断面为起伏折叠的板,一般用作大型体育场馆或构筑物的屋面板,或是建筑物的雨篷等。

⑤带肋板形似梁与板的组合体,板中会有如梁一般向上或向下凸出板的混凝土带,板与这些混凝土带形成的整体就被称为预制混凝土板中的带肋板。

3. 说明

①预制混凝土柱、预制混凝土梁以根计量时,必须描述单件体积。

②预测混凝土屋架以榀计量时,必须描述单件体积。

③三角形屋架按混凝土及钢筋混凝土工程项目划分表中折线型屋架项目编码列项。

④预制混凝土板以块、套计量时,必须描述单件体积。

⑤不带肋的预制遮阳板、雨篷板、挑檐板、栏板等,应按混凝土及钢筋混凝土工程项目划分表中平板项目编码列项。

⑥预制F形板、双T形板、单肋板和带反挑檐的雨篷板、挑檐板、遮阳板等,应按混凝土及钢筋混凝土工程项目划分表中带肋板项目编码列项。

⑦预制大型墙板、大型楼板、大型屋面板等,按混凝土及钢筋混凝土工程项目划分表中大型板项目编码列项。

⑧预制混凝土楼梯以块计量时,必须描述单件体积。

⑨其他预制构件以块、根计量时,必须描述单件体积。预制钢筋混凝土小型池槽、压顶、扶手、垫块、隔热板、花格等,按混凝土及钢筋混凝土工程项目划分表中其他构件项目编码列项。

4.计算规则

(1)预制混凝土柱、预制混凝土梁按设计图示尺寸以体积计算,以立方米计量;或按设计图示尺寸以数量计算,但须描述单件体积(以根计量时)。

(2)预制混凝土屋架按设计图示尺寸以体积计算,以立方米计量;或按设计图示尺寸以数量计算,但须描述单件体积(以榀计量时)。

(3)预制混凝土板按设计图示尺寸以体积计算,以立方米计量。不扣除单个尺寸≤300 mm×300 mm 的孔洞所占体积,扣除空心板空洞体积;或按设计图示尺寸以数量计算,但须描述单件体积(以块或套计量时)。

(4)预制混凝土楼梯按设计图示尺寸以体积计算,以立方米计量。须扣除空心踏步板空洞体积;或按设计图示数量计算,但须描述单件体积(以块计量时)。

(5)其他预制构件按设计图示尺寸以体积计算,以立方米计量。不扣除单个尺寸≤300 mm×300 mm 的孔洞所占体积,扣除烟道、垃圾道、通风道的孔洞所占体积;或按设计图示尺寸以面积计算,以平方米计量。不扣除单个尺寸≤300 mm×300 mm 的孔洞所占面积;或按设计图示尺寸以数量计算,但须描述单件体积(以根或块计量时)。

5.计算示例

【例3.23】 某工程有带牛腿的C20钢筋混凝土预制柱(图3.24)20根,其下柱长 $L_1 = 6.0$ m,断面尺寸为600 mm×500 mm,上柱长 $L_2 = 3.0$ m,断面尺寸为400 mm×500 mm,牛腿参数为 $h = 700$ mm, $c = 200$ mm, $\alpha = 56°$,请编制钢筋混凝土预制柱工程量清单。

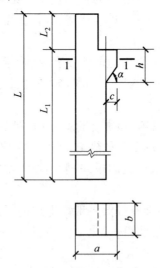

图3.24 带牛腿的钢筋混凝土柱

【解】 (1)计算思路。

预制混凝土柱工程量计算规则为按设计图示尺寸以体积计算,以立方米计量;或按设计图示尺寸以数量计算,以根计量。

（2）计算过程。

以立方米计量,计算预制混凝土柱工程量为

$$V_{单柱}=0.6×0.5×6.0+0.4×0.5×3.0+(2×0.7-0.2×\tan56°)×0.2×1.2×0.5=2.455(\mathrm{m}^3)$$

$$V_{总工程量}=V_{单柱}×根数=2.455×20=49.1(\mathrm{m}^3)$$

（3）编制分部分项工程量清单（表3.24）。

表3.24　分部分项工程量清单

序号	项目编码	项目名称	项目特征	计量单位	工程量
1	010509001001	矩形柱	（1）图代号:YZZ1 （2）单件体积:2.455 m³ （3）混凝土强度等级:C20	m³	49.1

【例3.24】　预制 C20 梁平面布置图如图 3.25 所示,开间分别为 3 500 mm、3 500 mm,进深分别为 3 500 mm、3 500 mm,柱截面尺寸为 400 mm×400 mm,梁截面尺寸为 300 mm×500 mm,请编制梁工程量清单。

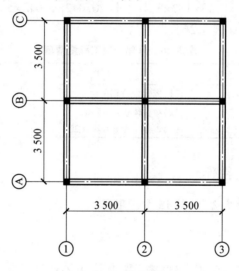

图 3.25　梁平面布置图

【解】　（1）计算思路。

预制混凝土梁工程量计算规则为按设计图示尺寸以体积计算,以立方米计量;或按设计图示尺寸以数量计算,以根计量。

（2）计算过程。

以立方米计量,计算预制混凝土梁工程量为

$$V=S(截面面积)×L(构件长度)×n$$
$$V=0.3×0.5×(3.5-0.4)×12$$
$$=0.465×12$$
$$=5.58(\mathrm{m}^3)$$

（3）编制分部分项工程量清单（表3.25）。

表3.25　分部分项工程量清单

序号	项目编码	项目名称	项目特征	计量单位	工程量
1	010510001001	矩形梁	（1）图代号:YZL1 （2）单件体积:0.47 m³ （3）混凝土强度等级:C20	m³	5.58

【例3.25】　预制 C20 空心板如图 3.26 所示,请编制空心板工程量清单。

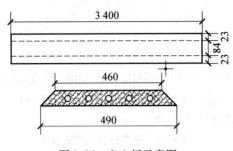

图 3.26 空心板示意图

【解】 (1)计算思路。

空心板工程量计算规则为按设计图示尺寸以体积计算,以立方米计量;或按设计图示尺寸以数量计算,以块计量。

(2)计算过程。

以立方米计量,计算空心板工程量为

$$V=(0.46+0.49)\times0.13\times1/2\times3.4-3.14\times0.042\times0.042\times5\times3.4=0.12(\text{m}^3)$$

(3)编制分部分项工程量清单(表 3.26)。

表 3.26 分部分项工程量清单

序号	项目编码	项目名称	项目特征	计量单位	工程量
1	010512002001	空心板	(1)图代号:YKB1 (2)单件体积:0.12 m³ (3)混凝土强度等级:C20	m³	0.12

3.6.3 钢筋工程及螺栓、铁件

钢筋工程及螺栓、铁件项目分为 2 节,共 13 个子项目。

1.预备知识

(1)构件中钢筋的分类。

①受力筋。受力筋又称为主筋,配置在柱、墙、梁、板等主体构件的受弯、受拉、偏心受压或受拉区以承受拉力。

②架立筋。架立筋又称为构造筋,一般不需要计算受力而按构造要求配置,如 2C14,用来固定箍筋以形成钢筋骨架,一般配置在梁的上部或悬挑梁的下部。

③箍筋。箍筋形状如同一个箍,在梁和柱中使用,它一方面起抵抗剪切力的作用,另一方面起固定受力筋和架立筋位置的作用。它垂直于受力筋和架立筋设置,在梁中与受力筋、架立筋组成钢筋骨架,在柱中与受力筋组成钢筋骨架。

④分布筋。分布筋在板中垂直于受力筋布置,以固定受力筋位置并传递内力。它能将构件所受的外力分布于较广的范围,以改善受力情况。

⑤附加钢筋。附加钢筋是指因构件几何形状或受力情况变化而增加的钢筋,如吊筋、压筋等。

(2)钢筋混凝土保护层。

钢筋在混凝土中应有一定厚度的混凝土将其包住,以防止钢筋锈蚀,最外层钢筋外皮至最近的混凝土表面之间的混凝土称为钢筋的混凝土保护层。

(3)钢筋的弯钩。

①绑扎骨架的受力筋应在末端做弯钩。

②钢筋弯钩的形式:斜弯钩、带有平直部分的半圆弯钩、直弯钩。

计算钢筋的工程量时,弯钩的长度可不扣加工时钢筋的延伸率。

(4)弯起钢筋的斜长增加值(ΔL)。

弯起钢筋的常用弯起角度有 30°、45°、60°,其斜长增加值是指斜长与水平投影长度之间的差值(ΔL),如图 3.27 所示。

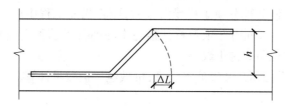

图 3.27　弯起钢筋斜长增加值示意图

弯起钢筋的斜长增加值(ΔL),可按弯起角度、弯起钢筋净高 h_0(h_0 = 构件断面高度−两端保护层厚度)计算。

(5)钢筋的加长连接。

一般钢筋出厂时,为了便于运输,除小直径的盘圆钢筋外,直条钢筋每根长度多为 9 m 定尺。在实际使用中,有时要求成型钢筋总长超过原材料长度,有时为了节省材料,需利用被剪断的剩余短料接长使用,这样就有了钢筋的连接接头。钢筋加长连接方式有:

①焊接连接:钢筋的连接最好采用焊接,因为采用焊接受力可靠,便于布置钢筋,并且可以减少钢筋加工量,节约钢筋用量。

②绑扎连接:它是在钢筋搭接部分的中心和两端共三处用钢丝绑扎,绑扎连接操作方便,但不结实,因此搭接要长一些,要多消耗钢材,所以除非没有焊接设备或操作条件不允许,一般不采用绑扎连接。绑扎连接使用条件有一定的限制,即搭接处要可靠,必须有足够的搭接长度。

③钢筋加长连接除焊接连接和绑扎连接外,还有锥螺纹连接、直螺纹连接、冷挤压连接等连接方式。

(6)钢筋的单位理论质量。

钢筋的单位理论质量是指每米长钢筋的理论质量。

2. 相关概念

(1)钢筋工程。

3.6-5

①现浇构件钢筋是指现浇钢筋混凝土结构构件内的钢筋工程,如现浇混凝土基础内所用钢筋、现浇混凝土梁内所用钢筋。

②预制构件钢筋指在施工现场实施安装前已制作完成的装配式混凝土构件的钢筋工程,一般常见的有预制混凝土楼盖板钢筋等。

③钢筋网又称焊接钢筋网、钢筋焊接网、钢筋焊网、钢筋焊接网片、钢筋网片等,是纵向钢筋和横向钢筋分别以一定的间距排列且互成直角、全部交叉点均焊接在一起的网片。

④支撑筋(铁马)主要指在钢筋工程施工过程中,为了保证钢筋工程的质量符合设计及规范的要求,需要采取一些施工方法,如在基础、板中增加马凳筋,剪力墙中增加梯子筋、柱构件中增加定位框。

⑤声测管是灌注桩进行超声检测法时探头进入桩身内部的通道。它是灌注桩超声检测系统的重要组成部分,它在桩内的预埋方式及其在桩的横截面上的布置形式,将直接影响检测结果。因此,需检测的桩应在设计时将声测管的布置和埋置方式标入图纸,在施工时应严格控制埋置的质量,以确保检测工作顺利进行。

(2)螺栓、铁件。

①在设备安装中用来固定设备,一般提前在设备基础上把螺栓预埋在混凝土中,后期在设备安装或管道安装时起固定作用。

②预埋铁件指预先埋入的钢铁结构件,一般仅指埋入混凝土结构中者,也称为预埋件。预埋铁件一部分埋入混凝土中起到锚固定位作用,露出来的剩余部分用来连接混凝土的附属结构,如幕墙、钢结构支架等。

③机械连接是钢筋连接接头的一种工艺。一般包含镦粗直螺纹连接、滚压直螺纹连接、锥直螺纹、套筒挤压连接。

3. 计算规则

按设计图示钢筋(网)长度(面积)乘以单位理论质量计算。

(1)现浇构件钢筋。在编制分部分项工程量清单时,应将当前工程中所有现浇钢筋混凝土构件内所有钢筋明细进行汇总,同时在项目特征描述中注明其钢筋种类(级别或牌号)、规格(直径),以吨为单位计算并保留3位小数。

3.6–6

(2)螺栓、预埋铁件按设计图示尺寸以质量计算;机械连接按数量计算。

4. 计算示例

【例3.26】 条形基础平面如图3.28所示,已知四周外墙截面尺寸为3 000 mm×600 mm,轴线居中标注,底部受力筋为⚎16@200,分布筋为⚎10@200;所有内墙截面为2 000 mm×500 mm,按轴线居中布置,底部受力筋为⚎14@200,分布筋为⚎10@200,保护层厚均为40 mm,参照《国家建筑标准设计图集. 混凝土结构施工图平面整体表示方法制图规则和构造详图,独立基础、条形基础、筏形基础、桩基础:16G101–3》(以下简称16G101–3)配筋构造原则编制条形基础钢筋工程量清单。

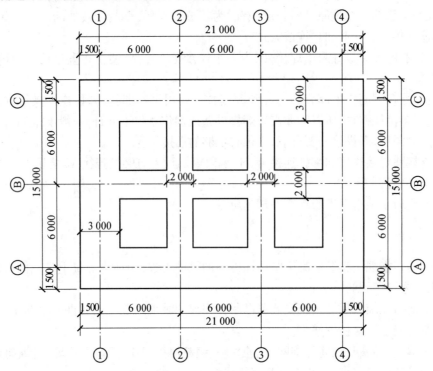

图3.28 条形基础平面图

【解】 依据16G101–3条形基础底板配筋构造要求(P77):基础宽度 b 不小于2.5 m时,受力筋长度为 $0.9b$,两向受力筋交接处,分布筋与同向受力筋搭接150 mm;受力筋在交接处 $b/4$ 搭接布置。

(1)A、C轴条形基础(上、下两条基对称,此处计算以A轴为例)。

受力筋1:

$$长度 = 0.9 \times b = 3\ 000 \times 0.9 = 2\ 700 (mm)$$

受力筋2:

$$长度 = b - 2c = 3\ 000 - 2 \times 40 = 2\ 920 (mm)$$

$$受力筋1支数 = \left(\frac{3\ 000 - 2c}{200} + 1\right) \times 2 + \left(\frac{2\ 000 - 2c}{200} + 1\right) \times 2 = 54 (支)$$

$$受力筋2支数 = 106 - 54 = 52 (支)$$

分布筋:因为底板交接区的受力钢筋不应缩短,故

$$长度(通长筋) = (6\ 000 \times 3 - 1\ 500 \times 2) + 150 \times 2 + 40 \times 2 = 15\ 380 (mm)$$

$$支数 = (3\ 000 - 75 - 3\ 000 \times 0.25)/200 + 1 = 11.875 \approx 12 (支)$$

分布筋2：
$$长度=6\ 000-1\ 500-1\ 000+150×2+40×2=3\ 880(mm)$$
$$支数=(3\ 000×0.25-75)/200=3(支)$$
$$左、右两部分支数=3×2=6(支)$$

分布筋3：
$$长度=6\ 000-1\ 000×2+40×2+150×2=4\ 380(mm)$$
$$支数=(3\ 000×0.25-75)/200=3(支)$$

(2)1、4轴条基(左、右两条形基础对称,此处计算以1轴为例)。

受力筋1：
$$长度=0.9×b=3\ 000×0.9=2\ 700(mm)$$

受力筋2：
$$长度=b-2c=2\ 920(mm)$$
$$支数=(15\ 000-40×2)/200+1=75.6≈76(支)$$

其中,
$$受力筋1支数=76-43=33(支)$$
$$受力筋2支数=\left(\frac{3\ 000-2c}{200}+1\right)×2+\left(\frac{2\ 000-2c}{200}+1\right)=43(支)$$

分布筋1：
$$长度(通长筋)=6\ 000×2-1\ 500×2+40×2+150×2=9\ 380(mm)$$
$$支数=(3\ 000×0.75-75)/200+1=11.75≈12(支)$$

分布筋2：
$$长度=6\ 000-1\ 500-1\ 000+40×2+150×2=3\ 880(mm)$$
$$支数=(3\ 000×0.25-75)/200=3(支)$$
$$上、下两部分支数=3×2=6(支)$$

(3)中部两十字部分(2、3轴与B轴),此处两部分一同计算。

受力筋(2、3轴上)：
$$长度=2\ 000-40×2=1\ 920(mm)$$
$$支数=\left(\frac{6\ 000-\frac{1\ 500}{2}-\frac{1\ 000}{2}}{200}+1\right)×4=100(支)$$

分布筋：
$$长度=6\ 000-1\ 500-1\ 000+40×2+150×2=3\ 880(mm)$$
$$支数=\left(\frac{2\ 000-2\min(75.100)}{200}+1\right)×4=40(支)$$

受力筋(B轴上)：
$$长度=2\ 000-80=1\ 920(mm)$$
$$支数=\left(\frac{6\ 000×3-\frac{1\ 500}{2}×2}{200}+1\right)≈83.5=84(支)$$

分布筋1(短筋1)：
$$长度=6\ 000-1\ 500-1\ 000+40×2+150×2=3\ 880(mm)$$
$$支数=(2\ 000×0.25-75)/200=2.15≈2(支)$$
$$总支数=2×4=8(支)$$

分布筋2(短筋2)：
$$长度=6\ 000-1\ 000×2+40×2+150×2=4\ 380(mm)$$

$$支数 = (2\,000 \times 0.25 - 75)/200 = 2.125 \approx 2(支)$$
$$总支数 = 2 \times 2 = 4(支)$$

分布筋 3(通长筋)：
$$长度 = 6\,000 \times 3 - 1\,500 \times 2 + 40 \times 2 + 150 \times 2 = 15\,380(mm)$$
$$单条形基础的总分布筋支数 = (2\,000 - 75 \times 2)/200 + 1 = 10.25 \approx 10(支)$$
$$单条形基础的通长分布筋支数 = 10 - 2 \times 2 = 6(支)$$

汇总：
$$外墙受力筋\,\Phi16\,总长 = 2.7 \times 2 \times (54 + 33) + 2.92 \times 2 \times (52 + 43) = 1\,024.6(m)$$
$$质量 = 1\,024.6 \times 1.58 = 1\,618.868(kg) = 1.619(t)$$
$$内墙受力筋\,\Phi14\,总长 = 1.92 \times (84 + 100) = 353.28(m)$$
$$质量 = 353.28 \times 1.21 = 427.469(kg) = 0.427(t)$$
$$内、外墙受力筋总质量 = 1.619 + 0.427 = 2.046(t)$$
$$分布筋\,\Phi10\,总长 = 15.38 \times (12 \times 2 + 6) + 9.38 \times (12 \times 2) + 4.38 \times$$
$$(3 \times 2 + 4) + 3.38 \times (6 \times 2 + 6 \times 2 + 40 + 8) = 973.68(m)$$
$$质量 = 973.68 \times 0.617 = 600.761(kg) = 0.601(t)$$

注：1.58、1.21、0.617 分别为 $\Phi16$、$\Phi14$、$\Phi10$ 钢筋线密度。

(2)编制分部分项工程量清单(表 3.27)。

表 3.27　分部分项工程量清单

序号	项目编码	项目名称	项目特征	计量单位	工程数量
1	010515001001	现浇构件钢筋	(1)钢筋种类、规格：HRB400,$\phi \leqslant 10$ (2)钢筋搭接：满足设计及规范要求	t	0.601
2	010515001002	现浇构件钢筋	(1)钢筋种类、规格：HRB400,$10 < \phi \leqslant 18$ (2)钢筋搭接：满足设计及规范要求	t	2.046

【例 3.27】　某建筑抗震等级二级，混凝土等级为 C30，框架柱平面布置如图 3.29 所示，框架柱详图如 3.30 所示，筏板厚度厚为 500 mm，底层钢筋网双向布置，保护层为 40 mm；柱居中布置在轴网交点，截面及配筋信息如图，柱高为 3.6 m，纵筋采用直螺纹连接，锚固长度为 35d，保护层厚为 20 mm，请编制第一层 KZ-1 柱的钢筋工程量清单。

【解】　直螺纹连接属于机械连接，接头错开长度为 35d，查《国家建筑标准设计图集.混凝土结构施工图平面整体表示方法制图规则和构造详图.现浇混凝土框架、剪力墙、梁、板：16G101-1》(以下简称 16G101-1)得

$$l_{aE} = 40d = 40 \times 20 = 800 > H_j = 500(mm)$$

其中，H_j 为筏板厚，故
$$基础插筋弯折长度 = 15d = 15 \times 20 = 300(mm)$$

①号插筋：
$$长度 = 3\,600/3 + 500 - 40 + 15 \times 20 = 1\,960(mm)$$
$$根数 = 6(根)$$

②号插筋：
$$长度 = 3\,600/3 + 35d + 500 - 40 + 15d = 2\,660(mm)$$
$$根数 = 6(根)$$

①号纵筋：
$$长度 = 3\,600 - 1\,200 - 20 = 2\,380(mm)$$
$$根数 = 6(根)$$

②号纵筋：

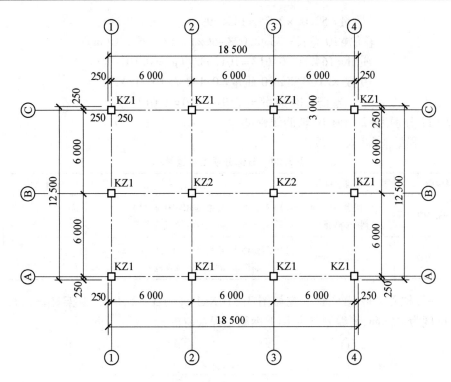

图 3.29　框架柱平面图

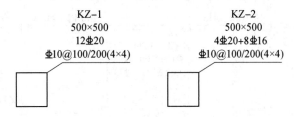

图 3.30　框架柱详图

$$长度 = 3\,600 - 1\,900 - 20 = 1\,680(\text{mm})$$
$$根数 = 6(\text{根})$$

① 号箍筋：

$$箍筋区域高度 = 顶部加密区 + 非加密区 + 底部非连接区 + 节点区$$
$$非加密区高度 = 3\,600 - \max(H_n/6, H_c, 500) - 3\,600/3 = 1\,800(\text{mm})$$

其中，H_n 为柱高、H_c 为柱长边。

$$长度 = 2 \times (460 + 460) + 2 \times 11.9d = 2\,078(\text{mm})$$

支数分别为

$$底部非连接区 = (3\,600/3) - 50/100 + 1 = 13(\text{支})$$
$$顶部加密区 = 600/100 + 1 = 7(\text{支})$$
$$节点区(筏板中核心区) = (500 - 100 - 40)/100 + 1 = 5(\text{支})$$
$$非加密区 = (3\,600 - 1\,200 - 600)/200 - 1 = 8(\text{支})$$
$$支数 = 13 + 7 + 5 + 8 = 33(\text{支})$$

② 号箍筋：

$$长度 = 2 \times (460 + 150) + 2 \times 11.9d = 1\,458(\text{mm})$$
$$支数 = 66\ 支(1\ 号箍筋的两倍)$$

汇总：

$$纵筋 \Phi 20\ 总长 = 6 \times (1.96 + 2.66) + 6 \times (2.38 + 1.68) = 52.08(\text{m})$$

$$质量 = 52.08 \times 2.74 = 142.699(\text{kg}) = 0.142\ 7(\text{t})$$
$$箍筋 \oplus 10\ 总长 = 33 \times 2.078 + 66 \times 1.458 = 164.80(\text{m})$$
$$质量 = 164.80 \times 0.617 = 101.682(\text{kg}) = 0.101\ 7(\text{t})$$
$$10\ 根\ KZ1\ 纵筋\ \phi 20\ 质量 = 0.142\ 7 \times 10 = 1.427(\text{t})$$
$$箍筋\ \phi 10\ 质量 = 0.101\ 7 \times 10 = 1.017(\text{t})$$

注:2.480、0.617 分别为 $\oplus$20 和 $\oplus$10 轴筋线密度。

编制分部分项工程量清单(表3.28)。

表3.28 分部分项工程量清单

序号	项目编码	项目名称	项目特征	计量单位	工程数量
1	010515001001	现浇构件钢筋(箍筋)	(1)钢筋种类、规格:HRB400,$\phi \leq 10$ (2)钢筋搭接:满足设计及规范要求	t	1.017
2	010515001002	现浇构件钢筋	(1)钢筋种类、规格:HRB400,$18 < \phi \leq 25$ (2)钢筋搭接:满足设计及规范要求	t	1.427

【例3.28】 一级抗震 C30 梁平面布置如图 3.31、KL1 详图 3.32 所示,框架柱截面尺寸为 500 mm× 500 mm,保护层厚度为 20 mm,请编制首层 KL1 钢筋工程量清单。

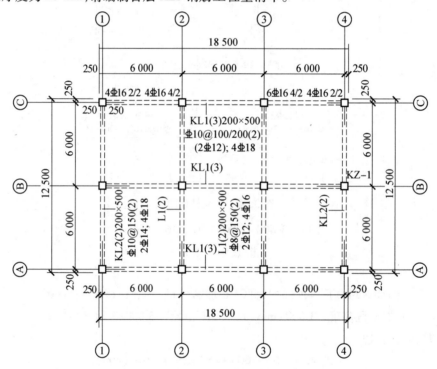

图3.31 梁平面布置图

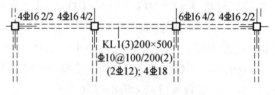

图3.32 KL1 详图

【解】 依据 16G101-1(P84),受拉钢筋抗震锚固长度 $l_{\text{aE}} = 40d$;KL1 钢筋有架立筋、下部通长筋、支座负筋、箍筋,其中端支座负筋、下部通长筋需判断锚固形式,箍筋需计算加密长度。

(1)箍筋。

$$长度 = 2 \times (200 + 500) - 8 \times 20 + 2 \times 11.9 \times 10 = 1\ 511(\text{mm})$$

$$加密长度 = \max(2H_b, 500) = 1\ 000(\text{mm})$$
$$加密区支数 = [(1\ 000 - 50)/100] + 1 = 11(支)$$
$$非加密区根数 = [(6\ 000 - 2 \times 250 - 2 \times 1\ 000)/200] - 1 = 17(支)$$

KL1 共 3 跨,故

$$总支数 = 11 \times 6 + 17 \times 3 = 117(支)$$

(2)端支座负筋(4ϕ16 2/2,即分两排布置)。

判断锚固:

$$H_c - c = 500 - 20 = 480\ \text{mm} < l_{aE} = 40d = 40 \times 16 = 640(\text{mm})$$

即

$$弯锚 = H_c - c + 15d = 500 - 20 + 15 \times 16 = 720(\text{mm})$$

其中,H_c 为柱宽。

$$第一排长度 1 = (6\ 000 - 2 \times 250)/3 + 500 - 20 + 15 \times 16 = 2\ 553(\text{mm})$$
$$第二排长度 2 = (6\ 000 - 2 \times 250)/4 + 500 - 20 + 15 \times 16 = 2\ 095(\text{mm})$$

(3)中间支座负筋(6ϕ16 4/2,即分两排布置)。

$$第一排长度 1 = 2 \times [(6\ 000 - 2 \times 250)/3] + 500 = 4167(\text{mm})$$
$$第二排长度 2 = 2 \times [(6\ 000 - 2 \times 250)/4] + 500 = 3\ 250(\text{mm})$$

(4)架立筋(2ϕ12 与负筋搭接 150)。

$$长度 = 5\ 500 - 2 \times (6\ 000 - 2 \times 250)/3 + 2 \times 150 = 2\ 133(\text{mm})$$

3 跨均相同,总数为 6 根。

(5)下部通长筋(4ϕ18)。

判断锚固:

$$H_c - c = 500 - 20 = 480(\text{mm}) < l_{abE} = 40d = 40 \times 18 = 720(\text{mm})$$

即

$$弯锚 = H_c - c + 15d = 500 - 20 + 15 \times 18 = 750(\text{mm})$$

其中,H_c 为柱宽。

$$长度 = (3 \times 6\ 000 - 2 \times 250) + 2 \times (500 - 20 + 15 \times 18) = 19\ 000(\text{mm})$$

根数为 4 根。

(6)汇总。

$$箍筋\phi10\ 长度 = 1.511 \times 117 \times 3 = 530.361(\text{m})$$
$$支座负筋\phi16\ 长度 = 2.553 \times 2 \times 6 + 2.095 \times 2 \times 6 + 4.167 \times 4 \times 6 + 3.250 \times 2 \times 6 = 194.784(\text{m})$$
$$架立筋\phi12\ 长度 = 2.133 \times 6 \times 3 = 38.394(\text{m})$$
$$通长筋\phi18\ 长度 = 19 \times 4 \times 3 = 228(\text{m})$$
$$\phi \leq 10\ 质量 = 530.361 \times 0.617 = 327.233(\text{kg}) = 0.327(\text{t})$$
$$10 < \phi \leq 18\ 质量 = 38.394 \times 0.888 + 194.784 \times 1.580 + 228 \times 2 = 797.853(\text{kg}) = 0.798(\text{t})$$

注:2、1.58、0.88、0.617 分别为ϕ18、ϕ16、ϕ12、ϕ10 钢筋线密度。

(7)编制分部分项工程量清单(表 3.29)。

表 3.29 钢筋工程量清单

序号	项目编码	项目名称	项目特征	计量单位	工程数量
1	010515001001	现浇构件钢筋(箍筋)	(1)钢筋种类、规格:HRB400,$\phi \leq 10$ (2)钢筋搭接:满足设计及规范要求	t	0.327
2	010515001002	现浇构件钢筋	(1)钢筋种类、规格:HRB400,$10 < \phi \leq 18$ (2)钢筋搭接:满足设计及规范要求	t	0.798

【例3.29】 C30板平面布置图如图3.33所示,板厚度均为150 mm,保护层厚为15 mm,锚固35d,剪力墙厚度均为200 mm,轴线居中布置,保护层厚度为15 mm,未注明分布筋为φ8@200,请编制板钢筋工程量清单。

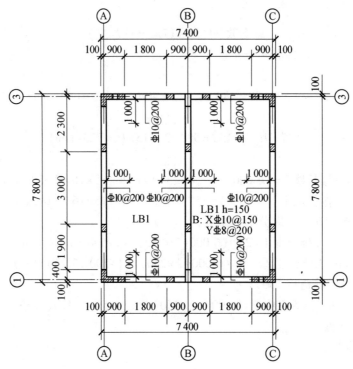

图3.33 板平面布置图

【解】 (1)板底筋。

C30受拉钢筋锚固长度

$$L_a = 35d = 350(\text{mm}) > 200(\text{mm})(墙厚)$$

X方向:

$$L_x = (3\ 600-200) + \max\{200/2, 5d\} + 200 - 15 + 15d = 3\ 835(\text{mm})$$
$$n = [(7\ 800 - 2\times200 - 2\times150/2)/150 + 1]\times2 = 98(根)$$

Y方向:

$$L_y = (7\ 800 - 400) + 2\times(200 - 15 + 15d) = 8\ 070(\text{mm})$$
$$n = [(3\ 600 - 200 - 2\times200/2)/200 + 1]\times2 = 34(根)$$

(2)外墙支座。

负筋:

$$L_1 = 1\ 000 + (200-c) + 15d + (b-2c) = 1\ 455(\text{mm})$$

其中,$(200-c)+15d$为弯锚长度,$b-2c$为弯折。

$$n = [(7\ 800 - 400 - 2\times200/2)/200 + 1]\times2 + [(3\ 700 - 300 - 2\times200/2)/200 + 1]\times4 = 142(根)$$

分布筋(Y向):

$$L_{1Y} = (7\ 800 - 400 - 2\times1\ 000) + 2\times150 + 12.5\times8 = 5\ 800(\text{mm})$$
$$n_{1Y} = [(1\ 000 - 200/2)/200 + 1]\times2 = 10(根)(注:向下取整)$$

分布筋(X向):

$$L_{1X} = (3\ 600 - 200 - 2\times1\ 000) + 2\times150 + 12.5\times8 = 1\ 800(\text{mm})$$
$$n_{1X} = [(1\ 000 - 200/2)/200 + 1]\times4 = 20(根)(注:向下取整)$$

(3)内墙支座。

负筋:

$$L_2 = 2\times1\ 000 + 200 + 2\times(b-2c) = 2\ 440(\text{mm})$$

$$n_2 = (7\ 800 - 400 - 2 \times 200/2)/200 + 1 = 37 (根)$$

分布筋（Y 向）：

$$L_{2分} = (7\ 800 - 400 - 2 \times 1\ 000) + 2 \times 150 + 12.5 \times 8 = 5\ 800 (mm)$$

$$n_{2,1} = 2 \times [(1\ 000 - 200/2)/200 + 1] = 10 (根)(注:向下取整)$$

（4）汇总。

$\Phi 8$：

$$底筋长度 = 8.07 \times 34 = 274.38 (m)$$
$$底筋质量 = 274.8 \times 0.395 = 108.38 (kg) = 0.108 (t)$$

$\Phi 10$：

$$长度 = 底筋 + 负筋 = 3.835 \times 98 + (1.455 \times 142 + 2.44 \times 37) = 672.72 (m)$$
$$质量 = 672.72 \times 0.617 = 415.068 (kg) = 0.415 (t)$$
$$\Phi 8 \text{、} \Phi 10 总质量 = 0.108 + 0.415 = 0.523 (t)$$

$\phi 8$：

$$分布筋长度 = 5.8 \times 10 + 1.8 \times 20 + 5.8 \times 10 = 152 (m)$$
$$分布筋质量 = 152 \times 0.395 = 60.04\ kg = 0.06 (t)$$

注：0.617、0.395 分别为 $\Phi 8 (\phi 8)$ 和 $\Phi 10$ 钢筋线密度。

（5）编制分部分项工程量清单（表 3.30）。

表 3.30　分部分项工程量清单

序号	项目编码	项目名称	项目特征	计量单位	工程数量
1	010515001001	现浇构件钢筋	(1)钢筋种类、规格:HRB400,$\phi \leqslant 10$ (2)钢筋搭接:满足设计及规范要求	t	0.523
2	010515001002	现浇构件钢筋	(1)钢筋种类、规格:HPB300,$\phi \leqslant 10$ (2)钢筋搭接:满足设计及规范要求	t	0.060

【例 3.30】　某旋挖钻孔灌注桩直径为 800 mm,成孔深度必须保证桩端进入持力层深度 h 不小于 1 m;混凝土强度等级为 C30,纵向钢筋及承台的混凝土保护层厚度分别为 25 mm 和 40 mm,箍筋起步距离为 30 mm,钢筋笼详图如图 3.34 所示,请编制钢筋笼工程量清单。

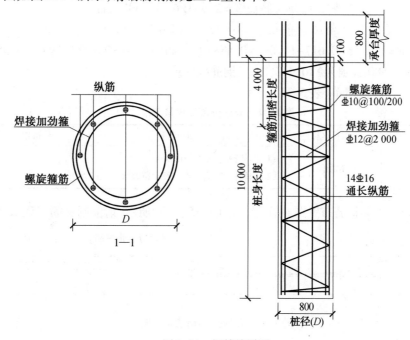

图 3.34　钢筋笼详图

【解】 （1）钢筋笼螺旋箍筋长度。

$$L=\frac{H}{S}\sqrt{S^2+(D-2c)^2\pi^2}$$

式中 H——螺旋箍配筋构件长度；

S——螺旋箍间距；

D——桩径；

c——桩保护层厚度。

$$L=\frac{4\,000}{100}-30\sqrt{100^2+(800-2\times25)^2\pi^2}+\frac{6\,000}{200}-30\sqrt{200^2+(800-2\times25)^2\pi^2}+$$

$$3\times(800-2\times25)\pi+2\times10\times11.9=171\,550.4(\text{mm})$$

其中，螺旋箍筋开始与结束时平直段长度不小于一圈半；螺旋箍筋端部135°弯钩。

（2）钢筋笼纵筋长度。

$$L=H-c_{承台}+锚固长度$$

HRB400、C30 混凝土、钢筋直径为 16 mm 则非抗震钢筋锚固长度 l_a 为 35d。

判断锚固：因 $800-100-40=660(\text{mm})>35\times16=560(\text{mm})$，故满足直锚，其长度

$$L=10\,000-25+35\times16=10\,535(\text{mm})$$

$$根数=14(根)$$

（3）焊接加劲箍筋长度。

$$L=(D-2c-2d_1-2d_2)\pi+\max(42d,300)+2\times11.9d$$

式中 d_1——纵筋直径

d_2——螺旋箍筋直径

d——加劲箍筋直径。

$$L=(800-2\times25-2\times16-2\times10)\pi+42\times12+2\times11.9\times12=2\,982.6(\text{mm})$$

$$根数=[(10\,000-25-30-30)/2\,000]+1=6(根)$$

（4）汇总。

$$⊕10\ 螺旋箍筋长度=171.550(\text{m})$$

$$⊕12\ 加劲箍筋长度=2.983\times6=17.898(\text{m})$$

$$⊕16\ 纵筋长度=10.535\times14=147.49(\text{m})$$

钢筋总质量$=171.55\times0.617+17.898\times0.888+147.49\times1.580=354.773(\text{kg})=0.355(\text{t})$

注：0.617、0.888、1.580 分别为$⊕$10、$⊕$12、$⊕$16 钢筋线密度。

（5）编制分部分项工程量清单（表 3.31）。

表3.31　分部分项工程量清单

序号	项目编码	项目名称	项目特征	计量单位	工程数量
1	010515004001	钢筋笼	（1）钢筋种类、规格：HRB400 （2）钢筋搭接：满足设计及规范要求	t	0.355

【例3.31】 某预应力梁钢筋布置图、断面图如图 3.35、3.36 所示，请编制钢筋工程量清单。

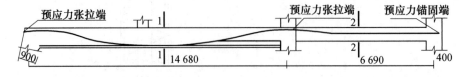

图 3.35　预应力梁钢筋布置图

【解】 （1）计算思路。

设计单根钢绞线长度=孔道长度+工艺操作长度；孔道长度=直线长度+曲线增量，其中，直线长度为每

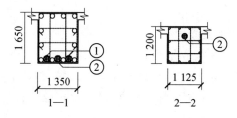

图 3.36　预应力梁断面图

段预应力筋一侧的张拉端外边至另一侧的张拉端外边的直线距离;梁内预应力孔道的曲线增量按每跨增加一倍梁高累加计算;工艺操作长度为孔道长度在 20 m 以内时另外增加 1 m,孔道长度在 20 m 以上时另外增加 1.8 m。

(2)计算过程。

$$1 号钢绞线长度 = 梁跨长度 + 支座宽度 + 支座宽度 + 梁跨高度 + 工艺长度$$
$$= 14\ 680 + 900/2 + 400 + 1\ 650 + 1\ 000 = 18\ 180(mm)$$
$$2 号钢绞线长度 = 梁跨长度 + 支座宽度 + 梁跨长度 + 支座宽度 + 梁跨高度 + 工艺长度$$
$$= 14\ 680 + 900/2 + 6\ 690 + 400 + 1\ 650 + 1\ 800 = 25\ 670(mm)$$

汇总:

$$钢绞线总长度 = 18.18 \times 2 + 25.670 = 62.03(m)$$
$$钢绞线总质量 = 62.03 \times 1.101 = 68.295(kg) = 0.068(t)$$

注:1.101 为 15.2 钢绞线密度。

(3)编制分部分项工程量清单(表 3.32)。

表 3.32　分部分项工程量清单

序号	项目编码	项目名称	项目特征	计量单位	工程数量
1	010515008001	预应力钢绞线	(1)钢丝种类、规格:AS 1×7-15.2 (2)锚具类型:单锚	t	0.068

3.7　金属结构工程

3.7.1　工程项目划分

金属结构工程分为钢网架,钢屋架、钢托架、钢桁架、钢架桥,钢柱,钢梁,钢板楼板、墙板,钢构件及金属制品 7 节,共 33 个子项目,具体划分见二维码 3.7-1 中内容。

3.7-1

1. 钢网架相关概念

钢网架是由一系列钢杆经过连接组合而成的网状结构体系,常被用于建筑物的支撑结构中。

2. 钢屋架、钢托架、钢桁架、钢架桥相关概念

(1)钢屋架。钢屋架通常由两部分组成,一部分是承重构件,另一部分是支撑构件。通常由屋架和柱子组成平面框架,把作用于屋盖和柱子上的载荷传到地基上。支撑构件除一部分参与传递水平载荷外,主要用来连接承重构件,使整个结构形成稳定的体系。

3.7-2

(2)钢托架。在工业厂房中,由于工业或者交通需要,需要取掉某轴上的柱子,这时就要在大开间位置设置安装在两端柱子上的托架。直接支承于钢筋混凝土柱上的托架常采用下承式;支于钢柱上的托架常采用上承式,托架是桁架的一种,钢托架用来支承钢屋架(或钢桁架)。

(3)钢桁架。用钢材制造的桁架,工业与民用建筑的屋盖结构、吊车梁、桥梁和水工闸门等,常用钢桁架作为主要承重构件。各式塔架,如桅杆塔、电视塔和输电线路塔等,常用三面、四面或多面平面桁架组成的空间钢桁架。

3. 实腹钢柱、空腹钢柱、钢管柱相关概念

(1)钢柱是指工业厂房用于支撑屋架和吊车梁,同时承挂墙板的构件,属于承重构件。钢柱由型钢与钢板拼焊组成,有格构钢柱和实腹钢柱等形式。实腹钢柱主要以翼缘板与腹板焊接结构为主,腹板贯穿整个钢柱,类型有十字形、T形、L形、H形等;空腹钢柱主要类型为箱形结构等;格构钢柱一般质量大,柱身高,两层牛腿,可供上、下层桥式起重机运行。

(2)钢管柱。钢管柱是一种用钢管制成的柱子,通常由两段或多段钢管通过法兰或螺纹连接成一个整体,具有较大的强度和稳定性。

4. 钢梁、钢吊车梁相关概念

(1)钢梁。钢梁是一种钢铁制品,常用于钢结构建筑中,起支撑和张拉建筑物的作用。依照梁截面沿长度方向有无变化,分为等截面梁和变截面梁。等截面梁构造简单、制作方便,常用于跨度不大的场合。对于跨度较大的梁,为了合理使用钢材,常配合弯矩沿跨长的变化改变它的截面。钢梁依照梁支承情况的不同,可以分为简支梁、悬臂梁和连续梁。钢梁一般多采用简支架,不仅制造简单,安装方便,而且可以避免支座沉陷所产生的不利影响。

(2)钢吊车梁。钢吊车梁系统设计的组成部分之一。钢吊车梁是供桥式吊车行驶的钢制构件。

5. 钢板楼板、墙板相关概念

压型钢板是以冷轧薄钢板(厚度一般为 0.6 ~ 1.2 mm)为基板,经镀锌或镀锌后覆彩色涂层面,再经冷加工轮压成型的波形板材,具有良好的承载性能与抗大气腐蚀能力。压型钢板可用作建筑屋面及墙面围护材料,具有超轻、美观、施工快捷等特点。

6. 钢构件相关概念

(1)钢支撑。钢支撑是指运用钢管、H 型钢和角钢等增强工程结构稳定性的支撑构件,一般情况为倾斜的连接构件,最常见的是人字形和交叉形。钢支撑在地铁、基坑围护方面被广泛应用。钢支撑可回收再利用,具有经济性和环保性等特征。

(2)钢檩条。钢檩条是架在屋架或山墙上用来支持椽子或屋面板的长条形构件。屋盖中檩条的数量较多,其用钢量常达屋盖总用钢量 1/2 以上。檩条所用材料可为木材、钢材及钢筋混凝土。其选用一般与屋架所用材料相同,从而使两者的耐久性接近。

(3)钢天窗架。天窗结构通常由天窗架、檩条(或大型屋面板)、侧窗横档和天窗架支撑系统组成。天窗架是矩形天窗的承重构件,支承在屋架上弦的节点(或屋面梁的上翼缘)上。所采用的材料一般与屋架相同,用钢筋混凝土或型钢制作。钢天窗架的形式有多压杆式、格架式。

(4)钢挡风板。工业厂房的天窗主要是为采光和散热而设立的,为了阻止天窗侧面的冷风直接进入天窗,以保证车间热气很快散出,需要在天窗前面设立挡风板,安装在与天窗柱连接的支架上,该支架就叫挡风架。挡风板主要作用是挡风,安装在挡风架上,是一种不防寒、不保温的板形材料,常见的有石棉板、木板、混凝土板、镀锌钢板及其他轻质材料等。

(5)钢墙架。钢墙架是现代建筑工程中的一种金属结构建材,一般多由型钢制作而作为墙的骨架,主要包括墙架柱、墙架梁和连接杆件等部件。钢墙架的基本构件形式有抗风桁架、抗风柱和墙面檩条,这三种构件都可以采用实腹式构件(H 型钢、冷弯 C 型钢、Z 型钢)或格构式构件(角钢桁架、槽钢桁架和其他形式桁架)以区别于其他墙体。

(6)钢走道。走道是指在生活或生产过程中,为过往方便而设置的过道,有的能移动或升降。钢走道是指用钢材制作的走道,有固定式、移动式或升降式 3 种形式。

(7)钢梯。钢梯是指以钢材为材料制成的梯子。钢梯有踏步式、爬式和螺旋式 3 种形式,按照使用情况来看,只有踏步式才能称为钢扶梯,因为它具有一般楼梯似的平板踏步(踏步可用钢板或并排圆钢焊成)。而后两种形式都属于爬梯。爬梯的踏步多由独根圆钢或角钢制成,两边有简易扶手。螺旋式踏步又称 U 形踏步,是指用圆钢弯成 U 形,直接埋入墙内或焊接到设备上,没有扶手。

（8）钢护栏。钢护栏主要用于工厂、车间、仓库、停车场、商业区和公共场所等场合中对设备与设施进行保护与防护。

（9）钢漏斗。钢漏斗是指以钢材为材料制作的漏斗有方形和圆形之分。漏斗由型钢做骨架,钢板焊于骨架上,用以溜送粉末或颗粒物料。钢漏斗的形式很多,有料仓式漏斗、矩形漏斗和圆形漏斗等。

（10）钢平台。钢平台是作为操作平台使用的,钢结构平台也称工作平台,结构形式多样,功能一应俱全,其结构最大的特点是全组装形式,设计灵活,可根据不同的现场情况设计并制造符合场地、使用功能及满足物流要求的钢结构平台。钢平台一般以型钢做骨架,上铺钢板,做成板式平台。

7. 钢支架和零星钢构件相关概念

（1）钢支架。钢支架是指用型钢加工成的直线型构件,构件之间采用螺栓连接。

（2）零星钢构件。零星钢构件是指工程量不大但也构成工程实体的钢构件,如地沟铸铁盖板、不锈钢爬梯等。

8. 说明

（1）钢屋架。

钢屋架以榀计量,按标准图设计的应注明标准图代号,按非标准图设计的项目特征必须描述单榀屋架的质量。

（2）实腹钢柱、空腹钢柱、钢管柱。

①实腹钢柱类型指十字形、T 形、L 形、H 形等。

②空腹钢柱类型指箱形、格构等。

③型钢混凝土柱浇筑钢筋混凝土,其混凝土和钢筋应按混凝土及钢筋混凝土工程中相关项目编码列项。

（3）钢梁、钢吊车梁。

①梁类型指 H 形、L 形、T 形、箱形、格构式等。

②型钢混凝土梁浇筑钢筋混凝土,其混凝土和钢筋应按混凝土及钢筋混凝土工程中相关项目编码列项。

（4）钢板楼板、墙板。

①钢板楼板上浇筑钢筋混凝土,其混凝土和钢筋应按混凝土及钢筋混凝土工程中相关项目编码列项。

②压型钢楼板按钢板楼板项目编码列项。

（5）钢构件。

①钢墙架项目包括墙架柱、墙架梁和连接杆件。

②钢支撑、钢拉条类型指单式、复式;钢檩条类型指型钢式、格构式;钢漏斗形式指方形、圆形;钢板天沟形式指矩形沟或半圆形沟。

③加工铁件等小型构件,按零星钢构件项目编码列项。

（6）金属制品。

抹灰钢丝网加固按砌块墙钢丝网加固项目编码列项。

3.7.2　工程量计算规则

（1）钢网架,钢支撑、钢拉条,钢檩条、钢天窗架、钢挡风架、钢墙架、钢平台、钢走道、钢梯、钢护栏、钢支架、零星钢构件、钢托架、钢桁架、钢桥架按设计图示尺寸以质量计算。不扣除孔眼的质量,焊条、铆钉等不另增加质量。

（2）钢屋架按设计图示数量计算,以榀计量;或按设计图示尺寸以质量计算,以吨计量。不扣除孔眼的质量,焊条、铆钉、螺栓等不另增加质量。

（3）实腹钢柱、空腹钢柱按设计图尺寸以质量计算。不扣除孔眼的质量,焊条、铆钉、螺栓等不另增加质量,依附在钢柱上的牛腿及悬臂梁等并入钢柱工程量内。

（4）钢管柱按设计图示尺寸以质量计算。不扣除孔眼的质量,焊条、铆钉、钉、螺栓等不另增加质量,钢管柱上的节点板、加强环、内衬管、牛腿等并入钢管柱工程量内。

（5）钢梁、钢吊车梁按设计图示尺寸以质量计算。不扣除孔眼的质量,焊条、铆钉、螺栓等不另增加质量,制动梁、制动板、制动桁架、车挡并入钢吊车梁工程量内。

（6）钢板楼板按设计图示尺寸以铺设水平投影面积计算。不扣除单个面积≤0.3 m² 的柱、垛及孔洞所占面积。

（7）钢板墙板按设计图示尺寸以铺挂展开面积计算。不扣除单个面积≤0.3 m² 的梁、孔洞所占面积,包角、包边、窗台泛水等不另加面积。

（8）成品空调金属百叶护栏、成品栅栏、金属网栏按设计图示尺寸以框外围展开面积计算。

（9）成品雨篷按设计图示接触边以米计算;或按设计图示尺寸以展开面积计算,以平方米计量。

（10）砌块墙钢丝网加固、后浇带金属网按设计图示尺寸以面积计算。

3.7.3　计算示例

【例 3.32】　某高度为 3.3 m 的实腹钢柱如图 3.37 所示,左侧为详图剖面图,右侧为详图,图中方框内数字表示构件的零件编号,请编制钢柱工程量清单。（注:未标注板材厚度为 10 mm,钢柱立体为焊接 H 型钢 200×200×8×12）

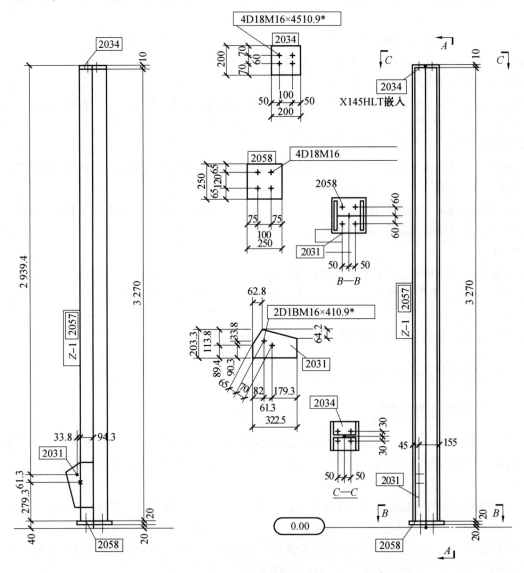

图 3.37　实腹钢柱剖面图及详图

【解】　(1)计算公式。

$$板材工程量 = 钢板长 \times 钢板宽 \times 钢板厚 \times 钢板密度 \times 零件数量$$
$$型材工程量 = 长度 \times 单位长度质量 \times 零件数量$$

(2)计算过程。

①板材。

$$零件编号为2031的工程量 = \left[\frac{1}{2} \times (0.089\ 4 + 0.203\ 3) \times 0.062\ 8 + \frac{1}{2} \times (0.139\ 1 + 0.203\ 3) \times (0.322\ 5 - 0.062\ 8)\right] \times$$
$$0.01(钢板厚) \times 7\ 850(钢材密度) \times 1(零件数量)$$
$$= 4.21(kg)$$

$$零件编号为2034的工程量 = 0.01(钢板厚) \times 0.2(钢板宽) \times 0.2(钢板长) \times$$
$$7\ 850(钢材密度) \times 1(零件数量)$$
$$= 3.14(kg)$$

$$零件编号为2058的工程量 = 0.02(钢板厚) \times 0.25(钢板宽) \times 0.25(钢板长) \times$$
$$7850(钢材密度 \times 1(零件数量)$$
$$= 9.81(kg)$$

②型材。

$$零件编号为2057的工程量 = 3.27(H200 \times 200 \times 8 \times 12, 长度) \times 50.5(查《五金手册》) \times 1(零件数量)$$
$$= 165.14(kg)$$

③汇总。

$$4.21 + 3.14 + 9.81 + 165.14 = 182.30(kg)$$

(3)编制分部分项工程量清单(表3.33)。

表3.33　分部分项工程量清单表

序号	项目编码	项目名称	项目特征	计量单位	工程量
1	010603001001	实腹钢柱	(1)柱类型:实腹钢柱 (2)钢材品种、规格:焊接H型钢200×200×8×12 (3)单根柱质量:0.182 t (4)螺栓种类:六角螺栓 (5)防火要求:满足设计及规范要求 (6)其他:包含螺栓连接、探伤、补油漆	t	0.182

【例3.33】　某压型钢板建筑,轴网图如图3.38所示,轴距为3 000 mm,请编制楼板工程量清单。

【解】　(1)计算思路。

钢板楼板工程量计算规则为按设计图示尺寸以铺设水平投影面积计算,不扣除单个面积≤0.3 m² 柱、垛及孔洞所占面积。

(2)计算过程。

$$S_{压型钢板面积} = (3 \times 5) \times (3 \times 4) - 3 \times 3 \times 2 = 162(m^2)$$

(3)编制分部分项工程量清单(表3.34)。

表3.34　分部分项工程量清单表

序号	项目编码	项目名称	项目特征	计量单位	工程量
1	010605001001	钢板楼板	(1)钢材品种、规格:压型钢板,3 000 mm×3 000 mm (2)钢板厚度:0.9 mm (3)螺栓种类:镀锌自攻螺钉 (4)防火要求:满足设计规范要求	m²	162

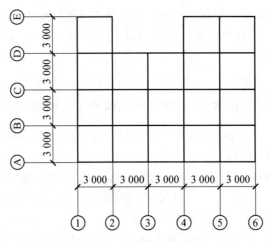

图 3.38　压型钢板轴网图

【例 3.34】　某采用压型钢板的办公楼墙面侧立面图如图 3.39 所示,层高为 2.6 m,侧立面的跨度为 5 m,两侧布置,请编制墙板工程量清单。

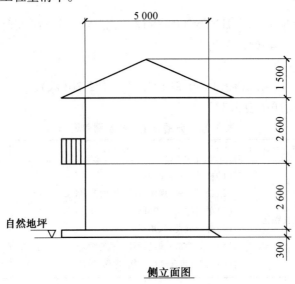

侧立面图

图 3.39　采用压型钢板办公楼墙面侧立面图

【解】　(1)计算思路。

钢板墙板工程量计算规则为按设计图示尺寸以铺挂展开面积计算。不扣除单个面积≤0.3 m² 的梁、孔洞所占面积,包角、包边、窗台、泛水等不另加面积。

(2)计算过程。

$$S_{压型钢板} = (2.6×5)×2×2 = 52(m^2)$$

(3)编制分部分项工程量清单(表 3.35)。

表 3.35　分部分项工程量清单表

序号	项目编码	项目名称	项目特征	计量单位	工程量
1	010605002001	钢板墙板	(1)钢材品种、规格:压型钢板 (2)钢板厚度、复合板厚度:50.5mm/75mm (3)螺栓种类:镀锌自攻螺钉 (4)复合板夹芯材料、种类、层数、型号、规格:略 (5)防火要求:满足设计规范要求	m²	52

3.8　木结构工程

3.8.1　工程项目划分

木结构工程分为木屋架、木构件、屋面木基层 3 节,共 8 个子项目,具体划分见二维码 3.8-1中内容。

3.8-1

1.木屋架相关概念

(1)木屋架。由木材制成的桁架式屋盖构件,称为木屋架。常用的木屋架是方木或圆木连接的木屋架,一般分为三角形和梯形两种形式。

(2)钢木屋架。钢木屋架是指受压杆件如上弦杆及斜杆均采用木材制作,受拉杆件如下弦杆及拉杆均采用钢材制作,拉杆一般用圆钢材料,下弦杆可以采用圆钢或型钢材料的屋架。

3.8-2

2.木构件相关概念

(1)木柱、木梁。木柱是指木制的垂直方向的构件。木梁是指进深方向连贯两柱间的横木。木柱、木梁常用于传统建筑中。

(2)木檩。木檩又称檩条,它是横搁在屋架或山墙上用来承受屋顶载荷的构件,也可按房长拼接成为通长的连续檩条。檩木的位置最好放在屋架节点上,以使其受力更为合理,木檩条共有圆木和方木两种形式。

(3)木楼梯。木楼梯项目适用于木质楼梯和爬梯。

(4)其他木构件。除木柱、木梁、木檩、木楼梯的木构件按其他木构件列项。

3.屋面木基层相关概念

屋面木基层包括木檩条、椽子、屋面板、油毡、挂瓦条、顺水条等,屋面系统的木结构是由屋面木基层和木屋架(或钢木屋架)两部分组成的。

4.说明

(1)木屋架。

①屋架的跨度应以上、下弦中心线两交点之间的距离计算。

②带气楼的屋架和马尾、折角以及正交部分的半屋架,按相关屋架项目编码列项。

③以榀计量,按标准图设计的应注明标准图代号,按非标准图设计的项目特征必须按 GB 50854—2013 相关要求予以描述。

(2)木构件。

①木楼梯的栏杆(栏板)、扶手,应按其他装饰工程中的相关项目编码列项。

②以米计量,项目特征必须描述构件规格尺寸。

3.8.2　工程量计算规则

1.木屋架

(1)木屋架按设计图示数量计算,以榀计量;或按设计图示的规格尺寸以体积计算,以立方米计量。

(2)钢木屋架按设计图示数量计算,以榀计量。

2.木构件

(1)木柱、木梁按设计图示尺寸以体积计算,以立方米计量。

(2)木檩、其他木构件按设计图示尺寸以体积计算,以立方米计量;或按设计图示尺寸以长度计算,以米计量。

(3)木楼梯按设计图示尺寸以水平投影面积计算,以平方米计量。不扣除宽度 ≤300 mm 的楼梯井,伸入墙内部分不计算。

3.屋面木基层

屋面木基层按设计图示尺寸以斜面积计算,以平方米计量。不扣除房上烟囱、风帽底座、风道、小气窗、斜沟等所占面积。小气窗的出檐部分不增加面积。

3.8.3　计算示例

【例3.35】　6 m跨度普通木屋架结构图如图3.40所示,一面刨光,上弦杆规格为160 mm×160 mm,腹杆规格为100 mm×100 mm,立杆规格为100 mm×100 mm,下弦杆规格为160 mm×160 mm;中间立杆高为1 500 mm,两侧立杆高各为750 mm,上弦杆长为3 354 mm。请编制木屋架工程量清单。

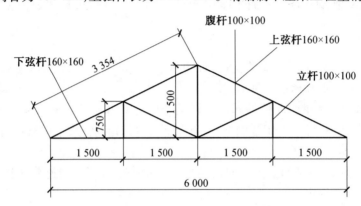

图3.40　6 m跨度普通木屋架结构图

【解】　(1)计算思路。

木屋架的工程量计量规则是按设计图示数量计算,以榀计量;或按设计图示的规格尺寸以体积计算,以立方米计量。

$$体积=截面面积×长度$$

(2)计算过程。

$$V=0.16×0.16×3.354×2+0.16×0.16×6+0.1×0.1×1.5+0.1×0.1×0.75×2+$$
$$\sqrt{1.5×1.5+0.75×0.75}×2×0.1×0.1=0.39(m^3)$$

(3)以立方米计量,编制分部分项工程量清单(表3.36)。

表3.36　分部分项工程量清单

序号	项目编码	项目名称	项目特征	计量单位	工程量
1	010701001001	木屋架	(1)跨度:6 m (2)材料品种、规格:方木屋架上弦杆规格为160 mm×160 mm,腹杆规格为100 mm×100 mm,立杆规格为100 mm×100 mm,下杆规格为160 mm×160 mm (3)拉杆种类:钢拉杆 (4)其他:包含夹板种类,防护材料种类	m³	0.39

3.9　门、窗工程

3.9.1　工程项目划分

门窗工程分为木门,金属门,金属卷帘(闸)门,厂库房大门及特种门,其他门,木窗,金属窗,门窗套,窗台板,窗帘、窗帘盒、轨10节,共48个项目,具体划分见二维码3.9-1中内容。

1.木门相关概念

木门项目划分为木质门、木质门带套、木质连窗门、木质防火门、木门框、门锁安装。

3.9-1

（1）木质门分为镶板木门、企口木板门、实木装饰门、胶合板门、夹板装饰门、木纱门、全玻门（带木质扇框）、木质半玻门（带木质扇框）等项目。

3.9-2

①镶板门。镶板门又称冒头门、框档门，是指由边梃、上冒头、中冒头、下冒头组成门扇骨架，内镶门芯板构成的门。

②企口木板门。企口木板门是指木板门的拼接面呈凸凹的接头面。

③胶合板门。胶合板门又称夹板门，指门芯板用整块板（如三夹板）置于门梃双面裁口内，并在门扇的双面用胶粘贴平。胶合板门上按需要也可留出洞口安装玻璃和百叶。胶合板门不宜用于外门和公共浴室等湿度大的房间。

④夹板装饰门。夹板装饰门是中间为轻型骨架双面贴薄板的门。夹板门采用较小的方木做骨架，双面粘贴薄板，四周用小木条镶边，装门锁处另附加木，夹板门的面板一般为胶合板、硬质纤维板或塑料板，用胶结材料双面胶结。

⑤木纱门。木纱门指的是带有纱门扇的门。

（2）连窗门。连窗门是门和窗连在一起的一个整体，一般窗的距地高度加上窗的高度是等于门的高度的，也就是门顶和窗顶在同一高度，而且是连在一起的门窗，俗称门耳窗，也称门连窗、门带窗等，可分单耳窗和双耳窗。

（3）防火门。防火门是为适应建筑防火的要求而发展起来的一种新型门。按耐火极限分，有甲、乙、丙 3 个等级；按材质区分，目前有钢质防火门、复合玻璃防火门和木质防火门。木质门系用胶合板经化学防火涂料处理。

2. 金属门相关概念

金属门项目划分为金属（塑钢）门、彩板门、钢质防火门、防盗门。

（1）金属门分为金属平开门、金属推拉门、金属地弹门、全玻门（带金属扇框）、金属半玻门（带扇框）等项目。

①金属平开门是一种靠平开方式关闭或开启的门。

②金属推拉门即可左右推拉启闭的门。

③金属地弹门，外形美观豪华，采光好，能展示室内的活动，开启灵活，密封性能好，多适用于商场、宾馆大门、银行等公共场合。

（2）彩板门是采用 0.7～1 mm 厚的彩色涂层钢板在液压自动轮机上轧制而成的型钢，组角后形成各种型号的钢门，有着良好的隔音、保温性能。

（3）钢质防火门是指用冷轧薄钢板做门框、门板、骨架，在门扇内部填充不燃材料，并配以五金件所组成的能满足耐火稳定性、完整性和隔热性要求的门。

（4）防盗门是指专门安装于入户门外部的铁制门，具有安全防盗作用，材料主要有钢、铝合金。

3. 金属卷帘（闸）门相关概念

金属卷帘门项目划分为金属卷帘（闸）门、防火卷帘（闸）门。

（1）金属卷闸门是由铝合金或铝合金进一步加工后制成的一种能上卷或下展的门，常用于饭店等场合。

（2）防火卷帘门是由板条、导轨、卷轴、手动和电动启闭系统等组成，板条选用钢制 C 型重叠组合结构。

4. 厂库房大门、特种门相关概念

厂库房大门、特种门项目划分为木板大门、钢木大门、全钢板大门、防护铁丝门、金属格栅门、钢质花饰大门、特种门。

①金属格栅门，又称拉闸门。一般采用薄钢板经机械滚压工艺成形。

②特种门区分为冷藏门、冷冻间门、保温门、变电室门、隔声门、防射线门、人防门、金库门等项目。

5. 其他门相关概念

其他门项目划分为电子感应门、旋转门、电子对讲门、电动伸缩门、全玻自由门、镜面不锈钢饰面门、复合材料门。

(1)电子感应门是利用电子感应原理来控制门的关闭及旋转的门。

(2)旋转门指金属旋转门多用于中、高级民用及公共建筑物,如宾馆、商场、机场、使馆、银行等,具有控制建筑设施的启闭、控制人流和控制室内温度的作用。

(3)电子对讲门一般用于楼道或单元的大门,门框和门扇用优质冷轧钢板压制而成,门扇分为大小两扇,小扇上设置对讲系统。

(4)电子伸缩门根据电动原理能自动伸缩来控制门的开闭。

(5)全玻门指门扇芯由玻璃制作的门。全玻门常用于办公楼、宾馆、公共建筑的大门。

(6)全玻自由门(无扇框)即只有上下金属横档,或在角部为安装轴套只装极少一部分金属件。活动门扇的开闭由地弹簧实现。

(7)镜面不锈钢饰面门指采用镜面不锈钢板制作的门。镜面不锈钢板是经高精度研磨不锈钢表面,使其表面细腻、光滑、光亮如镜,其反射率、变形率均与高级镜面相似,并有与玻璃不同的装饰效果。

(8)复合材料窗由两种或两种以上不同性质的材料,通过物理或化学的方法,在宏观上组成具有新性能的门。

6.木窗相关概念

木窗项目划分为木质窗、木飘(凸)窗、木橱窗、木纱窗。

木质窗分为木百叶窗、木组合窗、木天窗、木固定窗、木装饰空花窗等项目。

①百叶窗是由多片百叶片构成的窗。异形木百叶窗,是除矩形木百叶窗以外其他形状木百叶窗的总称。

②木组合窗以套插方式将窗框进行横向及竖向组合从而符合设计要求。

③固定窗是指将玻璃直接镶嵌在窗框上,不能开启,只能采光及眺望,这种窗构造简单。异形木固定窗是指除矩形木固定窗之外的其他形状的木固定窗。

④木装饰空花窗指对木质门窗进行花饰处理而制作成的具有装饰性的木窗。

7.金属窗相关概念

金属窗项目划分为金属(塑钢、断桥)窗、金属防火窗、金属百叶窗、金属纱窗、金属格栅窗、金属(塑钢、断桥)橱窗、金属(塑钢、断桥)飘(凸)窗、彩板窗、复合材料窗。

(1)金属百叶窗由许多横条板组成。用以遮光挡雨,还可以通风透气,一般有固定式和活动式两种形式。

(2)金属隔栅窗是一种可以通过设置在底部上的轨道和滑轮沿水平方向做自由伸缩启闭的栅栏窗。

(3)彩板窗是采用0.7~1 mm厚的彩色涂层钢板在液压自动轨上轧制而成的型钢,经组角而成的各种规格型号的钢窗。在窗、扇、玻璃间缝隙采用特制的胶条为介质的软接触层,有着很好的隔声、保温性能。

(4)复合材料窗是由两种或两种以上不同性质的材料,通过物理或化学的方法,在宏观上组成具有新性能的窗。建筑门窗行业目前使用的复合材料有铝塑复合隔热型材、塑钢型材、铝木复合型材、加衬钢的玻璃钢纤维型材等。

8.门窗套相关概念

门窗套项目划分为木门窗套、木筒子板、饰面夹板筒子板、金属门窗套、石材门窗套、门窗木贴脸、成品木门窗套。

(1)门窗套用于保护和装饰门框及窗框,包括筒子板和贴脸,与墙连接在一起。木门窗套指木质材料制作的门窗套,适用于单独门窗套的制作、安装。

(2)木筒子板是在门洞口外两侧墙面用五夹板或20 mm厚优质木板做成的护壁板。

(3)饰面夹板筒子板指在一些高级装饰的房间中的门窗洞口周边墙面(外门窗在洞口内侧墙面)、过厅门洞的周边或装饰性洞口周围,用装饰板饰面的做法。

(4)金属门窗套指在窗口处凸出墙面镶一个金属套子,如不锈钢窗套。

(5)石材门窗套比较常见的有天然大理石、花岗石等。

(6)门窗贴脸指当门窗框和内墙面齐平时与墙总有一条明显缝口。在门窗使用筒子板时,也与墙面存有缝口,为了遮盖此种缝口而装订的木板盖缝条称为贴脸,它的作用是整洁、防止透风,一般用于高级装修。

9. 窗台板相关概念

窗台板项目划分为木窗台板、铝塑窗台板、金属窗台板、石材窗台板。

(1)木窗台板是用木制成的窗台面。为增加室内装饰效果,临时摆设物件,常常有意识地在窗内侧沿处设置窗台板。窗台板宽度为 100～200 mm,厚度为 20～50 mm 不等。

(2)铝塑窗台板是用铝塑材料制成的窗台面。铝塑材料的材质决定了它有塑料和金属的双重特性,这种材质可制成各种色彩的窗台板,具有美观、大方、价格适中的特点。

(3)金属窗台板是用金属材料加工而成的窗台面。常用的金属窗台板有不锈钢装饰板、铝合金装饰板、烤漆钢板和复合钢板等。

(4)石材窗台板是用大理石、花岗石等石材制作而成的窗台面,常用的人造石材有人造花岗岩、大理石和水磨石 3 种。人造石材具有很好的装饰性和可加工性,耐腐蚀、耐污染、施工方便、耐久性好。

10. 窗帘、窗帘盒、窗帘轨相关概念

窗帘、窗帘盒、窗帘轨项目划分为窗帘,木窗帘盒,饰面夹板、塑料窗帘盒,铝合金窗帘盒,窗帘轨。

(1)窗帘是用布、竹、苇、麻、纱、塑料、金属材料等制作的遮蔽或调节室内光照的挂在窗上的帘子。常用的品种有布窗帘、纱窗帘、无缝纱帘、遮光窗帘、隔音窗帘、直立帘、罗马帘、木竹帘、铝百叶、卷帘、窗纱、立式移帘。

(2)窗帘盒是用木质或塑料等材料制成安装于窗子上方,用以遮挡、支撑窗帘杆(轨)、滑轮和拉线等的盒形体。窗帘盒有明、暗两种,明窗帘盒是成品或半成品,可在施工现场安装完成,暗窗帘盒一般是在房间吊顶安装时,留出窗帘位置,并与吊顶一体完成,只需在吊顶临窗处安装轨道即可。

(3)窗帘轨(杆)是安装于窗子上方,用于悬挂窗帘的横杆,以便窗帘开合。

11. 说明

(1)木质门应区分镶板木门、企口木板门、实木装饰门、胶合板门、夹板装饰门、木纱门、全玻门(带木质扇框)、木质半玻门(带木质扇框)等项目,分别编码列项。

(2)木门五金应包括折页、插销、门碰珠、弓背拉手、搭机、木螺丝、弹簧折页(自动门)、管子拉手(自由门、地弹门)、地弹簧(地弹门)、角铁、门轧头(地弹门、自由门)等。门锁安装工艺要求描述智能建筑等特殊工艺要求。

(3)木质门带套计量按洞口尺寸以面积计算,不包括门套的面积,但门套应计算在综合单价中。

(4)单独制作安装木门框按木门框项目编码列项。

(5)金属门应区分金属平开门、金属推拉门、金属地弹门、全玻门(带金属扇框)、金属半玻门(带扇框)等项目,分别编码列项。

(6)铝合金门五金包括地弹簧、门锁、拉手、门插、门铰、螺丝等。

(7)金属门五金包括 L 型执手插锁(双舌)、执手锁(单舌)、门轧头、地锁、防盗门机、门眼(猫眼)、门碰珠、电子锁(磁卡锁)、闭门器、装饰拉手等。无设计图示洞口尺寸,按门框、扇外围以面积计算。

(8)特种门应区分冷藏门、冷冻间门、保温门、变电室门、隔音门、防射线门、人防门、金库门等项目,分别编码列项。以平方米计量,无设计图示洞口尺寸时,按门框、扇外围以面积计算。

(9)其他门以"樘"计量,项目特征必须描述洞口尺寸,没有洞口尺寸的必须描述门框或扇外围尺寸;以平方米计量,项目特征可不描述洞口尺寸及框、扇的外围尺寸。

(10)木质窗应区分木百叶窗、木组合窗、木天窗、木固定窗、木装饰空花窗等项目,分别编码列项。以平方米计量,无设计图示洞口尺寸,按窗框外围以面积计算。

(11)木窗五金包括折页、插销、风钩、木螺丝、滑轮滑轨(推拉窗)等。

(12)金属窗应区分金属组合窗、防盗窗等项目,分别编码列项。以平方米计量,无设计图示洞口尺寸,按窗框外围以面积计算。

(13)金属窗五金包括折页、螺丝、执手、卡锁、铰拉、风撑、滑轮、滑轨、拉把、拉手、角码、牛角制等。

(14)门窗项目特征中"工艺要求"对智能建筑、装配建筑等有特殊要求的工艺进行描述;对"开启方式"按设计要求进行标注。双扇门或有特殊工艺要求的应在项目特征中增加说明。

3.9.2　计算规则

(1)木门、金属门、卷帘门、其他门,木窗、金属窗均可按设计图示数量计算,以樘计量;或按设计图示门窗洞口尺寸以面积计算,以平方米计量。

(2)门窗套可按樘、平方米或米计量。

(3)窗台板按设计图示尺寸以展开面积计算,以平方米计量。

(4)窗帘盒、窗帘轨按设计图示尺寸以长度计算,以米计量。

(5)木橱窗、木飘(凸)窗以樘计量,项目特征必须描述框截面及外围展开面积。

(6)木质门带套计算按洞口尺寸以面积计算,以平方米计量,不包括门套的面积,但门套应计算在综合单价中。

3.9.3　计算示例

【例3.36】　某建筑平面图如图3.41所示,M1221木质门尺寸为1 200 mm×2 100 mm,M0921 木质防火门尺寸为900 mm×2 100 mm,请编制门工程量清单。

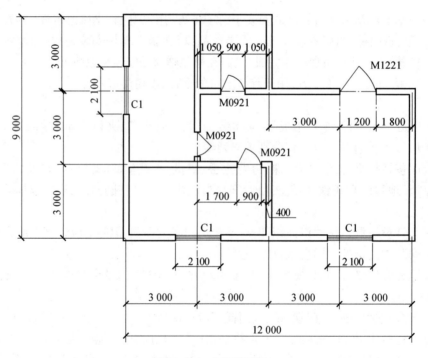

图3.41　建筑平面图

【解】　(1)计算思路。

木质门及木质防火门的工程量计算规则为按设计图示数量计算,以樘计量;或按设计图示洞口尺寸以面积计量,以平方米计量。以樘计量时,必须描述门代号和洞口尺寸。

(2)计算过程。

①M1221 木质门。

$$S_{木质门}=1.2 \text{ m}×2.1 \text{ m}=2.52(\text{m}^2)$$

②M0921 木质防火门。

$$S_{木质防火门}=0.9×2.1×3=5.67(\text{m}^2)$$

(3)以平方米计量,编制分部分项工程量清单(表3.37)。

表 3.37　分部分项工程量清单表

序号	项目编码	项目名称	项目特征	计量单位	工程量
1	010801001001	木质门	门代号及洞口尺寸：M1221、1 200 mm × 2 100 mm	m^2	2.52
2	010801004001	木质防火门	门代号及洞口尺寸：M0921、900 mm × 2 100 mm	m^2	5.67

【例 3.37】　某仓库大门为塑钢平开门，门口尺寸为 3 600 mm×3 000 mm，共 1 樘，请编制门的工程量清单。

【解】　（1）计算思路。

塑钢门工程量计算规则为按设计图示数量计算，以樘计量；或按设计图示洞口尺寸以面积计量，以平方米计量。以樘计量时，必须描述门代号和洞口尺寸。

（2）计算过程。

$$S = 3.6 \times 3.0 = 10.8(m^2)$$

（3）以平方米计量，编制分部分项工程量清单（表 3.38）。

表 3.38　分部分项工程量清单表

序号	项目编码	项目名称	项目特征	计量单位	工程量
1	010802001001	金属（塑钢）门	（1）门代号及洞口尺寸：3 600 mm×3 000 mm （2）门、框扇材质：塑钢	m^2	10.8

【例 3.38】　钢质防火门，门宽为 1 200 mm，高度为 2 100 mm，共 3 樘，请编制门的工程量清单。

【解】　（1）计算思路。

钢质防火门工程量计算规则为按设计图示数量计算，以樘计量；或按设计图示洞口尺寸以面积计算，以平方米计算。以樘计算时，必须描述门代号和洞口尺寸。

（2）计算过程。

$$S = 1.2 \times 2.1 \times 3 = 7.56(m^2)$$

（3）以平方米计量，编制分部分项工程量清单（表 3.39）。

表 3.39　分部分项工程量清单表

序号	项目编码	项目名称	项目特征	计量单位	工程量
1	010802003001	钢质防火门	（1）门代号及洞口尺寸：1 200 mm×2 100 mm （2）门、框扇材质：钢材	m^2	7.56

【例 3.39】　某钢木推拉大门 2 樘，宽度为 6 000 mm，高度为 2 100 mm，请编制钢木大门工程量清单。

【解】　（1）计算思路。

钢木大门工程量计算规则为按设计图示数量计算，以樘计量；或按设计图示洞口尺寸以面积计量，以平方米计量。以樘计量时，必须描述门代号和洞口尺寸。

（2）计算过程。

$$S = 6.0 \times 2.1 \times 2 = 25.2(m^2)$$

（3）以平方米计量，编制分部分项工程量清单（表 3.40）。

表 3.40　分部分项工程量清单表

序号	项目编码	项目名称	项目特征	计量单位	工程量
1	010804002001	钢木大门	（1）门代号及洞口尺寸：6 000 mm×2 100 mm （2）门、框扇材质：钢木	m^2	25.2

【例 3.40】　某铝合金推拉窗 C1，窗尺寸为 2 100 mm×1 800 mm，共 3 樘，请编制窗的工程量清单。

【解】（1）计算思路。

金属（塑钢、断桥）窗工程量计算规则为按设计图示数量计算，以樘计量；或按设计图示洞口尺寸以面积计算，以平方米计量。以樘计量时，必须描述窗代号和洞口尺寸。

（2）计算过程。

$$S = 2.1 \times 1.8 \times 3 = 11.34 \, (\text{m}^2)$$

（3）以平方米计量，编制分部分项工程量清单（表3.41）。

表3.41　分部分项工程量清单表

序号	项目编码	项目名称	项目特征	计量单位	工程量
1	010807001001	金属（塑钢、断桥）窗	（1）门窗代号及洞口尺寸：2 100 mm×1 800 mm （2）窗开启方式：推拉 （3）框、扇材质：铝合金	m²	11.34

3.10　屋面及防水工程

3.10.1　工程项目划分

屋面及防水工程分为瓦、型材及其他屋面，屋面防水及其他，墙面防水、防潮，楼（地）面防水、防潮4节，共21个子项目，具体划分见二维码3.10-1中内容。

1.相关概念

屋面是建筑物最上层的外围护构件，用于抵抗自然界的雨、雪、风、霜、太阳辐射、气温变化等不利因素的影响，保证建筑内部有一个良好的使用环境。屋面应满足坚固耐久、防水、保温、隔热、防火和抵御各种不良影响的功能要求。

3.10-1

膜结构屋面适用于膜布屋面，膜结构可分为充气膜结构和张拉膜结构两大类。充气膜结构是靠室内不断充气，使室内外产生一定压力差（一般在10~30 mm 水柱之间），室内外的压力差使屋盖膜布受到一定的向上浮力，从而实现较大的跨度。张拉膜结构则通过柱及钢架支承或钢索张拉成型，其造型非常优美灵活。膜结构所用膜材料由基布和涂层两部分组成。基布主要采用聚酯纤维和玻璃纤维材料，涂层材料主要为聚氯乙烯和聚四氟乙烯。

3.10-2

2.说明

（1）瓦屋面若是在木基层上铺瓦，项目特征不必描述黏结层砂浆的配合比，瓦屋面铺防水层，按屋面防水及其他中相关项目编码列项。

（2）小青瓦、平瓦、琉璃瓦、石棉水泥瓦等按瓦屋面列项。压型钢板、金属压型夹芯板按型材屋面列项。

（3）型材屋面、阳光板屋面、玻璃钢屋面的柱、梁、屋架，按金属结构工程、木结构工程中相关项目编码列项。

（4）屋面刚性层无钢筋，其钢筋项目特征不必描述。

（5）屋面找平层按楼地面装饰工程"平面砂浆找平层"项目编码列项。

（6）屋面防水搭接及附加层用量不另行计算，在综合单价中考虑。

（7）屋面保温找坡层按保温、隔热、防腐工程"保温隔热屋面"项目编码列项。

（8）坡屋面。坡屋面如图3.42所示。

3.10.2　工程量计算规则

屋面工程主要包括瓦屋面、型材屋面、卷材屋面、涂料屋面、铁皮（金属压型板）屋面、屋面排水等。防水工程适用于楼地面、墙基、墙身、构筑物、水池、水塔及室内厕所、浴室的防水、建筑物±0.000以下的防水。防潮工程按防水相应项目计算。变形缝项目是指建筑物和构筑物变形缝的填缝、盖缝和止水等，按变形缝部

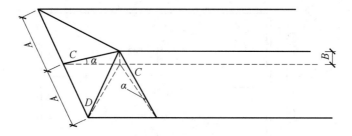

图 3.42　坡屋面示意图

位和材料分项。

1. 瓦、型材及其他屋面

（1）瓦屋面、型材屋面按设计图示尺寸以斜面积计算，也可以按屋面水平投影面积乘以屋面延迟系数计算，以平方米计量。不扣除房上烟囱、风帽底座、风道、小气窗、斜沟等所占面积。小气窗的出檐部分不增加面积。屋面挑出墙外的尺寸，按设计规定计算，设计无规定时，彩色水泥瓦、小青瓦（含筒板瓦、琉璃瓦）按水平尺寸加 70 mm 计算。

3.10-3

（2）阳光板屋面、玻璃钢屋面按设计图示尺寸以斜面积计算。不扣除屋面面积≤0.3 m² 孔洞所占面积。

（3）膜结构屋面按设计图示尺寸以需要覆盖的水平投影面积计算。

2. 屋面防水及其他

（1）屋面卷材防水、屋面涂膜防水按设计图示尺寸以面积计算，以平方米计量。

①斜屋顶（不包括平屋顶找坡）按斜面积计算，平屋顶按水平投影面积计算。

②不扣除房上烟囱、风帽底座、风道、屋面小气窗和斜沟所占面积。

③屋面的女儿墙、伸缩缝和天窗等处的弯起部分，并入屋面工程量内。

（2）屋面刚性层按设计图示尺寸以面积计算，以平方米计量。不扣除房上烟囱、风帽底座、风道等所占面积。

（3）屋面排水管按设计图示尺寸以长度计算，以米计量。如设计未标注尺寸，以檐口至设计室外散水上表面垂直距离计算。

（4）屋面（廊、阳台）吐水管按设计图示数量计算，以根（个）计量。

（5）屋面排（透）气管、屋面变形缝按设计图示尺寸以长度计算，以米计量。

（6）屋面天沟、檐沟按设计图示尺寸以展开面积计算，以平方米计量。

3. 墙面防水、防潮

（1）墙面卷材防水、墙面涂膜防水、墙面砂浆防水（防潮）按设计图示尺寸以面积计算，以平方米计量。

（2）墙面变形缝按设计图示以长度计算，以米计量。

4. 楼（地）面防水、防潮

（1）楼（地）面卷材防水、楼（地）面涂膜防水、楼（地）面砂浆防水（防潮）按设计图示尺寸以面积计算，以平方米计量。

①楼（地）面防水：按主墙间净空面积计算，扣除凸出地面的构筑物、设备基础等所占面积，不扣除间壁墙及单个面积≤0.3 m² 柱、垛、烟囱和孔洞所占面积。

②楼（地）面防水反边高度≤300 mm 算作地面防水，反边高度>300 mm 按墙面防水计算。

（2）楼（地）面变形缝按设计图示以长度计算，以米计量。

3.10.3　计算示例

【例 3.41】　压型钢板屋面平面图如图 3.43 所示，坡度为 0.25，四边挑出各 400 mm，屋面上有烟囱，尺寸为 600 mm×800 mm，金属檩条、接缝、嵌缝材料均使用不锈钢。请计算型材屋面工程量并编制分部分项工程量清单。

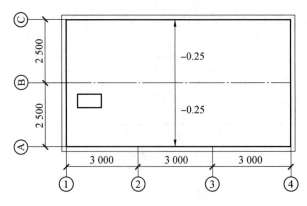

图 3.43　屋面平面图

【**解**】　(1)计算思路。

型材屋面工程量的计算规则为按设计图示尺寸以斜面积计算。不扣除房上烟囱、风帽底座、风道、小气窗、斜沟等所占面积。小气窗的出檐部分不增加面积。

(2)计算过程。

$$斜边长度 = \sqrt{2.9^2 + (2.9 \times 0.25)^2} \times 2 = 5.978(m)$$
$$S = 5.978 \times (9 + 0.8) = 58.58(m^2)$$

(3)编制分部分项工程量清单(表 3.42)。

表 3.42　分部分项工程量清单表

序号	项目编码	项目名称	项目特征	计量单位	工程量
1	010901002001	型材屋面	(1)型材品种:压型钢板 (2)金属檩条材料品种:不锈钢 (3)接缝、嵌缝材料种类:不锈钢	m²	58.58

【**例 3.42**】　某矩形屋面开间为 9 000 mm、进深为 5 000 mm,女儿墙厚为 200 mm,轴线居中标注,女儿墙立面示意图如图 3.44 所示,屋面使用 SBS 改性沥青防水卷材粘贴一层防水,请计算屋面卷材防水工程量并编制分部分项工程量清单。

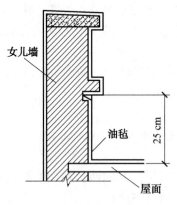

图 3.44　女儿墙立面示意图

【**解**】　(1)计算思路。

屋面卷材防水工程量的计算规则为按设计图示尺寸以面积计算。斜屋面(不包括平屋顶找坡)按斜面积计算,平屋面按水平投影面积计算;不扣除屋面烟囱、风帽底座、风道、屋面小气窗和斜沟所占面积;屋面女儿墙、伸缩缝和天窗等处的弯起部分,并入屋面工程量内。

(2)计算过程。

$$S = (5 - 0.2) \times (9 - 0.2) + [(5 - 0.2) + (9 - 0.2)] \times 2 \times 0.25 = 49.04(m^2)$$

(3)编制分部分项工程量清单(表 3.43)。

表 3.43　分部分项工程量清单表

序号	项目编码	项目名称	项目特征	计量单位	工程量
1	010902001001	屋面卷材防水	(1)卷材品种:改性沥青 (2)防水层数:一层 (3)防水层做法:冷粘法	m²	49.04

3.11　保温、隔热、防腐工程

3.11.1　工程项目划分

保温、隔热、防腐工程分为保温、隔热工程,防腐面层工程,其他防腐工程3节。保温、隔热工程分为保温隔热屋面,保温隔热天棚,保温隔热墙面,保温柱、梁,保温隔热楼地面,其他保温隔6个项目;防腐面层工程分为防腐混凝土面层,防腐砂浆面层,防腐胶泥面层,玻璃钢防腐面层,聚氯乙烯板面层,块料防腐面层,池、槽块料防腐面层7个项目;其他防腐工程分为隔离层,砌筑沥青浸渍砖,防腐涂料3个项目,具体划分见二维码3.11-1中内容。

3.11-1

1.相关基础知识

(1)保温隔热。

建筑物的保温隔热工程是指为了防止建筑内部热量的散失或阻隔外界热量的传入,使建筑物内部维持一定温度而采取的措施。建筑物的保温隔热主要设置在屋面、墙体、楼地面、天棚等部位,屋面保温层可以设在防水层下面也可以设在防水层上面。

3.12-2

内保温指把高效保温材料贴在外墙的内表面;夹芯保温指将砖墙或砌块墙先砌出空腔,在空腔内填入或吹入松散高效的保温材料;外保温指把高效保温材料贴在外表面或用特殊保温砂浆粉刷外墙面,在保温材料外面再用加强材料装饰、防护。

(2)防腐面层。

由于酸、碱、盐及有机溶液等介质作用,使得各类建筑材料受到不同程度的物理和化学破坏,常称为腐蚀。腐蚀的过程往往比较缓慢,短期不显其后果,而一旦造成危害则相当严重,因此防腐对工程正常使用和延长使用寿命具有十分重要的意义。

①防腐混凝土面层。防腐混凝土是指通过在普通硅酸盐水泥中加入适量的防腐剂(以粉煤灰或矿粉取代部分水泥)而制成的新型胶凝材料。

②防腐砂浆面层。防腐砂浆是具有防腐性能的一种砂浆。

③防腐胶泥面层。防腐胶泥又称树脂胶泥,是一种高聚物分子改性基高分子防水防腐系统,具有耐久性、抗渗性、密实性、极高的黏结力,以及极强的防水、防腐效果,可用于建筑物墙壁及地面的防腐处理。

④玻璃钢防腐面层。玻璃钢防腐是指采用玻璃钢树脂或环氧树脂或不饱和树脂、玻璃纤维布及其辅料调配均匀对施工表面(混凝土或金属表面)进行防腐综合涂装施工,达到防腐设计标准。

⑤聚氯乙烯板面层。聚氯乙烯板是在PVC中加入稳定剂、润滑剂和填料,经混炼后,用挤出机挤出各种厚度的硬质板材,具有硬度大、强度大、绝缘、化学性质稳定、耐腐蚀、不易燃的特点。

⑥块料防腐面层。块料防腐是指以各类防腐胶泥或砂浆为胶结材料来铺砌各种防腐块材。

(3)其他防腐。

①隔离层。为防止腐蚀介质渗透、增强设备的抗腐蚀能力、防止上下两层防腐材料不兼容、增强上下两层的黏结能力,增强防腐层的整体使用效果的不透性材料层。

②砌筑沥青浸渍砖是指放在沥青液中浸渍过的砖,属于防腐蚀建筑块材。

③防腐涂料。一般分为常规防腐涂料和重防腐涂料,是油漆涂料中必不可少的一种涂料。常规防腐涂料是在一般条件下,对金属等起到防腐蚀的作用,延长有色金属的使用寿命;重防腐涂料是指相对常规防腐

涂料而言,能在相对苛刻的腐蚀环境中应用,并具有比常规防腐涂料更长保护期的一类防腐涂料。

2. 说明

(1)保温、隔热。

①保温隔热装饰面层,按楼地面装饰工程,墙、柱面装饰与隔断、幕墙工程,天棚工程,油漆、涂料、裱糊工程,其他装饰工程中相关项目编码列项;仅做找平层按楼地面装饰工程"平面砂浆找平层"或墙、柱面装饰与隔断、幕墙工程"立面砂浆找平层"项目编码列项。

②柱帽保温隔热应并入天棚保温隔热工程量内。

③池槽保温隔热应按其他保温隔热项目编码列项。

④保温隔热方式指内保温、外保温、夹心保温。

⑤保温柱、梁适用于不与墙、天棚相连的独立柱、梁。

(2)防腐面层。

防腐踢脚线,应按楼地面装饰工程"踢脚线"项目编码列项。

(3)其他防腐。

浸渍砖砌法指平砌、立砌。

3.11.2　工程量计算规则

1. 保温、隔热

(1)保温隔热屋面按设计图示尺寸以面积计算,以平方米计量。扣除面积>0.3 m² 孔洞及所占面积。

(2)保温隔热天棚按设计图示尺寸以面积计算,以平方米计量。扣除面积>0.3 m² 上柱、垛、孔洞所占面积,与天棚相连的梁按展开面积计算并入天棚工程量内。

(3)保温隔热墙面按设计图示尺寸以面积计算,以平方米计量。扣除门窗洞口以及面积>0.3 m² 梁、孔洞所占面积;门窗洞口侧壁以及与墙相连的柱,并入保温墙体工程量内。

(4)保温柱、梁按设计图示尺寸以面积计算,以平方米计量。柱按设计图示柱断面保温层中心线展开长度乘保温层高度以面积计算,扣除面积>0.3 m² 梁所占面积。梁按设计图示梁断面保温层中心线展开长度乘保温层长度以面积计算。

(5)保温隔热楼地面按设计图示尺寸以面积计算,以平方米计量。扣除面积>0.3 m² 柱、垛、孔洞等所占面积。门洞、空圈、暖气包槽、壁龛的开口部分不增加面积。

(6)其他保温隔热按设计图示尺寸以展开面积计算。扣除面积>0.3 m² 孔洞及占位面积。

2. 防腐面层

(1)防腐混凝土面层、防腐砂浆面层、防腐胶泥面层、玻璃钢防腐面层、聚氯乙烯板面层、块料防腐面层按设计图示尺寸以面积计算,以平方米计量。平面防腐扣除凸出地面的构筑物、设备基础等以及面积>0.3 m² 孔洞、柱、垛等所占面积,门洞、空圈、暖气包槽、壁龛的开口部分不增加面积。立面防腐扣除门、窗、洞口以及面积>0.3 m² 孔洞、梁所占面积,门、窗、洞口侧壁、垛凸出部分按展开面积并入墙面积内。

(2)池、槽块料防腐面层按设计图示尺寸以展开面积计算,以平方米计量。

3. 其他防腐

(1)隔离层、防腐涂料按设计图示尺寸以面积计算,以平方米计量。平面防腐扣除凸出地面的构筑物、设备基础等以及面积>0.3 m² 孔洞、柱、垛等所占面积,门洞、空圈、暖气包槽、壁龛的开口部分不增加面积。立面防腐扣除门、窗、洞口以及面积>0.3 m² 孔洞、梁所占面积,门、窗、洞口侧壁、垛凸出部分按展开面积并入墙面积内。

(2)砌筑沥青浸渍砖按设计图示尺寸以体积计算,以立方米计量。

3.11.3　计算示例

【例3.43】　某墙面保温隔热工程平面示意图如图3.45所示,墙厚为240 mm,墙高为3 m,轴线居中标注,保温隔热层厚度为 50 mm,门洞口尺寸为 900 mm×2 100 mm,门框宽度为 50 mm,居中布置。请计算墙面保温隔热工程量,并列出分部分项工程量清单。(该工程外墙保温隔热做法:(1)基层表面清理;(2)刷界面剂;(3)砂浆粘贴 50 mm 厚度的聚苯乙烯板)

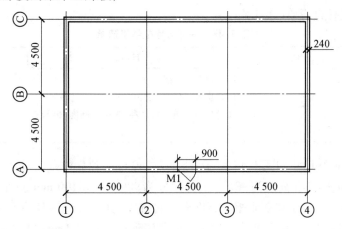

图 3.45　墙面保温隔热工程平面示意图

【解】　(1)计算思路。

墙面保温隔热工程量计算规则为按设计图示尺寸以面积计算,以平方米计量。扣除门窗洞口以及面积>0. 3 m² 梁、孔洞所占面积;门窗洞口侧壁以及与墙相连的柱,并入保温墙体工程量内。

(2)计算过程。

$$S = 保温面积-门洞口面积+门侧壁(加至保温层外边)$$
$$= (13.5+0.24+0.05+9+0.24+0.05)×2×3-0.9×2.1+(0.9+2.1×2)×[(0.24-0.05)÷2+0.05]$$
$$= 137.33(m^2)$$

(3)编制分部分项工程量清单(表 3.44)。

表 3.44　分部分项工程量清单

序号	项目编码	项目名称	项目特征	计量单位	工程量
1	011001003001	保温隔热墙面	(1)保温隔热部位:外墙; (2)保温隔热方式:外保温; (3)保温隔热材料品种、规格及厚度:聚苯乙烯板 50 mm	m²	137.33

【例3.44】　某柱面保温隔热平面示意图如图 3.46 所示,室外独立柱尺寸为 500 mm×500 mm,柱保温层厚度为 50 mm,柱高为 3 m。请计算柱保温隔热工程量,并列出分部分项工程量清单。(该工程柱保温隔热做法:(1)基层表面清理;(2)刷界面剂;(3)砂浆粘贴 50 mm 厚度的聚苯乙烯板)

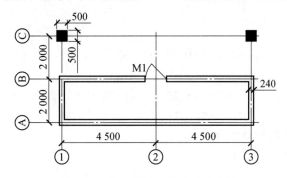

图 3.46　柱面保温隔热平面示意图

【解】　(1)计算思路。

保温柱工程量计算规则为按设计图示柱断面保温层中心线展开长度乘保温层高度以面积计算,扣除面积>0.3 m² 梁所占面积。

（2）计算过程。

$$S = (0.5+0.05) \times 4 \times 3 \times 2 = 13.2(\text{m}^2)$$

（3）编制分部分项工程量清单（表 3.45）。

表 3.45　分部分项工程量清单

序号	项目编码	项目名称	项目特征	计量单位	工程量
1	011001004001	保温柱、梁	（1）保温隔热部位:外墙柱 （2）保温隔热方式:外保温 （3）保温隔热材料品种、规格及厚度:聚苯乙烯板 50 mm	m²	13.2

【例 3.45】　某建筑轴线尺寸如图 3.47 所示,墙厚为 240 mm,独立柱截面尺寸为 500 mm×500 mm,窗尺寸为 1 800 mm×1 500 mm,距地面高度为 900 mm,门尺寸为 900 mm×2 100 mm,门框中间立樘宽度为50 mm,立面防腐高度为 500 mm。在地面和立面相应高度做防腐混凝土面层,计算其防腐工程量,并列出分部分项工程量清单。（该工程防腐混凝土面层做法:(1)基层表面清理;(2)涂刷 2 mm 厚水玻璃胶泥 1∶0.15∶1.2∶1.1;(3)摊铺水玻璃耐酸混凝土 60 mm 厚）

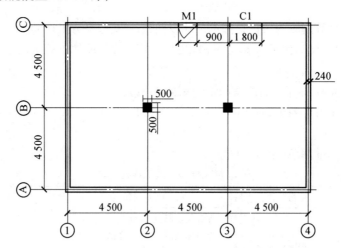

图 3.47　某建筑平面示意图

【解】　（1）计算思路。

防腐混凝土面层工程量计算规则为按设计图示尺寸以面积计算,以平方米计量。平面防腐扣除凸出地面的构筑物、设备基础等以及面积>0.3 m² 孔洞、柱、垛等所占面积,门洞、空圈、暖气包槽、壁龛的开口部分不增加面积;立面防腐扣除门、窗、洞口以及面积>0.3 m² 孔洞、梁所占面积,门、窗、洞口侧壁、垛凸出部分按展开面积并入墙面积内。

（2）计算过程。

$$S_{平面防腐} = (13.5-0.24) \times (9-0.24) = 116.16(\text{m}^2)$$

$$S_{立面防腐} = S_{立面} - S_{门洞口} + S_{门洞口侧壁}$$
$$= (13.26 \times 0.5 + 8.76 \times 0.5) \times 2 - 0.9 \times 0.5 + (0.24-0.05) \div 2 \times 2 \times 0.5$$
$$= 21.67(\text{m}^2)$$

（3）编制分部分项工程量清单（表 3.46）。

表 3.46　分部分项工程量清单

序号	项目编码	项目名称	项目特征	计量单位	工程量
1	011002001001	防腐混凝土面层	(1)防腐部位:楼地面 (2)面层厚度:60 mm (3)混凝土种类:水玻璃耐酸混凝土 (4)胶泥种类:水玻璃胶泥 1:0.15:1.2:1.1	m²	116.16
2	011002001002	防腐混凝土面层	(1)防腐部位:墙面 500 mm (2)面层厚度:60 mm (3)混凝土种类:水玻璃耐酸混凝土 (4)胶泥种类:水玻璃胶泥 1:0.15:1.2:1.1	m²	21.67

3.12　楼地面装饰工程

3.12.1　工程项目划分

楼地面装饰工程分为整体面层及找平层、块料面层、橡塑面层、其他材料面层、踢脚线、楼梯面层、台阶装饰、零星装饰项目 8 节,共 43 个项目,具体划分见二维码 3.12-1 中内容。

3.12-1

1. 相关概念

楼地面是楼层地面和底层地面的总称,也称建筑地面。根据现行国家标准的规定,建筑底层地面的基本构造层可分为地基、垫层和面层 3 个基本构造层,楼层地面的基本构造层可分为楼板和面层两个基本构造层。

3.12-2

(1)整体面层及找平层。

①整体面层是指一次性连续铺筑而成的面层,如水泥砂浆面层、细石混凝土面层、水磨石面层等。

②水泥砂浆指水泥、砂子和水的混合物。水泥砂浆楼地面由水泥砂浆经施工现场整体浇筑而成,是一种直接在现浇混凝土垫层找平层上施工的传统整体地面。

③混凝土是指由胶凝材料(如水泥)、水和骨料等按适当比例配制,经混合搅拌,硬化成形的一种人工石材。细石混凝土一般是指粗骨料最大粒径不大于 15 mm 的混凝土。细石混凝土楼地面是指在楼面结构或地面垫层上不做找平层,直接用细石混凝土做楼地面面层,随打随抹,一次成形。

④水磨石是将碎石拌入水泥制成混凝土,施工现场经浇筑,在地面凝结硬化后,磨光、打蜡而成。常用来制作地砖、台面、水槽等制品。

⑤菱苦土楼地面是以菱苦土、氧化镁溶液、木屑、滑石粉及矿物颜料等配置成胶泥,经铺抹压平,硬化稳定后,用磨光机磨光打蜡而成。

⑥自流平为无溶剂、自流平、粒子致密的厚浆型环氧地坪涂料。它是多种材料同水混合而成的液态物质,倒入地面后,这种物质可根据地面的高低不平顺势流动,对地面进行自动找平,并很快干燥,固化后的地面会形成光滑、平整、无缝的新基层。常见的自流平方式主要有水泥自流平、环氧自流平、石膏自流平 3 种。

(2)块料面层。

块料面层是以陶制材料制品及天然石材等为主要原料,用建筑砂浆或黏接剂做结合层嵌砌的直接接受各种载荷、摩擦、冲击的表面层。一般根据材料种类做以下划分。

①石材楼地面是指采用大理石、花岗岩、文化石等石材铺贴而成的楼地面。

②块料楼地面是指采用假麻石、陶瓷锦砖、瓷板、面砖等非石材块料铺贴而成的楼地面。

(3)橡塑面层。

橡塑面层是使用橡胶材料及塑料材料作为地面材质的一种楼地面,有块状、卷材、无缝整体 3 种形式。

（4）其他材料面层。

①地毯是以棉、麻、毛、丝、草等天然纤维或化学合成纤维类原料，经手工或机械工艺进行编结、栽绒或纺织而成的地面铺敷物。

②竹材地板其原料全部为竹材。木地板是指木材制成的地板，竹木复合地板是竹材与木材复合再生产物。中国生产的竹地板、木地板、竹木复合地板主要分为实木地板、强化木地板、实木复合地板、多层复合地板、竹材地板和软木地板。

③金属复合板是用熔炼的方式把两种及两种以上不同板材的金属材料熔合在一起后形成的复合板材。比较常见的金属复合板材有不锈钢以及铝合金等。

（5）踢脚线。

①阴角线、腰线、踢脚线在居室设计中起着视觉的平衡作用，利用它们的线形感觉及材质、色彩等在室内相互呼应，可以起到较好的美化装饰效果。踢脚线的另一个作用是保护作用。踢脚线，顾名思义就是脚踢得着的墙面区域，所以较易受到冲击。做踢脚线可以更好地使墙体和地面之间结合牢固，减少墙体变形，避免外力碰撞造成破坏。另外，踢脚线也比较容易擦洗。

②踢脚线材料区分有：水泥砂浆；石材，如大理石、花岗岩、文化石等；块料，如假麻石、陶瓷锦砖、瓷板、面砖等；水磨石；防静电踢脚。

（6）台阶装饰。

剁假石又称为斩假石、剁斧石，是一种人造石料，将掺入石屑及石粉的水泥砂浆，涂抹在建筑物表面，在硬化后，用斩凿方法使其成为有纹路的石面样式。

（7）零星装饰项目。

零星项目适用于楼梯侧面、台阶的牵边，小便池、蹲台、池槽，以及面积在 1 m² 以内且定额未列项目的工程。

2. 说明

（1）整体面层及找平层。

①水泥砂浆面层处理是拉毛还是提浆压光应在面层做法要求中描述。

②平面砂浆找平层只适用于仅做找平层的平面抹灰。

③间壁墙指墙厚≤120 mm 的墙。

④楼地面混凝土垫层另按现浇混凝土基础中垫层项目编码列项，除混凝土外的其他材料垫层按砌筑工程垫层项目编码列项。

（2）块料面层、楼梯面层、台阶装饰。

①在描述碎石材项目的面层材料特征时可不用描述规格、颜色。

②石材、块料与黏结材料的结合面刷防渗材料的种类在防护层材料种类中描述。

（3）橡塑面层。

橡塑面层表项目中如涉及找平层，另按楼地面装饰工程整体面层及找平层中找平层项目编码列项。

（4）踢脚线。

石材、块料与黏结材料的结合面刷防渗材料的种类在防护材料种类中描述。

（5）零星装饰项目。

①楼梯、台阶牵边和侧面镶贴块料面层，不大于 0.5 m² 的少量分散的楼地面镶贴块料面层，应按零星装饰项目表执行。

②石材、块料与黏结材料的结合面刷防渗材料的种类在防护材料种类中描述。

3.12.2　工程量计算规则

1. 整体面层及找平层

（1）整体面层的各个项目工程量均按设计图示尺寸以面积计算，以平方米计量。扣除凸出地面构筑物、设备基础、室内铁道、地沟等所占面积,不扣除间壁墙及≤0.3 m² 的柱、垛、附墙、烟囱及孔洞所占面积。门洞、空圈、暖气包槽、壁龛的开口部分不增加面积。

(2)平面砂浆找平层按设计图示尺寸以面积计算,以平方米计量。

2. 块料面层

块料面层的各个项目工程量均按设计图示尺寸以面积计算,以平方米计量。门洞、空圈、暖气包槽、壁龛的开口部分并入相应的工程量内。

3. 橡塑面层

橡塑面层的各个项目工程量均按设计图示尺寸以面积计算,以平方米计量。门洞、空圈、暖气包槽、壁龛的开口部分并入相应的工程量内。

4. 其他材料面层

其他材料面层的各个项目工程量均按设计图示尺寸以面积计算,以平方米计量。门洞、空圈、暖气包槽、壁龛的开口部分并入相应的工程量内。

5. 踢脚线

踢脚线的各个项目工程量均按设计图示长度乘高度以面积计算,以平方米计量;或按延长米计算,以米计量。

6. 楼梯面层

楼梯面层的各个项目工程量均按设计图示尺寸以楼梯(包括踏步、休息平台及≤500 mm 的楼梯井)水平投影面积计算,以平方米计量。楼梯与楼地面相连时,算至梯口梁内侧边沿;无梯口梁者,算至最上一层踏步边沿加 300 mm。

7. 台阶装饰

台阶装饰的各个项目工程量均按设计图示尺寸以台阶(包括最上层踏步边沿加 300 mm)水平投影面积计算,以平方米计量。

8. 零星装饰项目

零星装饰的各个项目工程量均按设计图示尺寸以面积计算,以平方米计量。

3.12.3　计算示例

【例 3.46】　某建筑的平面示意图如图 3.48 所示轴线居中,墙厚为 240 mm,开间为 9 000 mm,进深为 9 000 mm,窗 C1 尺寸为 1 800 mm×1 800 mm,离地高度为 900 mm,居中立樘,框厚为 60 mm,门 M1 尺寸为 2 400 mm×2 100 mm,框厚为 60 mm,居中立樘。分别计算铺设水泥砂浆楼地面、陶瓷砖楼地面工程量(门底面贴地砖,齐外墙边),并根据水泥砂浆楼地面、陶瓷砖楼地面工程的做法编制分部分项工程量清单。(①水泥砂浆楼地面做法:80 mm 厚 C15 混凝土垫层,20 mm 厚 1:3 预拌水泥砂浆找平层,20 mm 厚 1:2 水泥砂浆面层;②陶瓷楼地面做法:80 mm 厚 C15 混凝土垫层,25 mm 厚 1:3 现拌水泥砂浆找平层,20 mm 厚 1:2.5 干混地面砂浆结合层,粘贴 800 mm×800 mm×10 mm 陶瓷地面砖面层,1:1.5 白水泥砂浆嵌缝,不要求酸洗打蜡)

【解】　(1)水泥砂浆楼地面工程。

①计算思路。

水泥砂浆楼地面工程量计算规则为按设计图示尺寸以面积计算,以平方米计量。扣除凸出地面构筑物、设备基础、室内铁道、地沟等所占面积,不扣除间壁墙及≤0.3 m² 的柱、垛、附墙、烟囱及孔洞所占面积,门洞、空圈、暖气包槽、壁龛的开口部分不增加面积。面积指墙内净面积,间壁墙指墙厚小于等于 120 mm 的墙。

水泥砂浆楼地面混凝土垫层另按混凝土及钢筋混凝土工程中垫层项目编码列项。垫层工程量按设计图示尺寸以体积计算,以立方米计量。

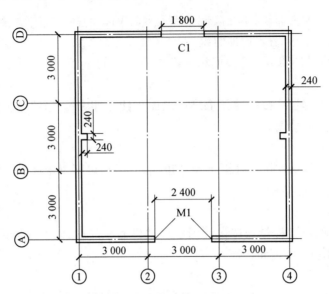

图 3.48　建筑平面示意图

②计算过程。

$$S_{楼地面面积} = (9-0.24) \times (9-0.24) = 76.74(\text{m}^2)$$
$$V = (9-0.24) \times (9-0.24) \times 0.08 = 6.14(\text{m}^3)$$

③编制分部分项工程量清单(表 3.47)。

表 3.47　分部分项工程量清单

序号	项目编码	项目名称	项目特征	计量单位	工程量
1	010501001001	垫层	(1)混凝土种类:素混凝土 (2)混凝土强度等级:C15	m³	6.14
2	011101001001	水泥砂浆楼地面	(1)找平层厚度、砂浆配合比:20 mm 厚 1:3 预拌水泥砂浆 (2)面层厚度、砂浆配合比:20 厚 1:2 水泥砂浆	m²	76.74

(2)陶瓷砖楼地面工程。

①计算思路。

陶瓷砖楼地面即块料楼地面工程量计算规则为按设计图示尺寸以面积计算,以平方米计量。门洞、空圈、暖气包槽、壁龛的开口部分并入相应的工程量内。

陶瓷楼地面混凝土垫层另按混凝土及钢筋混凝土工程中垫层项目编码列项。垫层工程量按设计图示尺寸以体积计算,以立方米计量。

②计算过程。

$$S_{楼地面面积} = (9-0.24) \times (9-0.24) + 0.24 \times 2.4 - 0.24 \times 0.24 \times 2 = 77.20(\text{m}^2)$$
$$V = (9-0.24) \times (9-0.24) \times 0.08 = 6.14(\text{m}^3)$$

③编制分部分项工程量清单(表 3.48)。

表 3.48　分部分项工程量清单

序号	项目编码	项目名称	项目特征	计量单位	工程量
1	010501001001	垫层	(1)混凝土种类:素混凝土 (2)混凝土强度等级:C15	m³	6.14

续表3.48

序号	项目编码	项目名称	项目特征	计量单位	工程量
2	011102003001	块料楼地面	(1)找平层厚度、砂浆配合比:25 mm 厚 1:3 现拌水泥砂浆 (2)结合层厚度、砂浆配合比:20 厚 1:2.5 干混砂浆 (3)面层材料品种、规格、颜色:800 mm×800 mm×10 mm陶瓷地面砖 (4)嵌缝材料种类:1:1.5 白水泥	m²	77.20

【例3.47】　某建筑平面示意图如图3.49所示,轴距开间进深均为4 500 mm,房间外墙为240 mm 厚的混凝土墙,外墙轴线居中布置,外墙门洞口宽为1 500 mm,居中立樘,门框宽为60 mm;房间地面布置一圈水泥砂浆踢脚线,踢脚线高为150 mm。计算踢脚线工程量,并编制分部分项工程量清单。(水泥砂浆踢脚线做法:(1)清理基层;(2)1:3 干混抹灰砂浆打底10 mm 厚;(3)再抹1:2 干混抹灰砂浆15 mm 厚)

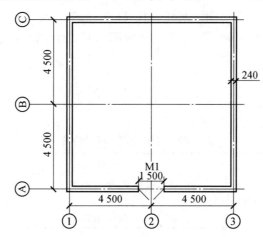

图3.49　建筑平面示意图

【解】　(1)计算思路。

踢脚线工程量计算规则为按设计图示长度乘以高度以面积计算,以平方米计量;或按延长米计算,以米计量。以米计量时,必须描述踢脚线高度。

(2)计算过程。

当以平方米计量时,水泥砂浆踢脚线面积为

$$S = (9.0-0.24) \times 4 \times 0.15 - 1.5 \times 0.15 + (0.24-0.06) \div 2 \times 2 \times 0.15 = 5.05 (\text{m}^2)$$

当以延长米计量时,水泥砂浆踢脚线长度为

$$L = (9.0-0.24) \times 4 - 1.4 + (0.24-0.06) \div 2 \times 2 = 33.82 (\text{m})$$

(3)编制分部分项工程量清单(表3.49)。

表3.49　分部分项工程量清单

序号	项目编码	项目名称	项目特征	计量单位	工程量
1	011105001001	水泥砂浆踢脚线	(1)踢脚线高度:150 mm (2)底层厚度、砂浆配合比:1:3 干混抹灰砂浆10 mm 厚 (3)面层厚度、砂浆配合比:1:2 干混抹灰砂浆15 mm 厚	m²/m	5.05 m²/33.82 m

【例3.48】　某楼梯中间层平面图如图3.50所示,三跑楼梯三个梯段宽度均为1 000 mm,踏步高度为150 mm,踏步宽度为300 mm,楼梯井尺寸为1.2 m×2.1 m。楼梯面层先铺抹20 mm 厚干混砂浆结合层,再

铺贴陶瓷地面砖,计算楼梯面层工程量,并编制分部分项工程量清单。

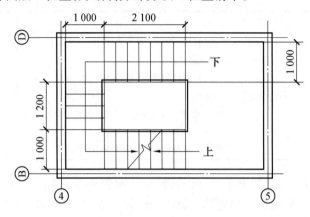

图3.50　中间层楼梯平面图

【解】（1）计算思路。

楼梯装饰工程量计算规则为按设计图示尺寸以楼梯（包括踏步、休息平台及≤500 mm的楼梯井）水平投影面积计算。楼梯与楼地面相连时,算至梯口梁内侧边沿;无梯口梁者,算至最上一层踏步边沿加300 mm。

（2）计算过程。

$$S_{楼梯水平投影}=3.2×3.1+0.3×1-1.2×2.1=7.70(m^2)$$

（3）编制分部分项工程量清单（表3.50）。

表3.50　分部分项工程量清单

序号	项目编码	项目名称	项目特征	计量单位	工程量
1	011106002001	块料楼梯面层	(1)黏结层厚度、材料种类:20 mm 厚干混砂浆 (2)面层材料品种:陶瓷地面砖	m²	7.70

【例3.49】　室外台阶尺寸如图3.51所示,踏步宽为300 mm,台阶宽为3 000 mm,在台阶上铺设瓷砖,计算台阶装饰工程量,并编制分部分项工程量清单。（该台阶装饰工程做法:(1)20 mm 厚1:3 干混砂浆找平层;(2)铺抹20 mm 厚1:2.5 干混砂浆结合层;(3)铺设陶瓷地面砖、水泥砂浆擦缝）

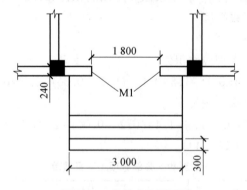

图3.51　室外台阶平面图

【解】（1）计算思路。

台阶装饰工程量计算规则为按设计图示尺寸以台阶（包括最上层踏步边沿加300 mm）水平投影面积计算。

（2）计算过程。

$$S_{块料台阶面}=3×(0.3×3+0.3)=3.60(m^2)$$

（3）编制分部分项工程量清单（表3.51）。

表 3.51　分部分项工程量清单

序号	项目编码	项目名称	项目特征	计量单位	工程量
1	011107002001	块料台阶面	（1）找平层厚度、砂浆配合比：20 mm 厚 1∶3 干混砂浆 （2）黏结材料种类：干混砂浆 （3）面层材料品种：陶瓷地面砖	m²	3.60

3.13　墙、柱面装饰与隔断、幕墙工程

3.13.1　工程项目划分

墙、柱面装饰与隔断、幕墙工程分为墙、柱面抹灰工程，零星抹灰工程，墙、柱面块料面层工程，零星块料面层工程，墙、柱饰面工程，幕墙工程，隔断工程 7 节，共 24 个项目，具体划分见二维码 3.13-1 中内容。

3.13-1

1. 墙面及柱（梁）面抹灰相关概念

（1）一般抹灰所用的材料有水泥砂浆、水泥混合砂浆、聚合物水泥砂浆、膨胀珍珠岩水泥砂浆、石灰砂浆、麻刀灰、纸筋灰、石膏灰等。一般抹灰外面一般还会再贴装饰材料。

（2）装饰抹灰的底层和中层与一般抹灰相同，但面层材料有区别，装饰抹灰的面层材料主要有水泥石子浆、水泥色浆、聚合物水泥砂浆等。装饰抹灰外面一般不再做其他装饰，而是在面层上做出一些花纹的效果等。

3.13-2

（3）特殊抹灰是指为了满足某些特殊的要求（如保温、耐酸、防水等）而采用保温砂浆、耐酸砂浆、防水砂浆等进行的抹灰。

2. 零星抹灰相关概念

一些窗台线、门窗套、挑檐、腰线、遮阳板、天沟、雨篷外边线等如果抹灰展开宽度超过 300 mm 时，以及大便槽、小便槽、洗手池等都属于零星项目，它们的抹灰称为零星抹灰。

（1）窗台线指窗台的下口线。

（2）门窗套指用于保护和装饰门框及窗框。门窗套包括筒子板和贴脸，与墙连接在一起。

（3）挑檐。屋面挑出外墙的部分，主要是为了方便做屋面排水，对外墙也起到保护作用。一般南方多雨，出挑较大，北方少雨，出挑较小。挑檐也起到美观的作用，部分坡屋顶、瓦屋顶不做挑檐，少许无组织排水的平屋顶也不做挑檐。

（4）腰线。建筑装饰的一种做法，一般指建筑墙面上的水平横线，在外墙面上通常是在窗口的上或下沿（也可以在其他部位）将砖挑出 60 mm×120 mm，做成一条通长的横带，主要起装饰作用。在卫生间的墙面上用不同花色的瓷砖（有专门的腰线瓷砖）贴一圈横向的线条，也称为腰线。

（5）天沟。屋面排水分为有组织排水和无组织排水（自由排水）。有组织排水一般是把雨水集到天沟内再由雨水管排下，集聚雨水的沟就被称为天沟。天沟分内天沟和外天沟，内天沟是指在外墙以内的天沟，一般设女儿墙；外天沟是挑出外墙的天沟，一般不设女儿墙。天沟多用白铁皮或石棉水泥制成。

3. 墙面块料面层相关概念

（1）石材墙面。采用大理石、花岗岩、水磨石、文化石等石材做墙面面层。

（2）拼碎石材墙面。采用碎石、水泥、胶结材料在墙体表面涂刷成装饰效果的墙面。

（3）块料墙面。采用陶瓷锦砖、水泥花砖、面砖等非石材材料铺贴在墙表面形成的装饰面层。

（4）干挂石材钢骨架。一种只挂不贴的装饰施工方法，与镶贴块料最大的区别就在于是否使用水泥砂浆，一般在图纸上有说明。

4. 柱（梁）面镶贴块料相关概念

拼碎石材柱面。采用碎石块和水泥砂浆混合镶贴在柱表面。

5. 墙饰面相关概念

墙饰面的主要目的是保护墙体、美化室内环境,让被装饰的墙清新环保。墙饰面根据所用材料不同分为涂料饰面、墙纸类饰面、板材类饰面、玻璃类饰面、陶瓷墙砖、石材饰面、金属板饰面等。

6. 柱(梁)饰面相关概念

柱(梁)饰面是对柱(梁)等表面的装饰。附着在其上面的装饰材料和装饰物是与各表面成刚性连接在一体的,它们之间不能产生分离甚至剥落现象。

7. 幕墙工程相关概念

建筑幕墙是由面板与支承结构体系(支承装置与支承结构)组成的、可相对主体结构有一定位移能力或自身有一定变形能力、不承担主体结构所受作用的建筑外围护墙。

(1)带骨架幕墙。将骨架和玻璃(铝板)连接构成的幕墙,分为隐框玻璃幕墙、半隐框玻璃幕墙和明框玻璃幕墙。

①隐框玻璃幕墙是将玻璃用硅酮结构密封胶(简称结构胶)黏结在铝框上,在大多数情况下,不再加金属连接件。因此,铝框全部隐蔽在玻璃后面,形成大面积全玻璃镜面。

②半隐框玻璃幕墙分为横隐竖不隐和竖隐横不隐两种。不论哪种半隐框幕墙,均为一对对应边用结构胶黏结成玻璃装配组件,另一对对应边采用铝合金镶嵌槽玻璃装配的方法。换句话讲,玻璃所受各种载荷,有一对对应边由结构胶传给铝合金框架,而另一对对应边由铝合金型材镶嵌槽传给铝合金框架。

③玻璃镶嵌在铝框内,成为四边有铝框的幕墙构件,幕墙构件镶嵌在横梁上,形成横梁立柱外露,铝框分格明显的立面。

(2)铝板幕墙。采用优质高强度铝合金板材和龙骨连接构成的幕墙。

(3)全玻(无框玻璃)幕墙。全玻璃幕墙不含骨架,由玻璃肋和玻璃面板构成的玻璃幕墙。玻璃肋指用来加强幕墙的抗冲击力强度及抗风压性能的条状玻璃,垂直于玻璃幕墙,是受力构件,类似带骨架幕墙的骨架,分为单肋、双肋和通肋。

8. 隔断相关概念

隔断是指专门作为分隔室内空间的立面,应用灵活,主要起遮挡作用,一般不做到板下,有的甚至可以移动。它与隔墙最大的区别在于隔墙是做到板下的,即立面的高度不同。

9. 说明

(1)墙面抹灰中立面砂浆找平项目适用于仅做找平层的立面抹灰。

(2)墙、柱面抹石灰砂浆、水泥砂浆、混合砂浆、聚合物水泥砂浆、麻刀石灰浆、石膏灰浆等按墙、柱面一般抹灰列项;墙、柱面水刷石、斩假石、干粘石、假面砖等按墙、柱面装饰抹灰列项。

(3)飘窗凸出外墙面增加的抹灰并入外墙工程量内。

(4)有吊顶天棚的内墙面抹灰,抹至吊顶以上部分在综合单价中考虑。

(5)柱、梁砂浆找平项目适用于仅做找平层的柱(梁)面抹灰。

(6)零星项目抹石灰砂浆、水泥砂浆、混合砂浆、聚合物水泥砂浆、麻刀石灰浆、石膏灰浆等按零星项目一般抹灰编码列项,水刷石、斩假石、干粘石、假面砖等按零星项目装饰抹灰编码列项。

(7)墙、柱(梁)面≤0.5 m² 的少量分散的抹灰按零星抹灰项目编码列项。

(8)在描述碎块项目的面层材料特征时可不用描述规格、颜色。

(9)石材、块料与黏结材料的结合面刷防渗材料的种类在防护层材料种类中描述。

(10)安装方式可描述为砂浆或黏结剂粘贴、挂贴、干挂等,不论哪种安装方式,都要详细描述与组价相关的内容。

(11)柱梁面干挂石材的钢骨架按墙面块料面层相应项目编码列项。

(12)零星项目干挂石材的钢骨架按墙面块料面层相应项目编码列项。

(13)墙柱面≤0.5 m² 的少量分散的镶贴块料面层零星项目执行。

3.13.2　工程量计算规则

(1)墙面抹灰按设计图示尺寸以面积计算,以平方米计量。扣除墙裙、门窗洞口及单个>0.3 m²的孔洞面积,不扣除踢脚线、挂镜线和墙与构件交接处的面积,门窗洞口和孔洞的侧壁及顶面不增加面积。附墙柱、梁、垛、烟囱侧壁并入相应的墙面面积内。

①外墙抹灰面积按外墙垂直投影面积计算。

②外墙裙抹灰面积按其长度乘以高度计算。

③内墙抹灰面积按主墙间的净长乘以高度计算。其中无墙裙的,高度按室内楼地面至天棚底面计算;有墙裙的,高度按墙裙顶至天棚底面计算。

④内墙裙抹灰面按内墙净长乘以高度计算。

(2)柱面抹灰按设计图示柱断面周长乘以高度以面积计算,以平方米计量;梁面抹灰按设计图示梁断面周长乘以长度以面积计算,以平方米计量;柱、梁面勾缝按设计图示柱断面周长乘以高度以面积计算,以平方米计量。

(3)零星抹灰按设计图示尺寸以面积计算,以平方米计量。

(4)镶贴面层中墙面按设计图示尺寸以镶贴表面积计算,以平方米计量;钢骨架按设计图示以质量计算,以吨计量。

(5)柱(梁)面镶贴块料、镶贴零星块料按设计图示尺寸以镶贴表面积计算,以平方米计量。

(6)墙饰面中墙面装饰板按设计图示墙净长乘以净高以面积计算,以平方米计量。扣除门窗洞口及单个>0.3 m²的孔洞所占面积;墙面装饰浮雕按设计图示尺寸以面积计算,以平方米计量。

(7)柱(梁)饰面按设计图示饰面外围尺寸以面积计算,以平方米计量。柱帽、柱墩并入相应柱饰面工程量内。其中成品柱按设计数量计算,以根计量;或按设计长度计算,以米计量。

(8)幕墙工程中带骨架幕墙按设计图示框外围尺寸以面积计算,以平方米计量。与幕墙同种材质的窗所占面积不扣除;全玻(无框玻璃)幕墙按设计图示尺寸以面积计算,以平方米计量。带肋全玻幕墙按展开面积计算。

(9)隔断工程按设计图示框外围尺寸以面积计算,以平方米计量。不扣除单个 ≤0.3 m²的孔洞所占面积;浴厕门的材质与隔断相同时,门的面积并入隔断面积内。

3.13.3　计算示例

【例3.50】　某柱面抹灰结构图如图3.52所示,截面尺寸为500 mm×500 mm,柱高为3.5 m,柱墩截面尺寸为1 000 mm×1 000 mm,高度为700 mm,柱帽顶截面尺寸为1 000 mm×1 000 mm,柱头截面尺寸为500 mm×500 mm,柱帽高度为400 mm,抹灰底层厚度为5 mm,砂浆配合比为1∶2.5,面层厚度为18 mm、砂浆配合比为1∶2.5,请编制柱面水泥砂浆抹灰面层工程量清单。

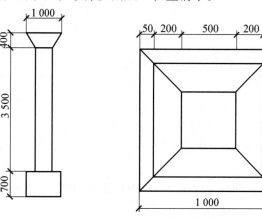

图3.52　柱面抹灰结构图

【解】 （1）计算思路。

柱面抹灰按设计图示柱断面周长乘以高度以面积计算。

（2）计算过程。

$$S_{柱面抹灰} = 柱断面周长 \times 高度$$

$$S_{柱身抹灰} = 0.5 \times 4 \times 3.5 = 7（m^2）$$

$$S_{柱帽抹灰} = (1+0.5)/2 \times \sqrt{0.4 \times 0.4 + 0.25 \times 0.25} \times 4 = 1.42（m^2）$$

$$S_{柱墩抹灰} = (1.0 \times 1.0 - 0.5 \times 0.5) + 1.0 \times 0.7 \times 4 = 3.55（m^2）$$

$$工程量合计 S = 7 + 1.42 + 3.55 = 11.97（m^2）$$

（3）编制分部分项工程量清单（表3.52）。

表3.52　分部分项工程量清单表

序号	项目编码	项目名称	项目特征	计量单位	工程量
1	011202001001	柱面一般抹灰	（1）柱体类型：混凝土矩形柱 （2）底层厚度、砂浆配合比：5 mm、1∶2.5 （3）面层厚度、砂浆配合比：18 mm、1∶2.5	m²	11.97

【例3.51】 某墙面尺寸为7 400 mm×3 000 mm，墙上孔洞尺寸为2 200 mm×2 200 mm，墙厚为240 mm，龙骨材料为铝合金，隔离层为玻璃棉毡，基层材料为胶合板基层，面层材料为镜面玻璃，计算墙面装饰工程量，并编制分部分项工程量清单。

【解】 （1）计算思路。

按设计图示墙净长乘以净高以面积计算。扣除门窗洞口及单个>0.3 m²的洞口所占面积。

（2）计算过程。

$$S_{装饰墙面} = 7.4 \times 3 - 2.2 \times 2.2 = 17.36（m^2）$$

（3）编制分部分项工程量清单（表3.53）。

表3.53　分部分项工程量清单表

序号	项目编码	项目名称	项目特征	计量单位	工程量
1	011207001001	墙面装饰板	（1）龙骨材料种类、规格、中距：铝合金、单相500 mm （2）隔离层材料种类、规格：玻璃棉毡 （3）基层材料种类、规格：胶合板基层 （4）面层材料品种、规格、颜色：镜面玻璃	m²	17.36

3.14　天棚工程

3.14.1　工程项目划分

天棚工程分为天棚抹灰、天棚吊顶、采光天棚、天棚其他装饰4节，共10个子项目，具体划分见二维码3.14-1中内容。

1. 相关概念

（1）天棚抹灰是指直接在楼板底部抹石灰砂浆或混合砂浆。

（2）吊顶天棚指不直接在顶板上做装修，而是采用一些构件做龙骨，悬吊在顶板上，在龙骨下面做面板装修的一种天棚。

3.14-1

（3）格栅吊顶指主、副龙骨纵横分布组合成的一种天棚，层次分明，立体感强、造型新颖，防火防潮、通风好。

（4）吊筒吊顶包括木（竹）吊筒、金属吊筒、塑料吊筒及圆形、矩形、扁钟形吊筒等。

3.14-2

（5）藤条造型悬挂吊顶指天棚面层呈条形状的吊顶。

（6）织物软雕吊顶是指用绢纱、布幔等织物或充气薄膜装饰室内顶棚的一种天棚形式。

（7）网架吊顶指采用不锈钢管、铝合金管等材料制作成的呈空间网架结构状的吊顶。

（8）灯槽是隐藏灯具，改变灯光方向的凹槽。灯槽也称灯带。嵌顶灯槽与嵌顶灯带附加龙骨的区别在于是一个灯或是一组灯，灯带是多个或多组灯组成的整体。

（9）送风口是指空调管道中间向室内输送空气的管口。

（10）回风口又称吸风口、排风口，是空调管道中间向室外输送空气的管口。

2. 说明

采光天棚骨架应单独按金属结构工程相关项目编码列项。

3.14.2 工程量计算规则

1. 天棚抹灰

天棚抹灰按设计图示尺寸以水平投影面积计算，以平方米计量。不扣除间壁墙、垛、柱、附墙烟囱、检查口和管道所占的面积，带梁天棚的梁两侧抹灰面积并入天棚面积内，板式楼梯底面抹灰按斜面积计算，锯齿形楼梯底板抹灰按展开面积计算。

2. 天棚吊顶

（1）吊顶天棚按设计图示尺寸以水平投影面积计算，以平方米计量。天棚面中的灯槽及跌级、锯齿形、吊挂式、藻井式天棚面积不展开计算。不扣除间壁墙、检查口、附墙烟囱、柱垛和管道所占面积，扣除单个>0.3 m² 的孔洞、独立柱及与天棚相连的窗帘盒所占的面积。

（2）格栅吊顶、吊筒吊顶、藤条造型悬挂吊顶、织物软雕吊顶、装饰网架吊顶按设计图示尺寸以水平投影面积计算，以平方米计量。

3. 采光天棚

采光天棚按框外围展开面积计算，以平方米计量。

4. 天棚其他装饰

（1）灯带（槽）按设计图示尺寸以框外围面积计算，以平方米计量。

（2）送风口、回风口按设计图示数量计算，以个计量。

3.14.3 计算示例

【例3.52】 某跌级天棚平面图如图3.53所示，外圈尺寸为4.5 m×3.5 m，标高为3 m，中间部分尺寸为3.84 m×2.9 m，标高为2.8 m。基层类型为混凝土，抹灰厚度为15 mm，使用干混普通抹灰砂浆 DPM20 进行抹灰，砂浆配合比为1∶1，包含三道以内装饰线。请计算天棚抹灰工程量并编制分部分项工程量清单。

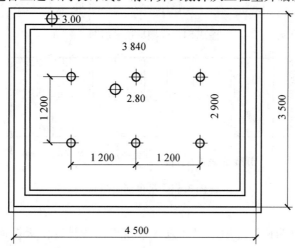

图3.53 跌级天棚平面图

【解】　(1)计算思路。

天棚抹灰工程量计算规则为按设计图示尺寸以水平投影面积计算。不扣除间壁墙、垛、柱、附墙烟囱、检查口和管道所占的面积,带梁天棚的梁两侧抹灰面积并入天棚面积内,板式楼梯底面抹灰按斜面积计算,锯齿形楼梯底板抹灰按展开面积计算。

(2)计算过程。

$$S_{跌级天棚抹灰} = 4.5 \times 3.5 = 15.75(\text{m}^2)$$

(3)编制分部分项工程量清单(表3.54)。

表3.54　分部分项工程量清单

序号	项目编码	项目名称	项目特征	计量单位	工程量
1	011301001001	天棚抹灰	(1)基层类型:混凝土基层 (2)抹灰厚度、材料种类:15 mm,干混普通抹灰砂浆 DPM20 (3)砂浆配合比:1∶1 (4)装饰线:三道以内	m²	15.75

【例3.53】　某天棚吊顶平面图如图3.54所示,房间开间为3 000 mm×3,进深为6 000 mm,外墙厚为240 mm,间壁墙厚为120 mm,独立柱截面尺寸为500 mm×500 mm,A、B轴墙上有墙垛。其中小房间为一级吊顶,采用600 mm×600 mm的石膏板面层及不上人U形装配式轻钢天棚龙骨,大房间为二级吊顶,剖面图如图3.55所示,采用600 mm×400 mm的石膏板面层及不上人U形装配式轻钢天棚龙骨。请计算吊顶天棚工程量并编制分部分项工程量清单。

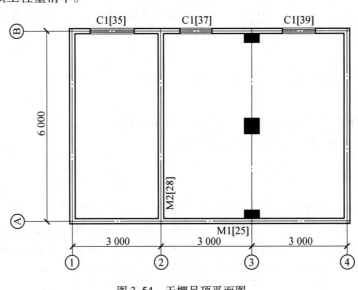

图3.54　天棚吊顶平面图

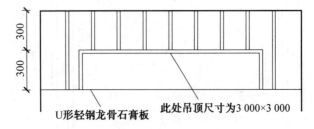

图3.55　吊顶剖面图

【解】　(1)计算思路。

天棚吊顶工程量计算规则为按设计图示尺寸以水平投影面积计算。天棚面中的灯槽及跌级、锯齿形、吊挂式、藻井式天棚面积不展开计算。不扣除间壁墙、检查口、附墙烟囱、柱垛和管道所占面积,扣除单个>0.3 m² 的孔洞、独立柱及天棚相连的窗帘盒所占面积。

（2）计算过程。

$$S_{清小} = (3-0.12) \times (6-0.24) = 16.59 (m^2)$$
$$S_{清大} = (6-0.12) \times (6-0.24) = 33.87 (m^2)$$

（3）编制分部分项工程量清单（表3.55）。

表 3.55　分部分项工程量清单

序号	项目编码	项目名称	项目特征	计量单位	工程量
1	011302001001	天棚吊顶（平面）	（1）吊顶形式、吊杆规格、高度:射钉安装吊筋、300 mm （2）龙骨种类材料、规格、中距:不上人 U 形装配式轻钢天棚龙骨,600 mm×600 mm （3）面层材料品种、规格:石膏板 （4）嵌缝材料种类:石膏板	m²	16.59
2	011302001002	天棚吊顶（跌级）	（1）吊顶形式、吊杆规格、高度:射钉安装吊筋、600 mm （2）龙骨种类材料、规格、中距:不上人 U 形装配式轻钢天棚龙骨,400 mm×600 mm （3）面层材料品种、规格:石膏板 （4）嵌缝材料种类:石膏板	m²	33.87

3.15　油漆、涂料、裱糊工程

3.15.1　工程项目划分

油漆、涂料、裱糊工程分为门油漆,窗油漆,木扶手及其他板条、线条油漆,木材面油漆,金属面油漆、抹灰面油漆,喷刷涂料,裱糊 8 节,共36 个项目,具体划分见二维码3.15-1 中内容。

1. 木扶手及其他板条、线条油漆相关概念

（1）木扶手即栏杆的顶部用于手依靠的木构件。在栏杆上装木扶手时,一般应在栏杆顶装块扁铁,而后用螺丝将扶手安装其上,这块扁铁称为托板。木扶手不带托板指的是木扶手与栏杆直接相连。

3.15-1

（2）封檐板是指堵塞檐口部分的板,封檐是檐口外墙高出屋面将檐口包住的构造做法。

（3）顺水板又称顺水条,指的是屋面压油毡纸的小木条。另外还有房间四壁上吊挂物品所钉的木条板,即挂镜线,也有的称为压线条。

3.15-2

（4）挂镜线。用于室内悬挂字画的装饰线,有美化墙面的作用,一般低于顶面20～30 cm,挂镜线按材质可分为木挂镜线、塑料挂镜线、不锈钢或镜钛金等金属挂镜线。

（5）单独木线窗帘棍。用来安装窗帘并使用窗帘布悬吊的横杆。

2. 木材面油漆相关概念

（1）木墙裙。用木龙骨、胶合板、装饰线条构造的护墙设施,在家庭装修中多用于客厅、卧室的墙体装修,一般高度为900 mm。

（2）清水板条天棚。将预先刨光的木板条钉在木龙骨下面作为天棚。

（3）暖气罩。老式暖气片外表不美观,在暖气片外部用木工板做的一种装饰。

（4）木地板烫硬蜡面又称白木地板原色烫蜡。一般是在以各种形式铺贴的硬木地板表面上进行烫蜡施工,是一种具有特色的涂饰工艺,具有可塑性、易熔化、不溶于水等特点。

3. 抹灰面油漆相关概念

抹灰面油漆指在水泥砂浆面、混凝土面等表面上的油漆涂刷。

(1)抹灰面油漆。抹灰面最常见的是乳胶漆,它是施工最方便、价格也最适宜的一种油漆。

(2)抹灰线条油漆。在抹灰线条上施涂色素,一般常用铅油、调和漆。

(3)满刮腻子。腻子又称填泥,是一种厚浆状涂料,涂施于底漆上或直接涂施于物体上,用以清除被涂物表面上高低不平的缺陷,腻子的施工称为刮腻子。此项目只适用于仅做"满刮腻子"的项目。

4. 喷刷涂料相关概念

喷刷涂料指将专用涂料按分层要求进行喷涂的施工工艺。

5. 裱糊相关概念

裱糊指采用壁纸或墙布等软质卷材裱贴于室内的墙、柱面、顶面及各种装饰造型构件表面的装饰工程。

6. 说明

(1)门油漆。

①木门油漆应区分木大门、单层木门、双层(一玻一纱)木门、双层(单裁口)木门、全玻自由门、半玻自由门、装饰门及有框门或无框门等项目,分别编码列项。

②金属门油漆应区分平开门、推拉门、钢制防火门等项目,分别编码列项。

③以平方米计量,项目特征可不必描述洞口尺寸。

(2)窗油漆。

①木窗油漆应区分单层木窗、双层(一玻一纱)木窗、双层框扇(单裁口)木窗、双层框三层(二玻一纱)木窗、单层组合窗、双层组合窗、木百叶窗、木推拉窗等项目,分别编码列项。

②金属窗油漆应区分平开窗、推拉窗、固定窗、组合窗、金属隔栅窗等项目,分别编码列项。

③以平方米计量,项目特征可不必描述洞口尺寸。

(3)木扶手及其他板条、线条油漆。

木扶手应区分带托板与不带托板,分别编码列项,若是木栏杆带扶手,木扶手不应单独列项,应包含在木栏杆油漆中。

(4)喷刷涂料。

喷刷墙面涂料部位要注明内墙或外墙。

3.15.2　工程量计算规则

(1)门油漆、窗油漆按设计图示数量计算,以樘计量;或按设计图示洞口尺寸以面积计算,以平方米计量。以平方米计量,项目特征可不必描述洞口尺寸。

(2)木扶手及其他板条、线条油漆按设计图示尺寸以长度计算。

(3)木材面油漆工程量计算规则有以下 4 种:

①按设计图示尺寸以面积计算,包括木护墙、木墙裙油漆,窗台板、筒子板、盖板、门窗套、踢脚线油漆,清水板条天棚、檐口油漆,木方格吊顶天棚油漆,吸音板墙面、天棚面油漆,暖气罩油漆,其他木材面。

②按设计图示尺寸以单面外围面积计算,包括木间壁、木隔断油漆,玻璃间壁露明墙筋油漆,木栅栏、木栏杆(带扶手)油漆。

③按设计图示尺寸以油漆部分展开面积计算,包括衣柜、壁柜油漆,梁柱饰面油漆,零星木装修油漆。

④按设计图示尺寸以面积计算,空洞、空圈、暖气包槽、壁龛的开口部分并入相应的工程量内,包括木地板油漆、木地板烫硬蜡面。

(4)金属面油漆工程按设计图示尺寸以质量计算,以吨计量;或按设计展开面积计算,以平方米计量。

(5)抹灰面油漆、满刮腻子按设计图示尺寸以面积计算;抹灰线条油漆按设计图示尺寸以长度计算。

(6)喷刷涂料工程量计算规则有以下 5 种:

①按设计图示尺寸以面积计算,包括墙面喷刷涂料、天棚喷刷涂料。

②按设计图示尺寸以单面外围面积计算,包括空花格、栏杆刷涂料。

③线条刷涂料按设计图示尺寸以长度计算,或按设计图示尺寸以单面外围面积计算。

④金属构件刷防火涂料按设计图示尺寸以质量计算,以吨计量;或按设计展开面积计算,以平方米计量。

⑤木材构件喷刷防火涂料按设计图示尺寸以面积计算,以平方米计量。

(7)裱糊工程按设计图示尺寸以面积计算。

3.15.3　计算示例

【例3.54】　某建筑平面图及剖面图如图3.56所示,门的尺寸为900 mm×2 700 mm,窗的尺寸为1 500 mm×1 800 mm,窗离地高度为900 mm,墙裙高度为900 mm,墙面刷双飞粉两遍,天棚刷双飞粉两遍,请编制墙面和天棚涂料清单工程量(墙裙不刷涂料)。

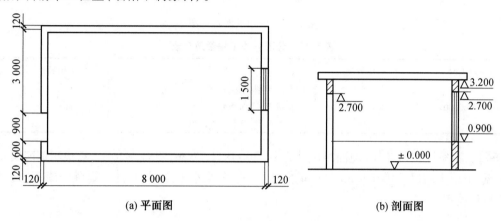

(a) 平面图　　　　　　　　　　　　(b) 剖面图

图3.56　建筑平面图及剖面图

【解】　(1)计算思路。

墙面喷刷涂料、天棚喷刷涂料工程量计算规则为按设计图示尺寸以面积计算。

(2)计算过程。

$$S_{墙面涂料}=(7.76+4.26)\times2\times(3.20-0.90)-0.90\times(2.70-0.90)-1.50\times1.80=50.97(m^2)$$

$$S_{天棚涂料}=(8-0.24)\times(4.50-0.24)=33.06(m^2)$$

(3)编制分部分项工程量清单(表3.56)。

表3.56　分部分项工程量清单表

序号	项目编码	项目名称	项目特征	计量单位	工程量
1	011407001001	墙面喷刷涂料	(1)基层类型:水泥砂浆 (2)喷刷涂料部位:墙面 (3)涂料品种、喷刷遍数:双飞粉两遍	m²	50.97
2	011407002001	天棚喷刷涂料	(1)基层类型:水泥砂浆 (2)喷刷涂料部位:天棚 (3)涂料品种、喷刷遍数:双飞粉两遍	m²	33.06

【例3.55】　某房间平面布置图如图3.57所示,其中墙为砖墙,墙厚为240 mm,门的尺寸为1 200 mm×2 400 mm,窗的尺寸为1 800 mm×1 500 mm,门窗框厚均为90 mm,居中立樘,内墙面贴拼花墙纸,层高为3 m,板厚为100 mm,请编制墙纸裱糊工程量清单。

【解】　(1)计算思路。

墙纸裱糊工程量计算规则为按设计图示尺寸以面积计算。

(2)计算过程。

$$S_{墙纸裱糊}=7.72\times(3-0.1)\times4-1.2\times2.4-1.8\times1.5\times2+6.6\times0.075\times2+6\times0.075=82.72(m^2)$$

(3)编制分部分项工程量清单(表3.57)。

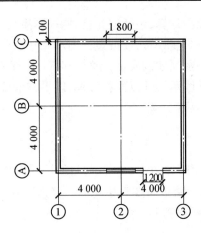

图 3.57　房间平面布置图

表 3.57　分部分项工程量清单表

序号	项目编码	项目名称	项目特征	计量单位	工程量
1	011408001001	墙纸裱糊	(1)基层类型:水泥砂浆 (2)裱糊部位:内墙面 (3)材料种类:普通对花墙纸	m²	82.72

【例3.56】　某餐厅室内装修,地面净尺寸为 14.76 m×11.76 m,四周一砖墙上有单层钢窗尺寸为1.8 m× 1.8 m,共 8 樘,单层木门尺寸为0.9 m×2.1 m,共2 樘,门均为外开,以上项目均刷调合漆两遍,请编制相应项目油漆工程量清单。

【解】　(1)计算思路。

木门油漆工程量计算规则为按设计图示数量计算,以樘计量;或按设计图示洞口尺寸以面积计算,以平方米计量。

金属窗油漆工程量计算规则为按设计图示数量计算,以樘计量;或按设计图示尺寸以面积计算,以平方米计量。

(2)计算过程。

$$S_{单层木门}=0.9×2.1×2=3.78(m^2)$$
$$S_{单层钢窗}=1.8×1.8×8=25.92(m^2)$$

(3)以平方米计量,编制分部分项工程量清单(表 3.58)。

表 3.58　分部分项工程量清单表

序号	项目编码	项目名称	项目特征	计量单位	工程量
1	011401001001	木门油漆	(1)门类型:木门 (2)洞口尺寸:900 mm×2 100 mm (3)油漆品种、刷漆遍数:底漆一遍、调和漆一遍	m²	3.78
2	011402002001	金属窗油漆	(1)窗类型:钢窗 (2)洞口尺寸:1 800 mm×1 800 mm (3)油漆品种、刷漆遍数:调和漆两遍	m²	25.92

3.16　其他装饰工程

3.16.1　工程项目划分

其他装饰工程分为柜类、货架,压条、装饰线,扶手、栏杆、栏板装饰,暖气罩,浴厕配件,雨篷、旗杆,招牌、灯箱,美术字 8 节,共 58 个项目,具体划分见二维码 3.16-1 中内容。

(1)柜台。营业用的台子类器具,式样像柜,用木头、金属、玻璃等制成。嵌入墙内是壁柜,以支架固定在墙上的为吊柜。

3.16-1

(2)装饰线条。装饰工程中各平接面、相交面、层次面、对接面衔接口,交接条的收边封口材料。在装饰结构上起固定、连接、加强装饰面的作用。通常分为压条和装饰条两类。

(3)挂板式暖气罩。钩挂在暖气片上的暖气罩。

(4)平墙式暖气罩。凹入墙内的暖气罩。

(5)明式暖气罩。凸出墙面的暖气罩。

3.16-2

(6)镜箱。以镜面玻璃做主要饰面门,以其他材料,如木、塑料做箱体,用于洗漱间并可存放物品的设施。

(7)旗杆的高度指旗杆台座上表面至杆顶的尺寸(包括球珠)。

(8)平面招牌。直接挂钉在建筑物表面的招牌,也称为附贴式招牌,一般凸出墙面很少,还可固定在大面积玻璃窗上。

(9)箱式招牌。凸出建筑物表面的招牌。

(10)竖挂招牌。竖向的长方形六面体招牌。

3.16.2　工程量计算规则

(1)柜类、货架按设计图示数量计算,以个计量;或按设计图示尺寸以延长米计算,以米计量;或按设计图示尺寸以体积计算,以立方米计量。

(2)压条、装饰线按设计图示尺寸以长度计算,以米计量。

(3)扶手、栏杆、栏板装饰按设计图示以扶手中心线长度(包括弯头长度)计算,以米计量。

(4)暖气罩按设计图示尺寸以垂直投影面积(不展开)计算,以平方米计量。

(5)浴厕配件。

①洗漱台按设计图示尺寸以台面外接矩形面积计算,以平方米计量。不扣除孔洞、挖弯、削角所占面积,挡板、吊沿板面积并入台面面积内;或按设计图示数量计算。

②按设计图示数量计算,包括晒衣架、帘子杆、浴缸拉手、卫生间扶手、毛巾杆(架)、毛巾环、卫生纸盒、肥皂盒。

③镜面玻璃按设计图示尺寸以边框外围面积计算。

④镜箱按设计图示数量计算。

(6)雨篷、旗杆。

①雨篷吊挂饰面按设计图示尺寸以水平投影面积计算,以平方米计量。

②金属旗杆按设计图示数量计算。

③玻璃雨篷按设计图示尺寸以水平投影面积计算,以平方米计量。

(7)招牌、灯箱。

①平面、箱式招牌按设计图示尺寸以正立面边框外围面积计算。复杂形的凸凹造型部分不增加面积。

②竖式标箱、灯箱、信报箱按设计图示数量计算,以个计量。

(8)美术字按设计图示数量计算,以个计量。

3.16.3　计算示例

【例 3.57】　某商店铝合金柜台如图 3.58 所示,其尺寸为 1 500 mm×900 mm×600 mm,商店共有同类型柜台 6 个,请编制柜台工程量清单。

【解】　(1)计算思路。

柜台的工程量计算规则为按设计图示数量计算,以个计量;或按设计图示尺寸以延长米计算,以米计

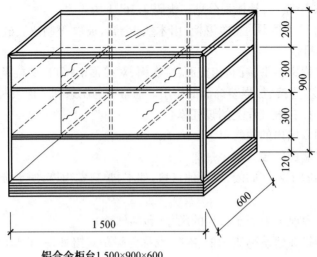

铝合金柜台1 500×900×600

图 3.58　铝合金柜台

量;或按设计图示尺寸以体积计算,以立方米计量。以个计量时,必须描述台柜规格。

(2)计算过程。

$$柜台数量\ n=6\ 个$$
$$L_{柜台}=1.5×6=9(m)$$
$$V_{柜台}=1.5×0.6×0.9×6=4.86(m^3)$$

(3)编制分部分项工程量清单(表3.59)。

表 3.59　分部分项工程量清单

序号	项目编码	项目名称	项目特征	计量单位	工程量
1	011501001001	柜台	(1)台柜规格:1 500 mm×900 mm×600 mm; (2)材料种类、规格:铝合金型材,平板玻璃δ5 (3)五金种类、规格:一般五金	个/m/m³	6 个/9 m/4.86 m³

【例3.58】　某砖墙房间室内贴铝合金装饰线(槽线≤20 mm),其尺寸如图3.59所示,墙厚为200 mm,请编制相应工程量清单。

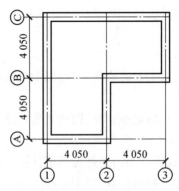

图 3.59　贴铝合金装饰线条的房间平面示意图

【解】　(1)计算思路。

金属装饰线工程量计算规则为按设计图示尺寸以长度计算,以米计量。

(2)计算过程。

$$L_{金属装饰线条}=(8.1-0.2)×4=31.6(m)$$

(3)编制分部分项工程量清单(表3.60)。

44

表3.60　分部分项工程量清单

序号	项目编码	项目名称	项目特征	计量单位	工程量
1	011502001001	金属装饰线	(1)基层类型:水泥砂浆 (2)线条材料品种、规格、颜色:槽线≤20 mm (3)防护材料种类:一般防护	m	31.6

3.17　拆除工程

3.17.1　工程项目划分

拆除工程分为砖砌体拆除,混凝土及钢筋混凝土构件拆除,木构件拆除,抹灰层拆除,块料面层拆除,龙骨及饰面拆除,屋面拆除,铲除油漆涂料裱糊面,栏杆栏板、轻质隔断隔墙拆除,门窗拆除,金属构件拆除,管道及卫生洁具拆除,灯具、玻璃拆除,其他构件拆除,开孔(打洞)15节,共37个项目,具体划分见二维码3.17-1中内容。

3.17-1

1.砖砌体拆除相关说明

(1)砌体名称指墙、柱、水池等。

(2)砌体表面的附着物种类指抹灰层、块料层、龙骨及装饰面层等。

(3)以米计量,如砖地沟、砖明沟等必须描述拆除部位的截面尺寸;以立方米计量,截面尺寸则不必描述。

2.混凝土及钢筋混凝土构件拆除相关说明

3.17-2

混凝土及钢筋混凝土构件拆除包括素混凝土构件拆除和钢筋混凝土构件拆除,构件表面的抹灰层、块料层、龙骨及装饰面层等附着物种类包含在混凝土及钢筋混凝土构件拆除中。

(1)以立方米计量时,可不描述构件的规格尺寸;以平方米计量时,则应描述构件的厚度;以米计量时,则必须描述构件的规格尺寸。

(2)构件表面的附着物种类指抹灰层、块料层、龙骨及装饰面层等。

3.木构件拆除相关说明

(1)拆除木构件应按木梁、木柱、木楼梯、木屋架、承重木楼板等分别在构件名称中描述。

(2)以立方米计量时,可不描述构件的规格尺寸;以平方米计量时,则应描述构件的厚度;以米计量时,则必须描述构件的规格尺寸。

(3)构件表面的附着物种类指抹灰层、块料层、龙骨及装饰面层等。

4.抹灰层拆除相关说明

抹灰层拆除分为平面抹灰层拆除、立面抹灰层拆除及天棚抹灰层拆除。对于单独拆除抹灰层的按抹灰面拆除项目的清单列项;对于砖砌体、混凝土及木结构的表面的抹灰拆除可以包含在砖砌体、混凝土及木结构的拆除中。

(1)单独拆除抹灰层应按抹灰面拆除中的项目编码列项。

(2)抹灰层种类可描述为一般抹灰或装饰抹灰。

5.块料面层拆除相关说明

块料面层拆除可用于块料装饰物的块料层及基层拆除,也可用于仅拆除块料层。对于拆除块料层的,项目特征中不需要描述拆除的基层类型;对于砖砌体、混凝土及木结构表面的块料拆除可以包含在砖砌体、混凝土及木结构的拆除中。

(1)如仅拆除块料层,拆除的基层类型不用描述。

(2)拆除的基层类型的描述指砂浆层、防水层、干挂或挂贴所采用的钢骨架层等。

6. 龙骨及饰面拆除相关说明

龙骨及饰面拆除工程量清单划分为楼地面龙骨及饰面拆除、墙柱面龙骨及饰面拆除、天棚面龙骨及饰面拆除。拆除的饰面可以包含龙骨及基层,也可以只包含龙骨,或者仅包含拆除饰面,具体可在项目特征中描述。仅拆除龙骨及饰面的,项目特征中的拆除的基层类型不用描述;只拆除饰面的,项目特征中的龙骨及饰面种类不用描述。

(1)基层类型的描述指砂浆层、防水层等。

(2)如仅拆除龙骨及饰面,拆除的基层类型不用描述。

(3)如只拆除饰面,不用描述龙骨材料种类。

7. 铲除油漆涂料裱糊面相关说明

铲除油漆涂料裱糊面工程分为铲除油漆面、铲除涂料面、铲除裱糊面,具体铲除的部位名称在墙面、柱面、天棚、门窗等的项目特征汇总描述。

(1)单独铲除油漆涂料裱糊面的工程按铲除油漆涂料裱糊面中的项目编码列项。

(2)铲除部位名称的描述指墙面、柱面、天棚、门窗等。

(3)以米计量时,必须描述铲除部位的截面尺寸;以平方米计量时,则不用描述铲除部位的截面尺寸。

8. 栏杆栏板、轻质隔断隔墙拆除相关说明

栏杆栏板、轻质隔断隔墙拆除分为栏杆、栏板拆除,隔断隔墙拆除。以平方米计量时,不用描述栏杆(板)的高度。

9. 门窗拆除相关说明

门窗拆除分为木门窗拆除、金属门窗拆除。门窗拆除以平方米计量时,不用描述门窗的洞口尺寸。室内高度指室内楼地面至门窗的上边框。

10. 灯具、玻璃拆除相关说明

灯具、玻璃拆除分为灯具拆除,玻璃拆除。拆除部位的描述指门窗玻璃、隔断玻璃、墙玻璃、家具玻璃等。

11. 其他构件拆除相关说明

其他构件拆除分为暖气罩拆除、柜体拆除、窗台板拆除、筒子板拆除、窗帘盒拆除、窗帘轨拆除。双轨窗帘轨拆除,按双轨长度分别计算工程量。

12. 开孔(打洞)相关说明

开孔(打洞)适用于墙或楼板的开孔(打洞)。

(1)部位可描述为墙面或楼板。

(2)打洞部位材质可描述为页岩砖或空心砖或钢筋混凝土等。

13. 其他相关说明

(1)屋面拆除分为刚性层拆除和防水层拆除。

(2)金属构件拆除分为钢梁拆除,钢柱拆除,钢网架拆除,钢支撑、钢墙架拆除,其他金属构件拆除。

(3)管道及卫生洁具拆除分为管道拆除、卫生洁具拆除。

3.17.2　工程量计算规则

1. 砖砌体拆除

砖砌体拆除按拆除的体积计算,以立方米计量;或按拆除的延长米计算,以米计量。

2. 混凝土及钢筋混凝土构件拆除

混凝土构件拆除、钢筋混凝土构件拆除按拆除构件的混凝土体积计算,以立方米计量;或按拆除部位的面积计算,以平方米计量;或按拆除部位的延长米计算,以米计量。

3. 木构件拆除

木构件拆除按拆除构件的体积计算,以立方米计量;或按拆除面积计算,以平方米计量;或按拆除延长米计算,以米计量。

4. 抹灰层拆除、块料面层拆除、龙骨及饰面拆除

抹灰层拆除、块料面层拆除、龙骨及饰面拆除按拆除部位的面积计算,以平方米计量。

5. 屋面拆除

屋面拆除按铲除部位的面积计算,以平方米计量。

6. 铲除油漆涂料裱糊面

铲除油漆涂料裱糊面按铲除部位的面积计算,以平方米计量;或按铲除部位的延长米计算,以米计量。

7. 栏杆栏板、轻质隔断隔墙拆除

栏杆栏板拆除按拆除部位的面积计算,以平方米计量;或按拆除的延长米计算,以米计量。隔断隔墙拆除按拆除部位的面积计算。

8. 门窗拆除

木门窗拆除、金属门窗拆除按拆除面积计算,以平方米计量;或按拆除樘数计算,以樘计量。

9. 金属构件拆除

①钢梁拆除,钢柱拆除,钢支撑,钢墙架拆除,其他金属构件拆除按拆除构件的质量计算,以吨计量;或按拆除延长米计算,以米计量。

②钢网架拆除按拆除构件的质量计算,以吨计量。

10. 管道及卫生器具拆除

管道拆除按拆除管道的延长米计算,以米计量;卫生洁具拆除按拆除的数量计算,以套(个)计量。

11. 灯具、玻璃拆除

灯具拆除按拆除的数量计算,以套计量;玻璃拆除按拆除的面积计算,以平方米计量。

12. 其他构件拆除

①暖气罩拆除、柜体拆除按拆除个数计算,以个计量;或按拆除延长米计算,以米计量。

②窗台板拆除、筒子板拆除按拆除数量计算,以块计量;或按拆除的延长米计算,以米计量。

③窗帘盒拆除、窗帘轨拆除按拆除的延长米计算,以米计量。双轨窗帘轨拆除按双轨长度分别计算工程量。

13. 开孔(打洞)

开孔(打洞)按数量计算,以个计量。

3.17.3　计算示例

【例 3.59】　某建筑平面图如图 3.60 所示,轴线居中标注,墙中心线围成的矩形尺寸为 4 000 mm× 6 000 mm,墙厚为 240 mm,墙高为 3 m,门洞尺寸为 1 800 mm×2 100 mm。该墙为砖砌体墙,计算墙体拆除工程量,并列出分部分项工程量清单。(该砖墙砌体材料为黏土砖,采用人工拆除,并利用自卸汽车将建筑垃圾运往场内 100 m 处,无楼层间的搬运,虚方系数为 1.25)

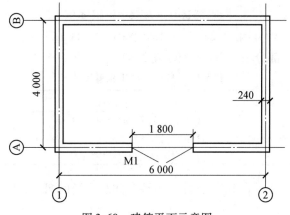

图 3.60　建筑平面示意图

【解】　（1）计算思路。

砖砌体拆除工程量计算规则为按拆除的体积计算，以立方米计量；或按拆除的延长米计算，以米计量。以米计量时，必须在项目特征中描述拆除构件的截面尺寸；以立方米计量时，项目特征可以不描述拆除构件的截面尺寸。

（2）计算过程。

$$V = (4+6)\times2\times0.24\times3 - 1.8\times2.1\times0.24 = 13.49(\text{m}^3)$$

（3）以立方米计量，编制分部分项工程量清单（表3.61）。

表3.61　分部分项工程量清单

序号	项目编码	项目名称	项目特征	计量单位	工程量
1	011601001001	砖砌体拆除	（1）砌体名称：外墙 （2）砌体材质：黏土砖 （3）拆除高度：3 000 mm （4）拆除砌体的截面尺寸：240 mm （5）砌体表面的附着物种类：无	m³	13.49

【例3.60】　某建筑平面图如图3.61所示，轴线居中标注，围成4 000 mm×4 000 mm的矩形，墙厚为240 mm，墙高为3 m，门的尺寸为2 100 mm×900 mm，该墙为钢筋混凝土墙，计算其拆除量，并编制分部分项工程量清单。

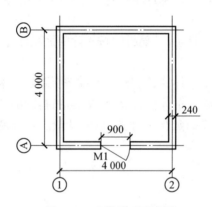

图3.61　建筑平面示意图

【解】　（1）计算思路。

混凝土构件拆除工程量计算规则为按拆除构件的混凝土体积计算，以立方米计量；或按拆除部位的面积计算，以平方米计量；或按拆除部位的延长米计算，以米计量。以米计量时，必须在项目特征中描述拆除构件的规格尺寸；以平方米计量时，必须在项目特征中描述拆除构件的厚度。

（2）计算过程。

$$拆除墙体积=墙体积-门体积$$

$$V = 4\times4\times0.24\times3 - 2.1\times0.9\times0.24 = 11.07(\text{m}^3)$$

（3）以立方米计量，编制分部分项工程量清单（表3.62）。

表3.62　分部分项工程量清单

序号	项目编码	项目名称	项目特征	计量单位	工程量
1	011602002001	混凝土构件拆除	（1）构件名称：钢筋混凝土外墙 （2）拆除构件的厚度或规格尺寸：240 mm （3）构件表面的附着物种类：无	m³	11.07

【例3.61】　1樘铝合金成品门采用人工拆除，不涉及建筑垃圾的搬运，请计算门窗拆除量，并编制分部分项工程量清单。

【解】　（1）计算思路。

金属门拆除工程量计算规则为按拆除面积计算,以平方米计量;或按拆除樘数计算,以樘计量。以樘计量时,必须在项目特征中描述门窗的洞口尺寸。

(2)计算过程。

$$拆除门窗工程量=实际拆除数量$$
$$数量=1(樘)$$

(3)以樘计量,编制分部分项工程量清单(表3.63)。

表3.63　分部分项工程量清单

序号	项目编码	项目名称	项目特征	计量单位	工程量
1	011610002001	金属门窗拆除	(1)室内高度:3 000 mm (2)门窗洞口尺寸:900 mm×2 100 mm	樘	1

【例3.62】　不锈钢管道水平段长度为2 000 mm,斜长为2 500 mm,请计算管道拆除工程量,并编制分部分项工程量清单。

【解】　(1)计算思路。

管道拆除工程量计算规则为按拆除管道的延长米计算。

(2)计算过程。

$$拆除管道工程量=实际拆除管道长度$$
$$L=2+2.5=4.5(m)$$

(3)编制分部分项工程量清单(表3.64)。

表3.64　分部分项工程量清单

序号	项目编码	项目名称	项目特征	计量单位	工程量
1	011612001001	管道拆除	(1)管道种类、材质:不锈钢管 (2)管道上的附着物种类:无	m	4.5

3.17.4　知识拓展——建筑垃圾与工程可持续发展理念

详细内容见二维码3.17-3。

3.17-3

3.18　措施项目

本小节介绍的措施项目指为了完成工程施工,发生于该工程施工前和施工过程中的非工程实体项目,主要包括技术、生活、安全等方面。常用项目分为脚手架工程、混凝土模板及支架(撑)、垂直运输、超高施工增加、大型机械设备进出场及安拆、施工排水降水、安全文明施工及其他措施项目7节,具体划分见二维码3.18-1中内容。

3.18-1

3.18.1　脚手架工程

1. 工程项目划分

在建筑物和构筑物施工中,若在离地面一定高度的位置进行工作,需要搭设不同形式、不同高度的操作平台,这就是脚手架。脚手架工程分为综合脚手架、外脚手架、里脚手架、悬空脚手架、挑脚手架、满堂脚手架、整体提升架、外装饰吊篮8个子项目。

　　一般来说,凡能计算建筑面积的且由一个施工单位总承包的工业与民用建筑单位工程,可以按综合脚手架计算;对于不能计算建筑面积且必须搭设脚手架的,或能计算建筑面积但建筑工程和装饰装修工程分别由若干个施工单位承包的单位工程和其他工程项目,可按单项脚手架计算。使用综合脚手架时,不再使用里、外脚手架等单项脚手架。单项脚手架分为里脚手架、外脚手架、悬空脚手架、挑脚手架、满堂脚手架、整体提升架及外装饰吊篮。

2.说明

　　(1)综合脚手架适用于能够按"建筑面积计算规则"计算建筑面积的建筑工程脚手架,不适用于房屋加层、构筑物及附属工程脚手架。

　　(2)同一建筑物有不同檐高时,按建筑物竖向切面分别按不同檐高编列清单项目。

3.18-2

　　(3)整体提升架已包括2 m高的防护架体设施。

　　(4)脚手架材质可以不描述,但应注明由投标人根据工程实际情况按照国家现行标准《建筑施工扣件式钢管脚手架安全技术规范》(JGJ 130—2011)、《建筑施工附着升降脚手架管理暂行规定》(建建〔2000〕230号)等规范自行确定。

3.计算规则

　　(1)综合脚手架按建筑面积计算。

　　(2)外脚手架、里脚手架、整体提升架、外装饰吊篮按所服务对象的垂直投影面积计算(整体提升架已包括2 m高的防护架体设施,不需要单独计量)。

　　(3)悬空脚手架、满堂脚手架按搭设的水平投影面积计算。

　　(4)挑脚手架按搭设长度乘以搭设层数以延长米计算。

4.计算示例

　　【例3.63】　某建筑平面图如图3.62所示,其中轴网开间分别为3 600 mm、3 600 mm,进深分别为3 600 mm、1 500 mm,墙厚为200 mm,轴线居中标注,层高4.2 m,板厚为120 mm,室内顶面装饰,搭设满堂脚手架,请编制满堂脚手架工程量清单。

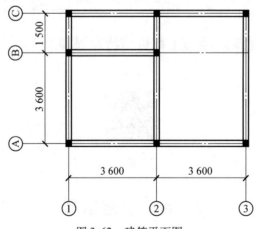

图3.62　建筑平面图

　　【解】　(1)计算思路。

　　满堂脚手架工程量计算规则为按搭设的水平投影面积计算。

　　(2)计算过程。

$$S=(3.6+1.5-0.2×2)×(3.6-0.2)+(3.6+1.5-0.2)×(3.6-0.2)=32.64(\text{m}^2)$$

　　(3)编制分部分项工程量清单(表3.65)。

表3.65　分部分项工程量清单

序号	项目编码	项目名称	项目特征	计量单位	工程量
1	011701006001	满堂脚手架	(1)搭设方式:逐列逐排搭设 (2)搭设高度:4.08 m (3)脚手架材质:钢管	m²	32.64

【例 3.64】　某二层建筑平面如图 3.62 所示,轴网开间分别为 3 600 mm、3 600 mm,进深分别为 3 600 mm、1 500 mm,内、外墙厚均为 240 mm,内、外墙均按轴线居中布置,层高为 3.6 m,板厚为 120 mm,室外地坪标高为-0.3 m,女儿墙高度为 600 mm。外脚手架搭设双排,里脚手架单排,请编制外脚手架、里脚手架工程量清单。

【解】　(1)计算思路。

外、里脚手架,工程量计算规则为按所服务对象的垂直投影面积计算。

(2)计算过程。

$$S_{外墙脚手架} = (3.6×2+3.6+1.5+0.24×2)×2×(3.6×2+0.3+0.6) = 207.04(m^2)$$

$$S_{内墙里脚手架} = (3.6-0.24+3.6+1.5-0.24)×(3.6-0.12)×2 = 57.21(m^2)$$

(3)编制分部分项工程量清单(表 3.66)。

表 3.66　分部分项工程量清单

序号	项目编码	项目名称	项目特征	计量单位	工程量
1	011701002001	外脚手架	(1)搭设方式:双排外脚手架 (2)搭设高度:8.1 m (3)脚手架材质:钢管	m²	207.04
2	011701003001	里脚手架	(1)搭设方式:单排里脚手架 (2)搭设高度:3.48 m (3)脚手架材质:钢管	m²	57.21

3.18.2　混凝土模板及支架(撑)

1. 工程项目划分

混凝土模板及支架(撑)分为基础,矩形柱,构造柱,异形柱,基础梁,矩形梁,异形梁,圈梁,过梁,弧形、拱形梁,直行墙,弧形墙,短肢剪力墙,电梯井壁,有梁板,无梁板,平板,拱板,薄壳板,空心板,其他板,栏板,天沟、檐沟,雨篷、悬挑板、阳台板,楼梯,其他现浇构件,电缆沟、地沟,台阶,扶手,散水,后浇带,化粪池,检查井 32 个子项目。

模板工程指新浇混凝土成型的模板及支承模板的一整套构造体系。其中,接触混凝土并控制预定尺寸、形状、位置的构造部分称为模板;支持和固定模板的杆件、桁架、连接件、金属附件、工作便桥等构成支承体系。对于滑动模板、自升模板,则增设提升动力,以及提升架、平台等构件。模板工程在混凝土施工中是一种临时结构。

模板有多种分类方法:①按照形状分为平面模板、曲面模板;②按受力条件分为承重、非承重模板(即承受混凝土的质量和混凝土的侧压力);③按照材料分为木模板、钢模板、钢木组合模板、重力式混凝土模板、钢筋混凝土镶面模板、铝合金模板、塑料模板等;④按照结构和使用特点分为拆移式、固定式;⑤按其特种功能分为滑动模板、真空吸盘/真空软盘模板、保温模板、钢模台车等。

2. 说明

(1)原槽浇灌的混凝土基础,不计算模板。

(2)混凝土模板及支撑(架)项目,只适用于以平方米计量,按模板与混凝土构件的接触面积计算。以立方米计量的模板及支撑(支架),按混凝土及钢筋混凝土实体项目执行,其综合单价中应包含模板及支撑(支架)。

(3)采用清水模板时,应在特征中注明。

(4)若现浇混凝土梁、板支撑高度超过 3.6 m 时,项目特征应描述支撑高度。

3. 计算规则

(1)基础、柱、梁、墙、板、天沟、檐沟按模板与现浇混凝土构件的接触面积计算。现浇钢筋混凝土墙、板单孔面积≤0.3 m² 的孔洞不予扣除,洞侧壁模板亦不增加;单孔面积>0.3 m² 时应予扣除,洞侧壁模板面积并入墙、板工程量内计算;现浇框架分别按梁、板、柱有关规定计算;附墙柱、暗梁、暗柱并入墙内工程量内计算;柱、梁、墙、板相互连接的重叠部分,均不计算模板面积;构造柱按图示外露部分计算模板面积。

(2)雨篷、悬挑板、阳台板按图示外挑部分尺寸的水平投影面积计算,挑出墙外的悬臂梁及板边不另计算。

(3)楼梯按楼梯(包括休息平台、平台梁、斜梁和楼层板的连接梁)的水平投影面积计算,不扣除宽度≤500 mm 的楼梯井所占面积,楼梯踏步、踏步板、平台梁等侧面模板不另计算,伸入墙内部分亦不增加。

(4)其他现浇构件按模板与现浇混凝土构件的接触面积计算。

(5)电缆沟、地沟按模板与电缆沟、地沟接触面积计算。

(6)台阶按图示台阶水平投影面积计算,台阶端头两侧不另计算模板面积。架空式混凝土台阶,按现浇楼梯计算。

(7)扶手按模板与扶手的接触面积计算;散水按模板与散水的接触面积计算;后浇带按模板与后浇带的接触面积计算;化粪池、检查井按模板与混凝土的接触面积计算。

(8)各种模板与现浇混凝土构件的接触面示意图如图 3.63 所示。

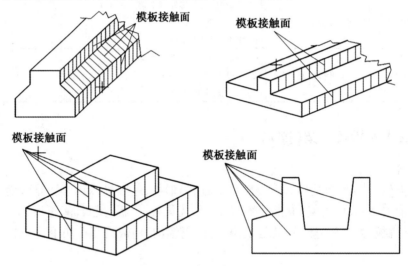

图 3.63　各种模板与现浇混凝土构件的接触面示意图

4. 计算示例

【例 3.65】　试编制图 3.64 所示杯形基础组合钢模工程量。

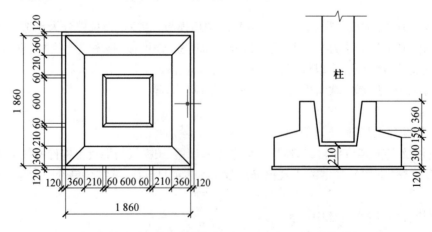

图 3.64　杯形基础示意图

【解】　(1)计算思路。

基础工程量计算规则为按模板与现浇混凝土构件的接触面积计算。

（2）计算过程。

$$底座模板工程量 S_1 = (1.86+1.86) \times 2 \times 0.3 = 2.23 (\text{m}^2)$$

$$中台模板工程量 S_2 = \frac{1}{2} \times 4 \times (1.86+1.14) \times \sqrt{0.15^2+0.36^2} = 2.34 (\text{m}^2)$$

$$上台模板工程量 S_3 = 1.14 \times 4 \times 0.36 = 1.64 (\text{m}^2)$$

$$杯口模板工程量 S_4 = \frac{1}{2} \times 4 \times (0.6+0.72) \times \sqrt{0.06^2+(0.3+0.15+0.36-0.21)^2)} = 1.59 (\text{m}^2)$$

$$清单工程量 S_{模板} = 2.23+2.34+1.64+1.59 = 7.80 (\text{m}^2)$$

（3）编制分部分项工程量清单（表3.67）。

表 3.67　分部分项措施项目清单

序号	项目编码	项目名称	项目特征	计量单位	工程量
1	011702001001	基础	杯形基础	m²	7.80

【例3.66】　墙体平面图如图3.65所示,轴网开间分别为3 600 mm、3 600 mm,进深分别为3 600 mm、1 500 mm,图中矩形柱截面尺寸为400 mm×400 mm,高度为3 m,框架梁截面尺寸为300 mm×500 mm,无板连接,请编制柱模板、梁模板工程量清单。

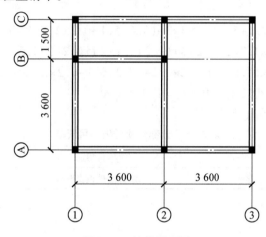

图 3.65　墙体平面图

【解】　（1）计算思路。

柱模板面积从基础顶开始计算（周长乘以高度）,扣除与梁板相交部分的模板面积。

无板连接,梁的模板为两倍的截面高度与梁截面宽度之和再乘以框架梁净长。

（2）计算过程。

$$S_{柱模板} = 0.4 \times 4 \times 3 \times 8 - 0.3 \times 0.5 \times (2 \times 4+3 \times 4) = 35.4 (\text{m}^2)$$

$$S_{梁模板} = (0.5 \times 2+0.3) \times [(1.5-0.4) \times 2+(3.6-0.4) \times 7+3.6+1.5-0.4] = 38.09 (\text{m}^2)$$

（3）编制分部分项工程量清单（表3.68）。

表 3.68　分部分项措施项目清单

序号	项目编码	项目名称	项目特征	计量单位	工程量
1	011702002001	矩形柱	高度3 m	m²	35.4
2	011702006001	矩形梁	支撑高度2.5 m	m²	38.09

【例3.67】　某建筑平面图如图3.66所示,轴网开间分别为3 600 mm、3 600 mm,进深分别为3 600 mm、1 500 mm,内、外墙厚度均为200 mm,轴线居中布置,M1尺寸为1 200 mm×2 100 mm,C1尺寸为1 500 mm×1 800 mm,其中板厚为120 mm,层高为3 m,请编制墙模板工程量清单。

【解】　（1）计算思路。

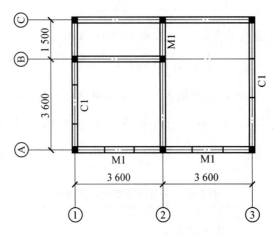

图 3.66　建筑平面图

混凝土墙模板工程量计算规则为墙的两侧的面积之和,墙与墙、墙与板相接触处的面积需要扣除。

外墙的模板面积用墙的中心线乘以墙高计算侧面积,内墙用墙净长线乘以墙高计算模板面积,门窗洞口扣减后加侧壁的面积,最后减去墙与墙、墙与板接触的面积。

(2)计算过程。

$$\begin{aligned}
S_{墙模板} &= (7.2+5.1)\times2\times3\times2+(3.6+5.1-0.2\times2)\times(3-0.12)\times2- \\
&\quad 3\times1.2\times2.1\times2+3\times(1.2+2.1\times2)\times0.2-2\times1.5\times1.8\times2+ \\
&\quad 2\times(1.5+1.8)\times2\times0.2-(7.2+5.1-0.2\times2)\times0.12\times2- \\
&\quad 4\times0.2\times(3-0.12)=170.21(\text{m}^2)
\end{aligned}$$

(3)编制分部分项工程量清单(表 3.69)。

表 3.69　分部分项措施项目清单

序号	项目编码	项目名称	项目特征	计量单位	工程量
1	011702011001	直形墙	组合钢模板直形墙	m²	170.21

3.18.3　垂直运输

1. 工程项目划分

垂直运输共 1 个子项目。垂直运输费指现场所用材料、机具从地面运至相应高度以及工作人员上下工作面等所发生的运输费用。

2. 说明

(1)建筑物的檐口高度是指设计室外地坪至檐口滴水的高度(平屋顶系指屋面板底高度),凸出主体建筑物屋顶的电梯机房、楼梯出口间、水箱间、瞭望塔、排烟机房等不计入檐口高度。

(2)垂直运输指施工工程在合理工期内所需垂直运输机械。

(3)同一建筑物有不同檐高时,按建筑物的不同檐高做纵向分割,分别计算建筑面积,以不同檐高分别编码列项。

3. 计算规则

垂直运输按建筑面积计算或按施工工期日历天数计算。按工期计算是指施工工程在合理工期内所需垂直运输机械。

4. 计算示例

【例 3.68】　某商住楼平面示意图如图 3.67 所示。该商住楼 1~5 层为商场,型钢-混凝土组合结构(含 5 层出屋面电梯机房),6~15 为住宅,现浇框架结构(含 15 层出屋面电梯机房),各楼层层高见表 3.70,设计室外地坪标高为-0.6 m;图中墙体厚度均为 240 mm,尺寸线标注于墙中,出屋面电梯机房墙中线尺寸为 3 m× 3 m,现浇钢筋混凝土屋面板厚均为 120 mm。5 层及以下(含 5 层出屋面电梯机房)现浇混凝土采用泵送入模,5 层以上(含 15 层出屋面电梯机房)现浇混凝土采用机吊入模,请编制该工程垂直运输工程量清单。

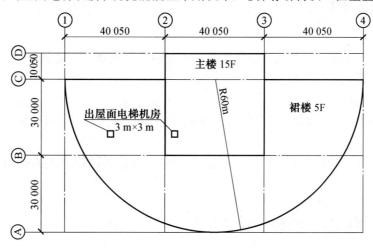

图 3.67　商住楼平面示意图

表 3.70　各楼层层高情况表

位置	1 层	2 ~ 4 层	5 层	6 ~ 15 层
主楼	4.8 m	4.5 m	4.8 m	3.1 m
裙楼	4.8 m	4.5 m	4.8 m	—
电梯机房	出屋面层高均为 3.3 m			

【解】　(1)计算思路。

垂直运输的工程量计算规则为按建筑面积计算或按施工工期日历天数计算。

(2)计算过程。

①确定檐高或层数(出屋面电梯机房高度或层数不纳入计算)。

主楼(共 15 层)檐口高度 = 4.8+4.5×3+4.8+3.1×10+0.6−0.12 = 54.58(m)

裙楼(共 5 层)檐口高度 = 4.8+4.5×3+4.8+0.6−0.12 = 23.58(m)

②按不同檐高分别计算建筑面积。

主楼(1 ~ 15 层)$S = [(40.05+0.24)×(40.05+0.24)]×15+(3+0.24)×(3+0.24) = 24\ 359.76(m^2)$

裙房(共 5 层)$S = [π×(60+0.24)×(60+0.24)/2−(30+0.12)×(40.05+0.24)]×5+$

$(3+0.24)×(3+0.24) = 22\ 429.40(m^2)$

(3)以平方米计量,编制分部分项工程量清单(表 3.71)。

表 3.71　分部分项工程量清单

序号	项目编码	项目名称	项目特征	计量单位	工程量
1	011703001001	垂直运输	(1)建筑物建筑类型及结构形式:1 ~ 5 层为型钢-混凝土组合结构,6 ~ 15 层为现浇框架结构 (2)地下室建筑面积:无地下室 (3)建筑物檐口高度、层数:54.58 m、15 层	m²	24 359.76
2	011703001002	垂直运输	(1)建筑物建筑类型及结构形式:型钢-混凝土组合结构 (2)地下室建筑面积:无地下室 (3)建筑物檐口高度、层数:23.58 m、5 层	m²	22 429.40

3.18.4　超高施工增加

1. 工程项目划分

超高施工增加共 1 个子项目。超高施工增加是指由于楼层高度增加而降低施工工作效率的补偿费用，一般包括人工及机械的降效。

2. 说明

(1)单层建筑物檐口高度超过 20 m，多层建筑物超过 6 层时，可按超高部分的建筑面积计算超高施工增加。计算层数时，地下室不计入层数。

(2)同一建筑物有不同檐高时，可按不同高度的建筑面积分别计算建筑面积，以不同檐高分别编码列项。

3. 计算规则

超高施工增加按建筑物超高部分的建筑面积计算。

4. 计算示例

【例 3.69】　某综合楼平面示意图如图 3.68 所示，图中的墙体厚度均为 240 mm，轴线居中标注，设计室内外高差为 0.6 m，各层的层高见表 3.72。现浇钢筋混凝土楼屋面板厚度为 120 mm，请编制该综合楼的超高施工增加工程量清单。

图 3.68　综合楼平面示意图

表 3.72　各层层高情况表

部位名称	1 层	2~3 层	4~7 层
主楼	4.5 m	3.6 m	3.3 m

【解】　(1)计算思路。

超高施工增加工程量计算规则为按建筑物超高部分的建筑面积计算。

(2)计算过程。

主楼层数 $N=7$ 层，超过 6 层。

$$S_{第七层} = (28.05+0.24) \times (24+0.24) = 685.75(\text{m}^2)$$

(3)编制分部分项工程量清单(表 3.73)。

表 3.73　分部分项措施项目清单

序号	项目编码	项目名称	项目特征	计量单位	工程量
1	011704001001	超高施工增加	(1)建筑物建筑类型及结构形式:钢筋混凝土 (2)建筑物层数:7 层 (3)多层建筑物超过 6 层部分的建筑面积:685.75 m²	m²	685.75

3.18.5　大型机械设备进出场及安拆

大型机械设备进出场及安拆共 1 个子项目。

1. 相关概念

大型机械设备进出场是指不能或不允许自行行走的施工机械或施工设备，整体或分体自停放地点运至施工现场,或由一施工地点运至另一施工地点的运输、装卸、辅助材料及架线等费用。安拆费用是指施工机械在现场进行安装及拆卸所需的人工、材料、机械和试运转费用及机械辅助设施费用。

2.计算规则

大型机械设备进出场及安拆按使用机械设备的数量计算。

3.18.6　施工排水、降水

施工排水、降水划分为成井,排水、降水 2 个子项目。

1.相关概念

排水主要是将地表水排出,或排出基坑、基槽积水(地下水的涌入、雨水积聚等)。施工降水主要是指基础工作面在地下水位以下,为了施工而采取的降水措施。降水一般采用井点降水,施工排水、降水分为成井及排水、降水。

2.计算规则

(1)成井按设计图示尺寸以钻孔深度计算。

(2)排水、降水按排、降水日历天数计算。

3.18.7　安全文明施工及其他措施项目

1.工程项目划分

安全文明施工及其他措施项目划分为安全文明施工、夜间施工、非夜间施工照明、二次搬运、冬雨季施工、地上(下)设施及建筑物的临时保护设施、已完工程及设备保护 7 个子项目。

2.相关概念

安全文明施工费是指按照国家现行的建筑施工安全、施工现场环境与卫生标准和有关规定,购置和更新施工防护用具及设施、改善安全生产条件和作业环境所需要的费用。

应根据工程实际情况计算措施项目费用,需分摊的应合理计算摊销费用。

3.计算规则

安全文明施工,夜间施工,非夜间施工照明,二次搬运,冬雨季施工,地上、地下设施、建筑物的临时保护设施按项计算。

第2编　土木建筑工程工程量清单计价

第4章　建筑工程计价概述

4.1　概　　述

4.1.1　工程计价的含义及特点

1. 工程计价的含义

工程计价是指按照法律法规和标准等规定的程序、方法和依据,对工程造价及其构成内容进行预测或确定,具体包括对拟建或已完建设项目及其组成部分进行价格的估计、审核和确定等行为。

工程计价的含义应该从以下3个方面进行解释:

(1)工程计价是工程价值的货币形式。

工程计价是指按照规定计算程序和方法,用货币的数量表示建设项目(包括拟建、在建和已建的项目)的价值。工程计价是自下而上的分部组合计价,建设项目兼具单件性与多样性的特点,每一个建设项目都需要按业主的特定需求进行单独设计、单独施工,不能批量生产和按整个项目确定价格,只能将整个项目进行分解,划分为可以按有关技术参数测算价格的基本构造要素(或称分部、分项工程),并计算出基本构造要素的费用。

(2)工程计价是投资控制的依据。

投资计划按照建设工期、工程进度和建设价格等逐年分月制定,正确的投资计划有助于合理有效地使用资金。工程计价具有多次性计价特点,每一阶段计价成果数值都严格控制下一阶段成果数值。具体来说,已获批成果数值不能超过前一个阶段获批成果数值的一定幅度,这种控制是在投资者财务能力限度内为取得既定的投资效益所必需的。工程计价基本确定了建设资金的需要量,从而为筹集资金提供了比较准确的依据。当建设资金来源于金融机构的贷款时,金融机构需要对项目的偿贷能力进行评估,也需要依据工程计价来确定给予投资者的贷款数额。

(3)工程计价是合同价款管理的基础。

合同价款是业主依据承包商按图完成的工程量在历次支付过程中应支付给承包商的款额,发包人确认后,按合同约定的计算方法确定的合同约定金额、变更金额、调整金额、索赔金额等各工程款额的总和。合同价款管理的各项内容中始终有工程计价的存在:在签约合同价的形成过程中有招标控制价、投标报价以及签约合同价等计价活动;在工程价款的调整过程中,需要确定调整价款额度,工程计价也贯穿其中;工程价款的支付仍然需要工程计价工作,以确定最终的支付额。

2. 工程计价的特点

工程建设是一项特殊的生产活动,它有别于一般的工农业生产,具有周期长,消耗大;涉及面广,协作性强;建设地点固定,水文地质条件各异;生产过程单一性强,不能批量生产等特点。由此,工程建设产品也就有了不同于一般的工农业产品的计价特点。

（1）单件性计价。

每个建设产品都为特定的用途而建造,在结构、造型、选用材料、内部装饰、体积和面积等方面都会有所不同,建筑物要有个性,不能千篇一律,只能单独设计、单独建造。由于建造地点的地质情况不同,建造时人工材料的价格变动,使用者不同的功能要求,最终导致工程造价的千差万别。因此,建设产品的造价既不能像工业产品那样按品种、规格成批定价,也不能由国家、地方、企业规定统一的价格,只能是单件计价,只能由企业根据现时情况自主报价,由市场竞争形成价格。

（2）多次性计价。

建设产品的生产过程是一个周期长、规模大、消耗多、造价高的投资生产活动,必须按照规定的建设程序分阶段进行。工程造价多次性计价的特点,表现在建设程序的每个阶段,都有相对应的计价活动,以便有效地确定与控制工程造价。同时,由于工程建设过程是一个由粗到细、由浅入深的渐进过程,工程造价的多次性计价也就成为对工程投资逐步细化、具体、最后接近实际的过程。工程造价多次性计价与建设程序的关系如图 4.1 所示。

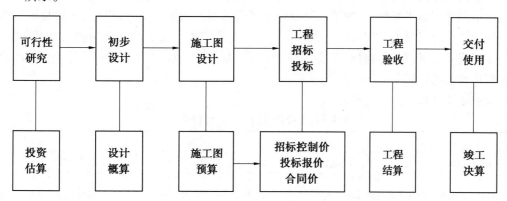

图 4.1　建设工程多次性计价与建设程序的关系

（3）组合性计价。

每一工程项目都可以按照建设项目、单项工程、单位工程、分部工程、分项工程的层次分解,然后再按相反的次序组合计价,工程计价的最小单元是分项工程或构配件,工程计价的基本对象是单位工程,如建筑工程、装饰装修工程、安装工程、市政工程、公路工程等,每一个单位工程应当编制独立的工程造价文件。单项工程的计价由若干个单位工程的造价汇总而成,建设项目的计价由若干个单项工程的造价汇总而成。

4.1.2　工程计价的分类及其作用

1. 根据建设程序的进展阶段分类

（1）投资估算。

投资估算是指在编制建设项目建议书和可行性研究报告阶段,对建设项目总投资的粗略估算,作为建设项目决策时一项重要的参考性经济指标,投资估算是判断项目可行性的重要依据之一;作为工程造价的目标限额,投资估算是控制初步设计概算和整个工程造价的目标限额;投资估算也是作为编制投资计划、资金筹措和申请贷款的依据。

（2）设计概算。

设计概算是指在工程项目的初步设计阶段,根据初步设计文件和图纸、概算定额或概算指标及有关取费规定,对工程项目从筹建到竣工所应发生费用的概略计算。它是国家确定和控制基本建设投资额、编制基本建设计划、选择最优设计方案、推行限额设计的重要依据,也是计算工程设计收费、编制施工图预算、确定工程项目总承包合同价的主要依据。

（3）施工图预算。

施工图预算是指在工程项目的施工图设计完成后,根据施工图纸和设计说明、预算定额、预算基价,以及费用定额等,对工程项目应发生费用的较详细的计算。它是确定单位工程、单项工程预算造价的依据;是确定招标工程标底、投标报价、工程承包合同价的依据;是建设单位与施工单位拨付工程款项和办理竣工结算的依据;也是施工企业编制施工组织设计、进行成本核算的不可缺少的依据。

(4)施工预算。

施工预算是指由施工单位在中标后的开工准备阶段,根据施工定额或企业定额编制的内部预算。它是施工单位编制施工作业进度计划,实行定额管理、班组成本核算的依据;是进行"两算对比"(即施工图预算与施工预算对比)的重要依据;也是施工企业有效控制施工成本,提高企业经济效益的手段之一。

(5)工程结算。

工程结算是指在工程建设的收尾阶段,由施工单位根据影响工程造价的设计变更、工程量增减、项目增减、设备和材料价差,在承包合同约定的调整范围内,对合同价进行必要修正后形成的造价。经建设单位认可的工程结算是拨付和结清工程款的重要依据。工程结算价是该结算工程的实际建造价格。

(6)竣工决算。

竣工决算是指在建设项目通过竣工验收交付使用后,由建设单位编制的反映整个建设项目从筹建到竣工验收所发生全部费用的决算价格,竣工决算应包括建设项目产成品的造价,设备、器具购置费用和工程建设的其他费用。它应当反映工程项目建成后交付使用的固定资产及流动资金的详细情况和实际价值,是建设项目的实际投资总额,可作为财产交接、考核交付使用的财产成本,以及使用部门建立财产明细账和登记新增固定资产价值的依据。

不同阶段的工程计价特点对比见表4.1。

表4.1　不同阶段的工程计价特点对比

类别	编制阶段	编制单位	编制依据	用途
投资估算	可行性研究	工程咨询机构	投资估算指标	投资决策
设计概算	初步设计或扩大初步设计	设计单位	概算定额或概算指标	控制投资及工程造价
施工图预算	工程招投标	工程造价咨询机构和施工单位	预算定额或清单计价规范等	编制标底、投标报价、确定工程合同价
施工预算	施工阶段	施工单位	施工定额或企业定额	企业内部成本、施工进度控制
工程结算	竣工验收后交付使用前	施工单位	合同价、设计及施工变更资料	确定工程项目建造价格
竣工决算	竣工验收并交付使用后	建设单位	预算定额、工程建设其他费用定额、竣工结算资料	确定工程项目实际投资

2. 根据编制对象分类

(1)单位工程造价。

单位工程造价是指根据设计文件和图纸、结合施工方案和现场条件计算的工程量、定额及其他各项费用取费标准编制的,用于确定单位工程造价的文件。

(2)工程建设其他费用造价。

工程建设其他费用造价是指根据有关规定应在建设投资中计取的,除建筑安装工程费用、设备购置费用、器具及生产工具购置费、预备费以外的一切费用。工程建设其他费用造价以独立的项目列入单项工程综合造价或总造价中。

(3)单项工程综合造价。

单项工程综合造价是由组成该单项工程的各个单位工程造价汇编而成的,用于确定单项工程(建筑单体)工程造价的综合性文件。

(4)建设项目总造价。

建设项目总造价是由组成该建设项目的各个单项工程综合造价、设备购置费用、器具及生产工具购置费、预备费和工程建设其他费用造价汇编而成的,用于确定建设项目从筹建到竣工验收全部建设费用的综合性文件。

根据编制对象不同划分的造价,其相互关系如图 4.2 所示。

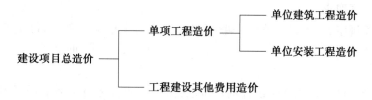

图 4.2　根据编制对象划分造价的关系图

3. 根据单位工程专业分类

(1)建筑工程造价,含土建工程及装饰工程。

(2)装饰工程造价,专指二次装饰装修工程。

(3)安装工程造价,含建筑电气照明、给排水、暖气空调等设备安装工程。

(4)市政工程造价。

(5)仿古及园林建筑工程造价。

(6)修缮工程造价。

(7)煤气管网工程造价。

(8)抗震加固工程造价。

4.1.3　工程计价原理

1. 工程计价的基本方法

从工程费用计算角度分析,每个建设项目都可以分解为若干个子项目,每个子项目都可以计量计价,进而在上一层次组合,最终确定工程造价,其数学表达式为

$$工程造价 = \sum_{i}^{n}（子项目工程量 \times 工程单价）$$

式中　i——第 i 个工程子项目;

　　　　n——分解建设项目得到的工程子项目总数。

影响工程造价的主要因素有两个,即子项目工程量和工程单价。可见,子项目工程量的大小和工程单价的高低直接影响着工程造价的高低。

如何确定子项目工程量是一个烦琐且复杂的过程。当设计图深度不够时,不可能准确计算出工程量,只能用大而粗的量,如建筑面积、体积等作为工程量,对工程造价进行估算和概算;当设计图深度达到施工图要求时,就可以对由建设项目分解得到的若干子项目逐一计算工程量,用预算的方式确定工程造价。

工程单价由消耗量和人、材、机的具体单价决定。消耗量是在长期的生产实践中形成的生产一定计量单位的建筑产品所需消耗人工、材料、施工机械的数量标准,一般体现在预算定额或概算定额中,因而预算定额和概算定额是工程估价的基础,无论是定额计价还是清单计价都离不开定额。人、材、机的具体单价由市场供求关系决定,服从价值规律。在市场经济条件下,工程造价的定价原则是"企业自主报价、竞争形成价格",因此工程单价的确定原则应是"价变量不变",即人、材、机的具体单价是绝对要变的,而定额消耗量是相对不变的。

估价中的项目划分是十分重要的环节。清单计价规范是清单项目划分的标准,预(概)算定额是计价项目划分的标准,而清单项目划分注重工程实体,定额项目划分注重施工过程,一个工程实体往往由若干个施工过程来完成,所以一个清单分项往往要包含多个定额子项。

2. 建设项目的分解

任何一项建设工程,就其投资构成或物质形态而言,是由众多部分组成的复杂而又有机结合的总体,相

互存在许多外部和内在的联系。要对一项建设工程的投资耗费计量与计价,就必须对建设项目进行科学合理的分解,使之划分为若干简单、便于计算的部分或单元。另外,建设项目根据其产品生产的工艺流程和建筑物、构筑物不同的使用功能,按照设计规范要求也必须对建设项目进行必要而科学的分解,使设计符合工艺流程及使用功能的客观要求。

根据我国现行有关规定,一个建设项目一般可以分解为若干单项工程、单位工程、分部工程、分项工程等项目。

(1)建设项目。

建设项目指在一个总体设计或初步设计的范围内,由一个或若干个单项工程所组成的经济上实行统一核算,行政上有独立机构或组织形式,实行统一管理的基本建设单位。一般以一个行政上独立的企事业单位作为一个建设项目,如一家工厂,一所学校,等等。

(2)单项工程。

单项工程指具有单独的设计文件,建成后能够独立发挥生产能力和使用效益的工程。单项工程又称为工程项目。它是建设项目的组成部分。工业建设项目的单项工程,一般是指能够生产出设计所规定的主要产品的车间或生产线及其辅助或附属工程,如工业项目中某机械厂的一个铸造车间或装配车间等。非工业建设项目的单项工程,一般是指能够独立发挥设计规定的使用功能和使用效益的各项独立工程,如民用建筑项目中某大学的一栋教学楼、实验楼或图书馆等。

(3)单位工程。

单位工程指具有单独的设计文件和独立的施工条件,但建成后不能够独立发挥生产能力和效益的工程。单位工程是单项工程的组成部分,如建筑工程中的一般土建工程、装饰装修工程、给排水工程、电气照明工程、弱电工程、采暖通风空调工程、煤气管道工程、园林绿化工程等均可以独立作为单位工程。

(4)分部工程。

分部工程指各单位工程的组成部分。它一般根据建筑物、构筑物的主要部位、工程结构、工种内容、材料结构或施工程序等来划分,如土建工程可划分为土石方、桩基础、砌筑、混凝土及钢筋混凝土、屋面及防水、金属结构制作及安装、构件运输及预制构件安装、脚手架、楼地面、门窗及木结构、装饰、防腐保温隔热等分部工程。分部工程在现行预算定额中一般表达为"章"。

(5)分项工程。

分项工程指各分部工程的组成部分。它是工程造价计算的基本要素和概预算最基本的计量单元,是通过较为简单的施工过程就可以生产出来的建筑产品或构配件,如砌筑分部中的砖基础、砖墙、砖柱;混凝土及钢筋混凝土分部中的现浇混凝土基础、梁、板、柱、钢筋制作安装等。在编制概预算时,各分部分项工程费用由直接用于施工过程耗费的人工费、材料费、机械台班使用费所组成。

某大学新校区作为一个建设项目,分解的情况如图4.3所示。

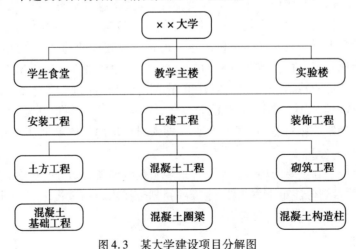

图4.3　某大学建设项目分解图

3. 工程计价的步骤

工程计价的基本步骤可概括为:读图→列项→算量→套价→计费,适合于工程计价的每一过程,其中每一步骤所涉及的内容不同,对应的估价方法也不同。

(1)读图。

读图是工程估价的基本工作,只有看懂图纸和熟悉图纸后才能对工程内容、结构特征、技术要求有清晰的概念,才能在计价时做到项目全、计量准、速度快。因此,在计价之前,应留一定时间,专门用来读图,阅读重点如下:

①对照图纸目录,检查图纸是否齐全。

②采用的标准图集是否已经具备。

③设计说明或附注要仔细阅读,因为有些分张图纸中不再表示的项目或设计要求,往往在说明或附注中可以找到,稍不注意,容易漏项。

④设计上有无特殊的施工质量要求,事先列出需要另编补充定额的项目。

⑤平面坐标和竖向布置标高的控制点。

⑥本工程与总图的关系。

(2)列项。

列项就是列出需要计量计价的分部分项工程项目,其要点是:

①工程量清单列项,要依据 GB 50500—2013 列出清单分项,才可对每一清单分项计算清单工程量,按规定格式(包含项目编码、项目名称、项目特征、计量单位、工程数量)编制成清单。

②综合单价组价列项,要依据 GB 50500—2013 中每一分项的特征要求和工作内容,从工程所在地区采用的预算定额中找出与施工过程匹配的定额项目,对每一定额项目计量计价,才能产生每一清单分项的综合单价。

(3)算量。

算量就是对工程量的计量。清单工程量必须依据 GB 50500—2013 规定的计算规则进行正确计算;定额工程量必须依据预算定额规定的计算规则进行正确计算。两种规则在某些分部,如土方工程、桩基工程、装饰工程有很大的不同。

计价的基础是定额工程量,施工费用因定额工程量而产生,不同的施工方式会使定额工程量有差异。清单工程量是唯一的,由业主方在工程量清单中提供,它反映分项工程的实物量,是工程发包和工程结算的基础。施工费用除以清单工程量可得出每一清单分项的综合单价。

(4)套价。

套价就是套用工程单价。在市场经济条件下,按照"价变量不变"的原则,基于预算定额或者企业定额的消耗量,采用人、材、机的市场价格,一切工程单价都是可以重组的。清单计价法套用综合单价可计算出分部分项工程费。分部分项工程费是计算其他费用的基础。

(5)计费。

计费就是计算除直接工程费或分部分项工程费以外的其他费用。清单计价法在分部分项工程费以外还要计算措施项目费、其他项目费、规费及税金。这些费用的总和就是工程总造价。

4.2　建筑工程造价及其构成

4.2.1　工程造价的含义、特点及作用

1. 工程造价的含义

工程造价的直意就是工程的建造价格,工程造价有如下两种含义。

（1）工程投资费用。

从投资者（业主）的角度来定义，工程造价是指建设一项工程预期开支或实际开支的全部固定资产投资费用。投资者选定一个投资项目，为了获得预期的效益，就要通过项目评估进行决策，然后进行设计招标、工程招标，直至竣工验收等一系列投资管理活动。在投资活动中所支付的全部费用形成了固定资产，所有这些开支就构成了工程造价。

按照国家发展和改革委员会、住房和城乡建设部发布的《建设项目经济评价方法与参数（第三版）》（发改投资〔2006〕1325 号文）的规定，我国现行工程造价的构成主要内容为：设备及工具、器具购置费用，建筑安装工程费用，工程建设其他费用，预备费，建设期贷款利息等，如图 4.4 所示。

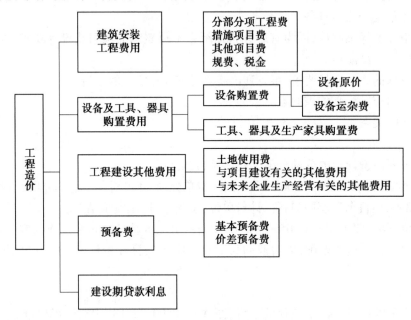

图 4.4　工程造价的构成

（2）工程建造价格。

工程建造价格即狭义的工程造价。从承包者（承包商）、或供应商、或规划、设计等机构的角度来定义，为建成一项工程，预计或实际在土地市场、设备市场、技术劳务市场，以及承包市场等交易活动中所形成的建筑安装工程费用。

根据国家住房和城乡建设部、财政部"关于印发《建筑安装工程费用项目组成》的通知"（建标〔2013〕44 号文）的规定，我国现行建筑安装工程费用组成内容分为按费用构成要素划分和按造价形成划分两种形式。

工程造价的两种含义是对客观存在的概括。它们既共生于一个统一体，又相互区别。最主要的区别在于需求主体和供给主体在市场追求的经济利益不同，因而管理性质和管理目标不同。因此，降低工程造价是投资者始终如一的追求。作为承包商，他们所关注的是高额利润，追求的是较高的工程造价。供需主体都要受那些支配价格运动的经济规律的影响和调节。二者之间的矛盾是市场的竞争机制和利益风险机制的必然反映。

2. 工程造价的特点

（1）大额性。

任何一项建设工程，不仅实物形态庞大，而且造价高昂，需投资几百万、几千万甚至上亿的资金。工程造价的大额性关系到多方面的经济利益，同时也对社会宏观经济产生重大影响。

（2）单个性。

任何一项建设工程都有特殊的用途，其功能、用途各不相同，因而使得每一项工程的结构、造型、平面布置、设备配置和内外装饰都有不同的要求。工程内容和实物形态的个别差异决定了工程造价的单个性。

(3)动态性。

任何一项建设工程从决策到竣工交付使用,都会有一个较长的建设周期,在这一期间中如工程变更、材料价格波动、费率变动都会引起工程造价的变动,直至竣工决算后才能最终确定工程的实际造价。建设周期长,资金的时间价值突出,这体现了工程造价的动态性。

(4)层次性。

一项建设工程往往含有多个单项工程,一个单项工程又由多个单位工程组成。工程造价也存在三个对应层次,即建设项目总造价、单项工程造价和单位工程造价,这就是工程造价的层次性。

(5)兼容性。

一项建设工程往往包含有许多的工程内容,不同工程内容的组合、兼容就能适应不同的工程要求。工程造价由多种费用及不同工程内容的费用组合而成,具有很强的兼容性。

3. 工程造价的作用

(1)工程造价是项目决策的依据。

(2)工程造价是制订投资计划和控制投资的依据。

(3)工程造价是筹集建设资金的依据。

(4)工程造价是评价投资效果的重要指标和手段。

4.2.2　按费用构成要素划分及计算[①]

建筑安装工程费按费用构成要素划分,由人工费、材料(包含工程设备,下同)费、施工机具使用费、企业管理费、利润、规费和增值税组成。其中人工费、材料费、施工机具使用费、企业管理费和利润包含在分部分项工程费、措施项目费、其他项目费中,如图4.5所示。

1. 人工费

人工费是指支付给直接从事建筑安装工程施工作业的生产工人的各项费用。包括:

(1)计时工资或计件工资:按计时工资标准和工作时间或对已做工作按计件单价支付给个人的劳动报酬。

(2)奖金:对超额劳动和增收节支支付给个人的劳动报酬,如节约奖、劳动竞赛奖等。

(3)津贴补贴:为了补偿职工特殊或额外的劳动消耗和因其他特殊原因支付给个人的津贴,以及为了保证职工工资水平不受物价影响支付给个人的物价补贴,如流动施工津贴、特殊地区施工津贴、高温(寒)作业临时津贴、高空津贴等。

(4)加班加点工资:按规定支付的在法定节假日工作的加班工资和在法定工作日工作时间外延时工作的加点工资。

(5)特殊情况下支付的工资:根据国家法律、法规和政策规定,因病、工伤、产假、计划生育假、婚丧假、事假、探亲假、定期休假、停工学习、执行国家或社会义务等原因按计时工资标准或计时工资标准的一定比例支付的工资。

2. 材料费

材料费是指施工过程中耗费的原材料、辅助材料、构配件、零件、半成品或成品、工程设备的费用,以及周转材料等的摊销、租赁费用。

材料费的基本计算公式为:

$$材料费 = \sum (材料消耗量 \times 材料单价)$$

(1)材料消耗量。材料消耗量是指在正常施工生产条件下,完成规定计量单位的建筑安装产品所消耗的各类材料的净用量和不可避免的损耗量。

---

① 本书中所述工程造价为狭义工程造价,主要指建筑安装工程费中的建筑工程造价。

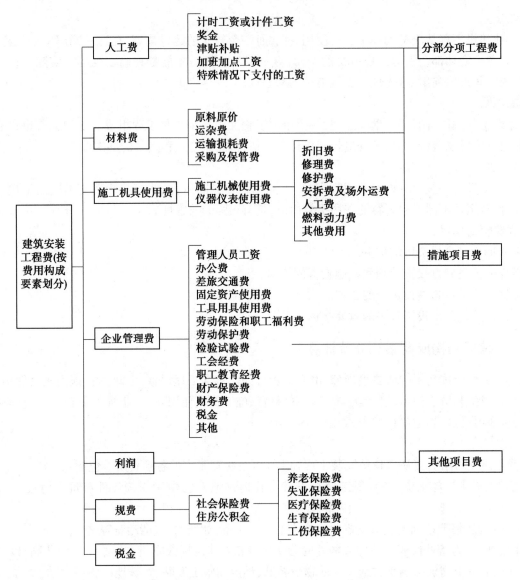

图 4.5　建筑安装工程费用项目组成（按费用构成要素划分）

（2）材料单价。材料单价是指建筑材料从其来源地运到施工工地仓库直至出库形成的综合平均单价。由材料原价、运杂费、运输损耗费、采购及保管费组成。当采用一般计税方法时，材料单价中的材料原价、运杂费等均应扣除增值税进项税额。

①材料原价：材料的出厂价格或商家供应价格。

②运杂费：材料自来源地运至工地或指定堆放地点所发生的包装、捆扎、运输、装卸等费用。

③运输损耗费：材料在运输装卸过程中不可避免的损耗。

④采购及保管费：为组织采购和保管材料的过程中所需要的各项费用。

（3）工程设备是指构成或计划构成永久工程一部分的机电设备、金属结构设备、仪器装置及其他类似的设备和装置。

3. 施工机具使用费

施工机具使用费是指施工作业所发生的施工机械、仪器仪表使用费或其租赁费。

当采用一般计税方法时，施工机械台班单价和仪器仪表台班单价中的相关子项均需扣除增值税进项税额。

（1）施工机械使用费：以施工机械台班耗用量乘以施工机械台班单价表示，施工机械台班单价通常由折旧费、检修费、维护费、安拆费及场外运费、人工费、燃料动力费和其他费用组成。

（2）仪器仪表使用费：以施工仪器仪表耗用量乘以仪器仪表台班单价表示，施工仪器仪表台班单价由四项费用组成，包括折旧费、维护费、校验费、动力费等。施工仪器仪表台班单价中的费用组成不包括检测软件的相关费用。

4. 企业管理费

企业管理费是指建筑安装企业组织施工生产和经营管理所需的费用。内容包括：

（1）管理人员工资：按规定支付给管理人员的计时工资、奖金、津贴补贴、加班加点工资及特殊情况下支付的工资等。

（2）办公费：企业管理办公用的文具、纸张、账表、印刷、邮电、书报、办公软件、现场监控、会议、水电、烧水和集体取暖降温（包括现场临时宿舍取暖降温）等费用。当采用一般计税方法时，办公费中增值税进项税额的扣除原则：以购进货物适用的相应税率扣减，其中购进自来水、暖气、冷气、图书、报纸、杂志等适用的税率为10%，接受邮政和基础电信服务等适用的税率为10%，接受增值电信服务等适用的税率为6%，其他税率一般为16%。

（3）差旅交通费：职工因公出差、调动工作的差旅费、住勤补助费，市内交通费和误餐补助费，职工探亲路费，劳动力招募费，职工退休、退职一次性路费，工伤人员就医路费，工地转移费以及管理部门使用的交通工具的油料、燃料等费用。

（4）固定资产使用费：管理和试验部门及附属生产单位使用的属于固定资产的房屋、设备、仪器等的折旧、大修、维修或租赁费。当采用一般计税方法时，固定资产使用费中增值税进项税额的扣除原则：购入的不动产适用的税率为10%，购入的其他固定资产适用的税率为16%；设备、仪器的折旧、大修、维修或租赁费以购进货物、接受修理修配劳务或租赁有形动产服务适用的税率扣除均为16%。

（5）工具用具使用费：企业施工生产和管理使用的不属于固定资产的工具、器具、家具、交通工具和检验、试验、测绘、消防用具等的购置、维修和摊销费。当采用一般计税方法时，工具用具使用费中增值税进项税额的扣除原则：以购进货物或接受修理修配劳务适用的税率扣减均为16%。

（6）劳动保险和职工福利费：由企业支付的职工退职金、按规定支付给离休干部的经费，集体福利费、夏季防暑降温、冬季取暖补贴、上下班交通补贴等。

（7）劳动保护费：企业按规定发放的劳动保护用品的支出，如工作服、手套、防暑降温饮料以及在有碍身体健康的环境中施工的保健费用等。

（8）检验试验费：施工企业按照有关标准规定，对建筑以及材料、构件和安装物进行一般鉴定、检查所发生的费用，包括自设试验室进行试验所耗用的材料等费用。不包括新结构、新材料的试验费，对构件做破坏性试验及其他特殊要求检验试验的费用和建设单位委托检测机构进行检测的费用，对此类检测发生的费用，由建设单位在工程建设其他费用中列支。但对施工企业提供的具有合格证明的材料进行检测不合格的，该检测费用由施工企业支付。当采用一般计税方法时，检验试验费中增值税进项税额以现代服务业适用的税率6%扣减。

（9）工会经费：企业按《中华人民共和国工会法》规定的全部职工工资总额比例计提的工会经费。

（10）职工教育经费：按职工工资总额的规定比例计提，企业为职工进行专业技术和职业技能培训，专业技术人员继续教育、职工职业技能鉴定、职业资格认定以及根据需要对职工进行各类文化教育所发生的费用。

（11）财产保险费：施工管理用财产、车辆等的保险费用。

（12）财务费：企业为施工生产筹集资金或提供预付款担保、履约担保、职工工资支付担保等所发生的各种费用。

（13）税金：企业按规定缴纳的房产税、非生产性车船使用税、土地使用税、印花税、城市维护建设税、教育费附加、地方教育附加等各项税费。

（14）其他：包括技术转让费、技术开发费、投标费、业务招待费、绿化费、广告费、公证费、法律顾问费、审计费、咨询费、保险费等。

5. 利润

利润是指施工单位从事建筑安装工程施工所获得的盈利。

6. 规费

规费是指按国家法律、法规规定,由省级政府和省级有关权力部门规定施工单位必须缴纳或计取,应计入建筑安装工程造价的费用,包括:

(1)社会保险费。

①养老保险费:企业按照规定标准为职工缴纳的基本养老保险费。

②失业保险费:企业按照规定标准为职工缴纳的失业保险费。

③医疗保险费:企业按照规定标准为职工缴纳的基本医疗保险费。

④生育保险费:企业按照规定标准为职工缴纳的生育保险费。

⑤工伤保险费:企业按照规定标准为职工缴纳的工伤保险费。

(2)住房公积金:企业按规定标准为职工缴纳的住房公积金。

其他应列而未列入的规费,按实际发生计取。

7. 税金

税金指国家税法规定的应计入建筑安装工程造价内的增值税、城市维护建设税、教育费附加以及地方教育附加,按税前造价乘以增值税适用税率确定。

4.2.3　按造价形成划分及计算的建筑安装工程费

建筑安装工程费按工程造价形成由分部分项工程费、措施项目费、其他项目费、规费、税金组成,分部分项工程费、措施项目费、其他项目费包含人工费、材料费、施工机具使用费、企业管理费和利润。建筑安装工程费用项目组成(按造价形成划分)如图4.6。

1. 分部分项工程费

分部分项工程费是指各专业工程的分部分项工程应予列支的各项费用。

(1)专业工程:按现行国家计量规范划分的房屋建筑与装饰工程、仿古建筑工程、通用安装工程、市政工程、园林绿化工程、矿山工程、构筑物工程、轨道交通工程、爆破工程等各类工程。

(2)分部分项工程:按现行国家计量规范对各专业工程划分的项目,如房屋建筑与装饰工程划分的土石方工程、地基处理与桩基工程、砌筑工程、钢筋及钢筋混凝土工程等。

各类专业工程的分部分项工程划分见现行国家或行业计量规范。

2. 措施项目费

措施项目费是指为完成建设工程施工,发生于该工程施工前和施工过程中的技术、生活、安全、环境保护等方面的费用。内容包括:

(1)安全文明施工费:在工程项目施工期间,施工单位为保证安全施工、文明施工和保护现场内外环境等所发生的措施项目费用。

①环境保护费:施工现场为达到环保部门要求所需要的各项费用。

②文明施工费:施工现场文明施工所需要的各项费用。

③安全施工费:施工现场安全施工所需要的各项费用。

④临时设施费:施工企业为进行建设工程施工所必须搭设的生活和生产用的临时建筑物、构筑物和其他临时设施费用。包括临时设施的搭设、维修、拆除、清理费或摊销费等。

(2)夜间施工增加费:因夜间施工所发生的夜班补助费、夜间施工降效、夜间施工照明设备摊销及照明用电等费用。

(3)二次搬运费:因施工场地条件限制而发生的材料、构配件、半成品等一次运输不能到达堆放地点,必须进行二次或多次搬运所发生的费用。

(4)冬雨季施工增加费:在冬季或雨季施工需增加的临时设施、防滑、排除雨雪、人工及施工机械效率降

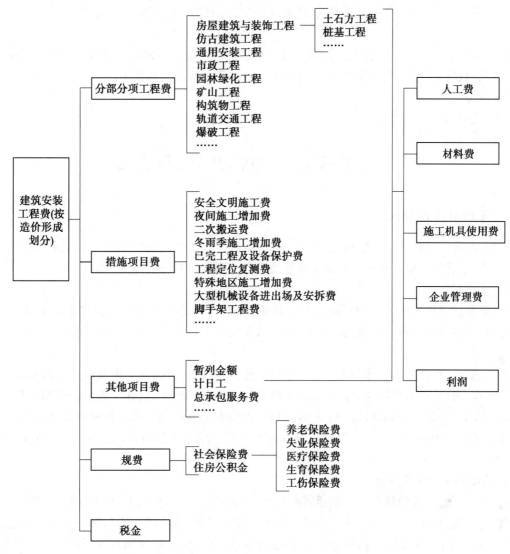

图 4.6　建筑安装工程费用项目组成(按造价形成划分)

低等费用。

（5）已完工程及设备保护费：竣工验收前，对已完工程及设备采取的必要保护措施所发生的费用。

（6）工程定位复测费：工程施工过程中进行全部施工测量放线和复测工作的费用。

（7）特殊地区施工增加费：工程在沙漠或其边缘地区、高海拔、高寒、原始森林等特殊地区施工增加的费用。

（8）大型机械设备进出场及安拆费：机械整体或分体自停放场地运至施工现场或由一个施工地点运至另一个施工地点，所发生的机械进出场运输及转移费用及机械在施工现场进行安装、拆卸所需的人工费、材料费、机械费、试运转费和安装所需的辅助设施的费用。

（9）脚手架工程费：施工需要的各种脚手架搭、拆、运输费用以及脚手架购置费的摊销（或租赁）费用。

除上述按整体单位或单项工程项目考虑需要支出的措施项目费用外，还有各专业工程施工作业所需支出的措施项目费用，如现浇混凝土所需的模板、构件或设备安装所需的操作平台搭设等措施项目费用。

措施项目及其包含的内容详见各类专业工程的现行国家或行业计量规范。

3. 其他项目费

（1）暂列金额：建设单位在工程量清单中暂定并包括在工程合同价款中的一笔款项。用于施工合同签订时尚未确定或者不可预见的所需材料、工程设备、服务的采购，施工中可能发生的工程变更、合同约定调整因素出现时的工程价款调整以及发生的索赔、现场签证确认等的费用。

（2）计日工：在施工过程中，施工单位完成建设单位提出的施工图纸以外的零星项目或工作所需的费用。

（3）总承包服务费：总承包人为配合、协调建设单位进行的专业工程发包，对建设单位自行采购的材料、工程设备等进行保管以及施工现场管理、竣工资料汇总整理等服务所需的费用。

4. 规费及税金

详见 4.2.2 小节。

4.3　建筑工程计价的依据与方法

4.3.1　工程计价的依据

工程计价活动要依据法律、法规、政策、合同及标准等进行。工程计价的依据和标准主要是指计价活动的相关规章规程、工程量清单计价和工程量计算规范、工程定额和相关造价信息等。

1. 工程计价依据体系

按照我国工程计价依据的编制和管理权限的规定，目前我国已经形成了由国家法律法规、各省（自治区、直辖市）和国务院有关建设主管部门的规章、相关政策文件及标准、定额等相互支撑、互为补充的工程计价依据体系。

从现阶段来看，工程定额主要作为国有资金投资工程编制投资估算、设计概算和最高投标限价的依据，对于其他工程，在项目建设前期各个阶段可以用于建设投资的预测和估计，在工程建设交易阶段，工程定额可以作为建设产品价格形成的辅助依据；工程量清单计价依据主要适用于合同价格形成及后续的合同价款管理阶段；计价活动的相关规章规程则根据其具体内容可能适用于不同阶段的计价活动；造价信息是计价活动所必需的依据。

（1）计价活动的相关规章规程。

现行计价活动的相关规章规程主要包括国家标准《工程造价术语标准》（GB/T 50875—2013）、《建筑工程建筑面积计算规范》（GB/T 50353—2013）、《建设工程造价咨询规范》（GB/T 51095—2015）、《建设工程造价鉴定规范》（GB/T 51262—2017）；中国建设工程造价管理协会标准；建设项目投资估算编审规程、建设项目设计概算编审规程、建设项目施工图预算编审规程、建设工程招标控制价编审规程、建设项目工程结算编审规程、建设项目工程竣工决算编制规程、建设项目全过程造价咨询规程、建设工程造价咨询成果文件质量标准、建设工程造价咨询工期标准等。

（2）工程量清单计价和工程量计算规范。

工程量清单计价和工程量计算规范由《建设工程工程量清单计价规范》（GB 50500—2013）、《房屋建筑与装饰工程工程量计算规范》（GB 50854—2013）、《仿古建筑工程工程量计算规范》（GB 50855—2013）、《通用安装工程工程量计算规范》（GB 50856—2013）、《市政工程工程量计算规范》（GB 50857—2013）、《园林绿化工程工程量计算规范》（GB 50858—2013）、《矿山工程工程量计算规范》（GB 50859—2013）、《构筑物工程工程量计算规范》（GB 50860—2013）、《城市轨道交通工程工程量计算规范》（GB 50861—2013）、《爆破工程工程量计算规范》（GB 50862—2013）组成。

（3）工程定额。

工程定额主要指国家、地方或行业主管部门制定的各种定额，包括工程消耗量定额和工程计价定额等。工程消耗量定额主要是指完成规定计量单位的合格建筑安装产品所消耗的人工、材料、施工机具台班的数量标准。工程计价定额是指直接用于工程计价的定额或指标，以及取费标准等，包括预算定额、概算定额、概算指标、投资估算指标，以及相关的取费标准等。此外，部分地区和行业造价管理部门还会颁布工期定额。工期定额是指在正常的施工技术和组织条件下，完成建设项目和各类工程建设投资费用的计价依据。

（4）工程造价信息。

工程造价信息是指工程造价管理机构发布的建设工程人工、材料、工程设备及施工机具的价格信息，以及各类工程的造价指数、指标等。

2. 构建科学合理的工程计价依据体系的主要任务

（1）逐步统一各行业、各地区的工程计价规则，以工程量清单为核心，构建科学合理的工程计价依据体系，为打破行业、地区分割，服务统一开放、竞争有序的工程建设市场提供保障。

（2）完善工程项目划分，建立多层级工程量清单，形成以清单计价规范和各专（行）业工程量计算规范配套使用的清单规范体系，满足不同设计深度、不同复杂程度、不同承包方式及不同管理需求下工程计价的需要。推行工程量清单全费用综合单价，鼓励有条件的行业地区编制全费用定额。完善清单计价配套措施，推广适合工程量清单计价的要素价格指数调价法。

（3）研究制定工程定额编制规则，统一全国工程定额编码、子目设置、工作内容等编制要求，并与工程量清单规范衔接。厘清全国统一、行业、地区定额专业划分和管理归属，补充完善各类工程定额，形成服务于从工程建设到维修养护全过程的工程定额体系。

4.3.2　工程量清单计价法

工程计价方法包括工程定额计价和工程量清单计价。按照 GB 50500—2013 的规定，工程量清单应采用综合单价计价。我国现行的工程量清单计价的综合单价为非完全综合单价。综合单价由完成工程量清单中一个规定计量单位项目所需的人工费、材料费、施工机具使用费、管理费、利润，以及一定范围的风险费用组成。风险费用隐含于已标价工程量清单综合单价中，用于化解发承包双方在工程合同中约定的风险内容的费用；规费和增值税，是在求出单位工程分部分项工程费、措施项目费和其他项目费后再统一计取，最后汇总得出单位工程造价。

1. 工程量清单计价的原理

工程量清单计价的基本原理可以描述为：按照 GB 50500—2013 的规定，在各相应专业工程的工程量计算规范规定的清单项目设置和工程量计算规则基础上，针对具体工程的施工图纸和施工组织设计计算出各个清单项目的工程量，根据规定的方法计算出综合单价，并汇总各清单合价得出工程总价。

工程量清单计价活动涵盖施工招标、合同管理及竣工交付全过程。工程量清单主要用于建设工程发承包及实施阶段，工程量清单计价用于合同价格的形成及后续的合同价款管理，包括编制招标工程量清单、招标控制价、投标报价，确定合同价，工程计量与价款支付、合同价款的调整、工程结算和工程计价纠纷处理等活动。

2. 工程量清单计价的作用

（1）提供一个平等的竞争条件。

面对相同的工程量，由企业根据自身的实力自主报价，使得企业的优势体现到投标报价中，可在一定程度上规范建筑市场秩序，确保工程质量。

（2）满足市场经济条件下竞争的需要。

招投标过程就是竞争的过程，招标人提供工程量清单，投标人根据自身情况确定综合单价，计算出投标总价。促成了企业整体实力的竞争，有利于我国建设市场的快速发展。

（3）有利于工程款的拨付和工程造价的最终结算。

中标后，中标价就是双方确定合同价的基础，投标清单上的单价就成了拨付工程款的依据。招标人根据施工企业完成的工程量，可以很容易地确定进度款的拨付额。工程竣工后，根据设计变更、工程量增减等，招标人也很容易确定工程的最终造价，可在某种程度上减少招标人与施工单位之间的纠纷。

（4）有利于招标人对投资的控制。

采用工程量清单计价，招标人可对投资变化更清楚，在进行设计变更时，能迅速计算出该工程变更对工程造价的影响，从而能根据投资情况来决定是否变更或进行方案比较，进而加强投资控制。

3. 工程量清单计价的程序

(1)工程量清单项目组价,形成综合单价分析表。

每个工程量清单项目包括一个或几个子目,每个子目相当于一个定额子目,工程量清单项目组价的目的是计算该清单项目的综合单价。

工程量清单的工程数量,按照相应的专业工程工程量计算规范,如 GB 50854—2013 等规定的工程量计算规则计算。一个工程量清单项目由一个或几个定额子目组成,将各定额子目的综合单价汇总累加,再除以该清单项目的工程数量,即可得到该清单项目的综合单价。

(2)费用计算。

在工程量计算、综合单价分析经复查无误后,即可进行分部分项工程费、措施项目费、其他项目费、规费和增值税的计算,从而汇总得出工程造价。其具体计算原则和方法如下:

$$分部分项工程费 = \sum (分部分项工程量 \times 分部分项工程项目清单综合单价)$$

其中,分部分项工程量清单综合单价中综合了人工费、材料费、施工机械使用费、管理费和利润,并考虑了一定范围的风险费用,但并未包括规费和税金,因此它是一种不完全单价。

措施项目费分为两种,即按各专业工程工程量计算规范规定应予计量的措施项目(单价措施项目)和不宜计量的措施项目(总价措施项目)。

$$单价措施项目费 = \sum (措施项目工程量 \times 措施项目综合单价)$$

$$总价措施项目 = \sum (措施项目计费基数 \times 费率)$$

其中,单价措施项目综合单价的构成与分部分项工程量清单综合单价构成类似。

$$单位工程造价 = 分部分项工程费 + 措施项目费 + 其他项目费 + 规费 + 增值税$$

4.4　建筑工程定额概述

4.4.1　工程定额体系

1. 定额的含义

工程定额是指在正常的施工条件下完成规定计量单位的合格建筑安装工程所消耗的人工、材料、施工机械台班、工期天数及相关费率等的数量标准。这种规定的额度反映的是在一定的社会生产力发展水平的条件下,完成工程建设中的某项产品与各种生产耗费之间特定的数量关系。

在建设工程定额中,单位合格产品的外延是很不确定的。它可以指工程建设的最终产品——建设项目,如一个钢铁厂、一所学校等;也可以是建设项目中的某单项工程,如一所学校中的图书馆、教学楼、学生宿舍楼等;也可以是单项工程中的单位工程,如一栋教学楼中的建筑工程、水电安装工程、装饰装修工程等;还可以是单位工程中的分部分项工程,如砌一砖清水砖墙、砌 1/2 砖混水砖墙等。

2. 定额体系

在工程建设领域,我国形成了较为完善的工程定额体系。工程定额作为独具中国特色的工程计价依据,是我国工程管理的宝贵财富和基础数据积累。从本质看,工程定额是经过标准化的各类工程数据库(各类消耗量指标、费用指标等),BIM 等信息技术的发展必将推进定额的编制、管理等体制改革,完善定额体系,提高定额的科学性和实效性。

目前,我国已形成涵盖国家、行业、地方各类定额、估概算指标的定额体系,如图 4.7 所示。

工程定额是工程建设中各类定额的总称,它包括许多种类的定额。为了对工程建设定额能有一个全面的了解,可以按照不同的原则和方法对它进行科学的分类。

(1)按定额反映的生产要素内容分类,可以把工程建设定额分为劳动消耗定额、材料消耗定额和机械消耗定额三种。

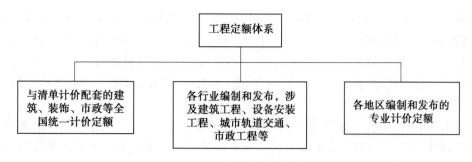

图 4.7　现阶段工程定额体系

①劳动消耗定额。劳动消耗定额简称劳动定额,也称人工定额。是指完成单位合格产品所需劳动(人工)消耗的数量标准。为了便于综合和核算,劳动定额大多采用工作时间消耗量来计算劳动消耗的数量。所以劳动定额主要表现形式是时间定额,同时也表现为产量定额。人工时间定额和产量定额互为倒数关系。

②材料消耗定额。材料消耗定额简称材料定额。是指完成单位合格产品所需消耗材料的数量标准。材料是工程建设中使用的原材料、成品、半成品、构配件、燃料,以及水、电等动力资源的统称。

③机械消耗定额。机械消耗定额简称机械定额。是指为完成单位合格产品所需施工机械消耗的数量标准。机械消耗定额的主要表现形式是机械时间定额,同时也表现为产量定额。机械时间定额和机械产量定额互为倒数关系。

(2)按照定额的编制程序和用途来分类,可以把工程建设定额分为施工定额、预算定额、概算定额、概算指标和投资估算指标五种。

①施工定额。施工定额是以"工序"为研究对象编制的定额。它由劳动定额、机械定额和材料定额三个相对独立的部分组成。为了适应组织生产和管理的需要,施工定额的项目划分很细,是工程建设定额中分项最细、定额子目最多的一种定额,也是工程建设定额中的基础性定额。

施工定额又是施工企业组织施工生产和加强管理在企业内部使用的一种定额,属于企业生产定额的性质。施工定额是编制工程的施工组织设计、施工预算、施工作业计划、签发施工任务单、限额领料及结算计件工资或计量奖励工资等的依据,同时也是编制预算定额的基础。

②预算定额。预算定额是以建筑物或构筑物的各个分部分项工程为对象编制的定额。预算定额的内容包括劳动定额、材料定额和机械定额三个组成部分。

预算定额属计价定额的性质。在编制施工图预算时,预算定额是计算工程造价和计算工程中所需劳动力、机械台班、材料数量时使用的一种定额,是确定工程预算和工程造价的重要基础,也是编制施工组织设计的参考。同时预算定额也是概算定额的编制基础,所以预算定额在工程建设定额中占有很重要的地位。

③概算定额。概算定额是以扩大的分部分项工程为对象编制的定额,是在预算定额的基础上综合扩大而成的,每一综合分项概算定额都包含了数项预算定额的内容。概算定额的内容也包括劳动定额、材料定额和机械定额三个组成部分。

概算定额也是一种计价定额。是编制扩大初步设计概算时,计算和确定工程概算造价,计算劳动力、机械台班、材料需要量所使用的定额。

④概算指标。概算指标是以整个建筑物和构筑物为对象,以更为扩大的计量单位来编制的一种计价指标;是在初步设计阶段,计算和确定工程的初步设计概算造价,计算劳动力、机械台班、材料需要量时所采用的一种指标;是编制年度任务计划、建设计划的参考;也是编制投资估算指标的依据。

⑤投资估算指标。投资估算指标是以独立的单项工程或完整的工程项目为对象,根据历史形成的预决算资料编制的一种指标。内容一般可分为建设项目综合指标、单项工程指标和单位工程指标三个层次。

投资估算指标也是一种计价指标。它是在编制项目建议书和可行性研究报告阶段用于投资估算、计算投资需要量时的定额。也可作为编制固定资产长远计划投资额的参考。

(3)按照投资的费用性质分类,可以把工程建设定额分为建筑工程定额、设备安装工程定额、建筑安装工程费用定额、工器具定额、工程建设其他费用定额等。

①建筑工程定额。建筑工程定额是建筑工程的施工定额、预算定额、概算定额和概算指标的统称。建筑工程，一般理解为房屋和构筑物工程，具体包括一般土建工程、电气（如动力、照明、弱电）工程、卫生技术（如水、暖、通风）工程、工业管道工程、特殊构筑物工程等。广义上它也被理解为除房屋和构筑物外还包含其他各类工程，如道路、铁路、桥梁、隧道、运河、堤坝、港口、电站、机场等工程。建筑工程定额在整个工程建设定额中是一种非常重要的定额，在定额管理中占有突出的地位。

②设备安装工程定额。设备安装工程是对需要安装的设备进行定位、组合、校正、调试等工作的工程。在工业项目中，机械设备安装和电气设备安装工程占有重要地位。因为生产设备大多要安装后才能运转，不需要安装的设备很少。在非生产性的建设项目中，由于社会生活和城市设施的日益现代化，设备安装工程量也在不断增加。设备安装工程定额是安装工程施工定额、预算定额、概算定额和概算指标的统称。所以设备安装工程定额也是工程建设定额中的重要部分。

③建筑安装工程费用定额。建筑安装工程费用定额一般包括措施费用定额和间接费定额。

a. 措施费用定额是指预算定额分项内容以外，为完成工程项目施工，发生于该工程施工前和施工过程中非工程实体，且与建筑安装施工生产直接有关的各项费用开支标准。措施费用定额由于其费用发生的特点不同，只能独立于预算定额之外。它也是编制施工图预算和概算的依据。

b. 间接费定额是指与建筑安装施工生产的个别产品无关，而为企业生产全部产品所必需、为维持企业的经营管理活动所必须发生的各项费用开支的标准。由于间接费中许多费用的发生与施工任务的大小没有直接关系，因此，通过间接费定额，有效地控制间接费的发生是十分必要的。

④工器具定额。工器具定额是为新建或扩建项目投产运转首次配置的工具、器具的数量标准。工具和器具是指按照有关规定不够固定资产标准而起劳动手段作用的工具、器具和生产用家具，如翻砂用模型、工具箱、计量器、容器、仪器等。

⑤工程建设其他费用定额。工程建设其他费用定额是独立于建筑安装工程费、设备和工器具购置费之外的其他费用开支的额度标准。工程建设其他费用的发生和整个项目的建设密切相关。它一般要占项目总投资的 10% 左右。工程建设其他费用定额是按各项独立费用分别制订的，以便合理控制这些费用的开支。

（4）按照专业性质分类，工程建设定额分为全国通用定额、行业通用定额和专业专用定额三种。全国通用定额是指在部门间和地区间都可以使用的定额；行业通用定额是指具有专业特点在行业部门内可以通用的定额；专业专用定额是指特殊专业的定额，只能在指定范围内使用。

（5）按主编单位和管理权限分类，工程建设定额可分为全国统一定额、行业统一定额、地区统一定额及企业定额四种。

①全国统一定额。全国统一定额是由国家建设行政主管部门综合全国工程建设中技术和施工组织管理的情况编制，并在全国范围内执行的定额，如《房屋建筑与装饰工程消耗量定额》（TY01—31—2015）、《通用安装工程消耗量定额》（TY02—31—2015）等。

②行业统一定额。行业统一定额是考虑到各行业部门专业工程技术特点，以及施工生产和管理水平编制的。一般是只在本行业和相同专业性质的范围内使用的专业定额，如《有色金属工业工程建设预算定额》、《铁路工程施工定额》等。

③地区统一定额。地区统一定额包括省、自治区、直辖市定额。地区统一定额主要是考虑地区性特点和全国统一定额水平做适当调整补充编制的，如《上海市建筑和装饰工程预算定额》（SH 01—31—2016）、《云南省建筑工程计价标准》（DBJ 53/T—61—2020）等。

④企业定额。企业定额是指由施工企业考虑本企业具体情况，参照国家、部门或地区定额的水平制订的定额。企业定额只在企业内部使用，是企业素质的一个标志。企业定额水平一般应高于国家现行定额，这样才能满足生产技术发展、企业管理和市场竞争的需要。

3. 工程定额改革的主要任务

工程定额的改革目标是建立与市场相适应的工程定额管理制度，主要任务有：

（1）明确工程定额定位，对国有资金投资工程，作为其编制估算、概算、最高投标限价的依据；对其他工程仅供参考。通过购买服务等多种方式，充分发挥企业、科研单位、社团组织等社会力量在工程定额编制中的基础作用，提高工程定额编制水平。鼓励企业编制企业定额。

（2）建立工程定额全面修订和局部修订相结合的动态调整机制，及时修订不符合市场实际的内容，提高定额时效性。编制有关建筑产业现代化、建筑节能与绿色建筑等工程定额，发挥定额在新技术、新工艺、新材料、新设备推广应用中的引导约束作用，支持建筑业转型升级。

4.4.2 预算定额

预算定额是工程建设中一项重要的技术经济文件，它的各项指标，反映了在完成单位分项工程消耗的活劳动和物化劳动的数量限度。编制施工图预算时，需要按照施工图纸和工程量计算规则计算工程量，还需要借助一些可靠的参数计算人工、材料和机械（台班）的消耗量，并在此基础上计算出资金的需要量，计算出建筑安装工程的价格。

1. 预算定额的编制原则

（1）社会平均水平原则。

预算定额是确定和控制建筑安装工程造价的主要依据。因此它必须遵照价值规律的客观要求，即按生产过程中所消耗的社会必要劳动时间确定定额水平。所以预算定额的平均水平是在正常的施工条件，合理的施工组织和工艺条件，适当的平均劳动熟练程度和劳动强度下，完成单位工程基本构造要素所需要的劳动时间。

（2）简明适用原则。

简明适用一是指在编制预算定额时，对于那些主要的、常用的、价值量大的项目，分项工程划分宜细；次要的、不常用的、价值量相对较小的项目则可以粗一些。二是指预算定额要项目齐全。要注意补充那些因采用新技术、新结构、新材料而出现的新的定额项目。如果项目不全，缺项多，就会使计价工作缺少充足的、可靠的依据。三是要求合理确定预算定额的计量单位，简化工程量的计算，尽可能地避免同一种材料用不同的计量单位和一量多用，尽量减少定额附注和换算系数。

2. 预算定额的编制依据

（1）现行施工定额。预算定额是在现行施工定额或劳动定额的基础上编制的。预算定额中人工、材料、机具台班消耗水平需要根据劳动定额或施工定额取定；预算定额计量单位的选择也要以施工定额为参考，从而保证两者的协调和可比性，减轻预算定额编制的工作量，缩短编制时间。

（2）现行设计规范、施工及验收规范，质量评定标准和安全操作规程。

（3）具有代表性的典型工程施工图及有关标准图。对这些图纸进行仔细分析研究，并计算出工程数量，作为编制定额时选择施工方法，确定定额消耗量的依据。

（4）新技术、新结构、新材料和先进的施工方法等。这类资料是调整定额水平和增加新的定额项目所必需的依据。

（5）有关科学实验、技术测定和统计、经验资料。这类资料是确定定额水平的重要依据。

（6）现行的预算定额、材料单价及有关文件规定等，包括过去定额编制过程中积累的基础资料，也是编制预算定额的依据和参考。

3. 预算定额的编制步骤

预算定额的编制，大致可以分为准备工作、收集资料、编制定额、报批和修改定稿五个阶段。各阶段工作相互有交叉，有些工作还要多次反复。其中预算定额编制阶段的主要工作如下：

（1）确定编制细则。主要包括统一编制表格及编制方法；统一计算口径、计量单位和小数点位数的要求；有关统一性规定，包括名称统一、用字统一、专业用语统一、符号代码统一，简化字要规范，文字要简练明确。预算定额与施工定额计量单位往往不同。施工定额的计量单位一般按照工序或施工过程确定；而预算定额的计量单位主要是根据分部分项工程和结构构件的形体特征及其变化确定。由于工作内容综合，预算定额的计量单位亦具有综合的性质。工程量计算规则的规定应确切反映定额项目所包含的工作内容。预算定额的计量单位关系到预算工作的繁简和准确性。因此要正确地确定各分部分项工程的计量单位。一般依据建筑结构构件形状的特点确定。

（2）确定定额的项目划分和工程量计算规则。计算工程数量是为了计算出典型设计图纸所包括的施工过程的工程量，以便在编制预算定额时，有可能利用施工定额的人工、材料和机械消耗指标确定预算定额所含工序的消耗量。

（3）定额人工、材料、机具台班耗用量的计算、复核和测算。

4. 预算定额消耗量的确定

（1）预算定额计量单位的确定。

预算定额计量单位的选择，与预算定额的准确性、简明适用性及预算工作的繁简有着密切的关系。

确定预算定额计量单位，首先应考虑该单位能否反映单位产品的工、料消耗量，保证预算定额的准确性；其次要有利于减少定额项目，保证定额的综合性；最后要有利于简化工程量计算和整个预算定额的编制工作，保证预算定额编制的准确性和及时性。

预算定额单位确定以后，在预算定额项目表中，常采用所取单位的10倍、100倍等倍数的计量单位来编制预算定额。

（2）预算定额中人、材、机消耗量的确定。

根据劳动定额、材料消耗定额、机具台班定额来确定消耗量。

①人工消耗量的确定。预算定额中的人工消耗量是指完成该分项工程必须消耗的各种用工，包括基本用工、材料超运距用工、辅助用工和人工幅度差。

a. 基本用工。基本用工指完成该分项工程的主要用工。

b. 材料超运距用工。预算定额中的材料、半成品的平均运距要比劳动定额的平均运距远，因此超过劳动定额运距的材料要计算超运距用工。

c. 辅助用工。辅助用工指在施工现场发生的加工材料等的用工，如筛砂子、淋石灰膏等。

d. 人工幅度差。人工幅度差主要指在正常施工条件下，劳动定额中没有包含的用工因素。例如，各工种交叉作业配合工作的停歇时间，工程质量检查和工程隐蔽、验收等所占的时间。

②材料消耗量的确定。

a. 材料主要包括主要材料、辅助材料、周转性材料和其他材料。主要材料是指直接构成工程实体的材料，如钢筋、水泥等；辅助材料是指构成工程实体的除主要材料以外的其他材料，如垫木、钉子、铅丝等；周转性材料是指脚手架、模板等多次周转使用但不构成工程实体的摊销性材料；其他材料是指用量较少、难以计量的零星用料，如棉纱、编号用的油漆等。

b. 凡设计图纸标注尺寸及下料要求的，按设计图纸计算材料净用量，如混凝土、钢筋等材料。

c. 材料损耗量。材料损耗量是指在正常施工条件下，不可避免的材料损耗，如现场内材料运输损耗及施工操作过程中的损耗等。损耗量按有关规范或经验数据确定。

d. 周转性材料，根据现场情况测定周转性材料使用量，再按材料使用次数及材料损耗率确定摊销量。

（3）机具台班消耗量的确定。

预算定额的机具台班消耗量的计量单位是"台班"。按现行规定，每个工作台班按机械工作8 h计算。

预算定额中的机具台班消耗量应按全国统一劳动定额中各种机械施工项目所规定的台班产量进行计算。

预算定额中以使用机械为主的项目（如机械挖土、空心板吊装等），其工人组织和台班产量应按劳动定额中的机械施工项目综合而成。此外，还要相应增加机械幅度差。

预算定额项目中的施工机具是配合工人班组工作的，所以施工机具要按工人小组配置使用，如砌墙按工人小组配置塔吊、卷扬机、砂浆搅拌机等。配合工人小组施工的机械不增加机械幅度差。

其计算公式为

$$分项定额机械台班使用量 = \frac{分项定额计量单位值}{小组总人数 \times \sum (分项计算的取定比重 \times 劳动定额综合产量)}$$

或

$$分项定额机械台班使用费 = \frac{分项定额计量单位量}{小组总产量}$$

（4）编制定额项目表。

当分项工程的人工、材料和机具台班消耗量指标确定后，就可以着手编制定额项目表。在项目表中，工程内容可以按编制时包括的综合分项内容填写；人工消耗量指标可按工种分别填写工日数；材料消耗量指标应列出主要材料名称、单位和实物消耗量；施工机具使用量指标应列出主要施工机具的名称和台班数。

（5）预算定额的编排。

定额项目表编制完成后，对分项工程的人工、材料和机具台班消耗量列上单价（基期价格），从而形成量价合一的预算定额。各分部分项工程人工、材料、机械单价所汇总的价称基价，在具体应用中，按工程所在地的市场价格进行价差调整，体现量价分离的原则，即定额量、市场价原则。预算定额主要包括文字说明、分项定额消耗量指标和附录等。

4.4.3　消耗量定额

（1）概念。

消费量定额是指完成单位合格产品（分项工程或结构构件）所需的人工、材料和机械消耗的数量标准，是计算建筑安装产品价格的基础。例如，16.08 工日/10 m³ 一砖混水砖墙；5.3 千块/10 m³ 一砖混水砖墙；0.38 台班灰浆搅拌机/10 m³ 一砖混水砖墙，等等。预算定额的编制基础是施工定额。

（2）性质。

消耗量定额是在编制施工图预算时，计算工程造价和计算工程中人工、材料和机械台班消耗量使用的一种定额。消耗量定额是一种计价性质的定额，在工程建设定额中占有很重要的地位。

（3）作用。

①消耗量定额是编制施工图预算、确定建筑安装工程造价的基础。施工图设计完成以后，工程预算就取决于工程量计算是否准确，预算定额水平，人工、材料、机械台班的单价，取费标准等因素。所以，消耗量定额是确定建筑安装工程造价的基础之一。

②消耗量定额是编制施工组织设计的依据。施工组织设计的重要任务之一是确定施工中人工、材料、机械的供求量，并做出最佳安排。施工单位在缺乏企业定额的情况下根据消耗量定额也能较准确地计算出施工中所需的人工、材料、机械的需要量，为有计划组织材料采购和预制构件加工、劳动力和施工机械的调配，提供了可靠的计算依据。

③消耗量定额是工程结算的依据。工程结算是建设单位和施工单位按照工程进度对已完的分部分项工程实现货币支付的行为。按进度支付工程款，需要根据预算定额将已完工程的造价计算出来。单位工程验收后，再按竣工工程量、消耗量定额和施工合同规定进行竣工结算，以保证建设单位建设资金的合理使用和施工单位的经济收入。

④消耗量定额是施工单位进行经济活动分析的依据。消耗量定额规定的人工、材料、机械的消耗指标是施工单位在生产经营中允许消耗的最高标准。目前，消耗量定额决定着施工单位的收入，施工单位必须以消耗量定额作为评价企业工作的重要标准，作为努力实现的具体目标。只有在施工中尽量降低劳动消耗、采用新技术、提高劳动者的素质，提高劳动生产率，才能取得较好的经济效果。

⑤消耗量定额是编制概算定额的基础。概算定额是在预算定额的基础上经综合扩大编制的。利用消耗量定额作为编制依据，不但可以节约编制工作所需的大量人力、物力、时间，起到事半功倍的效果，还可以使概算定额在定额的水平上保持一致。

⑥消耗量定额是合理编制招标控制价、拦标价、投标报价的基础。在招投标阶段，建设单位所编制的招标控制价或拦标价，需参照消耗量定额编制。随着工程造价管理的不断深化改革，对于施工单位来说，消耗

量定额作为指令性的作用正日益削弱,施工企业的报价按照企业定额来编制。只是现在施工单位无企业定额,还在参照消耗量定额编制投标报价。

(4)构成。

消耗量定额一般以单位工程为对象编制,按分部工程分章,章以下为节,节以下为定额子目,每一个定额子目代表一个与之相对应的分项工程,所以分项工程是构成消耗量定额的最小单元。消耗量定额为方便使用,一般表现为"量价合一",再加上必要的说明与附录,这样就组成了一套消耗量定额手册。完整的消耗量定额手册,一般由以下内容构成:

①建设行政主管部门发布的文件。该文件是预算定额具有法令性的必要依据。该文件明确规定了预算定额的执行时间、适用范围,并说明了预算定额手册的解释权和管理权。

②预算定额总说明。包括预算定额的指导思想、目的和作用,以及适用范围;预算定额的编制原则、编制的主要依据及有关编制精神;预算定额的一些共性问题,如人工、材料、机械台班消耗量如何确定;人工、材料、机械台班消耗量允许换算的原则;预算定额考虑的因素、未考虑的因素及未包括的内容;其他的一些共性问题;等等。

③建筑面积计算规则。

④分部工程定额说明及规则。包括各分部工程定额的内容、换算及调整系数规定;各分部工程工程量计算规则。

⑤分项工程定额项目表。包括表头说明、分部分项工程工作内容及施工工艺标准;分部分项工程的定额编号、项目名称;各定额子目的"基价",包括人工费、材料费、机械费;各定额子目的人工、材料、机械的名称、单位、单价、消耗数量标准。

⑥附录及附表。一般情况是编排混凝土及砂浆的配合比表,用于组价和二次材料分析。

第5章 云南省建筑工程计价文件的编制

为规范建设工程计价行为,统一建设工程计价规则和方法,完善工程造价市场形成机制,推动工程造价管理高质量发展,根据《中华人民共和国民法典》《中华人民共和国建筑法》《中华人民共和国招标投标法》《中华人民共和国价格法》等法律法规,住房和城乡建设部编制了《建设工程工程量清单计价标准》。各地一般会结合当地的实际情况,基于此标准适当补充发布相应的地方标准,用以规范相应行政区域内的工程建设计价活动。本章依据《云南省建设造价计价标准(2020 版)》,系统介绍云南省建设工程计价文件的编制。

5.1 云南省建设工程造价计价标准及建筑安装工程费用构成概述

为适应云南建筑市场发展需要,根据《云南省建设工程造价管理条例》、《住房和城乡建设部关于印发<建设工程定额管理办法>的通知》(建标〔2015〕230 号)有关规定,结合云南省的实际情况,编制发布了云南省工程建设地方标准《云南省建设工程造价计价标准(2020 版)》(以下简称《2020 版计价标准》)。

5.1.1 《2020 版计价标准》

《2020 版计价标准》是国有资金投资建设工程项目投资估算、设计概算、招标控制价编制及审查的依据,是编制企业定额、投标报价、调解处理工程造价纠纷的参考。《2020 版计价标准》自 2021 年 5 月 1 日起实施。2021 年 5 月 1 日前已签订施工合同的工程,其计价办法仍按合同约定执行。

1.《2020 版计价标准》主要内容
(1)《云南省建设工程造价计价规则及机械仪器仪表台班费用定额》(DBJ 53/T—58—2020)。
(2)《云南省市政工程计价标准》(DBJ 53/T—59—2020)。
(3)《云南省园林绿化工程计价标准》(DBJ 53/T—60—2020)。
(4)《云南省建筑工程计价标准》(DBJ 53/T—61—2020)。
(5)《云南省通用安装工程计价标准》(DBJ 53/T—63—2020)。
(6)《云南省装配式建筑工程计价标准》(DBJ 53/T—110—2020)。
(7)《云南省城市地下综合管廊工程计价标准》(DBJ 53/T—111—2020)。
(8)《云南省绿色建筑工程计价标准》(DBJ 53/T—112—2020)。

2.适用范围
依据国家现行工程量计算规范,按工程性质划分的各专业工程适用范围如下:
(1)建筑工程:适用于工业与民用建(构)筑物的建筑与装饰工程。
(2)通用安装工程:适用于机械设备安装工程,电气设备安装工程,热力设备安装工程,炉窑砌筑工程,静置设备制作安装工程,工业管道工程,消防及安全防范设备安装工程,给排水、采暖、燃气工程,通风空调工程,自动化控制仪表安装工程,建筑智能化及通信设备线路安装工程等。
(3)市政工程:适用于城镇管辖范围内的道路工程、桥涵工程、广(停车)场、隧道工程、市政管网、污水处理、路灯及交通工程、市政维修工程、城市生活垃圾填埋处理设施等公用事业工程。
(4)园林绿化工程:适用于新建、改建、扩建的园林建筑及绿化工程。内容包括绿化工程,堆砌假山及塑假石山工程,园路、园桥工程、园林小品工程。
(5)装配式建筑工程:适用于在云南省行政区域内建设的符合《云南省装配式建筑评价标准》(DBJ 53/T—96—2018),并按装配式建筑设计规范实施的装配式混凝土结构、钢结构及木结构建筑工程项目。

（6）城市地下综合管廊工程：适用于具有独立设计的城市地下综合管廊本体（含标准段、吊装口、通风口、管线分支口及端部井等）的新建、改建和扩建工程，其他专业管线和线路套用相关的专业标准。

（7）绿色建筑工程：适用于按照国家《绿色建筑评价标准》（GB/T 50378—2019）及《云南省绿色建筑评价标准》（DBJ 53/T—49—2015）要求进行设计、施工及验收的建筑工程项目。

（8）独立土石方工程：适用于附属一个单位工程内其挖方或填方（挖填不累计）建筑工程在 5 000 m³ 以上、市政工程在 10 000 m³ 以上或实行独立承包的土石方工程，不包括市政道路工程中用于结构的换填层。

5.1.2　云南省建筑安装工程造价费用项目组成

建筑安装工程造价由分部分项工程费、措施项目费、其他项目费、其他规费和税金组成。分部分项工程费、措施项目费、其他项目费的费用包含人工费、材料（设备）费、机械费、管理费和利润。

1. 建筑安装工程费按造价构成要素划分

（1）人工费。

人工费是指按工资总额构成规定，支付给从事建筑安装工程施工的生产工人和附属生产单位工人的各项费用。内容包括：

①计时工资或计件工资：同 4.2.2 小节。

②奖金：同 4.2.2 小节。

③津贴补贴：同 4.2.2 小节。

④特殊情况下支付的工资：同 4.2.2 小节。

⑤规费：企业为生产工人支付的养老保险、医疗保险、住房公积金。

（2）材料费。

材料费是指施工过程中耗费的原材料、辅助材料、构配件、零件、半成品或成品、工程设备的费用，以及周转材料等的摊销、租赁费用。费用包括：

①材料原价：同 4.2.2 小节。

②运杂费：同 4.2.2 小节。

③运输损耗费：同 4.2.2 小节。

④采购及保管费：为组织采购、供应和保管材料、工程设备的过程中所需要的各项费用。包括采购费、仓储费、工地保管费、仓储损耗费等。

工程设备是指构成或计划构成永久工程一部分的机电设备、金属结构设备、仪器装置及其他类似的设备和装置。

（3）机械费。

施工机具使用费（机械费）是指施工作业所发生的施工机械、仪器仪表使用费或其租赁费。

①施工机械台班单价应由下列费用组成：

a. 折旧费：施工机械在规定的使用年限内，陆续收回其原值的费用。

b. 检修费：施工机械按规定的大修理间隔台班进行必要的大修理，以恢复其正常功能所需的费用。

c. 维护费：施工机械除大修理以外的各级保养和临时故障排除所需的费用。包括为保障机械正常运转所需替换设备与随机配备工具、附具的摊销和维护费用，机械运转中日常保养所需润滑与擦拭的材料费用，以及机械停滞期间的维护和保养费用等。

d. 安拆费及场外运费：安拆费指施工机械在现场进行安装与拆卸所需的人工、材料、机械和试运转费用，以及机械辅助设施的折旧、搭设、拆除等费用；场外运费指施工机械整体或分体自停放地点运至施工现场或由一施工地点运至另一施工地点的运输、装卸、辅助材料及架线等费用。

e. 人工费：机上司机（司炉）和必须配备的其他操作人员的人工费。

f. 燃料动力费：施工机械在运转作业中所消耗的各种燃料、水、电等费用。

g. 其他费用：施工机械按照国家规定应缴纳的车船使用税、保险费及检测费等费用。

②仪器仪表使用费:工程施工所需使用的仪器仪表的摊销及维修费用。

③机械费中的人工费已包含规费,且仅属于机械费的组成部分,不属于定额人工费的范畴。

(4)管理费。

管理费是指建筑安装企业组织施工生产和经营管理所需的费用。内容包括:

①管理人员工资:按规定支付给管理人员的计时工资、奖金、津贴补贴、加班加点工资及特殊情况下支付的工资等。

②办公费:企业管理办公用的文具、纸张、账表、印刷、邮电、书报、办公软件、现场监控、会议、水电、烧水和集体取暖降温(包括现场临时宿舍取暖降温)等费用。

③差旅交通费:职工因公出差、调动工作的差旅费、住勤补助费,市内交通费和误餐补助费,职工探亲路费,劳动力招募费,职工退休、退职一次性路费,工伤人员就医路费,工地转移费,以及管理部门使用的交通工具的油料、燃料等费用。

④固定资产使用费:管理和试验部门及附属生产单位使用的属于固定资产的房屋、设备、仪器等的折旧、大修、维修或租赁费。

⑤工具用具使用费:企业管理使用的不属于固定资产的工具、器具、家具、交通工具和检验、试验、测绘、消防用具等的购置、维修和摊销费。

⑥职工福利费:由企业支付的职工退职金,按规定支付给离休干部的经费,集体福利费,夏季防暑降温、冬季取暖补贴,上下班交通补贴等。

⑦劳动保护费:企业按规定发放的劳动保护用品的支出,如工作服、手套、防暑降温饮料,以及在有碍身体健康的环境中施工的保健费用等。

⑧检验试验费:施工企业按照有关标准规定,对建筑材料、构件和建筑安装物进行一般鉴定、检查所发生的费用,包括自设试验室进行试验所耗用的材料等费用。不包括新结构、新材料的试验费,对构件做破坏性试验及其他特殊要求检验试验的费用和发包人委托检测机构进行检测的费用,对此类检测发生的费用,由发包人在工程建设其他费用中列支,但对施工企业提供的具有合格证明的材料进行检测不合格的,该检测费用由施工企业支付。

⑨工会经费:企业按照《中华人民共和国工会法》规定的全部职工工资总额比例计提的工会经费。

⑩职工教育经费:按照职工工资总额的规定比例计提,企业为职工进行专业技术和职业技能培训,专业技术人员继续教育、职工职业技能鉴定、职业资格认定,以及根据需要对职工进行各类文化教育所发生的费用。

⑪财产保险费:施工管理用财产、车辆等的保险费用。

⑫财务费:企业为施工生产筹集资金或提供预付款担保、履约担保、职工工资支付担保等所发生的各种费用。

⑬税金:企业按规定缴纳的房产税、车船使用税、土地使用税、印花税等。

⑭其他:包括技术转让费、技术开发费、投标费、业务招待费、绿化费、广告费、公证费、法律顾问费、审计费、咨询费及竣工档案编制费等。

(5)利润

利润是指施工单位从事建筑安装工程施工所获得的盈利。

(6)风险费用。

隐含于已标价工程量清单综合单价中,用于化解发承包双方在工程合同中约定内容和范围内的市场价格波动风险的费用。建设工程发承包必须在招标文件、合同中明确计价中的风险内容及其范围,不得采用无限风险、所有风险或类似语句规定计价中的风险内容及范围。

(7)税金。

税金是指国家税法规定的应计入建设工程造价内的增值税(销项税额)及其他税费,包括增值税、城市维护建设税、教育费附加和地方教育费附加。

2. 按造价形成的各项费用划分

（1）分部分项工程费。

分部分项工程费是指各专业工程的分部分项工程应予列支的各项费用。

专业工程是指按现行国家计量规范及云南省计价标准划分的建筑工程、通用安装工程、市政工程、园林绿化工程、装配式建筑工程、城市地下综合管廊工程、绿色建筑工程等各类工程。

分部分项工程费由人工费、材料费、机械费、管理费、利润和风险费组成（其中施工技术措施费不计算风险费）。

（2）措施项目费。

措施项目费指为完成工程项目施工，按照绿色施工、安全操作规程、文明施工规定的要求，发生于该工程施工准备和施工过程中的技术、生活、安全、环境保护等方面的费用。由施工技术措施项目费和施工组织措施项目费构成，包括人工费、材料费、机械费、企业管理费、利润。

①施工技术措施项目费。

a. 大型机械设备进出场及安拆费：机械整体或分体自停放场地运至施工现场或由一个施工地点运至另一个施工地点所发生的机械进出场运输、转移（含运输、装卸、输助材料、架线等）费用及机械在施工现场进行安装、拆卸所需的人工费、材料费、机械费、试运转费和安装所需的辅助设施的费用。

b. 大型机械设备基础：包括塔吊、施工电梯、龙门吊、架桥机等大型机械设备基础的费用，如桩基础、固定式基础制安等费用。

c. 脚手架工程费：施工需要的各种脚手架搭、拆、运输费用，脚手架购置费的摊销费用或租赁费用，以及建筑物四周垂直、水平的安全防护费用。

d. 模板工程费：混凝土构件施工需要的模具及其支撑体系所发生的费用。

e. 垂直运输费：单位工程在合理工期内完成全部工程项目所需要的垂直运输费用。

f. 超高增加费：建筑物檐口高度超过 20 m 或层数 6 层以上人工降低工效、机械降效、施工用水加压增加的费用。

g. 排水降水费：除冬雨季施工增加费以外的排水降水费用。

h. 各专业工程措施项目及其包含的内容详见国家规范及云南省计价标准所载明的技术措施项目。

②施工组织措施项目费。

安全文明施工费（包含安全生产费、文明施工及环境保护费、临时设施费）和绿色施工措施费。

安全生产费主要包含范围有安全资料、特殊作业专项方案的编制，安全施工标志的购置及安全宣传的费用；"三宝"（安全帽、安全带、安全网）、"四口"（楼梯口、电梯井口、通道口、预留洞口）、"五临边"（阳台围边、楼板围边、屋面围边、槽坑围边、卸料平台两侧），水平防护架、垂直防护架、外架封闭等防护的费用；施工安全用电的费用，包括配电箱三级配电、两级保护装置要求、外电防护措施；起重机、塔吊等起重设备（含井架、门架）及外用电梯的安全防护措施（含警示标志）费用及卸料平台的临边防护、层间安全门、防护棚等设施费用；建筑工地起重机械的检验检测费用；施工机具防护棚及其围栏的安全保护设施费用；施工安全防护通道的费用；工人的安全防护用品、用具购置费用；消防设施与消防器材的配置费用；电气保护、安全照明设施费；其他安全防护措施费用。

文明施工费包含范围有"五牌一图"的费用；现场围挡的墙面美化（包括内外粉刷、刷白、标语等）、压顶装饰费用；现场厕所便槽刷白、贴面砖，水泥砂浆地面或地砖费用；建筑物内临时便溺设施费用；其他施工现场临时设施的装饰装修、美化措施费用；现场生活卫生设施费用；符合卫生要求的饮水设备、淋浴、消毒等设施费用；生活用洁净燃料费用；防煤气中毒、防蚊虫叮咬等措施费用；施工现场操作场地的硬化费用；现场绿化、治安综合治理费用；现场配备医药保健器材、物品费用和急救人员培训费用；用于现场工人的防暑降温费、电风扇、空调等设备及用电费用；其他文明施工措施费用。

环境保护费包含范围有现场施工机械设备降低噪声、防扰民措施费用；水泥和其他易飞扬细颗粒建筑材料密闭存放或采用覆盖措施等费用；工程防扬尘洒水费用；土石方、建渣外运车辆冲洗、防洒漏等费用；现场污染源的控制、生活垃圾清理外运、场地排水排污措施的费用;其他环境保护措施费用。

临时设施费包含范围有施工现场采用彩色、定型钢板,砖、混凝土砌块等围挡的安砌、维修、拆除费或摊销费;施工现场临时建筑物、构筑物(如临时宿舍、办公室,食堂、厨房、厕所、诊疗所、临时文化福利用房、临时仓库、加工场、搅拌台、临时简易水塔、水池等)的搭设、维修、拆除或摊销的费用。施工现场临时设施(如临时供水管道、临时供电管线、小型临时设施等)的搭设、维修、拆除或摊销的费用;施工现场规定范围内临时简易道路铺设,临时排水沟、排水设施安砌、维修、拆除的费用;其他临时设施费搭设、维修、拆除或摊销的费用。

绿色施工措施费包括扬尘控制措施费,智慧管理设备及系统,以及人工智能、传感技术、虚拟现实等高科技技术设备及系统三方面的费用。其中扬尘控制措施费包括扬尘喷淋系统、雾炮机、扬尘在线监测系统;智慧管理设备及系统包括施工人员实名制管理设备及系统、施工场地视频监控设备及系统两方面。

②冬雨季施工增加费,工程定位复测费,工程交点、场地清理费。

冬雨季施工增加费指在冬季或雨季施工需增加的临时设施(防滑、排除雨雪等设施)、人工及施工机械效率降低等所发生的费用。

工程定位复测费指施工前的放线,施工过程中的检测,施工后的复测工作所发生的费用。

工程点交、场地清理费指按规定编制竣工图资料、工程点交、施工场地清理等发生的费用。

③压缩工期增加费。

在工程招投标时,要求压缩定额工期而采取措施所增加的费用。

④夜间施工增加费。

因夜间施工所发生的夜班补助费,夜间施工降效、夜间施工照明设备摊销及照明用电等费用。

⑤市政工程行车、行人干扰增加费。

在市政工程改、扩建工程施工中,由于不能中断交通产生的施工工作面不完全带来人工、机械降效和边施工边维护交通及车辆、行人干扰发生的降效、维护交通等措施费。

⑥已完工程及设备保护费。

对已交付验收后的工程及设备采取覆盖、包裹、封闭、隔离等必要保护措施所发生的费用。

⑦特殊地区施工增加费。

工程在高海拔特殊地区施工增加的费用。

(3)其他项目费。

其他项目费的构成内容应视工程实际情况按照不同阶段的计价需要进行列项。在编制招标控制价和投标报价时,由暂列金、暂估价(专业工程暂估价及专项技术措施暂估价)、计日工、施工总承包服务费构成。在编制竣工结算时,由计日工、施工总承包服务费、优质工程增加费、提前竣工增加费、索赔与现场签证费、人工费调整及机械燃料动力费价差等费用构成。

(4)其他规费。

应由单位缴纳的按国家法律、法规规定,由省级政府和省级有关权力部门规定必须缴纳或计取的费用,包括工伤保险费、工程排污费和环境保护税。

(5)税金。

国家税法规定的应计入建设工程造价内的增值税(销项税额)及其他税费。

5.2　云南省建筑安装工程费用计算方法及程序

建筑安装工程各项费用计取的费率是依据《云南省建设工程造价计价标准(2020 版)》,结合云南省建筑市场实际情况,基于社会平均水平综合测算确定的。

5.2.1　分部分项工程费及施工技术措施费

分部分项工程费按分部分项工程量清单工程量乘以综合单价以其合价之和进行计算。计算公式如下:

$$分部分项工程费 = \sum (分部分项工程量清单工程量 \times 综合单价)$$

分部分项工程费通常在"分部分项工程量清单与计价表"和"综合单价分析表"两张表上完成计算。

"分部分项工程量清单与计价表"的 1~6 项,即"序号、项目编码、项目名称、项目特征、计量单位、工程量",必须与工程量清单中"分部分项工程量清单与计价表"对应的分部分项工程内容一致,不允许擅自修改。

"综合单价分析表"的 1~4 项,即"序号、项目编码、项目名称、计量单位",必须与工程量清单中"分部分项工程量清单与计价表"对应的分部分项工程内容一致,不允许擅自修改。

1. 工程数量

采用"清单计价"的工程,分部分项工程数量应根据现行国家计量规范中清单项目规定的工程量计算规则和云南省有关规定进行计算。

采用"定额计价"的工程,分部分项工程数量应根据云南省发布的各"计价标准"中规定的工程量计算规则进行计算。

2. 综合单价

综合单价是指完成一个规定的清单项目所需的人工费、材料和工程设备费、施工机具使用费、企业管理费、利润,以及一定范围内的风险费用。各项费用按构成要素计算方法计算。

(1)工料机费用的计算。

①人工费 = $\sum$(分部分项工程量 / 施工技术措施工程量 × 人工费)。

其中,

$$人工费 = 定额人工费 + 规费$$
$$规费 = 定额人工费 \times 费率$$

说明:关于人工综合工日单价。《云南省建设工程造价计价标准(2020 版)》中的人工综合工日单价,是依据建标〔2013〕44 号、劳社部发〔2000〕8 号、云南省人力资源和社会保障厅(云人社发〔2018〕16 号)规定,结合云南省建筑市场实际,按普工、一般技工、高级技工三个技术等级以规定权重加权计算出的含规费的综合工日单价。

5.2-1

云南省建设行政主管部门对计价标准中的定额人工费实行动态管理,根据建筑劳务市场的变化情况适时发布定额人工费调整文件。

②材料费 = $\sum$(分部分项工程量 / 施工技术措施工程量 × 材料消耗量 × 材料单价)。

计价标准中的材料价格,是以编制期市场价格计入的参考价。在编制招标控制价、投标报价时,除已以金额表示的其他材料费外,应按当时当地的市场价格或招标文件约定计算;竣工结(决)算时,按合同约定计算。

③机械费 = $\sum$(分部分项工程量 / 施工技术措施工程量 × 机械台班消耗量 × 定额台班单价)。

(2)企业管理费、利润的计算。

采用 DBJ 53/T—61—2020 或借用其他专业工程计价标准时,管理费、利润的费率按主体工程专业费率标准计算。

$$管理费 = (定额人工费 + 机械费 \times 8\%) \times 管理费费率$$
$$利润 = (定额人工费 + 机械费 \times 8\%) \times 利润费率$$

(3)风险费用的计算。

综合单价应包括风险费用,以综合单价中的人工费、材料费(暂估材料单价除外)、机械费、管理费、利润之和乘以风险费率,风险费率应在招标文件中明确。以"暂估单价"计入综合单价的材料费不考虑风险费用。

5.2-2

$$风险费 = (人工费 + 材料费 + 机械费 + 管理费 + 利润) \times 风险费率$$

3. 综合单价计算程序

分部分项工程综合单价、单价措施项目综合单价的计算程序,见表5.1,施工技术措施费不计算风险费。

表 5.1　分部分项工程综合单价、单价措施项目综合单价计算程序表

序号	项目名称	计算方法
1	人工费	∑ 人工费
1.1	定额人工费	∑ 定额人工费
1.2	规费	< 1.1 > × 规费费率
2	材料费	∑ 材料费
3	机械费	∑ 机械费
4	管理费	(<1.1>+<3>×8%)×管理费费率
5	利润	(<1.1>+<3>×8%)×利润率
6	风险费	(<1>+<2>+<3>+<4>+<5>)×招标文件约定费率
7	综合单价	<1>+<2>+<3>+<4>+<5>+<6>

注:表内"<>"中数字均表示表内对应序号的计算方法。

施工技术措施项目应根据各专业工程计价标准及计价规则规定,结合工程施工方案、施工组织设计等进行计量计算。施工技术措施项目工程数量及综合单价的计算原则参照分部分项工程费相关内容处理。

5.2.2　施工组织措施费的计算

施工组织措施项目费包含安全文明措施费、绿色施工措施费。

1. 施工组织措施项目费的计算

安全文明施工措施费,绿色施工措施费,冬雨季施工增加费,工程定位复测、工程点交、场地清理费,夜间施工增加费,特殊地区施工增加费按(定额人工费+机械费×8%)乘以建筑工程施工组织措施费率表(二维码5.2-3)的费率计算。施工组织措施费已综合考虑了管理费和利润。

5.2-3

(1)绿色施工措施费属于编制招标控制价时取定的暂定费率,结算时根据批准的施工组织设计及实际发生费用计算。其中,扬尘控制及智慧管理建设的费用,一年工期及以内按照60%计算摊销费用;两年工期及以内的按照80%计算摊销费用;两年工期以上的按100%计算摊销费用。

(2)安全文明施工措施费属于不可竞争性费用,应按规定费率计算。

对于安全防护、文明施工有特殊要求和危险性较大的工程,需增加安全防护、文明施工措施所发生的费用按专项技术措施费在招标文件中明确,施工组织措施费不包括施工现场与城市道路之间的道路硬化,发生时按现场签证另行计算。

2. 压缩工期增加费

招标人压缩定额工期的,应在招标工程量清单的措施项目中补充编制压缩工期增加费项目,并在招标文件的附件中列明相关技术措施。

压缩工期增加费的计取。

建设工程招标阶段确定的工期,应按照《建筑安装工程工期定额》(TY 01—89—2016)标准确定,如压缩工期在5%内(含5%)不计算压缩工期措施增加费。压缩工期超过工期定额的5%者,应在招标文件中明确压缩工期的比例及压缩工期措施增加费的计算标准。

当招标人要求压缩工期超过20%者,招标人应组织相关专业的专家对施工方案进行可行性论证,并承担工程质量和安全的责任,压缩工期所增加的人工、材料、机械用量依据专家论证的施工方案计算计入工程造价。

依据不同压缩比例,采取费率(二维码5.2-4)计算方法进行计算。

5.2-4

3. 行车、行人干扰费增加费

行车、行人干扰费增加费根据工程实际情况,按规定费率计算(二维码 5.2-5)。

5.2-5

市政工程行车、行人干扰增加费包括专设的指挥交通的人员,搭设简易防护措施等费用;封闭断交的工程不计取行车、行人干扰增加费;厂区、生活区专用道路不计取行车、行人干扰增加费;交通管理部门要求增加的措施费用另计。

施工组织措施项目费具体计算方法见表 5.2。

表 5.2　施工组织措施项目费计算方法表

序号	费用项目	计算方法	说明
1	绿色施工、安全文明措施项目费	（定额人工费+机械费×8%）×费率	
1.1	安全文明施工及环境保护费		不可竞争费用
1.2	临时设施费		
1.3	绿色施工措施费		暂定费率
2	冬雨季施工增加费,工程定位复测费,工程交点、场地清理费		
3	夜间施工增加费		
4	特殊地区施工增加费		按不同海拔计取
5	压缩工期增加费	（定额人工费+机械费）×费率	按压缩工期比例计取
6	行车、行人干扰增加费	（定额人工费+机械费×8%）×费率	按施工条件计取
7	已完工程及设备保护费	根据实际需要按现场签证计算	—
8	其他施工组织措施项目费	按合同或约定计算	—
9	施工组织措施项目费	<1>+<2>+<3>+<4>+<5>+<6>+<7>+<8>	—

注:表内"<>"内数字均为表中对应的序号的计算方法。

5.2.3　其他项目费的计算

1. 暂列金额

暂列金应根据工程特点按有关规定估算,但不应超过分部分项工程费的 15%。工程实施中,暂列金额应由发包人掌握使用,余额归发包人所有,差额由发包人支付。

2. 暂估价

暂估价由招标人在工程量清单中按 DBJ 53/T—58—2020 中关于"暂估价"规定分别给定,即暂估价包括材料暂估单价、工程设备暂估单价、专业工程暂估价和专项技术措施暂估价。分别按以下情况进行计列:

(1)招标工程量清单给定工程量,且给定材料设备暂估单价的,按计价标准计算综合单价计入分部分项工程费。

(2)招标工程量清单给定工程量,且直接给定不含税综合单价的,以工程量乘以综合单价的合价计入分部分项工程费。

(3)招标工程量清单仅以"项"为计量单位直接给定专业工程暂估费用的,直接列入其他项目费。

(4)招标工程量清单仅以"项"为计量单位直接给定专项技术措施暂估费用的,列入其他项目费。

投标人按招标工程量清单给定方式进行计价,分别列入对应的费用内容。

3. 计日工

按承发包双方约定的单价计算,不得计取除税金外的其他费用。

4. 总承包服务费

按专业发包工程管理费和甲供材料、设备保管费之和进行计算。

(1)专业发包工程管理费。

发包人对其发包工程中的相关专业工程进行单独发包的,施工总承包人可向发包人计取专业发包工程管理费。专业发包工程管理费按各专业发包工程金额乘以专业发包工程管理费相应费率以其合价之和进行计算。

发包人仅要求施工总承包人对其单独发包的专业工程提供现场堆放场地、现场供水供电管线（水电费用可另行按实计收）、施工现场管理、竣工资料汇总整理等服务而进行的施工总承包管理和协调时，施工总承包人可按总承包服务费率表中"管理、协调"项目费率向发包人计取专业发包工程管理费。施工总承包人完成自行承包工程范围内所搭建的临时道路、施工围挡（围墙）、脚手架、垂直运输等措施项目，在合理的施工进度计划期间提供给专业工程分包人使用，其费用双方协商解决，不得重复计算相应费用。

发包人要求施工总承包人对其单独发包的专业工程进行施工总承包管理和协调，并同时要求提供垂直运输等配合服务时，施工总承包人可按总承包服务费率表中"管理、协调、配合"项目费率向发包人计取专业发包工程管理费，专业工程分包人不得重复计算相应费用。

发包人未对其单独发包的专业工程要求施工总承包人提供垂直运输等配合服务的，专业承包人应在投标报价时，考虑其垂直运输等相关费用。如施工时仍由总承包人提供垂直运输等配合服务的，其费用由总包、分包人根据实际发生情况自行商定。

当专业发包工程经招标实际由施工总承包人承包的，专业发包工程管理费不计。

（2）甲供材料设备保管费。

发包人自行提供材料、工程设备的，对其所提供的材料、工程设备进行管理、服务的单位（施工总承包人或专业工程分包人）可向发包人计取甲供材料设备保管费。甲供材料保管费按甲供材料金额、甲供设备金额分别乘以各自的保管费费率以其合价之和进行计算。保管费率可按总承包服务费率表中相应费率计取。

根据合同约定的总承包服务内容和范围，参照总承包服务费率表标准计算（二维码5.2-6）。

5.2-6

5. 优质工程增加费

建设工程产品质量标准是按合格产品考虑的，如发包方要求且经评定其质量达到省级优质工程或国家级工程者，发承包双方应在合同中就奖励费用予以约定。费用标准参考建设工程优质工程增加费费率表计取，同时获得多项的按最高奖项计取。合同约定有工程获奖目标等级要求，实际未获奖的，不计算优质工程增加费；实际获奖等级与合同约定不符，按实际获奖等级相应费率标准的75%～100%计算优质工程增加费（实际获奖等级高于合同约定等级的，不应低于合同约定等级原有费率标准），并签订补充协议。

通过工程验收达到优良工程的项目，按合同约定计算方法，参照建筑工程优质工程增加费费率表标准计算（二维码5.2-7）。

5.2-7

6. 索赔与现场签证费

索赔与现场签证费按索赔费用和签证费用之和进行计算。

（1）索赔费用。索赔费用按各索赔事件的索赔金额之和进行计算。各索赔事件的索赔金额应根据合同约定和相关计价规定，可参照索赔事件发生当期的市场信息价格以除税金以外的全部费用进行计价。涉及分部分项工程、施工技术措施项目的数量、价格确认及其项目改变的索赔内容，其相应费用可分别列入分部分项工程费和施工技术措施项目费进行计算。

（2）签证费用。签证费用按各签证事项的签证金额之和进行计算。各签证事项的签证金额应根据合同约定和相关计价规定，可参照签证事项发生当期的市场信息价格以除税金以外的全部费用进行计价。遇签证事项的内容列有计日工的，可直接并入计日工计算；涉及分部分项工程、施工技术措施项目的数量、价格确认及其项目改变的签证内容，其相应费用可分别列入分部分项工程费和施工技术措施项目费进行计算。

具体按 DBJ 53/T—58—2020 合同价款调整中关于"误期赔偿费、索赔及现场签证"相关规定计算。

①因设计变更或由于发包人的责任造成的停工、窝工损失，可参照下列办法计算费用：

a. 现场施工机械停滞费按定额机械台班单价（扣除机上操作人工和燃料动力费）计算，如特殊情况下施工机械为租赁的，其停滞费由承发包双方协商解决，机械台班停滞费不再计算除税金外的其他费用。

　　b. 生产工人停工、窝工工资按当地人社部门发布的最低工资标准计算,管理费按停工、窝工工资总额的20%(社会平均参考值)计算。停工、窝工工资不再计算除税金外的其他费用。

　　c. 除上述 a、b 条以外发生的费用,按实际计算。

　　②承发包双方协商认定的有关费用按实际发生计算。

7. 提前竣工增加费

　　提前竣工增加费是指在合同履行过程中,承包人应发包人的要求全面采取加快工程进度措施,使合同工程工期缩短,由此产生的费用应由发包人支付,包括赶工所需发生的施工增加费,周转材料、加大投入量和资金、劳动力集中投入等所增加的费用。发承包双方以补充合同形式约定计算方式,其增加的合同价款与竣工结算一并支付。

8. 人工费调整

　　人工费调整包括根据建设行政主管部门发布的动态调整文件调整的差额和由发承包双方根据实际工程约定的市场价差。由省建设行政主管部门发布的人工费调整部分按文件规定调整,经发承包双方约定市场人工费价格的按约定价差调整。

9. 机械燃料动力费价差

　　机械产生的燃料动力市场单价与编制期单价之间的差额。机械费中的燃料动力单价随市场波动偏离编制期单价产生的价差按市场价格计算调整。发承包双方根据工程实际情况协商计费。

　　其他项目费计算程序见表 5.3。

表 5.3　其他项目费计算程序表

序号	费用项目		计算方法
1	暂列金额		按招标文件计算
2	暂估价		<2.1>+<2.2>
2.1	专业工程暂估价/结算价		按招标文件计算/结算价
2.2	专项技术措施暂估价/结算价		
3	计日工		<3.1>+<3.2>+<3.3>
3.1	其中	人工费	∑(合同约定人工单价 × 暂定额工程量)
3.2		材料费	∑(合同约定材料单价 × 暂定额工程量)
3.3		机械费	∑(合同约定机械台班单价 × 暂定额工程量)
4	总承包服务费		<4.1>+<4.2>
4.1	其中	发包人发包专业工程管理费	∑(项目价值 × 约定费率)
		发包人提供材料(设备)管理费	∑(材料价值 × 约定费率)
5	优质工程增加费		按合同约定计算
6	索赔与现场签证费		按实际索赔与签证费用计算
7	提前竣工增加费		按合同约定计算
8	人工费调整		按人工费调整文件或约定市场价格计算
9	机械燃料费价差		按机械燃料动力数量×差价
10	其他项目费		<1>+<2>+<3>+<4>+<5>+<6>+<7>+<8>+<9>

注:表内"<>"内数字均为表中对应序号的计算方法。

5.2.4　规费计算

　　规费作为不可竞争费用,应按规定费率计取(二维码 5.2-8)。

5.2.5　税金计算

　　税金包括增值税、城市维护建设税、教育费附加和地方教育费附加,按国家和云南省有关

5.2-8

规定执行(二维码5.2-9)。

计算方法为

$$税前工程造价×综合计税系数$$

$$综合计税系数=增值税率×(1+附加税费费率)$$

5.2-9

(1)当采用增值税一般计税方法时,税前工程造价不含增值税进项税额。

(2)市区、县城镇、非市区及非县城镇的划分,以当地税务部门划定的行政区域为准。

5.2.6　单位工程计算

单位工程的取费,按分部分项工程所在单位工程的专业属性,执行相应的专业取费标准。当本专业工程需参照或借用其他专业工程计价标准中相应定额项目时,其参照或借用定额项目应随本专业工程取费,但所参照或借用其他专业计价标准的分部分项部分的工程造价大于本专业分部分项部分的工程造价时,分别按不同专业取费。

单位工程计算程序见表5.4。

表5.4　单位工程计算程序

序号	费用项目		计算方法
1	分部分项工程+技术措施项目费		$\sum$(分部分项清单工程量×综合单价+技术措施项目清单工程量×综合单价)
2	施工组织措施项目费		$\sum$施工组织措施项目费
3	其他项目费		$\sum$其他项目费
4	其他规费	工伤保险费	$\sum$(定额人工费)×费率
		环境保护税	按有关部门规定计算
		工程排污费	按有关部门规定计算
5	税金		税前工程造价×综合计税系数
6	工程造价		<1>+<2>+<3>+<4>+<5>

注:(1)税前工程造价按分部分项工程费、措施项目费、其他项目费、其他规费之和进行计算;

　　(2)表内"<>"内数字均为表中对应序号的计算方法。

5.2.7　其他相关计价规定

(1)建筑安装工程计价所称定额人工费是指按照建筑安装工程费费用构成要素划分的人工费,不包括属于机械费组成内容的机上人工费;大型机械设备进出场及安拆费不能直接作为"机械费"计算,应根据其费用组成分别计入人工费、材料费、机械费等相应费用。

(2)本规则以定额人工费+机械费×8%为取费基数,其取费标准是以《2020版计价标准》所取定的基期价格为基础进行测算的,适用于按基期价格确定的取费基数计价。

(3)本规则凡规定乘以系数进行调整的费率,其小数保留位数应与原费率小数位数保持一致。

5.3　云南省建设工程招标控制价(最高投标限价)文件编制

依法招标的工程必须实行工程量清单招标,并编制招标控制价。招标控制价应由具有编制能力的招标人或受其委托具有相应资质的工程造价咨询人编制。工程造价咨询人接受招标人委托编制招标控制价,不得再就同一工程接受投标人委托编制投标报价。招标控制价应按 DBJ 53/T—58—2020 的规定编制,不应上调和下浮。招标人在发布招标文件时应当公布招标控制价的总价,以及各单位工程的分部分项工程费、措施项目费、其他项目费和其他规费、税金。同时应将招标控制价及有关资料报送建设行政主管部门备查。

5.3.1　建设工程招标控制价编制依据与成果文件构成

1. 招标控制价的编制依据

云南省招标控制价的编制依据包括：

(1) GB 50500—2013 和 GB 50854—2013。

(2) 云南省建设行政主管部门颁发的 DBJ 53/T—58—2020。

(3) 建设行政主管部门发布的工程造价信息,当工程造价信息没有发布时,参照市场价。

(4) 招标工程量清单及其编制依据。

(5) 其他的相关资料。

2. 招标控制价成果文件的构成

根据 DBJ 53/T58—2020 规定,云南省招标控制价的成果文件组成如下:

(1) 招标控制价封面。

(2) 招标控制价扉页。

(3) 编制说明。

(4) 招标控制价费用汇总表。

(5) 单位工程费用汇总表。

(6) 分部分项工程和单价措施项目清单与计价表。

(7) 综合单价计算表。

(8) 综合单价工料和分析表。

(9) 综合单价调整表。

(10) 施工组织(总价)措施项目清单与计价表。

(11) 其他项目清单与计价表。

(12) 暂列金额明细表。

(13) 材料(工程设备)暂估单价及调整表。

(14) 专业工程暂估价(结算价)表。

(15) 专项技术措施暂估价(估算价)表。

(16) 计日工表。

(17) 总承包服务费计价表。

5.3-1

(18) 主要工日一览表。

(19) 发包人提供材料和设备一览表。

(20) 主要材料和工程设备一览表。

(21) 主要机械台班一览表。

5.3-2

(22) 主要工日、材料和设备、机械台班价格调整一览表(适用于信息价差调整法)。

(23) 主要工日、材料和工程设备、机械台班价格调整一览表(适用于价格指数差额调整法)。

(24) 材料(设备)、机械台班汇总一览表。

DBJ 53/T—58—2020、GB 50500—2013 规定的表格具体格式见二维码 5.3-1、5.3-2 中内容。

5.3.2　分部分项工程费

按分部分项工程数量乘以综合单价以其合价之和进行计算。

1. 工程数量

编制招标控制价时,工程数量应统一按照招标人发布的工程量清单确定。

2. 综合单价

招标控制价的综合单价应包含招标文件中划分的应由投标人承担的风险范围及其费用。招标文件中没有明确的,如是工程造价咨询人编制,须提请招标人明确,如是招标人编制应补充明确。

分部分项工程和措施项目中的综合单价,应根据招标文件和招标工程量清单中的特征描述及有关要求,按照国家、省级建设行政主管部门发布的计价标准计算,若计价标准缺项的按照市场定价方法或类似工程的计价方法确定综合单价。

(1)工料机费用。

编制招标控制价时,综合单价所含人工费、机械费应按照云南省现行的《建设工程计价标准》基价中的定额人工费和机械费计算,材料费以计价标准规定的消耗量乘以当时当地的市场价格进行计算;因设计标准未明确等原因造成无法当时确定准确价格或者设计标准虽已明确但一时无法取得合理询价的材料,应以"暂估单价"计入综合单价。

甲供材料应按招标文件载明的材料单价计入综合单价,一般按信息价或市场价。材料暂估价应按招标文件载明的单价计入综合单价,并单独列出暂估价材料明细表和暂估单价。

(2)企业管理费、利润。

编制招标控制价时,采用"清单计价"的工程,综合单价所含企业管理费、利润应以清单项目中(定额人工费+机械费×8%)乘以企业管理费、利润相应费率分别进行计算;采用"定额计价"的工程,建筑安装工程费所含企业管理费、利润应以计价标准中(定额人工费+机械费×8%)乘以 DBJ 53/T—58—2020 规定的企业管理费、利润相应费率分别进行计算。

5.3.3　措施项目费

措施项目费按施工技术措施项目费、施工组织措施项目费之和进行计算。措施项目费应根据招标文件、工程特点及常规施工方案,按照国家、省级建设行政主管部门发布的计价标准或市场定价方法、类似工程计价方法确定。

1.施工技术措施项目费

以施工技术措施项目工程数量乘以综合单价以其合价之和进行计算。

施工技术措施项目工程数量及综合单价的计算原则参照分部分项工程费相关内容处理。

2.施工组织措施项目费

施工组织措施项目费包含安全文明措施费、绿色施工措施费。施工组织措施项目金额应根据招标文件和工程量清单结合工程实际编制;绿色施工安全文明措施项目费应按国家或省级建设行政主管部门的规定计算,不得作为竞争性费用。

编制招标控制价时,施工组织措施项目费应以分部分项工程费与施工技术措施项目费中的(定额人工费+机械费×8%)乘以相应费率计算。其中,绿色施工措施费费率是暂定费率,根据项目所在地有关部门或招标人要求计取。

(1)安全文明施工费。

招标控制价按专项技术措施费暂估,并列入其他项目费。

(2)压缩工期增加费。

编制招标控制价时应根据招标文件明确的计算标准计算压缩工期措施增加费,并列入施工组织措施费项目,其计费标准可按定额人工费与机械费之和乘以费率确定,其费率可参考 DBJ 53/T—58—2020 费率计算。

5.3.4　其他项目费

1.暂列金

招标人按工程造价的一定比例估算。招标控制价的暂列金额应与招标工程量清单的暂列金额保持一致。

2.暂估价

招标控制价的暂估价应与招标工程量清单的暂估价保持一致。

3. 专项技术措施暂估价

在编制招标控制价时,对危险性较大分部分项工程的特殊安全措施费用进行预估,以专业暂估价方式计入其他项目费。

4. 计日工

按计日工数量乘以计日工综合单价以其合价之和进行计算。

(1)计日工数量。

编制招标控制价时,计日工数量应统一以招标人在发承包计价前提供的"暂估数量"进行计算。

(2)计日工综合单价。

计日工综合单价应以除税金以外的全部费用进行计算。计日工应按招标工程量清单中列出的项目,参考国家、省级建设行政主管部门发布的计价标准或市场定价方法、类似工程计价方法确定综合单价。

编制招标控制价时,应按有关计价规定并充分考虑市场价格波动因素计算。

5. 施工总承包服务费

按专业发包工程管理费和甲供材料、设备保管费之和进行计算。按招标工程量清单中列出的项目,按照国家、省级建设行政主管部门发布的计价标准、市场定价方法、类似工程计价方法计算。

(1)专业发包工程管理费。

发包人对其发包工程中的相关专业工程进行单独发包的,施工总承包人可向发包人计取专业发包工程管理费。专业发包工程管理费按各专业发包工程金额乘以专业发包工程管理费相应费率以其合价之和进行计算。

编制招标控制价时,各专业发包工程金额应统一按专业工程暂估价内相应专业发包工程的暂估金额取定;专业发包工程管理费费率应根据要求提供的服务内容,按相应区间费率的中值计算。

(2)甲供材料设备保管费。

发包人自行提供材料、工程设备的,对其所提供的材料、工程设备进行管理、服务的单位(施工总承包人或专业工程分包人)可向发包人计取甲供材料设备保管费。甲供材料保管费按甲供材料金额、甲供设备金额分别乘以各自的保管费费率以其合价之和进行计算。

编制招标控制价时,甲供材料金额和甲供设备金额应统一以招标人在发承包计价前按暂定数量和暂估单价(含税价)确定并提供的暂估金额取定;甲供材料和甲供设备保管费费率应按 DBJ 53/T—58—2020 费率区间中值计算。

6. 优质工程增加费

由于优质工程是在工程竣工后进行评定,且不一定发生或达到预期要求的等级,遇发包人有优质工程要求的,编制招标控制价时,优质工程增加费可按暂列金额方式列项计算。

5.3.5　规费

养老保险费、医疗保险费和住房公积金已按人工费形式列入定额基价,如因国家政策性变化,则按 DBJ 53/T—58—2020 规费费率表进行调整。工伤保险、工程排污费和环境保护税按有关规定计算,列入其他规费。

5.3.6　税金

税金包括增值税、城市维护建设税、教育费附加和地方教育费附加,按国家和云南省有关规定执行。

5.4　云南省建设工程投标报价文件编制

投标报价是投标人投标时响应招标文件要求所报出的,已标价工程量清单汇总后标明的总价。在编制过程中,投标人应按招标人提供的工程量清单填报价格。填写的项目编码、项目名称、项目特征、计量单位、工程量必须与招标人提供的一致。投标报价由分部分项工程费、措施项目费、其他项目费、规费、税金组成。

5.4.1　建设工程投标报价的成果文件组成及相关规定

1. 投标报价成果文件组成

根据 DBJ 53/T58—2020 规定,投标报价成果文件的组成如下:

(1)投标报价封面。

(2)投标报价扉页。

(3)编制说明。

(4)投标报价费用汇总表。

(5)单位工程费用汇总表。

(6)分部分项工程和施工技术措施项目清单与计价表。

(7)综合单价计算表。

(8)综合单价工料机分析表。

(9)综合单价调整表。

(10)施工组织(总价)措施项目清单与计价表。

(11)其他项目清单与计价表。

(12)暂列金额明细表。

(13)材料(工程设备)暂估单价及调整表。

(14)专业工程暂估价(结算价)表。

(15)专项技术措施暂估价(结算价)表。

(16)计日工表。

5.4-1

(17)总承包服务费计价表。

(18)主要工日一览表。

(19)发包人提供材料和设备一览表。

(20)主要材料和工程设备一览表。

(21)主要机械台班一览表。

5.4-2

(22)主要工日、材料和设备、机械台班价格调整一览表(适用于信息价差调整法)。

(23)主要工日、材料和工程设备、机械台班价格调整一览表(适用于价格指数差额调整法)。

(24)材料(设备)、机械台班汇总一览表。

DBJ 53/T—58—2020、GB 50500—2013 规定的表格具体格式见二维码 5.4-1、5.4-2 中内容。

2. 投标报价编制的相关规定

投标报价的编制过程,应首先根据招标人提供的工程量清单编制分部分项工程量清单与计价表、措施项目清单与计价表、其他项目清单与计价汇总表,以及规费、税金项目计价表,计算完毕之后,汇总得到单位工程投标报价汇总表,再层层汇总,分别得出单项工程投标报价汇总表和建设项目投标总价汇总表。投标报价的相关规定如下:

(1)投标价应由投标人或受其委托具有相应资质的工程造价咨询人编制。

(2)除 GB 50500—2013 强制性规定(措施项目清单中的安全文明施工费、规费、税金不得作为竞争性费用)外,投标人应依据招标文件及其招标工程量清单、企业定额和企业数据,答疑纪要等自主确定报价成本。

(3)投标报价不得低于工程成本。

(4)投标报价中应包括招标文件中规定由投标人承担的一定范围与幅度内风险的费用,招标文件中没有明确的,应提请招标人明确。

(5)投标人应提供综合单价分析表、明确综合单价包含内容。招标文件或招标工程量清单编制说明已经规定计算办法的,应从其规定计算。

（6）招标工程量清单与计价表中列明的所有需要填写单价和合价的项目，投标人均应填写且只允许有一个报价。未填写单价和合价的项目，可视为此项费用已包含在已标价工程量清单中其他相关项目的单价和合价之中，结算时，此项目不得重新组价与调整。

（7）投标总价应当与分部分项工程费、措施项目费、其他项目费、其他规费、税金的合计金额一致。

5.4.2　分部分项工程费

按分部分项工程数量乘以综合单价以其合价之和进行计算。

1. 工程数量

编制投标报价时，工程数量应统一按照招标人发布的工程量清单确定。若投标人通过阅读施工图、复核工程量，发现分部分项工程量清单中存在工程量有误、缺项、项目特征值描写不准确、计量单位不符合清单规范要求等，投标人不能擅自修改相关内容，只能以书面形式向招标人或招标代理机构提出质疑。招标人或招标代理机构通过招标答疑的方式告知所有投标人，投标人按照招标补遗要求调整，否则招标人有权认为投标人没有实质性响应招标文件的要求，作为废标处理。

2. 综合单价

（1）工料机费用。

分部分项工程项目应根据招标文件和招标工程量清单项目中的特征描述确定综合单价计算。在招标投标过程中，当出现招标工程量清单特征描述与设计图纸不符时，投标人应以招标工程量清单的项目特征描述为准，确定投标报价的综合单价。编制投标报价时，综合单价所含人工费、机械费可按照企业定额或参照本省现行的计价标准中的人工费、机械费，材料费以当时当地相应市场价格由企业自主确定，其中材料费中的"暂估单价"应与招标控制价保持一致。

（2）企业管理费、利润。

编制投标报价时，采用"清单计价"的工程，综合单价所含企业管理费、利润应以清单项目中（定额人工费＋机械费×8％）乘以企业管理费、利润费率分别进行计算；采用"定额计价"的工程，建筑安装工程费所含企业管理费、利润应以计价标准项目中（定额人工费＋机械费×8％）乘以企业管理费、利润相应费率分别进行计算。其中，企业管理费、利润费率的取定可参考 DBJ 53/T—58—2020 的费率由投标人自主确定。

综合单价应包括风险费用，以综合单价中的人工费、材料费（暂估材料单价除外）、机械费、管理费、利润之和乘以风险费率，风险费率应在招标文件中明确。以"暂估单价"计入综合单价的材料费不考虑风险费用。

5.4.3　措施项目费

措施项目费按施工技术措施项目费、施工组织措施项目费之和进行计算。

1. 施工技术措施项目费

以施工技术措施项目工程数量乘以综合单价以其合价之和进行计算。技术措施项目应根据招标文件和招标工程量清单项目中的特征描述确定综合单价计算。

施工技术措施项目工程数量及综合单价的计算原则参照分部分项工程费相关内容处理。

2. 施工组织措施项目费

施工组织措施项目费包含安全文明施工措施费、绿色施工措施费。组织措施项目金额应根据招标文件和投标时拟定的施工组织设计或施工方案计算，并列出其计算公式。

编制投标报价时，施工组织措施项目费应以分部分项工程费与施工技术措施项目费中的（定额人工费＋机械费×8％）乘以相应费率计算。其中，安全文明施工措施费费率属于不可竞争费率，应按规定费率计取；绿色施工措施费费率由投标人自主确定。

（1）安全文明施工费。

投标报价根据招标控制价计算。

(2)压缩工期增加费。

编制投标报价时,可作为竞争性费用,由投标人自主确定。

5.4.4　其他项目费

1.暂列金

投标人按工程量清单中所列的暂列金额计入报价中。投标报价的暂列金额应与招标工程量清单的暂列金额保持一致。

2.暂估价

投标人按要求填报。投标报价的暂估价应与招标工程量清单的暂估价保持一致。

3.专项技术措施暂估价

编制投标报价时应与招标控制价保持一致。

(1)招标工程量清单给定工程量,且给定材料设备暂估单价的,按计价标准计算综合单价计入分部分项工程费。

(2)招标工程量清单给定工程量,且直接给定不含税综合单价的,以工程量乘以综合单价的合价计入分部分项工程费。

(3)招标工程量清单仅以"项"为计量单位直接给定专业工程暂估费用的,直接列入其他项目费。

(4)招标工程量清单仅以"项"为计量单位直接给定专项技术措施暂估费用的,列入其他项目费。

投标人按招标工程量清单给定方式进行计价,分别列入对应的费用内容。

4.计日工

按计日工数量乘以计日工综合单价以其合价之和进行计算。

(1)计日工数量。

编制投标报价时,计日工数量应统一以招标人在发承包计价前提供的"暂估数量"进行计算。

(2)计日工综合单价。

计日工综合单价应以除税金以外的全部费用进行计算。计日工应按招标工程量清单中列出的项目和数量,参考国家、省级建设主管部门发布的计价标准或市场定价方法,类似工程计价方法及企业定额和数据确定综合单价,计算计日工金额。

编制投标报价时,可由企业自主确定。

5.施工总承包服务费

按专业发包工程管理费和甲供材料设备保管费之和进行计算。

(1)专业发包工程管理费。

发包人对其发包工程中的相关专业工程进行单独发包的,施工总承包人可向发包人计取专业发包工程管理费。专业发包工程管理费按各专业发包工程金额乘以专业发包工程管理费相应费率以其合价之和进行计算。

编制投标报价时,各专业发包工程金额应统一按专业工程暂估价内相应专业发包工程的暂估金额取定;专业发包工程管理费费率可参考相应区间费率由投标人自主确定。

当专业发包工程经招标实际由施工总承包人承包的,专业发包工程管理费不计。

(2)甲供材料设备保管费。

发包人自行提供材料、工程设备的,对其所提供的材料、工程设备进行管理、服务的单位(施工总承包人或专业工程分包人)可向发包人计取甲供材料设备保管费。甲供材料保管费按甲供材料金额、甲供设备金额分别乘以各自的保管费费率以其合价之和进行计算。

编制投标报价时,甲供材料金额和甲供设备金额应统一以招标人在发承包计价前按暂定数量和暂估单价(含税价)确定并提供的暂估金额取定;甲供材料和甲供设备保管费费率由企业根据 DBJ 53/T—58—2020 总承包服务费率表中费率区间值内自主确定。

6.优质工程增加费

由于优质工程是在工程竣工后进行评定的,且不一定发生或达到预期要求的等级,遇发包人有优质工程要求的,编制投标报价时,优质工程增加费可按暂列金额方式列项计算。

总承包服务费、优质工程增加费、工期压缩增加费应按招标工程量清单中列出的项目及其项目特征描述和招标文件中相应提出的服务范围、内容与要求自主确定,并逐项列出其计算公式。

5.4.5　规费

养老保险费、医疗保险费和住房公积金已按人工费形式列入定额基价,如因国家政策性变化,则按DBJ 53/T—58—2020规费费率表进行调整。工伤保险、工程排污费和环境保护税按有关规定计算,列入其他规费。

5.4.6　税金

税金包括增值税、城市维护建设税、教育费附加和地方教育费附加,按国家和云南省有关规定执行,详见 DBJ 53/T—58—2020 税金费率表。

5.4.7　建筑工程投标报价确定

建筑工程投标报价=分部分项工程费+措施项目费+其他项目费+规费+税金。

建筑工程投标报价通过"单位工程投标报价汇总表"编制完成,在编制建筑工程投标报价时应注意以下内容:

(1)投标人的投标总价应当与投标文件商务标中分部分项工程费、措施项目费、其他项目费和规费、税金的合计金额一致。

(2)投标人在进行投标报价时,不能进行投标总价优惠,投标人对投标报价的任何优惠均应反映在相应清单项目的综合单价中。

5.5　云南省建设工程竣工结算文件编制

5.5.1　竣工结算成果文件的构成

根据 DBJ 53/T—58—2020 规定,云南省竣工结算的成果文件组成如下:

(1)竣工结算书封面。

(2)竣工结算总价扉页。

(3)工程造价鉴定意见书封面。

(4)工程造价鉴定意见书廉页。

(5)编制说明。

(6)竣工结算费用表。

(7)分部分项工程和施工技术措施项目清单与计价表。

(8)综合单价计算表。

(9)综合单价工料和分析表。

(10)综合单价调整表。

(11)施工组织(总价)措施项目清单与计价表。

(12)其他项目清单与计价表。

(13)暂列金额明细表。

(14)材料(工程设备)暂估单价及调整表。

（15）专业工程暂估价（结算价）表。

（16）专项技术措施暂估价（结算价）表。

（17）计日工表。

（18）总承包服务费计价表。

（19）索赔与现场签证计价汇总表。

5.5-1

（20）主要工日一览表。

（21）发包人提供材料和设备一览表。

（22）主要材料和工程设备一览表。

（23）主要机械台班一览表。

（24）主要工日、材料和设备、机械台班价格调整一览表（适用于信息价差调整法）。

5.5-2

（25）主要工日、材料和工程设备、机械台班价格调整一览表（适用于价格指数差额调整法）。

（26）材料（设备）、机械台班汇总一览表。

DBJ 53/T—58—2020、GB 50500—2013 规定的表格具体格式见二维码 5.5-1、5.5-2 中的内容。

5.5.2 分部分项工程费

按分部分项工程数量乘以综合单价以其合价之和进行计算。

1. 工程数量

编制竣工结算时，工程数量应以承包人完成合同工程应予计量的工程量进行调整。

2. 综合单价

（1）工料机费用。

编制竣工结算时，综合单价所含人工费、材料费、机械费除"暂估单价"直接以相应"确认单价"计算外，应根据已标价清单综合单价中的人工费、材料费、机械费，按照合同约定计算因价格波动所引起的价差。计算补价差时，可以按分部分项工程所列项目的全部差价汇总计算，或直接计入相应综合单价。

（2）企业管理费、利润。

编制竣工结算时，采用"清单计价"的工程，综合单价所含企业管理费、利润应以清单项目中依据已标价清单综合单价确定的（定额人工费+机械费×8%）乘以企业管理费、利润费率分别进行计算；采用"定额计价"的工程，建筑安装工程费所含企业管理费、利润应以计价标准中的（定额人工费+机械费×8%）乘以企业管理费、利润相应费率分别进行计算。其中，企业管理费、利润费率按投标报价时企业自主确定的相应费率保持不变。

5.5.3 措施项目费

措施项目费按施工技术措施项目费、施工组织措施项目费之和进行计算。

1. 施工技术措施项目费

以施工技术措施项目工程数量乘以综合单价以其合价之和进行计算。

施工技术措施项目工程数量及综合单价的计算原则参照分部分项工程费相关内容处理。

2. 施工组织措施项目费

施工组织措施项目费包含安全文明措施费、绿色施工措施费。

编制竣工结算时，施工组织措施项目费应以实际完成的清单工程量依据已标价清单综合单价计算的分部分项工程费与施工技术措施项目费中的（定额人工费+机械费×8%）乘以各施工组织措施项目相应费率计算。其中，除法律、法规等政策性调整外，各施工组织措施项目的费率均按投标报价时投标人自主确定的相应费率保持不变。

压缩工期增加费，编制竣工结算时，按投标报价确定的费率计算。

5.5.4 其他项目费

1. 暂列金

竣工结算时,暂列金额应予以取消,另根据工程实际发生项目增加相应费用。

2. 暂估价

竣工结算时,专业工程暂估价用专业工程结算价取代并计入分部分项工程费,专项技术措施暂估价用专项措施结算价取代并计入施工技术措施项目费及相关费用,材料及工程设备暂估价,按其暂估单价最终确定的材料、设备单价列入分部分项工程项目的综合单价计算,根据发承包双方确认的工程量和单价按实调整。

3. 专项技术措施暂估价

在实施过程中应编制专项施工方案,经论证或审批后,根据专项施工方案编制分部分项工程量清单及综合单价计入施工技术措施费。

4. 计日工

按计日工数量乘以计日工综合单价以其合价之和进行计算。

(1)计日工数量。

编制竣工结算时,计日工数量应按实际发生并经发承包双方签证认可的"确认数量"进行调整。

(2)计日工综合单价。

计日工综合单价应以除税金以外的全部费用进行计算。

编制竣工结算时,除计日工特征内容发生变化应予以调整外,其余按投标报价时的相应价格保持不变。

5. 施工总承包服务费

按专业发包工程管理费和甲供材料设备保管费之和进行计算。

(1)专业发包工程管理费。

发包人对其发包工程中的相关专业工程进行单独发包的,施工总承包人可向发包人计取专业发包工程管理费。专业发包工程管理费按各专业发包工程金额乘以专业发包工程管理费相应费率以其合价之和进行计算。

编制竣工结算时,各专业发包工程金额应以专业工程结算价内相应专业发包工程的结算金额进行调整;除服务内容和要求发生变化应予以调整外,其余按投标报价时的相应费率保持不变。

当专业发包工程经招标实际由施工总承包人承包的,专业发包工程管理费不计。

(2)甲供材料设备保管费。

发包人自行提供材料、工程设备的,对其所提供的材料、工程设备进行管理、服务的单位(施工总承包人或专业工程分包人)可向发包人计取甲供材料设备保管费。甲供材料保管费按甲供材料金额、甲供设备金额分别乘以各自的保管费费率以其合价之和进行计算。

编制竣工结算时,甲供材料和甲供设备应按发承包双方确定的金额进行调整,依据实际成交价计入综合单价;除服务内容和要求发生变化应予以调整外,其余按投标报价时的相应费率保持不变。

6. 索赔与现场签证费

索赔与现场签证费按索赔费用和签证费用之和进行计算。

(1)索赔费用。

索赔费用按各索赔事件的索赔金额之和进行计算。各索赔事件的索赔金额应根据合同约定和相关计价规定,可参照索赔事件发生当期的市场信息价格以除税金以外的全部费用进行计价。涉及分部分项工程、施工技术措施项目的数量、价格确认及其项目改变的索赔内容,其相应费用可分别列入分部分项工程费和施工技术措施项目费进行计算。

(2)签证费用。

签证费用按各签证事项的签证金额之和进行计算。各签证事项的签证金额应根据合同约定和相关计价规定,可参照签证事项发生当期的市场信息价格以除税金以外的全部费用进行计价。遇签证事项的内容列有计日工的,可直接并入计日工计算;涉及分部分项工程、施工技术措施项目的数量、价格确认及其项目改变的签证内容,其相应费用可分别列入分部分项工程费和施工技术措施项目费进行计算。

7. 优质工程增加费

建设工程产品质量标准是按合格产品考虑的,如发包方要求且经评定其质量达到省级优质工程或国家级工程者,发承包双方应在合同中就奖励费用予以约定。费用标准参考 DBJ 53/T—58—2020 优质工程增加费费率表计取,同时获得多项的按最高奖项计取。

合同约定有工程获奖目标等级要求,实际未获奖的,不计算优质工程增加费;实际获奖等级与合同约定不符,按实际获奖等级相应费率标准的 75% ~ 100% 计算优质工程增加费(实际获奖等级高于合同约定等级的,不应低于合同约定等级原有费率标准),并签订补充协议。

8. 提前竣工增加费

提前竣工增加费是指在合同履行过程中,承包人应发包人的要求全面采取加快工程进度措施,使合同工程工期缩短,由此产生的应由发包人支付的费用,包括赶工所需发生的施工增加费,周转材料加大投入量和资金、劳动力集中投入等所增加的费用。发承包双方以补充合同形式约定计算方式,其增加的合同价款与竣工结算一并支付。

9. 人工费调整

人工费调整包括根据建设行政主管部门发布的动态调整文件调整的差额和由发承包双方根据实际工程约定的市场价差。

10. 机械燃料动力费价差

机械产生的燃料动力市场单价与编制期单价之间的差额。

5.5.5　规费

养老保险费、医疗保险费和住房公积金已按人工费形式列入定额基价,如因国家政策性变化,则按DBJ 53/T—58—2020 规费费率表进行调整。工伤保险、工程排污费和环境保护税按有关规定计算,列入其他规费。

5.5.6　税金

税金包括增值税、城市维护建设税、教育费附加和地方教育费附加,按国家和云南省有关规定执行,税费标准详见 DBJ 53/T—58—2020 税金费率表。

5.6　云南省建筑工程计价标准的应用

5.6.1　查找定额项目的方法

在编制施工图预算或对设计方案进行经济比较时应用消耗量定额,需查找定额项目。此时,宜首先查阅定额目录,找出所需的分部工程,再在该分部工程中找出需查阅的分项工程所在页数,然后直接翻查到定额所在册的页码处,即可找到所需要的分项工程子目。

5.6.2　直接套用定额和换算套用定额

1. 直接套用定额

当设计要求与定额项目内容完全一致时,可直接套用定额计算该分项直接工程费(人工费、材料费、机械费之和),通过工料分析计算人工费、各种材料及机械台班用量。

在消耗量定额的直接套用中,还应包括定额规定不允许调整的分项工程。即当分项(子项)工程的工程设计与定额内容不完全一致,而定额规定不允许调整,则应该直接套用定额,而不能做任何的调整来适应分项工程的设计。

2. 换算套用定额

当分项工程或结构构件的设计内容与消耗量定额的工作内容等不完全相符,而定额又规定允许换算时,则必须按照定额规定方法予以换算,并在该换算定额的编号右下角标注"换"字,换算的种类有乘系数换算、混凝土强度等级换算、砂浆强度或配合比换算、定额含量的增减量换算等。套用换算后的消耗量、基价计算分部分项工程直接工程费、分部分项工程费及工料分析等。

5.6.3　消耗量定额的应用示例

1. 直接套用定额

【例 5.1】　某工程设计使用方块凸包石粘贴墙面,面积为 500 m²,结合层采用 DPM20 干型普通抹灰砂浆,试计算定额基价及该项目直接工程费。

已知材料市场价格为凸包石块 110.00 元/m²,石料切割锯片 15.00 元/片,棉纱 8.00 元/kg,干混普通抹灰砂浆 DPM20 为 380.00 元/m²,HPB300 φ6 4 600.00 元/t,膨胀螺栓 M12 为 10.00 元/10 套,铜丝 70.00 元/kg,电费 0.47 元/kW·h,白水泥 0.90 元/kg,合金钢钻头 φ16 ~ φ20 为 12.00 元/个,综合工日单价及机械台班单价同定额。

【解】　查阅《云南省建筑工程计价标准(2020 版)》镶贴块料面层中的方块凸包石知:

(1)人工费 = 10 458.20(元/100 m²)。

(2)材料费 = 102.000×110.00+0.265×15.00+1.166×8.00+5.150×380.00+0.110×4 600.00+
　　　　　　52.400×10.00+7.770×70.00+4.784×0.47+15.500×0.90+6.550×12.00
　　　　　　= 14 859.00(元/100 m²)

5.6-1

(3)机械费 = 372.91(元/100 m²)。

　　定额基价 = 人工费+材料费+机械费 = 10 458.20+14 859.00+372.91 = 25 690.11(元/100 m²)

　　　　本项目直接工程费 = 500÷100×25 690.11 = 128 450.55(元)

2. 定额换算

(1)定额换算的原因。

当施工图的设计要求与消耗量定额中的工作内容不一致且定额消耗量定额允许换算时,将消耗量定额中相应的人工、材料、机械的用量按规定进行调整,计算出换算后的定额基价,以便工程造价满足施工图设计的要求。

(2)定额换算的依据。

以计价标准各专业定额中的总说明、分部工程说明及附注规定等为换算依据。

①系数换算。

【例 5.2】　某屋面防水工程聚氯乙烯卷材防水附加层(平面一层),采用冷粘法施工,总面积为 160 m²,试计算其定额基价及该项目的直接工程费。已知聚氯乙烯防水卷材市场价格为 20.00 元/m²,FL-15 胶黏剂价格为 15.00 元/kg。

【解】　按 DBJ 53/T—58—2020 卷材防水附加层套用卷材防水相应项目立面定额项目,人工乘以系数1.43。

查《云南省建筑工程计价标准(2020 版)》,防水及其他中高分子材料按规定换算如下:

(1)换算后综合工日 = 5.133×1.43 = 7.34(工日/100 m²)。

换算后人工费 = 7.34×154.44 = 1 133.59(元/100 m²)。

其中,定额人工费 = 7.34×154.44÷1.2 = 944.66(元/100 m²)。

规费 = 1 133.59-944.66 = 188.93(元/100 m²)。

5.6-2

(2)材料费 = 115.635×20.00+117.10×15.00 = 4 069.20(元/100 m²)。

（3）机械费 = 0（元/100 m²）。

换算后定额基价 = 人工费 + 材料费 + 机械费 = 1 133.59 + 4 069.20 + 0 = 5 202.79（元/100 m²）。

本项目直接工程费 = 160÷100×5 202.79 = 8 324.46（元）。

②定额消耗量换算。

【例5.3】 按题给条件计算浆砌毛石护坡一个定额规定计量单位的定额基价。已知：砌筑砂浆采用 M10 现场拌制水泥砂浆，砌筑垂直高度为 5 m；本题综合工日、材料、机械台班单价同定额。

【解】（1）石挡土墙、石护坡项目垂直高度超过 4 m 时，定额项目人工用量乘以系数 1.15。

查阅《云南省建筑工程计价标准（2020 版）》砌筑其他按规定换算如下：

5.6-3

综合工日消耗量 = 10.750×1.15 = 12.363（工日/10 m³）。

（2）另按照 DBJ 53/T—58—2020 有关规定，实际使用现拌砂浆的，除将项目中的干混预拌砂浆调整为现拌砂浆外，砌筑项目按每立方米砂浆增加人工 0.382 工日，200 L 灰浆搅拌机 0.167 台班，同时扣除原项目中干混砂浆罐式搅拌机台班。

按规定换算如下：

①综合工日消耗量 = 12.363 + 0.382×4.377 = 14.035（工日/10 m³）。

②M10 及以上水泥砂浆水泥采用 P.S 42.5，查相应配合比表知其价格为 234.12 元/m³。

③机械台班消耗量：200 L 灰浆搅拌机台班量 = 0.167×4.377 = 0.731（台班/10 m³）。

（3）综上所述，本项目定额基价换算如下：

①人工费 = 14.035×154.44 = 2 167.57（元/10 m³）。

②材料费 = 2 585.12 − 375.74×4.377 + 234.12×4.377 = 1 965.25（元/10 m³）。

③机械费 = 0.731×244.70 = 178.88（元/10 m³）。

④换算后定额基价 = 人工费 + 材料费 + 机械费 = 2 167.57 + 1 965.25 + 178.88 = 4 311.7（元/10 m³）。

3. 工料机分析

工料机分析是按照计算所得的定额工程量，查阅相应的分部分项定额项目编号，依据列出的人工、材料、机械台班定额消耗量计算所得的人工、材料、机械台班用量。计算公式如下：

材料（或人工、机械）数量 = 分部分项工程材料（或人工、机械）定额消耗量×工程量

半成品材料第一次分析数量 = 分部分项工程半成品材料的定额消耗量×工程量

半成品材料第二次分析，是根据配合比用量计算出半成品的原材料用量。半成品材料中原材料数量 = 半成品材料第一次分析数量附录所列出的半成品配合比中原材料数量（或实际配合比原材料用量）

【例5.4】 某建筑工程的砖基础工程，采用 M5.0 现拌水泥砂浆砌筑，工程量为 76.45 m³，试计算该项目的综合工日、材料及机械所用的燃料动力定额用量。

【解】 查阅 DBJ 53/T—58—2020 套用《云南省建筑工程计价标准（2020 版）》砖砌体的砖基础定额项目，分别分析计算综合工日、材料、机械台班定额用量。

（1）实际使用现拌砂浆的，除将项目中的干混预拌砂浆调为现拌砂浆外，砌筑项目按每立方米砂浆增加人工 0.382 工日，200 L 灰浆搅拌机 0.167 台班，同时扣除原项目中干混砂浆罐式搅拌机台班。

5.6-4

换算后综合工日消耗量 = 9.834 + 0.382×2.399 = 10.750（工日/10 m³）。

该项目综合工日用量 = 76.45÷10×10.750 = 82.184（工日）。

（2）材料消耗量分析。

①查阅定额知 10 m³ 砖基础所需材料消耗量为标准砖 5.262 千块，水泥砂浆 2.399 m³，水 1.050 m³，该项目材料用量如下：

M5.0 现拌水泥砂浆用量 = 76.45÷10×2.399 = 18.34（m³）。

标准砖用量 = 76.45÷10×5.262 = 40.228（千块）。

水用量 = 76.45÷10×1.05 = 8.027（m³）。

②查附录配合表可知,M5.0 水泥砂浆采用细砂,P. S32.5 水泥,按照查询的配合比计算该项目所需 M5.0现拌水泥砂浆18.34 m^3 的原材料用量为(即二次材料分析)

水泥用量 $= 0.236 \times 18.34 = 4.328 (t)$,细砂用量 $= 1.23 \times 18.34 = 22.558 (m^3)$,水用量 $= 0.35 \times 18.34 = 6.419 (m^3)$。

(3)机械台班消耗量分析。

①按总说明规定计算机械消耗量。

200 L 灰浆搅拌机台班用量 $= 0.167 \times 2.399 = 0.401 (台班/10 \ m^3)$。

②该项目 200 L 灰浆搅拌机台班用量 $= 76.45 \div 10 \times 0.401 = 3.066 (台班)$。

查 DBJ 53/T—58—2020 知,200 L 灰浆搅拌机用电量为 8.610 kW·h。

该项目机械用电量 $= 8.610 \times 3.066 = 26.398 (kW·h)$。

(4)汇总该项目人工、材料、机械数量。

综合工日:82.184 工日。

标准砖:40.228 千块。

水泥 P. S32.5:4.328 t。

细砂:22.558 m^3。

水:$6.419 + 8.027 = 14.446 (m^3)$。

灰浆搅拌机 200 L:3.066 台班。

电:26.398 kW·h。

思考题

1. 比较 DBJ 53/T—58—2020 与 GB 50500—2013 中招标控制价(最高投标限价)成果文件构成的异同。

2. 比较 DBJ 53/T—58—2020 与 GB 50500—2013 中投标报价成果文件构成的异同。

3. 比较 DBJ 53/T—58—2020 与 GB 50500—2013 中竣工结算成果文件构成的异同。

4. 比较 DBJ 53/T—58—2020 中投标报价文件与竣工结算文件构成的异同。

5. 比较 GB 50500—2013 中投标报价文件与竣工结算文件构成的异同。

6. 总结定额套用中的换算规律。

第6章　基于云南省计价标准的建筑工程计价

《云南省建筑工程计价标准》(DBJ 53/T—61—2020)是编制与审查国有投资建设项目施工图预算、招标控制价、确定工程造价的依据;是编制建设工程概算定额、估算指标、技术经济指标、投资估算、设计概算的基础;是编制企业定额、投标报价、调解处理工程造价纠纷的参考。

DBJ 53/T—61—2020 分为土石方工程,地基处理及边坡支护工程,桩基工程,砌筑工程,混凝土及钢筋混凝土工程,金属结构工程,木结构工程,门窗工程,屋面及防水工程,保温、隔热、防腐工程,楼地面装饰工程,墙、柱面装饰与隔断、幕墙工程,天棚工程,油漆、涂料、裱糊工程,其他装饰工程,拆除工程,构筑物及室外工程,措施项目共18章及附表。

6.0-1

6.1　土石方工程

6.1.1　计价标准项目的划分及其与清单项目的组合

1. 项目划分

(1)在《云南省建筑工程计价标准》中,土方工程按开挖方式不同分为人工土方和机械土方两类。

①人工土方包括人工挖一般土方、沟槽、基坑,人工挖淤泥、流砂,人工装车、人工运土方、淤泥、流砂,人力车运土、淤泥、流砂,人工场地平整、人工松填土、人工填土夯实、人工原土夯实等子项目。

②机械土方包括推土机推运土方、铲运机运土、履带式单斗液压挖掘机挖土方、淤泥、流砂,抓铲挖掘机挖淤泥、流砂,长臂挖机挖土方、淤泥、流砂,大型支撑基坑挖土方、小型挖机挖土方、淤泥、流砂,机械装土、机械翻斗车运土、自卸汽车运土、装载机运土、泥浆罐车运淤泥、流砂,挖掘机转堆土方、机械场地平整、机械原土碾压、夯实,机械填土碾压、夯实等子项目。

(2)在 DBJ 53/T—61—2020 中石方工程按开挖方式不同分为人工石方、机械石方、爆破石方三种。

①人工石方包括人工清理爆破基底石方、人工修理爆破边坡、人工挖石碴、人工装车、人工运石碴等子项目。

②机械石方包括液压锤破碎石方、手持式凿岩机破碎岩石、切割石方、推土机推运石碴、履带式液压单斗挖掘机挖碴、装载机装车、挖掘机装车、机械翻斗车运石碴、自卸汽车运石碴、压路机填石方碾压等子项目。

③爆破石方包括深孔爆破、浅孔爆破、光面爆破、静力爆破、微差爆破、冻土开挖爆破等子项目。

2. 清单项目与定额项目常见组合

详细内容见二维码6.1-1。

3. 说明

详细内容见二维码6.1-2。

6.1-1

6.1.2　工程量计算规则

(1)土石方的挖、装、推、铲、转堆及运输均按开挖前的天然密实体积计算。土方回填,按回填后的竣工体积计算。

(2)基础土石方的开挖深度,按设计室外地坪至基础(含垫层)底标高计算。如交付施工场地标高与设计室外地坪不同时,按交付施工场地标高计算。

6.1-2

(3)土方工程量按图纸尺寸计算。修建机械上下坡便道的土方量以及为保证路基边缘的压实度而设计的加宽填筑土方量并入土方工程量内。

（4）基础施工的工作面宽度，按设计要求计算；设计或规范无要求的，按经批准的施工组织设计或施工方案计算；施工组织设计或施工方案无规定时，按下列规定计算：

①当组成基础的材料不同或施工方式不同时，基础施工的工作面宽度按表6.1计算。

表6.1　基础施工单边工作面宽度计算表

基础材料	每边增加工作面宽度/mm
砖基础	200
毛石、方整石基础	250
混凝土基础（支模板）	400
混凝土基础垫层（支模板）	150
基础垂直面做砂浆防潮层	400（自防潮层面）
基础垂直面做防水层或防腐层	1 000（自防水层或防腐层面）
支挡土板	100（另加）

②基础施工需要搭设脚手架时，基础施工的工作面宽度，条形基础按1.50 m计算（只计算一面）；独立基础按0.45 m计算（四面均计算）。

③基坑土方大开挖需做边坡支护时，基础施工的工作面宽度按2.00 m计算。

④基坑内施工各种桩时，基础施工的工作面宽度按2.00 m计算。

⑤管道施工的工作面宽度，按表6.2计算。

表6.2　管道施工单面工作面宽度计算表

管道材质	管道基础外沿宽度（无基础时管道外径）/mm			
	≤500	≤1 000	≤2 500	>2 500
混凝土管、水泥管	400	500	600	700
其他管道	300	400	500	600

⑥计算工作面宽度时，出现上述两种及两种以上宽度的，按最大值计算。

（5）基础土方放坡。

①土方放坡的起点深度和放坡，按设计要求计算；设计或规范无要求的，按施工组织设计计算；施工组织设计无规定时，按表6.3计算。

表6.3　土方放坡起点深度和放坡系数表

土壤类别	起点深度（>m）	放坡系数			
		人工挖土	机械挖土		
			基坑内作业	基坑上作业	沟槽上作业
一、二类土	1.20	1:0.50	1:0.33	1:0.75	1:0.50
三类土	1.50	1:0.33	1:0.25	1:0.67	1:0.33
四类土	2.00	1:0.25	1:0.10	1:0.33	1:0.25

②基础土方放坡，自基础（含垫层）底标高算起。

③混合土质的基础土方，其放坡的起点深度和放坡坡度，按不同土类厚度加权平均计算。

④计算基础土方放坡时，不扣除放坡交叉处的重复工程量。

⑤基础土方支挡土板时，不计算放坡。

（6）平整场地。

平整场地按设计图示尺寸，以建筑物首层建筑面积计算。建筑物地下室结构外边线凸出首层结构外边线时,其凸出部分的建筑面积合并计算。

(7)沟槽土石方。

①沟槽土石方按设计图示沟槽长度乘以沟槽断面面积,以体积计算。

②条形基础的沟槽长度,按设计规定计算;设计无规定时,按下列规定计算:

a.外墙沟槽,按外墙中心线长度计算。

b.内墙沟槽、框架间沟槽,按其条形基础(含垫层)之间垫层(或基础底)的净长度计算。内墙沟槽净长计算示意图如图6.1所示。

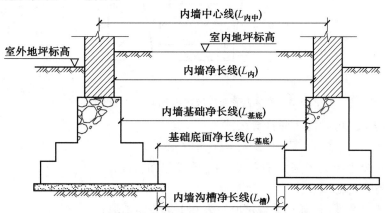

图6.1　内墙沟槽净长计算示意图

c.凸出墙面的墙垛,按墙垛凸出墙面的中心线长度,并入相应工程量内计算。

③管道的沟槽长度,按设计规定计算;设计无规定时,以设计图示管道中心线长度(不扣除下口直径或边长≤1.5 m的井池)计算。下口直径或边长>1.5 m的井池的土石方,另按基坑的相应规定计算。

④沟槽的断面面积,应包括工作面宽度、放坡宽度或石方允许超挖量的面积。

a.垫层底面放坡(图6.2)的沟槽土方量计算公式为

$$V_d = L(a + 2C + kH)H$$

式中　L——沟槽计算长度,m,外墙为中心线,内墙为垫层净长线;

a——基础或垫层底宽,m;

C——增加工作面宽度,m,设计无规定时按表6.1的规定值取;

H——挖土深度,m;

k——放坡系数,按表6.3的规定值取,不放坡时$k=0$。

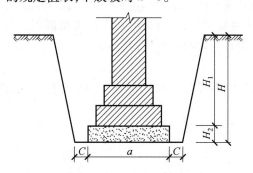

图6.2　垫层底面放坡沟槽示意图

b.垫层上表面放坡(图6.3)的沟槽土方量计算公式为

$$V_d = L[(a + 2C + kH_1)H_1 + (a + 2C)H_2]$$

式中　L——沟槽计算长度,m,外墙为中心线,内墙为垫层净长线;

a——基础或垫层底宽,m;

C——增加工作面宽度,m,设计无规定时按表6.1的规定值取;

H——挖土深度,m;

k——放坡系数,按表6.3的规定值取,不放坡时$k=0$;

H_1——自然地坪至垫层上表面的深度,m;

H_2——垫层厚度,m。

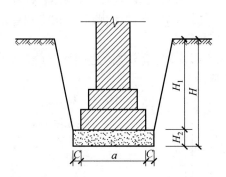

图6.3　垫层上表面放坡两边有工作面沟槽示意图

c.支挡土板的沟槽(图6.4)土方量计算公式为

$$V_d = L(a+2C+2d)H$$

式中　L——沟槽计算长度(m),外墙为中心线,内墙为垫层净长线;

　　　a——基础或垫层底宽,m;

　　　C——增加工作面宽度,m,设计无规定时按表6.1的规定值取;

　　　H——挖土深度,m;

　　　d——挡土板宽度,m。

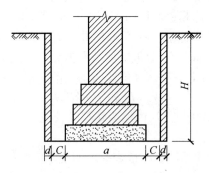

图6.4　支挡土板两边有工作面沟槽示意图

⑤地下连续墙导墙成槽按设计场平标高至导墙底标高乘以设计挖土断面以体积计算。

⑥同时开挖的坑槽群,若单个计算的工程量总和,大于以坑槽群周边为界的大开挖土方工程量时,以坑槽群周边为界的大开挖土方工程量计算,执行坑槽开挖定额。

(8)基坑土石方。

①基坑土石方,按设计图示基础(含垫层)尺寸,另加工作面宽度、土方放坡宽度或石方允许超挖量乘以开挖深度,以体积计算。

a.方形坑挖基坑(图6.5)工程量的计算。

工程量计算公式为

$$V_d = (a+2C+kH)(b+2C+kH)H + \frac{1}{3}k^2 H^3$$

式中　C——增加工作面宽度,设计无规定时按表6.1的规定值取;

　　　$\frac{1}{3}k^2 H^3$——四角三棱锥之和为$\frac{4}{3}k^2 H^3$,其中$k^2 H^3$用于左式因式分解,余$\frac{1}{3}k^2 H^3$;

　　　k——放坡系数,按表6.3的规定值取,不放坡时$k=0$。

b.圆形坑挖基坑(图6.6)工程量的计算。

工程量计算公式为

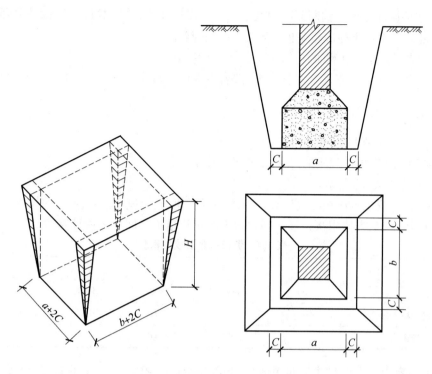

图 6.5 方形坑挖基坑示意图

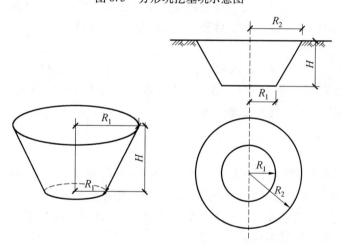

图 6.6 圆形坑挖基坑示意图

$$V_{\mathrm{d}} = \frac{1}{3}\pi(R_1^2 + R_2^2 + R_1 R_2)H$$

式中 R_1——坑底半径,m,$R_1 = R + C$;

R_2——坑口半径,m,$R_2 = R_1 + kH$。

(9)一般土石方。

一般土石方按设计图示基础(含垫层)尺寸,另加工作面,土方放坡或石方允许超挖量乘以开挖深度,以体积计算。机械施工坡道的土石方工程量,并入相应工程量内计算。

(10)桩间挖土。

桩间挖土,系指桩外缘向外 1.2 m 范围内、桩顶设计标高以上 1.2 m(不足时按实计算)至基础(含垫层)底的挖土;相邻桩外缘间距离≤4.00 m 时,其间(竖向同上)的挖土全部为桩间挖土。桩间挖土扣除桩体和空孔所占体积。

(11)挖、运淤泥流砂,按设计图示位置、界限以实际挖方体积计算,经晾晒后的运输工程量按签证计算。

(12)大型支撑基坑土方按第一道支撑下表面以图示体积计算。

（13）盖挖土方按设计结构外围断面面积乘以设计长度以体积计算，其设计结构外围断面面积为结构衬墙外侧之间的宽度乘以设计顶板底至底板（或垫层）底的高度。

（14）挖掘机转堆土方按所转堆的自然密实方体积计算。

（15）岩石爆破后人工清理基底与修整边坡，按岩石爆破的规定尺寸（含工作面宽度和允许超挖深度）以面积计算。

（16）回填及其他。

①基底钎探，以垫层（或基础）底面积计算。

②原土夯实与碾压，按设计规定的尺寸，以面积计算。

③回填按下列规定以体积计算。

a.沟槽、基坑回填，按挖方体积减去设计室外地坪以下建筑物、基础（含垫层）的体积计算。

b.管道沟槽回填，按挖方体积减去管道基础和表6.4管道折合回填体积计算。

表6.4　管道折合回填体积表　　　　　　　　　　　　　　　　m³/m

管道	公称直径（mm以内）					
	500	600	800	1 000	1 200	1 500
混凝土管及钢筋混凝土管道	—	0.33	0.60	0.92	1.15	1.45
其他材质管道	—	0.22	0.46	0.74	—	—

c.房心（含地下室内）回填，按主墙间净面积（扣除单个底面积2 m²以上的基础等）乘以回填厚度计算。

d.场区（含地下室顶板以上）回填，按回填面积乘以平均回填厚度以体积计算。

（17）土方运输按挖方体积（减去回填方体积）以天然密实体积计算。

土方运输体积计算公式为

$$土方运输体积=挖土体积-回填土体积×1.15$$

式中　1.15——土方体积折算系数，即1 m³夯实后土方需要运输1.15 m³堆放土方，而堆放土方体积等于挖方体积，均为天然密实度体积。

6.1.3　计算示例

【例6.1】　如图3.5所示，尺寸为轴线尺寸，墙厚为240 mm，墙体中心线与轴线吻合，图中R为墙中心半径，土壤为三类土，计算平整场地的综合单价并编制相应的清单计价表。

【解】　（1）平整场地定额工程量与清单工程量相同，均按设计图示尺寸，以建筑物首层建筑面积计算。

（2）平整场地综合单价分析见表6.5。

表6.5　平整场地综合单价分析表

分部分项工程量清单综合单价分析表

序号	项目编号	项目名称	计量单位	定额编号	定额名称	定额单位	数量	清单综合单价组成明细										综合单价/元
								单价/元				合价/元						
								人工费		材料费	机械费	人工费		材料费	机械费	管理费	利润	风险费	
								定额人工费	规费			定额人工费	规费						
1	010101001001	平整场地	m²	1-1-149	机械场地平整推土机	100 m²	0.01	8.54	1.71	—	55.89	0.09	0.02	—	0.56	0.03	0.02	0.04	0.74

注：（1）表中数量是相对量：数量=（定额量/定额单位扩大倍数）/清单量。

（2）平整场地的相对量=（267.67/100）/267.67=0.01。

（3）管理费费率取22.78%；利润率取13.81%；风险费费率取5%。

（3）编制平整场地清单与计价表（表 6.6）。

表 6.6　平整场地清单与计价表

序号	项目编码	项目名称	项目特征	计量单位	工程量	金额/元					
						综合单价	合价	其中			
								人工费		机械费	暂估价
								定额人工费	规费		
1	010101001001	平整场地	（1）土壤类别：三类土 （2）弃土运距：自行考虑	m²	267.67	0.74	199.27	22.86	4.58	149.60	—

【例 6.2】　某内、外墙混凝土基础平面图、剖面图如图 6.7、6.8 所示，内、外墙基础剖面图相同，沟槽宽均为 800 mm，混凝土基础垫层底标高为 -2.000 m，室外地坪标高 -0.300 m。土壤为三类土，人工挖土，垫层底面放坡，土方由装载机装车，自卸汽车运输 7 km 弃置，计算土方开挖综合单价并编制相应的清单计价表。

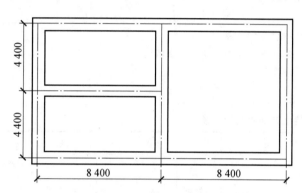

图 6.7　沟槽土方平面图

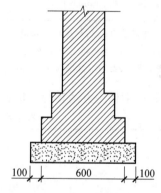

图 6.8　内、外墙体剖面图

【解】　（1）外墙沟槽工程量以工作面加宽与放坡后的断面面积乘以中心线长度计算，内墙沟槽工程量以工作面加宽与放坡后的断面面积乘以基槽净长线计算。查表 6.3 土方放坡起点深度和放坡系数表知 $k = 0.33$，查表 6.1 基础施工单边工作面宽度计算表知 $C = 0.15$ m。

$$L_{中} = (8.4 + 4.4) \times 2 \times 2 = 51.2 \text{(m)}$$
$$L_{槽} = 8.4 + 4.4 + 4.4 - 0.8 \times 2 - 2 \times 0.15 = 15.3 \text{(m)}$$
$$a = 0.8 \text{ m}, C = 0.15 \text{ m}, k = 0.33$$
$$V_d = L(a + 2C + kH)H = (51.2 + 15.3) \times (0.8 + 2 \times 0.15 + 0.33 \times 1.7) \times 1.7 = 187.77 \text{(m}^3\text{)}$$

（2）挖沟槽土方综合单价分析见表 6.7。

表 6.7　挖沟槽土方综合单价分析表

| 分部分项工程量清单综合单价分析表 | | | | | | | | | | | | | | | | | |

序号	项目编号	项目名称	计量单位	定额编号	定额名称	定额单位	数量	清单综合单价组成明细										综合单价/元
								单价/元				合价/元					
								人工费		材料费	机械费	人工费		材料费	机械费	管理费	利润	风险费
								定额人工费	规费			定额人工费	规费				
1	010101003001	挖沟槽土方	m³	1-1-4	人工挖沟槽、基坑土方（2 m 以内）	100 m³	0.021 3	129.51	625.90	—	—	65.72	13.14	—	—	14.97	9.08	5.15	108.06

续表6.7

分部分项工程量清单综合单价分析表

序号	项目编号	项目名称	计量单位	清单综合单价组成明细														综合单价/元
				定额编号	定额名称	定额单位	数量	单价/元				合价/元						
								人工费		材料费	机械费	人工费		材料费	机械费	管理费	利润	风险费	
								定额人工费	规费			定额人工费	规费						
2	010103002001	余方弃置	m³	1-1-57	装载机装车	100 m³	0.021	45.39	9.08	—	157.41	0.95	0.19	—	3.31	0.28	0.17	0.24	37.31
				1-1-61	自卸汽车运土1 km	100 m³	0.021	—	—	7.13	599.51	—	—	0.15	12.59	0.23	0.14	0.66	
				1-1-62×6	自卸汽车运土增运6 km	100 m³	0.021	—	—	—	810.96	—	—	—	17.03	0.31	0.19	0.88	

注:(1)表中数量是相对量:数量=(定额量/定额单位扩大倍数)/清单量。

(2)人工挖沟槽土方、装载机装车、自卸汽车运土的相对量=(187.77/100)/90.85=0.021。

(3)管理费费率取22.78%;利润率取13.81%;风险费费率取5%。

(3)编制挖沟槽土方清单与计价表(表6.8)。

6.1-4

表6.8 挖沟槽土方清单与计价表

序号	项目编码	项目名称	项目特征	计量单位	工程量	金额/元					
						综合单价	合价	其中			
								人工费		机械费	暂估价
								定额人工费	规费		
1	010101003001	挖沟槽土方	(1)土壤类别:三类土 (2)挖土深度:1.7 m	m³	90.85	108.06	9 816.89	5 970.64	1 194.12	—	—
2	010103002001	余方弃置	(1)装土方式:装载机装车 (2)弃土运距7 km	m³	90.85	37.31	3 389.45	86.60	17.32	2 991.28	—

【例6.3】 某圆形基坑,基底半径为4 m,垫层底标高为-5.000 m,室外地坪标高为-0.300 m。土壤为二类土,工作面加宽为300 mm,采用挖掘机挖土,挖掘机场内转堆土方,计算土方开挖综合单价并编制相应的清单计价表。

【解】 (1)基坑土方,按设计图示基础(含垫层)尺寸,另加工作面宽度、土方放坡宽度乘以开挖深度,以体积计算。查表6.3 土方放坡起点深度和放坡系数表知 $k=0.33$。查土壤类别调整系数表,知定额中人工、机械乘以调整系数0.84。

$$R_1 = R+C = 4+0.3 = 4.3(\text{m})$$

$$R_2 = R_1 + kH = 4.3 + 0.33 \times (5-0.3) = 5.85(\text{m})$$

$$V_d = \frac{1}{3}\pi(R_1^2 + R_2^2 + R_1 R_2)H = \frac{1}{3} \times 3.14 \times (4.3^2 + 5.85^2 + 4.3 \times 5.85) \times (5-0.3)$$

$$= 383.06(\text{m}^3)$$

（2）挖基坑土方综合单价分析见表6.9。

表6.9　挖基坑土方综合单价分析表

分部分项工程量清单综合单价分析表

序号	项目编号	项目名称	计量单位	定额编号	定额名称	定额单位	数量	单价/元				合价/元						综合单价/元
								人工费		材料费	机械费	人工费		材料费	机械费	管理费	利润	风险费	
								定额人工费	规费			定额人工费	规费						
1	010101004001	挖基坑土方	m³	1-1-25	履带式单斗液压挖掘机挖土方（不装车）	100 m³	0.016	21.36	4.27	—	279.9	0.34	0.07	—	4.48	0.16	0.10	0.26	8.23
				1-1-67	挖掘机转堆土方	100 m³/次	0.016	28.48	5.70	—	120.44	0.46	0.09	—	1.93	0.14	0.008	0.13	

注：（1）表中数量是相对量：数量=（定额量/定额单位扩大倍数）/清单量。

（2）履带式单斗液压挖掘机挖土方的相对量=（383.06/100）/236.13=0.016。

（3）挖掘机转堆土方的相对量=（383.06/100）/236.13=0.016。

（4）管理费费率取22.78%；利润率取13.81%；风险费费率取5%。

6.1-5

（3）编制挖基坑土方清单与计价表（表6.10）。

表6.10　挖基坑土方清单与计价表

序号	项目编码	项目名称	项目特征	计量单位	工程量	金额/元					
						综合单价	合价	其中			
								人工费		机械费	暂估价
								定额人工费	规费		
1	010101004001	挖基坑土方	（1）土壤类别：二类土 （2）挖土深度：4.7 m （3）弃土方式：挖掘机转堆土方	m³	236.13	8.23	1 944.24	188.30	37.67	1 512.52	—

【例6.4】　回填场地平面图如图6.9所示，筏板底标高为-3.000 m，筏板厚度为1 500 mm；垫层底标高为-3.100 m，垫层厚度为100 mm，出边150 mm；大开挖土方底标高为-3.100 m，室外地坪标高为-0.300 m。填方材料为三类土，采用人力车在场内运100 m，开挖时采取挖掘机挖土，工作面取250 mm，计算土方回填综合单价并编制相应的清单计价表。

【解】　（1）基础回填土体积=挖方体积-设计室外地坪以下埋设的基础体积（包括基础垫层及其他构筑物体积）。查表6.3 土方放坡起点深度和放坡系数表知 $k=0.25$。

$$H=3.1-0.3=2.8(\text{m})$$

$$V_{挖}=(a+2C+kH)(b+2C+kH)H+\frac{1}{3}k^2H^3=(18.3+2\times0.25+0.25\times2.8)\times(15.3+2\times0.25+0.25\times2.8)\times2.8+$$

$$\frac{1}{3}\times0.25^2\times2.8^3=901.36(\text{m}^3)$$

$$V_{埋}=(18\times15\times1.5+18.3\times15.3\times0.1)=433(\text{m}^3)$$

$$V_d=V_{挖}-V_{埋}=901.36-433=468.36(\text{m}^3)$$

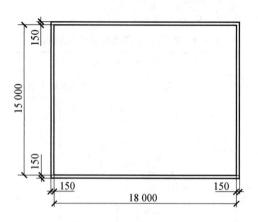

图 6.9　土方回填平面图

（2）回填方综合单价分析见表 6.11。

表 6.11　回填方综合单价分析表

分部分项工程量清单综合单价分析表

序号	项目编号	项目名称	计量单位	定额编号	定额名称	定额单位	数量	单价/元				合价/元							综合单价/元
								人工费		材料费	机械费	人工费		材料费	机械费	管理费	利润	风险费	
								定额人工费	规费			定额人工费	规费						
1	010103001001	填方	m³	1-1-15	人力车运土运距≤50 m	100 m³	0.013	1 151.66	230.33	—	—	14.97	2.99	—	—	3.41	2.07	1.17	94.61
				1-1-16	人力车运土增运50 m	100 m³	0.013	277.68	55.54			3.61	0.72			0.82	0.50	0.28	
				1-1-146	人工填土夯实槽、坑	100 m³	0.013	2 990.93	598.19	9.21		38.88	7.78	0.12		8.86	5.37	3.05	

注：（1）表中数量是相对量：数量＝（定额量/定额单位扩大倍数）/清单量。

（2）人力车运土、人工填土夯实的相对量＝（468.36/100）/350.97＝0.013。

（3）管理费费率取 22.78%；利润率取 13.81%；风险费费率取 5%。

（3）编制回填方清单与计价表（表 6.12）。　　　　　　　　　　　　　　　6.1-6

表 6.12　回填方清单与计价表

序号	项目编码	项目名称	项目特征	计量单位	工程量	金额/元					
						综合单价	合价	其中			
								人工费		机械费	暂估价
								定额人工费	规费		
1	010103001001	回填方	（1）填方材料品种：三类土（2）填方来源、运距：场内人力车运100 m	m³	350.97	94.61	33 204.72	20 167.97	4 033.62	0.00	—

【例 6.5】　挖管沟石方，底长为 500 m，底宽为 3.6 m，挖深 2.5 m。岩石为极软岩，采用液压锤破碎，弃碴运距为 6 km，计算管沟石方综合单价并编制相应的清单计价表。

【解】　(1)沟槽土石方,按设计图示沟槽长度乘以沟槽断面面积,以体积计算,定额量与清单量相同。液压破碎锤破石方及手持式凿岩机破碎岩石是按照平基编制的,如遇坑槽石方,按相应定额乘以系数1.3。

(2)管沟石方综合单价分析见表6.13。

表6.13　管沟石方综合单价分析表

分部分项工程量清单综合单价分析表

序号	项目编号	项目名称	计量单位	定额编号	定额名称	定额单位	数量	单价/元				合价/元							综合单价/元
								人工费		材料费	机械费	人工费		材料费	机械费	管理费	利润	风险费	
								定额人工费	规费			定额人工费	规费						
1	010102004001	管沟石方	m³	1-1-90	液压锤破碎石方	10 m³	0.1	28.12	5.63	7.88	301.79	2.81	0.56	0.79	30.18	1.19	0.72	1.81	38.07
2	010103002001	余方弃置	m³	1-1-112	装载机装车 石碴	100 m³	0.01	60.52	12.10	—	243.28	0.61	0.12	—	2.43	0.18	0.11	0.17	24.94
				1-1-116	自卸汽车运石碴 1 km	100 m³	0.01	—	—	7.13	1 084.78	—	—	0.07	10.85	0.20	0.12	0.56	
				1-1-117×5	自卸汽车运石碴增运 5 km	100 m³	0.01	—	—	—	881.00	—	—	—	8.81	0.16	0.10	0.45	

注:(1)表中数量是相对量:数量=(定额量/定额单位扩大倍数)/清单量。

(2)液压锤破碎石方的相对量=(4 500/10)/4 500=0.1。

(3)装载机装车、自卸汽车运石碴的相对量=(4 500/100)/4 500=0.01。

(4)管理费费率取22.78%;利润率取13.81%;风险费费率取5%。

6.1-7

(3)编制管沟石方清单与计价见表6.14。

表6.14　管沟石方清单与计价表

序号	项目编码	项目名称	项目特征	计量单位	工程量	金额/元					
						综合单价	合价	其中			
								人工费		机械费	暂估价
								定额人工费	规费		
1	010102004001	管沟石方	(1)岩石类别:极软岩 (2)开凿深度:2.5 m	m³	4 500.00	38.07	171 301.62	12 654	2 533.50	135 805.50	—
2	010103002001	余方弃置	(1)弃碴运距:6 km (2)破碎机械:液压锤	m³	4 500.00	24.94	112 247.94	2 723.40	544.50	99 407.70	—

6.2　地基处理、基坑与边坡支护工程

6.2.1　计价标准项目的划分及其与清单项目的组合

1.项目划分

(1)地基处理。

《云南省建筑工程计价标准》将地基处理划分为压实填土地基、土工合成材料、褥垫层、预压地基、强夯

地基、填料桩、振冲桩、夯实水泥土桩、石灰桩、搅拌桩、注浆桩、注浆地基等 12 个小节。

（2）基坑与边坡支护。

《云南省建筑工程计价标准》将基坑与边坡支护划分为钢筋混凝土板桩、钢板桩、圆木桩、地下连续墙、钻孔咬合灌注桩、土钉与锚喷联合支护、钢支撑等 7 个小节。

2. 清单项目与定额项目常见组合

详细内容见二维码 6.2-1。

6.2-1

3. 说明

详细内容见二维码 6.2-2。

6.2-2

6.2.2　工程量计算规则

1. 地基处理

（1）土工合成材料与清单规则相同，振冲桩与清单中以体积计算的规则一致。

（2）压实填土地基，按设计图示尺寸以体积计算。

（3）褥垫层按设计图示尺寸以面积计算。

（4）预压地基。

①堆载预压、真空预压按设计图示尺寸以加固面积计算。

②袋装砂井、塑料排水板，按设计图示尺寸以长度计算。

（5）强夯地基，按设计图示强夯处理范围以面积计算。设计无规定时，一般场地强夯按建筑物外围轴线每边各加 4 m 计算；液化场地强夯按外围轴线每边各加 5 m 计算。

（6）填料桩按设计桩长（包括桩尖）另加加灌长度乘以设计桩外径截面积，以体积计算。加灌长设计有规定者，按设计要求计算，无规定者，按 0.5 m 计算。

（7）夯实水泥土桩按设计桩长乘以设计桩截面面积以体积计算。

（8）搅拌桩。

①深层水泥搅拌桩、三轴、五轴水泥搅拌桩按设计桩长另加加灌长度乘以设计桩外截面积，以体积计算，不扣除设计要求搭接部分体积。加灌长度设计有规定者，按设计要求计算，无规定者，按 0.5 m 计算。

②三轴、五轴水泥搅拌桩的插、拔型钢工程量按设计图示尺寸以质量计算。

③钉型水泥土双向搅拌桩按单个桩截面积乘以桩长以体积计算，不扣除设计要求搭接部分体积。

④渠式切割深层搅拌地下水泥土连续墙及双轮铣深层搅拌地下水泥土墙工程量按成槽设计长度乘以墙厚及成槽深度另加加灌高度以体积计算。加灌高度，设计有规定时，按设计规定计算；设计无规定时，按 0.5 m 计算。

⑤粉体喷射石灰搅拌桩按设计桩长（包括桩尖）以长度计算。

（9）注浆桩工程量：钻（成）孔按原地面至设计桩底的距离以长度计算；喷浆按设计（加固）桩径截面（面）积乘以设计桩长以体积计算，不扣除桩间设计要求咬合部分体积。

（10）压密注浆钻孔按设计图示钻孔深度以长度计算。注浆按下列规定计算：

①设计图纸明确加固土体体积的，按设计图纸注明的体积计算。

②设计图纸以布点形式图示土体加固范围的，则按两孔间距的一半作为扩散半径，以布点边线，各加扩散半径，形成计算平面，计算注浆体积。

③如果设计图纸注浆点在钻孔灌注桩之间，按两注浆孔的一半作为每孔的扩散半径，依此圆柱体体积计算注浆体积。

2. 基坑与边坡支护

（1）打钢筋混凝土板桩按设计图示尺寸以体积计算。现浇导墙混凝土模板按混凝土与模板接触面的面积，以面积计算。

（2）钢板桩。打拔钢板桩按设计桩体以质量计算。安、拆导向夹具按设计图示尺寸以长度计算。

（3）圆木桩按设计图示尺寸以体积计算。

（4）地下连续墙。

①导墙混凝土按设计图示以体积计算。

②成槽工程量按设计长度乘以墙厚及成槽深度（设计室外地坪至连续墙底），以体积计算，扣除与导墙重复土方体积。

③浇筑连续墙混凝土工程量按（设计墙体中心线长度乘以厚度）乘以槽深另加加灌高度以体积计算。加灌高度，设计有规定时，按设计规定计算；设计无规定时，按 0.5 m 计算。

a.锁口管以"段"为单位（段指槽壁单元槽段），锁口管吊拔按连续墙段数以数量计算，定额中已包括锁口管的摊销费用。

b.清底置换按设计图示段数（段指槽壁单元槽段）以数量计算。

④工字钢封口制作、安装按设计方案以质量计算。

（5）钻孔咬合灌注桩。钻孔咬合桩（分硬切割与软切割）按桩长另加加灌高度乘以设计截面面积以体积计算，不扣除设计要求咬合部分体积。加灌高度，设计有规定时，按设计规定计算；设计无规定时，按 0.5 m 计算。

（6）土钉与锚喷联合支护。

①钢管、钢筋锚杆、土钉制作、安装按设计图示尺寸以质量计算。

②锚具、锚头制作、安装、张拉、锁定按设计图示孔数以套计算。

③土钉、锚杆、锚索的钻孔、注浆长度：按设计图示长度计算。

④预应力锚索（包括回收式锚索）制作安装及张拉以[图示长度+预留长度（20 m 以内增加 1.5 m，20 m 以外增加 1.8 m）]乘以锚索索数、索体单位质量以"t"计量。

⑤预应力锚索锚具、承压垫板制作安装与锚头制作安装张拉锁定等均以套（孔）计算，预应锚索张拉用钢筋混凝土锚礅按设计图示尺寸以"m^3"计量。

⑥喷射混凝土工程量按设计图示尺寸展开面积以"m^2"计量。

（7）钢支撑、钢腰梁安装拆除的工程量按设计图示尺寸以质量计算，不扣除孔眼质量，焊条、铆钉、螺栓等也不另增加。

（8）钢围檩安装拆除工程量按设计图示尺寸以质量计算，不扣除孔眼质量，焊条、铆钉、螺栓等也不另增加，围檩与钢支撑之间的连接件的质量不再计算。

（9）钻孔咬合灌注桩中护壁需采用泥浆制作工程量按成孔体积乘 0.7 以"m^3"计量；泥浆外运工程量按钻孔（挖槽）体积乘 0.5 计算，经晾晒的泥浆外运按泥浆体积的 40% 计算，按一般挖土方相应定额执行。

（10）若设计桩顶、墙顶标高至交付地面标高高差小于 0.5 m 时，加灌高度按实际计算。

6.2.3　计算示例

【例 6.6】　换填垫层，垫层材质为石屑，压实系数为 0.97，厚度为 200 mm，长度为 20 000 mm，宽度为 15 000 mm，计算垫层综合单价并编制相应的清单计价表。

【解】　（1）换填垫层按设计图示尺寸以面积计算。

$$S = 20 \times 15 = 300 (m^2)$$

(2)换填垫层综合单价分析见表6.15。

表6.15　换填垫层综合单价分析表

分部分项工程量清单综合单价分析表

序号	项目编号	项目名称	计量单位	定额编号	定额名称	定额单位	数量	单价/元				合价/元							综合单价/元
								人工费		材料费	机械费	人工费		材料费	机械费	管理费	利润	风险费	
								定额人工费	规费			定额人工费	规费						
1	010201001001	换填垫层	m³	1-2-21	石屑垫层	100 m²	0.05	444.98	89.00	1 946.18	437.12	22.25	4.45	97.31	21.86	5.47	3.31	7.73	162.38

注:(1)表中数量是相对量:数量=(定额量/定额单位扩大倍数)/清单量。
(2)换填垫层的相对量=(300/100)/60=0.05。
(3)管理费费率取22.78%;利润率取13.81%;风险费费率取5%。

6.2-3

(3)编制换填垫层清单与计价表(表6.16)。

表6.16　换填垫层清单与计价表

序号	项目编码	项目名称	项目特征	计量单位	工程量	金额/元					
						综合单价	合价	其中			
								人工费		机械费	暂估价
								定额人工费	规费		
1	010201001001	换填垫层	(1)材料种类:石屑 (2)压实系数:0.97	m³	60.00	162.38	9 742.61	1 334.94	267.00	1 311.36	—

【**例6.7**】　强夯地基,建筑物外围长度为180 000 mm,宽度为15 000 mm,夯击能量为2 000 kJ,夯击2遍,一遍一击,计算强夯地基综合单价并编制相应的清单计价表。

【**解**】　(1)强夯地基,定额量与清单量相同,按设计图示强夯处理范围以面积计算。

$$S = 180 \times 15 = 2\ 700(\text{m}^2)$$

(2)强夯地基综合单价分析见表6.17。

表6.17　强夯地基综合单价分析表

分部分项工程量清单综合单价分析表

序号	项目编号	项目名称	计量单位	定额编号	定额名称	定额单位	数量	单价/元				合价/元							综合单价/元
								人工费		材料费	机械费	人工费		材料费	机械费	管理费	利润	风险费	
								定额人工费	规费			定额人工费	规费						
1	010201004001	强夯地基	m²	1-2-43	强夯地基	100 m²	0.01	125.23	25.04	—	449.89	1.25	0.25	—	4.50	0.37	0.22	0.33	10.71
				1-2-44	强夯地基(每增一击)	100 m²	0.01	63.32	12.66	—	254.69	0.63	0.13	—	2.55	0.19	0.12	0.18	

注:(1)表中数量是相对量:数量=(定额量/定额单位扩大倍数)/清单量。
(2)强夯地基的相对量=(2 700/100)/2 700=0.01。
(3)管理费费率取22.78%;利润率取13.81%;风险费费率取5%。

6.2-4

（3）编制强夯地基清单与计价表（表6.18）。

表6.18　强夯地基清单与计价表

序号	项目编码	项目名称	项目特征	计量单位	工程量	金额/元					
						综合单价	合价	其中			
								人工费		机械费	暂估价
								定额人工费	规费		
	010201004001	强夯地基	（1）夯击能量2 000 kJ （2）夯击遍数:2遍	m²	2 700.00	10.71	28 929.61	5 090.85	1 017.90	19 023.66	—

【例6.8】　如图6.10所示，砂石桩直径为900 mm，桩身长 $h_1 = 8\,000$ mm，桩尖 $h_2 = 600$ mm，采用振动沉管成桩，材料为砂、砾石，计算砂石桩综合单价并编制相应的清单计价表。

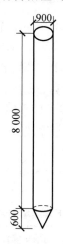

图6.10　砂石桩

【解】　（1）填料桩按设计桩长（包括桩尖）另加加灌长度乘以设计桩外径截面积，以体积计算。加灌长设计有规定者，按设计要求计算，无规定者，按0.5 m计算。

$$V = \pi R^2(h_1 + h_{2/3} + 0.5) = 3.14 \times 0.45^2 \times (8 + 0.2 + 0.5) = 5.53\,(\text{m}^3)$$

（2）砂石桩综合单价分析见表6.19。

表6.19　砂石桩综合单价分析表

分部分项工程量清单综合单价分析表

序号	项目编号	项目名称	计量单位	定额编号	定额名称	定额单位	数量	清单综合单价组成明细											综合单价/元
								单价/元				合价/元						
								人工费		材料费	机械费	人工费		材料费	机械费	管理费	利润	风险费	
								定额人工费	规费			定额人工费	规费						
1	010201007001	砂石桩	m³	1-2-85	砂石桩	10 m³	0.106	594.59	118.92	2 014.80	1 312.95	63.03	12.61	213.57	139.17	16.89	10.24	23.78	478.28

注：（1）表中数量是相对量：数量=（定额量/定额单位扩大倍数）/清单量。

（2）砂石桩的相对量=（5.53/10）/5.21=0.106。

（3）管理费费率取22.78%；利润率取13.81%；风险费费率取5%。

（3）编制砂石桩清单与计价表（表6.20）。

表6.20　砂石桩清单与计价表

序号	项目编码	项目名称	项目特征	计量单位	工程量	金额/元					
						综合单价	合价	其中			暂估价
								人工费		机械费	
								定额人工费	规费		
1	010201007001	砂石桩	（1）地层情况：一类土 （2）空桩长度、桩长：8.6 m （3）桩径：900 mm （4）成孔方法：振动沉管成桩 （5）材料种类：砂、砾石	m³	5.21	478.28	2 491.86	328.37	65.67	725.09	—

【例6.9】　钢筋混凝土地下连续墙，厚度为300 mm，槽深为5 000 mm，长度为15 m，每3 m一段，地层情况为一类土，采用现浇钢筋混凝土导墙，混凝土等级为C30，钢筋笼另计，计算地下连续墙综合单价并编制相应的清单计价表。（注：钢筋混凝土导墙等级C25，工程量为7.2 m³）

【解】　（1）导墙混凝土按设计图示以体积计算；成槽工程量按设计长度乘以墙厚及成槽深度以体积计算；浇筑连续墙混凝土工程量按（设计墙体中心线长度乘以厚度）乘以槽深另加加灌高度以体积计算。加灌高度，设计有规定时，按设计规定计算；设计无规定时，按0.5 m计算。

混凝土工程量为

$$V_{混凝土} = 15 \times 0.3 \times (5+0.5) = 24.75 \, (m^3)$$

（2）地下连续墙综合单价分析见表6.21。

表6.21　地下连续墙综合单价分析表

分部分项工程量清单综合单价分析表

序号	项目编号	项目名称	计量单位	定额编号	定额名称	定额单位	数量	清单综合单价组成明细										综合单价/元
								单价/元				合价/元						
								人工费		材料费	机械费	人工费		材料费	机械费	管理费	利润	风险费	
								定额人工费	规费			定额人工费	规费						
1	010202001001	地下连续墙	m³	1-2-150	现浇混凝土导墙	10 m³	0.032	471.17	94.23	3 720.66	—	15.08	3.02	119.06	—	3.43	2.08	7.13	3 112.76
				1-2-151	挖土成槽履带式液压抓斗15 m以内	10 m³	0.1	1 326.51	265.30	292.25	1 855.21	132.65	26.53	29.23	185.52	33.60	20.37	21.39	
				1-2-160	锁扣管吊拔 15 m以内	段	0.222	2 172.46	434.49	275.89	1 933.19	482.29	96.46	61.25	429.17	117.69	71.35	62.91	
				1-2-172	清底置换	10 段	0.022	9 289.18	1 857.84	—	9 652.68	204.36	40.87	—	212.36	50.42	30.57	26.93	
				1-2-173	浇筑混凝土	10 m³	0.11	259.85	51.96	4 537.17	129.21	28.58	5.72	499.09	14.21	6.77	4.10	27.92	
				1-2-174	凿地下连续墙超灌混凝土	10 m³	0.01	2 188.03	437.60	—	433.13	21.88	4.38	—	4.33	5.06	3.07	1.94	

注:(1)表中数量是相对量:数量=(定额量/定额单位扩大倍数)/清单量。

(2)现浇混凝土导墙的相对量=(7.2/10)/22.5=0.032、挖土成槽的相对量=(22.5/10)/22.5=0.1。

(3)锁扣管吊拔的相对量=(5)/22.5=0.222。

(4)清底置换的相对量=(5/10)/22.5=0.022。

(5)浇筑混凝土的相对量=(24.75/10)/22.5=0.11。

(6)凿地下连续墙超灌混凝土的工程量=15×0.3×0.5=2.25(m³);凿地下连续墙超灌混凝土的相对量=(2.25/10)/22.5=0.01。

(7)管理费费率取22.78%;利润率取13.81%;风险费费率取5%。

6.2-6

(3)编制地下连续墙清单与计价表(表6.22)。

表6.22 地下连续墙清单与计价表

序号	项目编码	项目名称	项目特征	计量单位	工程量	综合单价	合价	其中			
								人工费		机械费	暂估价
								定额人工费	规费		
1	010202001001	地下连续墙	(1)地层情况:一类土 (2)导墙类型:现浇钢筋混凝土 (3)墙体厚度:300 mm (4)成槽深度:5 m (5)混凝土类别、强度等级:C30 (6)超灌高度:0.5 m (7)钢筋笼另计	m³	22.5	3 112.76	70 037.18	19 908.91	3 981.74	19 025.83	—

【例6.10】 如图6.11所示,某地下室挡墙采用锚杆支护,锚杆成孔直径为90 mm,采用1根HRB335直径25 mm的钢筋作为杆体,成孔深度均为15.0 m。锚杆支护尺寸,长为18 000 mm,宽为9 000 mm,锚杆间距为900 mm×900 mm,地层情况为二类土,采用P.S32.5水泥浆注浆,计算锚杆综合单价并编制相应的清单计价表。

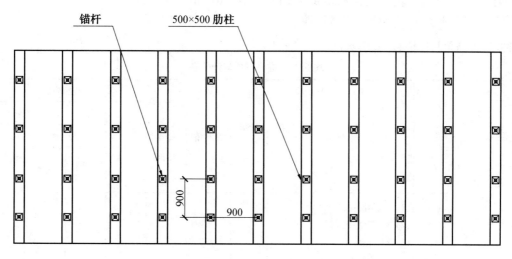

图6.11 锚杆支护

【解】 (1)钢筋锚杆制作、安装按设计图示尺寸以质量计算;锚具、锚头制作、安装、张拉、锁定按设计图示孔数以套计算。锚杆的钻孔、注浆长度按设计图示长度计算。

钢筋锚杆制作安装工程量为

$$根数=(18\,000/900)\times(9\,000/900)=200(根)$$
$$L=15\times200=3\,000(m)$$

钢筋单位理论质量$(\text{kg/m})=0.617d^2$，d 为以 cm 为单位的钢筋直径，

$$M=2.5^2\times0.617\times3\,000\div1\,000=11.57(\text{t})$$

（2）锚杆综合单价分析见表6.23。

表6.23　锚杆综合单价分析表

分部分项工程量清单综合单价分析表

序号	项目编号	项目名称	计量单位	定额编号	定额名称	定额单位	数量	单价/元				合价/元							综合单价/元
								人工费		材料费	机械费	人工费		材料费	机械费	管理费	利润	风险费	
								定额人工费	规费			定额人工费	规费						
1	010202007001	锚杆	m	1-2-190	锚杆（土钉）制作、安装钢筋	10 t	0.000 386	5 250.06	1 050.01	43 611.86	5 903.91	2.03	0.41	16.83	2.28	0.50	0.31	1.12	332.91
				1-2-196	锚头制作、安装张拉锁定	10 套	0.007	1 390.60	278.121	734.57	607.87	9.73	1.95	12.14	4.26	2.29	1.39	1.59	
				1-2-179	土层锚杆机械钻孔	100 m	0.01	1 242.98	248.60	267.12	4 291.73	12.43	2.49	2.67	42.92	3.61	2.19	3.32	
				1-2-186	土层锚杆锚孔注浆	100 m	0.01	330.89	66.18	1 698.02	762.25	3.31	0.66	16.98	7.62	0.89	0.54	1.50	
				1-2-197	二次高压注浆增加费	100 m	0.01	6 497.68	1 299.53	5 318.01	1 136.45	64.98	13.00	53.18	11.36	15.01	9.10	8.33	

注:（1）表中数量是相对量:数量=(定额量/定额单位扩大倍数)/清单量。

（2）锚杆制作、安装相对量=(11.57/10)/3 000=0.000 386。

（3）锚头制作安装的相对量=(200/10)/3 000=0.007。

（4）土层锚杆机械钻孔、土层锚杆锚孔注浆、二次高压注浆增加费的相对量=(3 000/100)/3 000=0.01。

（5）管理费费率取22.78%;利润率取13.81%;风险费费率取5%。

6.2-7

（3）编制锚杆清单与计价表(表6.24)。

表6.24　锚杆清单与计价表

序号	项目编码	项目名称	项目特征	计量单位	工程量	金额/元					
						综合单价	合价	其中			
								人工费		机械费	暂估价
								定额人工费	规费		
1	010202007001	锚杆	(1)地层情况:二类土 (2)锚杆类型:钢筋锚杆 (3)钻孔深度:15 m (4)钻孔直径:90 mm (5)杆体材料品种、规格:HRB335 φ 25 (6)浆液种类、强度等级:P. S32.5 水泥浆	m	3 000	332.91	998 732.10	277 428.67	55 485.73	205 314.90	—

6.3　桩基工程

6.3.1　计价标准项目的划分及其与清单项目的组合

1. 项目划分

在《云南省建筑工程计价标准》中,桩基工程划分为预制桩、灌注桩、锚杆静压桩3节。

(1)预制桩有5个项目,包括预制钢筋混凝土方桩、预应力钢筋混凝土管桩、钢管桩、接桩及截(凿)桩头、长螺旋钻机引孔。

(2)灌注桩有12个项目,包括回旋钻机钻孔、旋挖钻机成孔、冲击式钻机钻孔、沉管成孔、螺旋钻机成孔灌注混凝土、静钻根植桩、挖孔桩土(石)方、人工挖孔灌注桩、灌注桩埋管及后压浆、埋设钢护筒、泥浆制作及运输。

(3)锚杆静压桩有8个项目,包括锚杆制作及安装、混凝土基础开凿压桩孔、压桩、送桩、接桩、孔内截桩、混凝土封桩、混凝土加固。

2. 清单项目与定额项目常见组合

详细内容见二维码6.3-1。

3. 说明

详细内容见二维码6.3-2。

6.3-1

6.3.2　工程量计算规则

1. 打桩

(1)预制钢筋混凝土桩。打、压预应力钢筋混凝土桩按设计桩长(包括桩尖)乘以桩截面面积,以体积计算。

6.3-2

(2)预应力钢筋混凝土管桩。

①打压预应力钢筋混凝土管桩按设计桩长(不包括桩尖),以长度计算。

②预应力钢筋混凝土管桩,如设计要求加注填充材料时,填充部分另按本章钢管桩填芯相应项目执行。

③桩头灌芯按设计尺寸以灌注体积计算。

(3)预制钢筋混凝土桩的相关计算。

在定额列项中,预制钢筋混凝土桩应考虑构件制作、运输及打桩打损耗率见表6.25。

表6.25　各类钢筋混凝土预制构件损耗率表

构件名称	制作废品率/%	运输堆放损耗率/%	安装(打桩)损耗率/%	总计/%
预制钢筋混凝土桩	0.1	0.4	1.5	2
其他各类预制应力钢筋混凝土构件	0.1	0.8	0.5	1.4

①制作工程量=图纸工程量×(1+总损耗率)。

②运输工程量=图纸工程量×(1+运输堆放损耗率+安装或打桩损耗率)。

③安装或打桩工程量=图纸工程量。

(4)钢管桩。

①钢管桩计算规则同清单一致,以桩体质量计算。

②钢管桩管内钻孔取土、填芯,按设计桩长(包括桩尖)乘以填芯截面,以体积计算。

(5)送桩工程量。

①陆上打桩时,送桩按设计桩顶标高至打桩前的自然地坪标高另加0.5 m计算相应的送桩工程量。

②支架上打桩时,以当地施工期间的最高潮水位增加0.5 m为界限,界限以下至设计桩顶标高之间的打桩实体积为送桩工程量。

(6)预制混凝土桩、钢管桩电焊接桩,按设计尺寸以接桩头的数量计算,焊接桩型钢用量设计不同时,应按设计要求调整,其他不变。

(7)预制混凝土桩截桩按设计要求截桩的数量计算。截桩长≤1 m时,不扣减相应桩的打桩工程量;截桩长度>1 m时,其超过部分按实扣减打桩工程量,但桩体材料费不扣除。

(8)预制混凝土桩凿桩头按设计图示桩截面积乘以凿桩头长度,以体积计算。凿桩头长度设计无规定时,桩头长度按桩体主筋直径40倍(主筋直径不同时取大者)计算;回旋桩、旋挖桩、冲击桩、扩孔桩灌注混凝土桩凿桩头按设计超灌高度(设计有规定按设计要求,设计无规定按1 m)乘以桩身设计截面积,以体积计算;沉管桩、螺旋桩灌注混凝土桩凿桩头按设计超灌高度(设计有规定按设计要求,设计无规定按0.5 m)乘以桩身设计截面积以体积计算。

(9)桩头钢筋整理,按所整理的桩的数量计算。

(10)引孔工程量按设计引孔深度以延长米计算。

2. 灌注桩

(1)回旋桩、旋挖桩、螺旋桩、冲击式钻孔桩成孔工程量按打桩前自然地坪标高至设计桩底标高的成孔长度乘以设计桩径截面积,以体积计算。

(2)沉管成孔工程量按打桩前自然地坪标高至设计桩底标高(不包括预制桩尖)的成孔长度乘以设计外径截面积,以体积计算。

(3)入岩增加费按设计或签证体积计算。

(4)回旋桩、旋挖桩、冲击式钻孔桩灌注混凝土工程量按设计桩径截面积乘以设计桩长(包括桩尖)另加加灌长度,再乘以相应充盈系数,以体积计算。加灌长度设计有规定者,按设计要求计算,无规定者,按1 m计算。

(5)螺旋钻机成孔桩按设计桩径截面积乘以设计桩长(包括桩尖)另加加灌长度,再乘以相应充盈系数,以体积计算,加灌长度设计有规定者,按设计要求计算,无规定者,按0.5 m计算。

(6)沉管桩灌注混凝土工程量按设计外径截面积乘以设计桩长(不包括预制桩尖)另加加灌长度,再乘以相应充盈系数,以体积计算。加灌长度设计有规定者,按设计要求计算,无规定者,按0.5 m计算。

(7)静钻根植桩。

①成孔工程量按成孔深度乘以成孔截面积计算;成孔深度为原地面至设计桩底的长度,设计桩径是指预应力混凝土竹节桩外径。

成孔工程量=1/4×π×[(成孔深度-扩底高度×(设计桩径+0.1)²+扩底高度×(扩底直径)²]

②注浆工程量由扩底以上部分(桩周)和扩底部分(桩端)组成,其中:

扩底以上部分(桩周)工程量=1/4×π×(设计桩长-扩底高度)×(设计桩径+0.1)²×0.3,

扩底部分(桩端)工程量=1/4×π×扩底高度×(扩底直径)²

③植桩工程量按设计桩长以"m"计算。

(8)人工挖孔桩土石方工程量按交付地坪标高至设计桩底标高乘以设计护壁外截面积,以体积计算。

(9)人工挖孔桩灌注混凝土护壁工程量按设计图示截面积乘以设计桩长另加超灌长度,以体积计算。超灌长度设计有规定者,按设计要求计算,无规定者,按0.15 m计算。

(10)人工挖孔桩桩芯按设计图示截面积乘以设计桩长,以体积计算。设计有超灌长度规定者,按设计要求计算。

(11)人工挖孔桩挖淤泥、流砂及入岩增加费按设计或签证以体积计算。

(12)钻(冲)孔灌注桩、人工挖孔桩,设计要求扩底时,其扩底工程量按设计尺寸,以体积计算,计入相应的工程量内。

(13)泥浆护壁钻孔灌注桩工程中泥浆制作工程量按成孔体积乘以0.7以"m³"计算,泥浆运输工程量按钻孔体积乘以0.5以"m³"计算。

(14)桩孔回填工程量按打桩前自然地坪标高至桩加灌长度的顶面乘以桩孔截面积,以体积计算。

(15)注浆管、声测管埋设工程量按打桩前的自然地坪标高至设计桩底标高另加0.5 m以长度计算。

(16)桩底(侧)后压浆工程量按设计注入水泥用量,以质量计算。

(17)埋设钢护筒的高度、直径按审定的施工组织设计确定,无具体规定时高度按 2 m 计算,直径按设计桩身直径加 20 cm 计算。

(18)若设计桩顶标高至交付地面标高高差小于以上规定的加灌高度时,加灌高度按实际计算。

3. 锚杆静压桩

(1)锚杆静压桩中锚杆制作、安装,按锚杆数量以根计算。

(2)混凝土基础开凿压桩孔,按设计图示尺寸以个计算。

(3)锚杆静压桩压桩、送桩,按设计桩长(包括桩尖)以延长米计算。

(4)锚杆静压桩接桩、孔内截桩和封桩,按其数量以个计算。

6.3.3　计算示例

【例 6.11】　如图 3.11 所示,预制混凝土方桩断面尺寸为 400 mm×400 mm,桩身长为 9 000 mm,桩尖长为 500 mm,分二段预制,共 1 根。分部分项工程量清单见表 6.26,风险费按费率 5% 考虑,计算预制方桩的综合单价并编制相应的清单计价表。(采用陆上打桩,桩顶标高为 -0.5 m,自然地面标高为 ±0.00 m。接桩采用硫黄胶泥接桩,从制作厂到施工现场运距为 15 km)

表 6.26　分部分项工程量清单

序号	项目编码	项目名称	项目特征	计量单位	工程量
1	010301001001	预制钢筋混凝土方桩	(1)地层情况:一级土 (2)送桩深度、桩长:1 m、单桩长 9.5 m (3)桩截面:400 mm×400 mm (4)桩倾斜度:90° (5)沉桩方法:无 (6)接桩方式:硫黄胶泥接桩 (7)混凝土强度等级:C20 混凝土	m	9.50

【解】　(1)预制混凝土方桩定额工程量计算。

打、压预应力钢筋混凝土桩按设计桩长(包括桩尖)乘以桩截面面积,以体积计算。

方桩体积:

$$V = La^2$$

式中　L——设计全长,包括桩尖;

　　　a——方桩边长。

①图纸工程量 $= 0.4 \times 0.4 \times (9 + 0.5/3) = 1.47 (m^3)$

②制作工程量 = 图纸工程量 $\times (1 + 2\%) = 1.47 \times 1.02 = 1.50 (m^3)$

③运输工程量 = 图纸工程量 $\times (1 + 1.9\%) = 1.47 \times 1.019 = 1.50 (m^3)$

④打桩工程量 = 图纸工程量 $= 1.47 (m^3)$

⑤接桩工程量 $= 1 (个)$

⑥送桩工程量 $= 0.5 + 0.5 = 1.00 (m)$

（2）综合单价分析见表6.27。

表6.27　综合单价计算表

序号	项目编号	项目名称	计量单位	定额编号	定额名称	定额单位	数量	单价/元 人工费 定额人工费	规费	材料费	机械费	合价/元 人工费 定额人工费	规费	材料费	机械费	管理费	利润	风险费	综合单价/元
1	010301001001	预制钢筋混凝土方桩	m	1-3-1	打钢筋混凝土方桩桩长(m)≤12、陆上	10 m³	0.015	611.07	122.21	10 182.98	1 157.11	9.17	1.83	152.74	17.36	2.40	1.46	9.25	655.81
				1-3-1（换）	预制方桩送桩	10 m³	0.011	763.84	152.76	10 182.98	1 446.39	8.40	1.68	112.01	15.91	2.20	1.34	7.08	
				1-3-48	硫黄胶泥接桩	10个	0.105	297.30	59.46	736.76	841.90	31.22	6.24	77.36	88.40	8.72	5.29	10.86	
				1-5-294	3类预制混凝土构件场外运输、运距(km)≤10	10 m³	0.016	409.27	81.85	55.92	3 133.54	6.55	1.31	0.89	50.14	2.41	1.46	3.14	
				1-5-295×5	3类预制混凝土构件场外运输、运距(km)每增1	10 m³	0.016	119.69	23.94	0.00	916.41	1.92	0.38	0.00	14.66	0.70	0.43	0.90	

注：（1）表中的数量是相对量：数量=（定额量/定额单位扩大倍数）/清单量，为保证计算精度，小数点后保留有效数字3位。

（2）打钢筋混凝土方桩的相对量：（1.47/10）/9.5＝0.015。

（3）送桩的相对量：（1/10）/9.5＝0.011。

（4）接桩的相对量：（1/10）/9.5＝0.105。

（5）运桩的相对量：（1.50/10）/9.5＝0.016。

（6）《云南省建筑工程计价标准》规定打预制桩工程，如遇送桩时，执行打桩相应项目，人工费、机械费乘以送桩深度系数。送桩深度≤2 m，人工费、机械费乘以1.25。另外，预制钢筋混凝土方桩单位工程工程量少于200 m³，相应的人工费、机械费乘以系数1.25，本题为计算示例，故未调整。

6.3-3

(3)编制分部分项工程量清单计价(表6.28)。

表6.28 分部分项工程量清单计价表

序号	项目编码	项目名称	项目特征	计量单位	工程量	金额/元					
						综合单价	合价	其中			
								人工费		机械费	暂估价
								定额人工费	规费		
1	010301001001	预制钢筋混凝土方桩	(1)地层情况:一级土 (2)送桩深度、桩长:1 m、单桩长9.5 m (3)桩截面:400 mm×400 mm (4)桩倾斜度:90° (5)沉桩方法:无 (6)接桩方式:硫黄胶泥接桩 (7)混凝土强度等级:C20预制混凝土	m	9.50	655.81	6 230.19	543.86	108.77	1 771.42	—

【例6.12】 如图3.12所示,预制混凝土管桩外径为600 mm,内径为500 mm,桩身长为9 000 mm,桩尖长为500 mm,分为四段预制,共1根。分部分项工程量清单见表6.29,风险费按费率5%考虑,计算预制管桩的综合单价并编制相应的清单计价表。(设定方案根据桩长采用多功能压桩机进行压桩,桩顶标高为-0.8 m,自然地面标高为±0.00 m。桩尖类型:钢板。填充材料种类:混凝土。接桩采用钢筋混凝土管桩电焊接桩)

表6.29 分部分项工程量清单

序号	项目编码	项目名称	项目特征	计量单位	工程量
1	010301002001	预制钢筋混凝土管桩	(1)地层情况:一级土 (2)送桩深度、桩长1.3 m,桩长9.5 m (3)桩外径、壁厚:外径600 mm,壁厚50 mm (4)桩倾斜度:90° (5)沉桩方法:无 (6)桩尖类型:钢板 (7)混凝土强度等级:C50 (8)填充材料种类:混凝土 (9)防护材料种类:无	m	9.50

【解】 (1)压预应力钢筋混凝土管桩按设计桩长(不包括桩尖),以长度计算。

①压预应力钢筋混凝土管桩工程量 $L=9.00(\mathrm{m})$。

②接桩工程量:3个。

③送桩工程量$=0.8+0.5=1.30(\mathrm{m})$。

（2）综合单价分析见表6.30。

表6.30　综合单价计算表

序号	项目编号	项目名称	计量单位	清单综合单价组成明细													综合单价/元
				定额编号	定额名称	定额单位	数量	单价/元				合价/元					
								人工费		材料费	机械费	人工费		材料费	机械费	管理费	利润	风险费	
								定额人工费	规费			定额人工费	规费						
1	010301002001	预制钢筋混凝土管桩	m	1-3-17	压预应力钢筋混凝土管桩桩径≤600 mm	100 m	0.095	416.60	83.32	14 268.33	2 826.00	3.95	0.79	135.55	26.85	1.39	0.84	8.47	226.73
				1-3-13	预应力钢筋土管桩送桩桩径≤600 mm	100 m	0.014	818.69	163.75	14 210.7	2 852.84	1.15	0.23	19.89	3.99	0.33	0.20	1.28	
				1-3-53	钢筋混凝土管桩电焊接桩 φ600	10 个	0.031 6	238.10	47.61	189.75	91.39	7.52	1.50	6.00	2.89	1.77	1.07	1.04	

注：（1）压预应力钢筋混凝土管桩的相对量=（9/100）/9.5=0.009 47。

　　（2）送管桩的相对量=（1.3/100）/9.5=0.001 37。

　　（3）接桩的相对量=（3/10）/9.5=0.031 6。

　　（4）打预制桩工程，如遇送桩时，执行打桩相应项目，人工费、机械费乘以送桩深度系数1.25。

（3）编制分部分项工程量清单计价表（表6.31）。

6.3-4

表6.31　分部分项工程量清单计价表

序号	项目编码	项目名称	项目特征	计量单位	工程量	金额/元					
						综合单价	合价	其中			
								人工费		机械费	暂估价
								定额人工费	规费		
1	010301002001	预制钢筋混凝土管桩	（1）地层情况：一级土 （2）送桩深度、桩长：1.3 m，桩长9.5 m （3）桩外径、壁厚：外径600 mm，壁厚50 mm （4）桩倾斜度：90° （5）沉桩方法：压桩 （6）桩尖类型：钢板 （7）混凝土强度等级：C50 （8）填充材料种类：混凝土 （9）防护材料种类：无	m	9.50	226.73	2 153.90	119.96	23.99	320.42	—

【例6.13】　某旋挖钻孔灌注桩工程，设计桩径为1 500 mm，设计桩长为35 m，数量为100根，截去桩长为1 000 mm，C30钢筋混凝土（商用），设计桩顶标高低于地面1.0 m，土层综合，采用回旋钻机钻孔成孔，声测管埋设为钢管，坑口需设钢护筒（拆除），护筒顶高于地面0.3 m，护筒壁厚按15 mm，土40 m内堆放，现场

制作原土泥浆护壁,桩芯土场内运输100 m(不考虑泥浆池制作、运输、拆除、废渣利用系数),桩芯土采用装载机运土。钢筋笼工程量共180 t(其中:圆钢HPB300 54 t,带肋钢筋HRB400 126 t),安装采用吊焊,成桩后凿去桩头。计算相关项目的综合单价并编制相应的清单计价表。

【解】　(1)定额工程量的计算。

①旋挖钻机钻孔=(35+1.0)×3.14×0.75×0.75×100=6 358.50(m³)。

②灌注混凝土(旋挖钻孔)=(35+1.0)×3.14×0.75×0.75×100×1.25=7 948.13(m³)。

③声测管埋设=(1+35+0.5)×100=3 650(m)。

④注浆管埋设=(1+35+0.5)×100=3 650(m)。

⑤钢护筒埋设、拆除=2×3.14×(1.5+0.2)×0.015×7.85×100=125.710(t)。

⑥泥浆制作=(35+1.0)×3.14×0.75×0.75×0.7×100=4 450.95(m³)。

⑦混凝土灌注桩钢筋笼圆钢HPB300:54.000(t)。

⑧混凝土灌注桩钢筋笼带肋钢筋HRB400:126.000(t)。

⑨接头吊焊:180.000(t)。

⑩混凝土桩钢筋笼安放:180.000(t)。

⑪灌注钢筋混凝土桩凿桩头=1.0×3.14×0.75×0.75×100=176.63(m³)。

⑫装载机运土=3.14×0.75×0.75×(35+1)×100=6 358.50(m³)。

(2)综合单价分析见表6.32。

表6.32　综合单价计算表

序号	项目编号	项目名称	计量单位	清单综合单价组成明细													综合单价/元
				定额编号	定额名称	定额单位	数量	单价/元				合价/元						
								人工费		材料费	机械费	人工费		材料费	机械费	管理费	利润	风险费	
								定额人工费	规费			定额人工费	规费						
1	010302001001	泥浆护壁成孔灌注桩	m³	1-3-89	旋挖钻机钻孔 φ≤1 600	10 m³	0.103	255.21	51.04	36.81	1 823.38	26.29	5.26	3.79	187.81	9.41	5.71	11.91	1 088.86
				1-3-132	灌注混凝土回旋(旋挖)钻孔	10 m³	0.129	378.12	75.62	4 512.10	129.62	48.78	9.75	582.06	16.72	11.42	6.92	33.78	
				1-3-156	声测管埋设(钢管)	100 m	0.005 9	127.80	25.56	2 998.56	0.00	0.75	0.15	17.69	0.00	0.17	0.10	0.94	
				1-3-159	注浆管埋设	100 m	0.005 9	257.66	51.53	953.78	23.68	1.52	0.30	5.63	0.14	0.35	0.21	0.41	
				1-3-161	埋设钢护筒、拆除	t	0.020 3	1 180.57	236.11	290.08	133.48	23.97	4.79	5.89	2.71	5.51	3.34	2.31	
				1-3-163	泥浆制作	10 m³	0.072	198.07	39.61	102.56	204.95	14.26	2.85	7.38	14.76	3.52	2.13	2.25	
				1-1-63	装载机运土≤20 m	100 m³	0.01	17.80	3.56	0.00	228.74	0.18	0.04	0.00	2.36	0.08	0.05	0.14	
				1-1-64×4	装载机运土≤200 m,每增20 m	100 m³	0.01	0.00	0.00	0.00	212.24	0.00	0.00	0.00	2.19	0.04	0.02	0.11	

续表6.32

序号	项目编号	项目名称	计量单位	定额编号	定额名称	定额单位	数量	清单综合单价组成明细											综合单价/元
								单价/元				合价/元							
								人工费		材料费	机械费	人工费		材料费	机械费	管理费	利润	风险费		
								定额人工费	规费			定额人工费	规费							
2	010301004001	截(凿)桩头	m³	1-3-59	凿桩头(灌注钢筋混凝土桩)	10 m³	0.1	1 761.65	352.32	0.00	183.97	176.17	35.23	0.00	18.40	40.47	24.53	14.74	309.53
3	010515004001	钢筋笼(混凝土灌注桩)圆钢HPB300	t	1-5-222	混凝土灌注桩桩钢筋笼圆钢HPB300	t	0.3	587.52	117.50	4 276.09	201.36	176.26	35.25	1 282.83	60.41	41.25	25.01	81.05	6 498.52
				1-5-223	(灌注钢筋混凝土桩)带肋钢筋HRB400	t	0.7	569.50	113.90	4 274.64	208.73	398.65	78.73	2 992.25	146.11	93.48	56.67	188.34	
				1-5-224	接头吊焊	t	1	139.64	27.93	32.22	359.64	139.64	27.93	32.22	359.64	38.36	23.26	31.05	
				1-5-225	安放	t	1	49.68	9.93	0.00	99.43	49.68	9.93	0.00	99.43	13.13	7.96	9.01	

注:(1)旋挖钻机钻孔的相对量=(6 358.50/10)/6 181.88=0.103。

(2)灌注混凝土的相对量=(7 948.13/10)/6 181.88=0.129。

(3)埋设钢护筒、拆除的相对量=(125.710/1)/6 181.88=0.020 3。

(4)泥浆制作的相对量=(4 450.95/10)/6 181.88=0.072。

(5)声测管埋设(钢管)的相对量=(3 650/100)/6 181.88=0.005 9。

(6)注浆管埋设的相对量=(3 650/100)/6 181.88=0.005 9。

(7)凿桩头的相对量=(176.63/10)/176.63=0.1。

(8)钢筋笼(接头吊焊、安放)相对量=(180/1)/180=1;HPB300 相对量=(51/1/180)=0.3;HRB400 相对量=(126/1/180)=0.7。

(9)装载机运土相对量=(6 358.50/100)/6 181.88=0.010 3。

6.3-5

（3）编制分部分项工程量清单计价表（表6.33）。

表 6.33　分部分项工程量清单计价表

序号	项目编码	项目名称	项目特征	计量单位	工程量	金额/元					
						综合单价	合价	其中			
								人工费		机械费	暂估价
								定额人工费	规费		
1	010302001001	泥浆护壁成孔灌注桩	（1）地层情况：土层综合 （2）空桩长度、桩长：35 m （3）桩径：1 500 mm （4）成孔方法：旋挖钻孔 （5）护筒类型、长度：钢护筒（拆除），护筒顶高于地面0.3 m （6）混凝土种类、强度等级：C30混凝土	m³	6 181.88	1 088.86	6 731 175.47	715 541.95	143 101.57	1 401 289.83	—
2	010301004001	截（凿）桩头	（1）桩类型：灌注钢筋混凝土桩 （2）桩头截面、高度：桩径1 500 mm，截去桩长1 000 mm （3）混凝土强度等级：C30 （4）有无钢筋：有	m³	176.63	309.53	54 672.43	31 116.02	6 223.03	3 249.46	—
3	010515004001	钢筋笼（混凝土灌注桩）	钢筋种类、规格：圆钢 HPB 300/带肋钢筋 HRB400	t	180	6 498.52	1 169 732.99	137 560.68	27 511.20	119 806.02	—

6.4　砌筑工程

6.4.1　计价标准项目的划分及其与清单项目的组合

1.项目划分

在《云南省建筑工程计价标准》中，砌筑工程划分为砖砌体、砌块砌体、轻质隔墙、石砌体4节，其中砖砌体包括砖基础，砖墙、空斗墙及空花墙，填充墙及贴砌砖，砖柱及其他，石砌体包括基础及勒脚、墙及其他。

2.清单项目与定额项目常见组合

详细内容见二维码6.4-1。

6.4-1

3.说明

详细内容见二维码6.4-2。

6.4-2

6.4.2　工程量计算规则

1.砖砌体、砌块砌体

（1）砖基础工程量按设计图示尺寸以包括大放脚在内的体积计算。

①附墙垛基础宽出部分体积按折加长度合并计算，扣除地梁（圈梁）、构造柱所占体积，不扣除基础大放脚T形接头处的重叠部分及嵌入基础内的钢筋、铁件、管道、基础砂浆防潮层和单个面积≤0.3 m²的孔洞所占体积，靠墙暖气沟的挑檐不增加。

②基础长度，外墙按外墙基中心线长度计算，内墙按内墙基净长线计算。

（2）砖墙、砌块墙同清单一致，按设计图示尺寸以体积计算。墙厚度分为标准砖和非标准砖，并分别计算。

①标准砖以 240 mm×115 mm×53 mm 为准，其砌体厚度按厚度表计算。

②使用非标准砖时，其墙厚度应按设计砖规格及灰缝要求计算墙体厚度。

（3）空花墙、空斗墙工程量计算同清单一致。空花墙间距小于 100 cm 的套用零星砌体项目，间距大于 100 cm 的套用相应墙体项目。

（4）砖柱同清单一致，按设计图示尺寸以体积计算。

（5）砖砌体勾缝按设计图示尺寸以勾缝表面积计算。

（6）贴砌砖按设计图示尺寸以体积计算。

（7）零星砌体按设计图示尺寸以体积计算。

（8）钢筋砖过梁按设计图示尺寸以体积计算，如设计无规定时，按门窗洞口宽度两端共加 500 mm，高度按 440 mm 计算，如实际高度不足规定高度时，按实际高度计算。

（9）砖散水、地坪同清单一致，按设计图示尺寸以面积计算。

（10）遇墙身底部设有导墙时，砖砌导墙按设计图示尺寸的体积单独以零星砌砖计算，其中厚度与长度按墙身主体，高度以设计要求的砌筑高度确定，墙身主体的计算高度相应扣减。

（11）砖地沟不分沟壁砖基础与砖砌沟壁，按设计图示尺寸以沟壁砖基础和砖砌沟壁体积之和合并计算。

（12）砖砌台阶（不包括梯带）按设计图示尺寸包括最上一层踏步外沿加 300 mm，以水平投影面积计算。

（13）花池按设计图示尺寸以体积计算。

（14）风帽按设计要求以数量"个"计量。

（15）烟道按设计长度以"m"计量。

（16）沟篦子按设计图示尺寸以面积计算。

（17）柔性材料嵌缝按设计（规范）要求，以轻质砌块（加气砌块）隔墙与钢筋混凝土梁或楼板、柱或墙之间的缝隙长度计算。

（18）附墙烟囱、通风道、垃圾道应按设计图示尺寸以体积（扣除孔洞所占体积）计算并入所依附的墙体体积内。当设计规定孔洞内需抹灰时，另按墙柱面装饰与隔断幕墙工程相应项目计算。

（19）轻质砌块 L 形专用连接件按设计（规范）要求，以数量"个"计量。

2. 轻质隔墙

轻质隔墙按设计图示尺寸以面积计算。不扣除 0.3 m² 以内孔洞所占面积。

3. 石砌体

（1）石基础、石墙、石勒脚、石挡土墙、石护坡、石台阶石坡道计算规则同清单一致。

（2）石砌体勾缝按设计图示尺寸以石砌体表面展开面积计算。

6.4.3　计算示例

【例 6.14】　依据【例 3.14】中分部分项工程量清单（表 6.34）及计算结果和信息，并结合常规做法，计算毛石基础和砖基础的综合单价并编制相应的清单计价表。（已知材料市场价格：①M2.5 商品砂浆（湿拌）308.00 元/m³；②M5.0 商品湿拌砂浆 328.00 元/m³；黏土砖（240 mm×115 mm×53 mm）380 元/千块，毛石（综合）76.57 元/m³，其他材料采用计价标准中的价格，风险费按费率 5% 考虑）

表 6.34　分部分项工程量清单

序号	项目编码	项目名称	项目特征	计量单位	工程量
1	010403001001	石基础	（1）石料种类、规格：毛料石 （2）基础类型：条形基础 （3）砂浆强度等级：商品湿拌预拌砂浆 M2.5	m³	64.97

续表6.34

序号	项目编码	项目名称	项目特征	计量单位	工程量
2	010401001001	砖基础	(1)砖品种、规格、强度等级:黏土砖 (2)基础类型:条形基础 (3)砂浆强度等级:商品湿拌预拌砂浆 M5.0 (4)防潮层材料种类:暂不考虑	m³	12.52

【解】　(1)因内外墙毛石基础断面面积相同,所以毛石基础定额工程量为(外墙中心线长+内墙基砖顶面净长线)×外墙毛石基础断面面积,即(54.86+7.52)×1.05＝65.50(m³),相关数据详见【例3.14】。

①数量＝(65.50/10)/64.97＝0.101。

②本题中砂浆为湿拌预拌砂浆,执行砂浆换算《云南省建筑工程计价标准》总说明第七条第6款有关规定:"使用湿拌预拌砂浆的,除将项目中的干混预拌砂浆调整为湿拌预拌砂浆外,另按相应项目每立方米砂浆扣除人工0.2工日及干混砂浆罐式搅拌机台班数量。"

③人工费＝定额人工费+规费-湿拌砂浆人工费调整

　　　　＝0.101×(1 118.40+223.68)-0.101×3.987×0.2×154.44＝123.11(元/m³)。

其中,定额人工费＝(1 118.40-3.987×0.2×154.44/1.2)×0.101＝102.60(元/m³),

规费＝基价-定额人工费＝123.11-102.60＝20.51(元/m³)。

④材料费＝0.101×(11.220×76.57+3.987×308+0.790×5.94)＝211.27(元/m³)。

⑤机械费＝0(元/m³)。

⑥管理费＝(102.60+0×8%)×22.78%＝23.37(元/m³)。

⑦利润＝(102.60+0×8%)×13.81%＝14.17(元/m³)。

⑧风险费＝(123.11+211.27+0+23.37+14.17)×5%＝18.60(元/m³)。

⑨综合单价＝123.11+211.27+0+23.37+14.17+18.60＝390.52(元/m³)。

(2)砖基础的清单工程量与定额工程量一致为12.52 m³。

①数量＝12.52/10/12.52＝0.1。

②人工费＝定额人工费+规费-湿拌砂浆人工费调整

　　　　＝0.1×(1 265.64+253.12)-0.1×2.399×0.2×154.44＝144.47(元/m³)。

其中,定额人工费＝(1 265.64-2.399×0.2×154.44÷1.2)×0.1＝120.39(元/m³),

规费＝基价-定额人工费＝144.47-120.39＝24.08(元/m³)。

③材料费＝0.1×(5.262×380+2.399×328+1.050×5.94)＝279.27(元/m³)。

④机械费＝0(元/m³)。

⑤管理费＝(120.39+0×8%)×22.78%＝27.42(元/m³)。

⑥利润＝(120.39+0×8%)×13.81%＝16.63(元/m³)。

⑦风险费＝(144.47+279.27+0+27.42+16.63)×5%＝23.39(元/m³)。

⑧综合单价＝144.47+279.27+0+27.42+16.63+23.39＝491.18(元/m³)。

6.4-3

（3）综合单价分析见表 6.35。

表 6.35　综合单价计算表

综合单价计算表

序号	项目编号	项目名称	计量单位	清单综合单价组成明细													综合单价/元
				定额编号	定额名称	定额单位	数量	单价/元				合价/元						
								人工费		材料费	机械费	人工费		材料费	机械费	管理费	利润	风险费	
								定额人工费	规费			定额人工费	规费						
1	010403001001	石基础	m³	1-4-62	石基础毛料石	10 m³	0.101	1 015.84	203.07	2 091.80	0	102.60	20.51	211.27	0	23.37	14.17	18.60	390.52
2	010401001001	砖基础	m³	1-4-1	砖基础	10 m³	0.1	1 203.89	240.78	2 792.67	0	120.39	24.08	279.27	0	27.42	16.63	23.39	491.18

（4）编制分部分项工程量清单计价表（表 6.36）。

表 6.36　分部分项工程量清单计价表

序号	项目编码	项目名称	项目特征	计量单位	工程量	金额/元					
						综合单价	合价	其中			
								人工费		机械费	暂估价
								定额人工费	规费		
1	010401001001	砖基础	（1）砖品种、规格、强度等级：黏土砖 （2）基础类型：条形基础 （3）砂浆强度等级：商品湿拌预拌砂浆 M5.0 （4）防潮层材料种类：暂不考虑	m³	12.52	491.18	6 149.49	1 507.28	301.46	—	—
2	010403001001	石基础	（1）石料种类、规格：毛料石 （2）基础类型：条形基础 （3）砂浆强度等级：商品湿拌预拌砂浆 M2.5	m³	64.97	390.52	25 372.03	6 665.91	1 332.54	0	—

【例 6.15】　根据【例 3.15】中分部分项工程量清单（表 6.31）及计算结果和信息，并结合常规做法，计算砌块墙的综合单价并编制相应的清单计价表。（采用轻集料混凝土小型空心砌块墙，墙厚为 240 mm，砌筑砂浆采用 M10 现场拌制水泥砂浆，本题综合工日，材料机械台班单价同定额，风险费按费率 5% 考虑）

表 6.37　分部分项工程量清单

序号	项目编码	项目名称	项目特征	计量单位	工程量
1	010402001001	砌块墙	（1）砌块品种、规格、强度等级：轻集料混凝土小型空心砌块，墙厚 240 mm （2）墙体类型：砖墙 （3）砂浆强度等级：M10 现场拌制水泥砂浆	m³	2.51

【解】　（1）砌块墙的清单工程量与定额工程量一致为 2.51 m³。

数量 = 2.51/10/2.51 = 0.1

（2）本题中砂浆为现场拌制水泥砂浆，执行砂浆换算，DBJ 53/T—61—2020 总说明第七条第 6 款有关规定："所使用的砂浆均按干混预拌砂浆编制，若实际使用现拌砂浆或湿拌预拌砂浆时，按以下方法调整，使用现拌砂浆的,除将项目中的干混预拌砂浆调整为现拌砂浆外,砌筑项目按每立方米砂浆增加人工0.382工日,200 L灰浆搅拌机0.167台班,同时扣除原项目中干混砂浆罐式搅拌机台班;其余项目按每立方米砂浆增加人工0.382工日,同时将原项目中干混砂浆罐式搅拌机调换为200 L灰浆搅拌机,台班消耗品不变。"

按规定换算如下:

综合工日消耗量=8.876+0.382×1.080=9.289(工日/10 m³)。

材料:查DBJ 53/T—61—2020附录一说明规定,现拌水泥砂浆水泥采用P.S42.5,查相应配合比知其价格为234.12元/m³。

机械台班消耗量:200 L灰浆搅拌机台班量=0.167×1.080=0.180(台班/10 m³),查DBJ 53/T—58—2020,200 L灰浆搅拌机244.70元/台班。

综上所述,本项目定额基价换算如下:

人工费=0.1×9.289×154.44=143.46(元/m³)。

其中,定额人工费=143.46/1.2=119.55(元/m³),

规费=基价-定额人工费=143.46-119.55=23.91(元/m³)。

材料费=0.1×(3 478.75-375.74×1.080+234.12×1.080)=332.58(元/m³)。

机械费=0.1×0.180×244.70=4.41(元/m³)。

管理费=(119.55+4.41×8%)×22.78%=27.31(元/m³)。

利润=(119.55+4.41×8%)×13.81%=16.56(元/m³)。

风险费=(143.46+332.58+4.41+27.31+16.56)×5%=26.22(元/m³)。

综合单价=143.46+332.58+4.41+27.31+16.56+26.22=550.53(元/m³)。

6.4-4

(3)综合单价分析见表6.38。

表6.38　综合单价计算表

序号	项目编号	项目名称	计量单位	定额编号	定额名称	定额单位	数量	单价/元				合价/元							综合单价/元
								人工费		材料费	机械费	人工费		材料费	机械费	管理费	利润	风险费	
								定额人工费	规费			定额人工费	规费						
1	010402001001	砌块墙	m³	1-4-40	轻集料混凝土小型空心砌块(240)	10 m³	0.1	1 195.45	239.10	3 325.80	44.05	119.55	23.91	332.58	4.41	27.31	16.56	26.22	550.53

(4)编制分部分项工程量清单计价表(表6.39)。

表6.39　分部分项工程量清单计价表

序号	项目编码	项目名称	项目特征	计量单位	工程量	金额/元						
						综合单价	合价	其中			
								人工费		机械费	暂估价
								定额人工费	规费		
1	010402001001	砌块墙	(1)砌块品种、规格、强度等级:轻集料混凝土小型空心砌块,墙厚240 mm (2)墙体类型:砖墙 (3)砂浆强度等级:M10现场拌制水泥砂浆	m³	2.51	549.28	1 378.69	298.16	59.64	11.04	—

6.5　混凝土及钢筋混凝土工程

在《云南省建设工程计价标准》中,混凝土及钢筋混凝土工程包括混凝土、钢筋、混凝土构件运输及安装3个方面。具体说明见二维码6.5-1中内容。

6.5-1

6.5.1　现浇混凝土基础工程计价标准项目的划分及其与清单项目的组合

1. 项目划分

在《云南省建设工程计价标准》中,现浇混凝土基础划分为垫层、毛石带形基础、带形基础、毛石独立基础、独立基础、杯形基础、有肋式满堂基础、无肋式满堂基础、桩承台、毛石设备基础5 m³以内、毛石设备基础5 m³以外、混凝土及钢筋混凝土设备基础5 m³以内、混凝土及钢筋混凝土设备基础5 m³以外、二次灌浆等14个子目。

2. 清单项目与定额项目常见组合

详细内容见二维码6.5-2。

3. 工程量计算规则

(1)混凝土工程量除另有规定外,均按设计图示尺寸以体积计算。应扣除劲性混凝土结构中型钢所占体积,不扣除构件内钢筋、预埋铁件及墙、板中0.3 m²以内的孔洞所占体积。劲性混凝土结构中的型钢所占体积按7 850 kg/m³计算。

6.5-2

(2)现浇混凝土基础按设计图示尺寸以体积计算,不扣除伸入承台基础的桩头所占体积。

①带形基础。不分有肋式与无肋式均按带形基础计算,有肋式带形基础肋高(指基础扩大顶面至梁顶面的高)≤1.2 m时,合并计算,肋高>1.2 m时,扩大顶面以下的基础部分,按带形基础计算,扩大顶面以上部分,按墙计算。

②箱式基础分别按基础、柱、墙、梁、板等的有关规定计算。

③设备基础。块体设备基础按不同体积分别计算;框架式设备基础分别按基础、柱、墙、梁、板等的有关规定计算。楼层上的非框架式设备基础按有梁板定额执行。

④无肋式满堂基础有扩大或角锥形柱墩时,扩大或角锥形柱墩体积并入无肋式满堂基础计算。有肋式满堂基础肋高(指凸出基础底板上表面至肋顶面间的高度)≤1.2 m时,基础底板、肋合并计算执行有肋式满堂基础定额;有肋式满堂基础肋高>1.2 m时,底板按无肋式满堂基础定额执行,凸出基础底板肋的体积执行墙定额。

4. 计算示例

【例6.16】　依据【例3.16】编制的工程量清单,当地询价知C30商品混凝土单价为450元/m²,其他材料价格采用计价标准价格,计算现浇混凝土带形基础综合单价并编制相应的工程量清单计价表。

【解】　(1)带形基础及垫层的定额工程量计算规则同清单工程量计算规则,故定额工程量等于清单工程量,计算过程及结果详见【例3.16】。

(2)带形基础材料费为:3 654.69+10.10×(450-361)=4 553.59(元/m³)。

综合单价计算见表6.40。

表6.40 分部分项工程量清单综合单价分析表

序号	项目编号	项目名称	计量单位	定额编号	定额名称	定额单位	数量	单价/元				合价/元						综合单价/元
								人工费		材料费	机械费	人工费		材料费	机械费	管理费	利润	风险费	
								定额人工费	规费			定额人工费	规费						
1	010501001001	垫层	10 m³	1-5-1	基础	10 m³	0.10	476.45	95.29	3 514.78	—	47.65	9.53	351.48	0.00	10.85	6.58	—	426.09
2	010501002001	带形基础	m³	1-5-3	混凝土带型基础	10 m³	0.10	439.64	87.93	4 553.59	—	43.96	8.79	455.36	0.00	10.01	6.07	—	524.20

（3）编制分部分项工程量清单计价表（表6.41）。

表6.41 分部分项工程量清单计价表

序号	项目编码	项目名称	项目特征	计量单位	工程量	金额/元					
						综合单价	合价	其中			
								人工费		机械费	暂估价
								定额人工费	规费		
1	010501001001	垫层	（1）混凝土种类：商品混凝土 （2）混凝土强度等级：C15	m³	4.58	426.09	1 951.47	218.21	43.64	0.00	—
2	010501002001	带形基础	（1）混凝土种类：商品混凝土 （2）混凝土强度等级：C30	m³	18.13	524.20	9 503.79	797.07	159.41	0.00	—

【例6.17】 依据【例3.17】编制的工程量清单，当地询价知 C30 商品混凝土单价为 450 元/m³，其他材料价格采用计价标准价格，计算独立基础综合单价并编制相应工程量清单计价表。

【解】 （1）定额工程量计算规则同清单工程量计算规则，定额工程量等于清单工程量，计算详见【例3.17】。

（2）材料费为：3 655.78+10.10×（450−361）＝4 554.68（元/m³）。

综合单价分析见表6.42。

表6.42 分部分项工程量清单综合单价分析表

序号	项目编号	项目名称	计量单位	定额编号	定额名称	定额单位	数量	单价/元				合价/元						综合单价/元
								人工费		材料费	机械费	人工费		材料费	机械费	管理费	利润	风险费	
								定额人工费	规费			定额人工费	规费						
1	010501003001	独立基础	m³	1-5-5	混凝土独立基础	10 m³	0.1	360.49	72.10	4 554.68	—	36.05	7.21	455.47	0.00	8.21	4.98	—	511.92

（3）编制分部分项工程量清单计价表（表6.43）。

表6.43　分部分项工程量清单计价表

序号	项目编码	项目名称	项目特征	计量单位	工程量	综合单价	合价	人工费 定额人工费	人工费 规费	机械费	暂估价
								金额/元 其中			
1	010501003001	独立基础	(1)混凝土种类:商品混凝土 (2)混凝土强度等级:C30	m³	5.40	511.92	2 764.35	194.66	38.93	0.00	—

6.5.2　现浇混凝土主体结构及零星构件工程计价标准项目的划分及其与清单项目的组合

1.项目划分

在《云南省建设工程计价标准》中,现浇混凝土主体结构及零星构件划分为7节,共67个子目。其中常见的子目有矩形柱按截面周长细分4个子目、构造柱、异形柱、圆形柱按直径分2个子目等;梁主要分为基础梁、矩形梁、异形梁、圈梁、过梁等;墙主要分为直形墙按材料及墙厚细分5个子目、挡土墙按承重考虑分3个子目、电梯井壁直形墙等;板主要分为有梁板、无梁板、平板、栏板、飘窗板等;楼梯分为直形、弧形、螺旋形等;其他里面有散水、台阶以及其他零星构件;另外后浇带按浇筑部位不同细分为梁、板、墙、筏板基础4个子目。

2.清单项目与定额项目常见组合

详细内容见二维码6.5-3。

3.工程量计算规则

混凝土主体结构及零星构件工程量计算基本与清单计算规则一致,但应注意以下的不同点。

6.5-3

(1)柱按设计图示尺寸以体积计算。

①有梁板的柱高,应自柱基上表面(或楼板上表面)至上一层楼板上表面之间的高度计算。

②无梁板的柱高,自柱基上表面(或楼板上表面)至柱帽下表面之间的高度计算。

③框架柱的柱高,自柱基上表面至柱顶面高度计算。

④构造柱按全高计算,嵌接墙体部分(马牙搓)并入柱身体积。

⑤依附柱上的牛腿,并入柱身体积内计算。

⑥钢管混凝土柱以钢管高度按照钢管内径计算混凝土体积。

⑦斜柱按柱截面乘以斜长计算。

(2)梁按设计图示尺寸以体积计算,伸入砖墙内的梁头、梁垫并入梁体积内计算。

①梁与柱连接时,梁长算至柱侧面。

②主梁与次梁连接时,次梁长算至主梁侧面。

(3)墙按设计图示尺寸以体积计算,扣除门窗洞口及0.3 m²以外孔洞所占体积。

墙与凸出墙面的柱连接时,墙长算至柱边;墙与未凸出墙面的柱连接时,墙、柱合并执行墙定额;墙与凸出墙面的梁连接时,墙高算至梁底,墙与未凸出墙面的梁连接时,墙高算至梁顶;墙与板连接时板算至墙侧。

大模内置保温板墙按钢筋混凝土结构图纸尺寸以体积计算,不考虑内置保温板体积。

(4)板按设计图示尺寸以体积计算,不扣除单个面积0.3 m²以内的孔洞所占体积。

①有梁板指现浇带梁(包括主、次梁但不包括圈梁、过梁)的钢筋混凝土板,包括梁与板,按梁(主、次梁)、板体积之和计算。有梁板中带有弧形梁时,弧形梁算至板底执行弧形梁定额,板执行相应的有梁板定额。

②无梁板(指现浇不带梁,直接由柱支撑的板)按板和柱帽体积之和计算。

③平板(指不带梁由墙或预制梁承重的板)按体积计算。

④各类板伸入砖墙内的板头并入板体积内计算,薄壳板的肋、基梁并入薄壳体积内计算。

⑤空心板按扣除空心部分的设计图示尺寸以体积计算。

⑥钢筋桁架楼承板计算体积时,按扣除压型钢板所占体积后的体积计算。

(5)栏板、扶手按设计图示尺寸以体积计算,伸入砖墙内的部分并入栏板、扶手体积计算。

(6)挑檐、天沟按设计图示尺寸以墙外部分体积计算。挑檐、天沟板与板连接时,以外墙外边线为分界线;与梁(包括圈梁等)连接时,以梁外边线为分界线;外墙外边线以外为挑檐、天沟。

(7)凸阳台按挑出墙外的梁板体积合并计算;阳台栏板、压顶分别按栏板、压顶项目计算。

(8)雨篷按梁、板体积合并计算,高度≤400 mm 的栏板并入雨篷体积内计算,栏板高度>400 mm 时,全高按栏板计算。

(9)楼梯(包括休息平台,平台梁、斜梁及楼梯的连接梁)按设计图示尺寸以不重叠的水平投影面积累计计算,不扣除宽度小于 500 mm 楼梯井,伸入墙内部分不计算。当整体楼梯与现浇楼板无梯梁连接时,以楼梯的最后一个踏步边缘加 300 mm 为界。整体楼梯不包括基础,楼梯基础另按相应定额计算。

(10)散水、台阶按设计图示尺寸以水平投影面积计算。台阶与平台连接时其投影面积应以最上层踏步外沿加 300 mm 计算,架空式混凝土台阶按楼梯计算。

(11)场馆看台、地沟、混凝土后浇带按设计图示尺寸以体积计算。

(12)二次灌浆、空心砖内灌注混凝土,按实际灌注混凝土体积计算。

(13)空心楼板筒芯、箱体按所安装的筒芯、箱体体积计算。

(14)现场搅拌混凝土调整工程量按混凝土构件设计图示尺寸以体积计算。

(15)集中搅拌的混凝土拌合、运输及混凝土泵送工程量按混凝土构件设计图示尺寸以体积计算。

4. 计算示例

【例6.18】　依据【例3.18】构造柱工程量清单的计算结果,当地询价知 C30 商品混凝土单价为450 元/m³,其他材料价格采用计价标准价格,计算构造柱综合单价并编制相应的工程量清单计价表。

【解】　(1)定额工程量计算规则同清单工程量计算规则,定额工程量等于清单工程量,计算详见【例3.18】。

(2)材料费为:3 646.13+9.797×(450−361)= 4 518.06(元/m³)。

综合单价分析见表6.44。

表6.44　分部分项工程量清单综合单价分析表

序号	项目编号	项目名称	计量单位	定额编号	定额名称	定额单位	数量	清单综合单价组成明细									综合单价/元
								单价/元				合价/元					
								人工费		材料费	机械费	人工费		材料费	机械费	管理费	利润	风险费	
								定额人工费	规费			定额人工费	规费						
1	010502002001	构造柱	m³	1-5-19	构造柱	10 m³	0.1	1 553.67	310.73	4 518.06	—	155.37	31.07	451.81	0.00	35.39	21.46	—	695.09

（3）编制分部分项工程量清单计价表（表6.45）。

表6.45　分部分项工程量清单计价表

序号	项目编码	项目名称	项目特征	计量单位	工程量	金额/元					
						综合单价	合价	其中			
								人工费		机械费	暂估价
								定额人工费	规费		
1	010502002001	构造柱	（1）混凝土种类：商品混凝土 （2）混凝土强度等级：C30	m³	0.88	695.09	611.68	136.73	27.34	0.00	—

【例6.19】　依据【例3.19】C30剪力墙清单工程量计算，当地询价知C30商品混凝土单价为450元/m³，其他材料价格采用计价标准价格，计算剪力墙综合单价并编制分部分项工程量清单计价表。

【解】　（1）定额工程量计算规则同清单工程量计算规则，定额工程量等于清单工程量，计算详见【例3.19】。

（2）材料费为：直形墙=3 642.21+9.825×(450-361)=4 516.64（元/m³）。

弧形墙=3 642.21+9.825×(450-361)=4 516.64（元/m³）。

综合单价分析见表6.46。

表6.46　分部分项工程量清单综合单价分析表

序号	项目编号	项目名称	计量单位	定额编号	定额名称	定额单位	数量	清单综合单价组成明细											综合单价/元
								单价/元				合价/元						
								人工费		材料费	机械费	人工费		材料费	机械费	管理费	利润	风险费	
								定额人工费	规费			定额人工费	规费						
1	010504001001	直形墙	m³	1-5-38	500以内直形墙	10 m³	0.10	495.62	99.13	4 516.64	—	49.56	9.91	451.66	0.00	11.29	6.84	—	529.27
1	010504002001	弧形墙	m³	1-5-38	500以内直形墙	10 m³	0.10	495.62	99.13	4 516.64	—	49.56	9.91	451.66	0.00	11.29	6.84	—	529.27

（3）编制分部分项工程量清单计价表（表6.47）。

表6.47　分部分项工程量清单计价表

序号	项目编码	项目名称	项目特征	计量单位	工程量	金额/元					
						综合单价	合价	其中			
								人工费		机械费	暂估价
								定额人工费	规费		
1	010504001001	直形墙	（1）混凝土种类：商品混凝土 （2）混凝土强度等级：C30	m³	14.18	529.27	7 505.1	702.79	140.57	0.00	—
1	010504002001	弧形墙	（1）混凝土种类：商品混凝土 （2）混凝土强度等级：C30	m³	8.18	529.27	4 329.46	405.42	81.09	0.00	—

【例6.20】　依据【例3.20】编制的基础梁工程量清单，当地询价知C30商品混凝土单价为450元/m³，其他材料价格采用计价标准价格，计算基础梁综合单价并编制相应的工程量清单计价表。

【解】　（1）定额工程量计算规则同清单工程量计算规则，定额工程量等于清单工程量，计算详见【例3.20】。

（2）材料费为：$3\,688.58+10.10\times(450-361)=4\,587.48(元/m^3)$。

综合单价分析见表6.48。

表6.48　分部分项工程量清单综合单价分析表

序号	项目编号	项目名称	计量单位	清单综合单价组成明细													综合单价/元
				定额编号	定额名称	定额单位	数量	单价/元				合价/元					
								人工费		材料费	机械费	人工费		材料费	机械费	管理费	利润	风险费	
								定额人工费	规费			定额人工费	规费						
1	010503001001	基础梁	m^3	1-5-26	基础梁	$10\,m^3$	0.1	374.65	74.93	4 587.48	—	37.47	7.49	458.75	0.00	8.53	5.17	—	517.41

（3）编制分部分项工程量清单计价表（表6.49）。

表6.49　分部分项工程量清单计价表

序号	项目编码	项目名称	项目特征	计量单位	工程量	金额/元					
						综合单价	合价	其中			
								人工费		机械费	暂估价
								定额人工费	规费		
1	010503001001	基础梁	（1）混凝土种类：商品混凝土 （2）混凝土强度等级：C30	m^3	3.74	517.41	1 935.13	140.12	28.02	0.00	—

【例6.21】　依据【例3.21】编制的清单工程量，材料价格采用计价标准价格，分别计算过梁、圈梁的综合单价并编制相应的清单计价表。

【解】　（1）过梁、圈梁的定额工程量计算规则同清单工程量计算规则，计算结果及过程详见【例3.21】。

（2）综合单价分析见表6.50。

表6.50　分部分项工程量清单综合单价分析表

序号	项目编号	项目名称	计量单位	清单综合单价组成明细													综合单价/元
				定额编号	定额名称	定额单位	数量	单价/元				合价/元						
								人工费		材料费	机械费	人工费		材料费	机械费	管理费	利润	风险费	
								定额人工费	规费			定额人工费	规费						
1	010503004001	圈梁	m^3	1-5-30	圈梁	$10\,m^3$	0.10	1 137.45	227.49	3 692.30	—	113.75	22.75	369.23	0.00	25.91	15.71	—	547.34
2	010503005001	过梁	m^3	1-5-31	过梁	$10\,m^3$	0.10	1 308.36	261.68	3 745.47	—	130.84	26.17	374.55	0.00	29.80	18.07	—	579.42

（3）编制分部分项工程量清单计价表（表6.51）。

表6.51　分部分项工程量清单计价表

序号	项目编码	项目名称	项目特征	计量单位	工程量	金额/元					
						综合单价	合价	其中			
								人工费		机械费	暂估价
								定额人工费	规费		
1	010503004001	圈梁	（1）混凝土种类:商品混凝土 （2）混凝土强度等级:C25	m³	3.30	547.34	1 806.23	375.36	75.07	0.00	—
2	010503005001	过梁	（1）混凝土种类:商品混凝土 （2）混凝土强度等级:C25	m³	0.52	579.42	301.30	68.03	13.61	0.00	—

【例6.22】　依据【例3.22】有梁板清单工程量计算结果,当地询价知C30商品混凝土单价为450元/m³,其他材料价格采用计价标准价格,计算有梁板综合单价并编制相应的清单计价表。

【解】　（1）定额工程量计算规则同清单工程量计算规则,定额工程量计算详见【例3.22】有梁板工程量计算。

（2）有梁板材料费为:3 698.86+10.10×(450-361)= 4 597.76(元/m³)。

综合单价分析见表6.52。

表6.52　分部分项工程量清单综合单价分析表

序号	项目编号	项目名称	计量单位	定额编号	定额名称	定额单位	数量	清单综合单价组成明细										综合单价/元
								单价/元				合价/元					
								人工费		材料费	机械费	人工费		材料费	机械费	管理费	利润	风险费	
								定额人工费	规费			定额人工费	规费						
1	010505001001	有梁板	m³	1-5-48	有梁板	10 m³	0.10	390.22	78.04	4 597.76	—	39.02	7.80	459.78	0.19	8.89	5.39	—	521.08

（3）编制分部分项工程量清单计价表（表6.53）。

表6.53　分部分项工程量清单计价表

序号	项目编码	项目名称	项目特征	计量单位	工程量	金额/元					
						综合单价	合价	其中			
								人工费		机械费	暂估价
								定额人工费	规费		
1	010505001001	有梁板	（1）混凝土种类:商品混凝土 （2）混凝土强度等级:C25	m³	8.58	521.08	4 470.86	334.81	66.96	1.66	—

6.5.3　预制混凝土工程计价标准项目的划分及其与清单项目组合

1.项目划分

在《云南省建设工程计价标准》中,预制混凝土划分为预制混凝土柱、梁、屋架、板、其他共5个子目。

2.清单项目与定额项目常见组合

详细内容见二维码6.5-4、6.5-5。

6.5-4

3. 工程量计算规则

6.5-5

（1）成品预制混凝土构件按图示尺寸以体积计算；如采用现场制作或施工企业附属加工厂制作，执行本定额相应预制混凝土构件制作定额，制作定额未包括预制、预应力钢筋混凝土构件及构件内钢筋的制作废品率、运输堆放损耗及打桩、安装损耗。构件净用量按施工图计算，有关工程量按下列公式计算：

制作工程量=图纸工程量×(1+总损耗率)，

运输工程量=图纸工程量×(1+运输堆放损耗率+安装或打桩损耗率)，

安装或打桩工程量=图纸工程量。

各类预制、预应力钢筋混凝土构件损耗率表见表6.54。

表6.54　各类预制、预应力钢筋混凝土构件损耗率表

构件名称	制作废品率/%	运输堆放损耗率/%	安装（打桩）损耗率/%	总计/%
预制钢筋混凝土桩	0.1	0.4	1.5	2
其他各类预制预应力钢筋混凝土构件	0.1	0.8	0.5	1.4

构件内钢筋工程量除按钢筋制安有关规定计算外，再按表6.54计算预制、预应力构件的钢筋损耗；均不扣除构件内钢筋、铁件及小于0.3 m² 以内孔洞所占体积。

（2）预制混凝土构件接头灌缝，按预制混凝土构件体积计算。

（3）预制混凝土构件运输。

①外购成品预制混凝土构件运输已包括在成品价内不另计算。

②现场制作或施工企业附属加工厂制作的预制混凝土构件运输工程量按设计图示尺寸加计运输堆放损耗及安装或打桩损耗后以体积计算。

（4）预制混凝土构件安装。

①预制混凝土矩形柱、工形柱、双肢柱、空格柱、管道支架等安装，均按柱安装计算。

②组合屋架安装，以混凝土部分体积计算，钢杆件部分不计算。

③预制板安装，按不扣除单个面积≤0.3 m² 孔洞所占体积计算；预制空心板按扣除空心板孔洞所占体积计算。

4. 计算示例

【例6.23】 某工程用带牛腿的C20钢筋混凝土预制柱20根，其下柱长 L_1 =6.0 m，断面尺寸为600 mm×500 mm，上柱长 L_2 =3.0 m，断面尺寸为400 mm×500 mm，牛腿参数为 h =700 mm，c =200 mm，α =56°。清单工程量见表6.55，计算预制柱安装的综合单价并编制相应的清单计价表。（按外购成品考虑，本题综合工日、材料、机械台班单价同定额）

表6.55　分部分项工程量清单

序号	项目编码	项目名称	项目特征	计量单位	工程量
1	010509001001	矩形柱	（1）单件体积:2.51 m³ （2）混凝土强度等级:C20	m³	49.1

【解】 （1）预制混凝土柱按设计图示尺寸以体积计算，以立方米计量，定额工程量计算规则同清单工程量计算规则。

（2）综合单价分析见表6.56。

表6.56　分部分项工程量清单综合单价分析表

序号	项目编号	项目名称	计量单位	清单综合单价组成明细														综合单价/元
				定额编号	定额名称	定额单位	数量	单价/元				合价/元						
								人工费		材料费	机械费	人工费		材料费	机械费	管理费	利润	风险费	
								定额人工费	规费			定额人工费	规费						
1	010509001001	矩形柱	m³	1-5-302	柱安装柱单体6 m³以内	10 m³	0.1	648.65	129.73	11 232.63	386.32	64.87	12.97	1 123.26	38.63	15.48	9.38	63.231	327.83

注：矩形柱相对量：（49.1/10）/49.1=0.10。

6.5-6

（3）编制分部分项工程量清单计价表（表6.57）。

表6.57　工程量清单计价表

序号	项目编码	项目名称	项目特征	计量单位	工程量	金额/元					
						综合单价	合价	其中			
								人工费		机械费	暂估价
								定额人工费	规费		
1	010509001001	矩形柱	（1）单件体积：2.46 m³ （2）混凝土强度等级：C20	m³	49.1	1 327.83	65 196.35	3 184.87	636.97	1 896.83	—

【例6.24】 某建筑C20梁轴网如图6.12所示，开间为3 500 mm、3 500 mm，进深为3 500 mm、3 500 mm，柱截面尺寸为400 mm×400 mm，梁截面尺寸为300 mm×500 mm，场外运距10 km，场内运距1 km，按2类构件，清单工程量见表6.58，计算预制矩形梁安装的综合单价并编制相应的清单计价表。（施工企业附属加工厂制作，本题综合工日、材料、机械台班单价同定额）

表6.58　分部分项工程量清单

序号	项目编码	项目名称	项目特征	计量单位	工程量
1	010510001001	矩形梁	（1）单件体积：0.47 m³ （2）混凝土强度等级：C20	m³	5.58

【解】 （1）预制混凝土梁以立方米计量，按设计图示尺寸以体积计算，预制梁制作废品率为0.1%，运输堆放损耗率为0.8%、安装损耗率为0.5%、总损耗率为1.4%。

（2）计算过程。

$$图纸工程量 \ V = 0.3 \times 0.5 \times (3.5-0.4) \times 12 = 5.58(\text{m}^3)$$

$$制作工程量 = 图纸工程量 \times (1+总损耗率) = 5.58 \times 1.014 = 5.66(\text{m}^3)$$

$$运输工程量 = 图纸工程量 \times (1+运输堆放损耗率+安装损耗率) = 5.58 \times 1.013 = 5.65(\text{m}^3)$$

$$安装工程量 = 图纸工程量 = 5.58(\text{m}^3)$$

综合单价分析见表6.59。

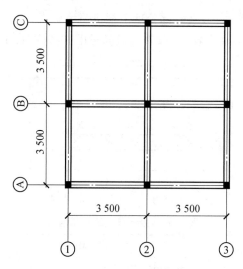

图 6.12　梁平面布置图

表 6.59　分部分项工程量清单综合单价分析表

序号	项目编号	项目名称	计量单位	定额编号	定额名称	定额单位	数量	单价/元				合价/元							综合单价/元
								人工费		材料费	机械费	人工费		材料费	机械费	管理费	利润	风险费	
								定额人工费	规费			定额人工费	规费						
1	010510001001	矩形梁	m³	1-5-89	预制矩形梁	10 m³	0.101 434	1 278.12	255.62	628.68	320.50	129.64	25.93	368.07	22.37	29.94	18.15	29.70	1 096.59
				1-5-288	预制混凝土构件场内运输1 km	10 m³	0.101 254	100.39	20.07	199.62	859.62	10.16	2.03	20.21	87.04	3.90	2.37	6.29	
				1-5-290	预制混凝土构件场外运输10 km	10 m³	0.101 254	180.18	36.04	199.62	536.42	18.24	3.65	20.21	155.57	6.99	4.24	10.45	
				1-5-313	连系梁安装	10 m³	0.1	410.81	82.16	69.97	430.68	41.08	8.22	7.00	43.07	10.14	6.15	5.78	

注:(1)预制矩形梁相对量:(5.66/10)/5.58=0.101 434。
(2)运输矩形梁相对量:(5.65/10)/5.58=0.101 254。
(3)连系梁安装定额扣除预制梁构件半成品消耗量。

6.5-7

（3）编制分部分项工程量清单计价表（表 6.60）。

表 6.60　工程量清单计价表

序号	项目编码	项目名称	项目特征	计量单位	工程量	金额/元					
						综合单价	合价	其中			
								人工费		机械费	暂估价
								定额人工费	规费		
1	010510001001	矩形梁	(1)单件体积:0.47 m³ (2)混凝土强度等级:C20	m³	5.58	1 096.59	6 118.98	1 111.17	222.23	1 718.89	—

【例6.25】　空心板如图6.13所示,其分部分项工程量清单见表6.61。现选用该空心板200块,计算空心板的综合单价并编制相应的清单计价表。(按外购成品考虑,本题综合工日、材料、机械台班单价同定额)

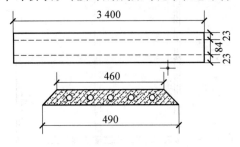

图6.13　空心板示意图

表6.61　分部分项工程量清单

序号	项目编码	项目名称	项目特征	计量单位	工程量
1	010512002001	空心板	(1)单件体积:0.12 m³ (2)混凝土强度等级:C20	m³	0.24

【解】　(1)计算思路。

空心板以立方米计量,按设计图示尺寸以体积计算。

(2)计算过程。

$$单件工程量 = (0.46+0.49)×0.13/2×3.4 - 3.14×0.042×0.042×5×3.4 = 0.12(m^3)$$
$$200块空心板工程量 = 0.12×200 = 24(m^3)$$
$$接头灌缝工程量 = 预制构件体积 = 24(m^3)$$

综合单价分析见表6.20。

表6.62　分部分项工程量清单综合单价分析表

序号	项目编号	项目名称	计量单位	定额编号	定额名称	定额单位	数量	人工费 定额人工费	人工费 规费	材料费	机械费	人工费 定额人工费	人工费 规费	材料费	机械费	管理费	利润	风险费	综合单价/元
1	010510001001	矩形梁	m³	1-5-155	空心板接头灌缝	10 m³	0.1	949.68	189.93	425.94	4.87	94.97	18.99	42.59	0.49	21.64	13.12	9.59	1 578.19
				1-5-344	空心板安装	10 m³	0.1	811.71	162.34	11 195.44	627.50	81.17	16.23	1 119.54	62.75	19.63	11.90	65.56	

注:预制板相对量:(24/10)/24=0.1。

(3)编制分部分项工程量清单计价表(表6.63)。

表6.63　分部分项工程量清单计价表　　6.5-8

序号	项目编码	项目名称	项目特征	计量单位	工程量	综合单价	合价	其中 人工费 定额人工费	其中 人工费 规费	机械费	暂估价
1	010512002001	空心板	(1)单件体积:0.12 m³ (2)混凝土强度等级:C20	m³	24	1 578.19	37 876.64	4 227.34	845.45	1 517.69	—

6.5.4　钢筋工程计价标准项目的划分及其与清单项目组合

1. 项目划分

在《云南省建设工程计价标准》中,钢筋混凝土工程划分为 11 节,共 99 个子目。其中常用的现浇构件钢筋有现浇构件圆钢按直径分 4 个子目、现浇构件带肋钢筋按种类及直径分 12 个子目;特别注意的是箍筋单独按种类及直径划分为 7 个子目。钢筋的连接根据连接方式的不同分焊接、机械连接和植筋,共 26 个子目。

2. 清单项目与定额项目常见组合

详细内容见二维码 6.5-9。

6.5-9

3. 工程量计算规则

(1)现浇、预制构件钢筋,按设计图示钢筋长度乘以单位理论质量计算。

(2)钢筋搭接长度按设计图示及规范要求计算。

(3)钢筋的搭接(接头)数量应按设计图示及规范要求计算;设计图示及规范要求未标明的,通长钢筋直径大于 8 mm 不大于 12 mm 时,按 12 m 计算一个搭接(接头);通长钢筋直径大于 12 mm 时,按 9 m 计算一个搭接(接头)。

但设计采用全部焊接、机械连接的钢筋以及预制构件(含预应力构件)中的钢丝束、钢绞线、冷拔低碳钢丝,不计算搭接数量。

(4)先张法预应力钢筋按设计图示钢筋长度乘以单位理论质量计算。

(5)后张法预应力钢筋按设计图示钢筋(绞线、丝束)长度乘以单位理论质量计算。

①低合金钢筋两端均采用螺杆锚具时,钢筋长度按孔道长度减 0.35 m 计算,螺杆另行计算。

②低合金钢筋一端采用镦头插片,另一端采用螺杆锚具时,钢筋长度按孔道长度计算,螺杆另行计算。

③低合金钢筋一端采用镦头插片,另一端采用帮条锚具时,钢筋按增加 0.15 m 计算;两端均采用帮条锚具时,钢筋长度按孔道长度增加 0.3 m 计算。

④低合金钢筋采用后张混凝土自锚时,钢筋长度按孔道长度增加 0.35 m 计算。

⑤低合金钢筋(钢绞线)采用 JM、XM、QM 型锚具,孔道长度≤20 m 时,钢筋长度按孔道长度增加 1 m 计算;孔道长度>20 m 时,钢筋长度按孔道长度增加 1.8 m 计算。

⑥碳素钢丝采用锥形锚具,孔道长度≤20 m 时,钢丝束长度按孔道长度增加 1 m 计算;孔道长度>20 m 时,钢丝束长度按孔道长度增加 1.8 m 计算。

⑦碳素钢丝采用镦头锚具时,钢丝束长度按孔道长度增加 0.35 m 计算。

(6)预应力钢丝束、钢绞线锚具安装按套数计算。

(7)钢筋电渣压力焊、气压焊、机械连接接头、型钢混凝土结构中钢筋与型钢骨架的接头,按个计算。

(8)植筋按个计算,植入钢筋按外露和植入部分之和长度乘以单位理论质量计算。

(9)混凝土土灌注桩钢筋笼、地下连续墙钢筋笼、钢筋网片按设计图示钢筋长度乘以单位理论质量计算。

(10)混凝土构件预埋铁件、螺栓,按设计图示尺寸以质量计算。

(11)现浇钢筋混凝土中用于固定钢筋位置的支撑钢筋、双层钢筋用的"铁马"、伸出构件外的描固钢筋按图示钢筋长度乘以单位理论质量计算。如设计未明确时,按批准的施工组织设计或施工方案计算。

(12)隔震橡胶支座区别有效直径以"个"计算。

(13)钢筋与劲性钢骨架现场焊接工程量区别主、箍筋、直螺纹套筒,以"个"计算。

(14)劲性钢骨架上钻孔以"个"计算。

4. 计算示例

【例 6.26】　依据【例 3.26】条形基础钢筋工程量清单计算结果,计算钢筋综合单价并编制相应的清单计价表。

【解】　（1）定额工程量计算规则基本同清单工程量计算规则，只是 A、B、C 轴上的通长筋有 30 个接头，按 C30 混凝土 50% 接头率 30×49d×0.617/1 000＝9.07（kg），定额工程量为 0.610（t），计算详见【例 3.26】。

（2）综合单价分析见表 6.64。

表 6.64　分部分项工程量清单综合单价分析表

序号	项目编号	项目名称	计量单位	定额编号	定额名称	定额单位	数量	清单综合单价组成明细											综合单价/元
								单价/元				合价/元							
								人工费		材料费	机械费	人工费		材料费	机械费	管理费	利润	风险费	
								定额人工费	规费			定额人工费	规费						
1	010515001001	现浇构件钢筋	t	1-5-189	带肋钢筋 HRB400 直径10 mm 以内	t	1.015	978.76	195.75	4 254.95	19.25	993.44	198.69	4 318.77	19.54	226.66	137.41	294.73	6 189.24
2	010515001002	现浇构件钢筋	t	1-5-190	带肋钢筋 HRB400 直径18 mm 以内	t	1.00	842.99	168.60	4 216.70	47.65	842.99	168.60	4 216.70	47.65	192.90	116.94	279.29	5 865.06

注：钢筋相对量：（0.610/1）/0.601＝1.015 或（2.046/1）/2.046＝1。

（3）编制分部分项工程量清单计价表（表 6.65）。

6.5-10

表 6.65　分部分项工程量清单计价表

序号	项目编码	项目名称	项目特征	计量单位	工程量	金额/元						备注
						综合单价	合价	其中				
								人工费		机械费	暂估价	
								定额人工费	规费			
1	010515001001	现浇构件钢筋	（1）钢筋种类、规格：HRB400，$\phi \leqslant 10$ mm （2）钢筋搭接：满足设计及规范要求	t	0.601	6 189.24	3 719.73	597.06	119.41	11.74	—	—
2	010515001002	现浇构件钢筋	（1）钢筋种类、规格：HRB400，$\phi \leqslant 18$ mm （2）钢筋搭接：满足设计及规范要求	t	2.046	5 865.06	11 999.92	1 724.76	344.94	97.49	—	—

【例 6.27】　依据【例 3.27】框架柱钢筋工程量计算结果，编制钢筋综合单价及相应的清单计价表。

【解】　（1）定额工程量计算规则同清单工程量计算规则，钢筋工程量计算详见【例 3.27】。

（2）综合单价分析见表 6.66。

表 6.66　分部分项工程量清单综合单价分析表

序号	项目编号	项目名称	计量单位	定额编号	定额名称	定额单位	数量	单价/元 人工费 定额人工费	单价/元 人工费 规费	单价/元 材料费	单价/元 机械费	合价/元 人工费 定额人工费	合价/元 人工费 规费	合价/元 材料费	合价/元 机械费	合价/元 管理费	合价/元 利润	合价/元 风险费	综合单价/元
1	010515001001	现浇构件钢筋（箍筋）	t	1-5-218	带肋箍筋 HRB400 直径10 mm 以内	t	1.00	1 947.23	389.45	4 280.01	46.54	1 947.23	389.45	4 280.01	46.54	444.43	269.43	368.85	7 745.93
2	010515001003	现浇构件钢筋	t	1-5-191	带肋钢筋 HRB400 直径25 mm 以内	t	1.00	579.15	115.83	4 070.75	38.84	579.15	115.83	4 070.75	38.84	132.64	80.41	250.88	5 268.5

注:钢筋相对量:(1.017/1)/1.017＝1 或(1.427/1)/1.427＝1。

（3）编制分部分项工程量清单计价表（表6.67）。

6.5-11

表 6.67　分部分项工程量清单计价表

序号	项目编码	项目名称	项目特征	计量单位	工程量	金额/元 综合单价	金额/元 合价	金额/元 其中 人工费 定额人工费	金额/元 其中 人工费 规费	金额/元 其中 机械费	金额/元 其中 暂估价	备注
1	010515001001	现浇构件钢筋	(1)钢筋种类、规格:HRB400, $\phi \leqslant 10$ mm (2)钢筋搭接:满足设计及规范要求	t	1.017	7 745.93	7 877.62	1 980.33	396.07	47.33	—	—
2	010515001002	现浇构件钢筋	(1)钢筋种类、规格:HRB400, 18 mm<$\phi \leqslant$25 mm (2)钢筋搭接:满足设计及规范要求	t	1.427	5 268.50	7 518.15	826.45	165.29	55.42	—	—

【例6.28】　依据【例3.28】编制的框梁钢筋工程量清单,计算钢筋综合单价并编制相应的清单计价表。

【解】　(1)定额工程量计算规则同清单工程量计算规则,计算详见【例3.28】。只是下部通长筋每根 19 m长,有 2 个接头,共计 24 个接头,按一级抗震 C30 混凝土考虑每个接头损耗长度48d,24×48d×2/1 000＝ 41.472(kg),定额工程量为 0.839(t)。

(2)综合单价分析见表6.68。

表 6.68　分部分项工程量清单综合单价分析表

序号	项目编号	项目名称	计量单位	定额编号	定额名称	定额单位	数量	人工费 定额人工费	人工费 规费	材料费	机械费	人工费 定额人工费	人工费 规费	材料费	机械费	管理费	利润	风险费	综合单价/元
								单价/元				合价/元							
1	010515001001	现浇构件钢筋（箍筋）	t	1-5-218	带肋箍筋 HPB400 直径10 mm 以内	t	1.00	1 947.23	389.45	4 280.01	46.54	1 947.23	389.45	4 280.01	46.54	444.43	269.43	368.85	7 745.94
2	010515001002	现浇构件钢筋	t	1-5-190	带肋钢筋 HRB400 直径18 mm 以内	t	1.051	842.99	168.60	4 216.70	47.65	885.98	177.19	4 431.75	50.08	202.74	122.91	293.53	6 164.18

注:钢筋相对量:$(0.327/1)/0.327 = 1$ 或 $(0.839/1)/0.798\ 9 = 1.051$。

（3）编制分部分项工程量清单计价表（表 6.69）。　　　　　　　　　　　6.5-12

表 6.69　分部分项工程量清单计价表

序号	项目编码	项目名称	项目特征	计量单位	工程量	综合单价	合价	人工费 定额人工费	人工费 规费	机械费	暂估价	备注
							金额/元	其中				
1	010515001001	现浇构件钢筋（箍筋）	(1)钢筋种类、规格:HRB400, $\phi \leqslant 10$ mm (2)钢筋搭接:满足设计及规范要求	t	0.327	7 745.94	2 532.92	636.74	127.35	15.22	——	——
2	010515001002	现浇构件钢筋	(1)钢筋种类、规格:HRB400, 10 mm<$\phi \leqslant 18$ mm (2)钢筋搭接:满足设计及规范要求	t	0.798	6 164.18	4 919.02	707.01	141.40	39.96	——	——

【例 6.29】　依据【例 3.29】板钢筋工程量清单计算结果,计算钢筋综合单价并编制相应的清单计价表。

【解】　（1）定额工程量计算规则同清单工程量计算规则,计算详见【例 3.29】。

（2）分部分项工程量清单综合单价分析见表 6.70。

表6.70　分部分项工程量清单综合单价分析表

序号	项目编号	项目名称	计量单位	定额编号	定额名称	定额单位	数量	清单综合单价组成明细										综合单价/元
								单价/元				合价/元						
								人工费		材料费	机械费	人工费		材料费	机械费	管理费	利润	风险费	
								定额人工费	规费			定额人工费	规费						
1	010515001001	现浇构件钢筋	t	1-5-189	带肋钢筋HRB400直径10 mm以内	t	1.00	978.76	195.75	4 254.95	19.25	978.76	195.75	4 254.95	19.25	223.31	135.38	290.37	6 097.77
2	010515001002	现浇构件钢筋	t	1-5-185	圆钢筋HPB300直径10 mm以内	t	1.00	1 177.35	235.47	4 161.39	19.14	1 177.35	235.47	4 161.39	19.14	268.55	162.80	301.24	6 325.94

注:钢筋相对量:(0.523/1)/0.523=1 或(0.060/1)/0.060=1。

(3)编制分部分项工程量清单计价表(表6.71)。

6.5-13

表6.71　分部分项工程量清单计价表

序号	项目编码	项目名称	项目特征	计量单位	工程量	金额/元						备注
						综合单价	合价	其中				
								人工费		机械费	暂估价	
								定额人工费	规费			
1	010515001001	现浇构件钢筋	(1)钢筋种类、规格:HRB400,φ≤10 mm (2)钢筋搭接:满足设计及规范要求	t	0.523	6 097.77	3 189.13	511.89	102.38	10.07	—	—
2	010515001002	现浇构件钢筋	(1)钢筋种类、规格:HPB300,φ≤10 mm (2)钢筋搭接:满足设计及规范要求	t	0.060	6 325.94	379.56	70.64	14.23	1.15	—	—

【例6.30】 依据【例3.30】灌注桩钢筋笼工程量清单计算结果,计算钢筋笼综合单价并编制相应的清单计价表。

【解】 (1)定额工程量计算规则同清单工程量计算规则,计算详见【例3.30】。

(2)分部分项工程量清单综合单价分析见表6.72。

表 6.72 分部分项工程量清单综合单价分析表

序号	项目编号	项目名称	计量单位	定额编号	定额名称	定额单位	数量	单价/元 人工费 定额人工费	单价/元 人工费 规费	单价/元 材料费	单价/元 机械费	合价/元 人工费 定额人工费	合价/元 人工费 规费	合价/元 材料费	合价/元 机械费	合价/元 管理费	合价/元 利润	合价/元 风险费	综合单价/元
1	010515004001	钢筋笼	t	1-5-223	混凝土灌注桩钢筋笼 HRB400	t	1.00	569.50	113.90	4 274.64	208.73	569.50	113.90	4 274.64	208.73	133.54	80.95	269.06	6 491.56
				1-5-224	钢筋笼接头吊焊	t	1.00	139.64	27.93	32.22	359.64	139.64	27.93	32.22	359.64	38.36	23.26	31.05	
				1-5-225	钢筋笼安放	t	1.00	49.68	9.93	0.00	99.43	49.68	9.93	0.00	99.43	13.13	7.96	9.01	

注:钢筋相对量:(0.355/1)/0.355=1。

6.5-14

(3)编制分部分项工程量清单计价表(表 6.73)。

表 6.73 分部分项工程量清单计价表

序号	项目编码	项目名称	项目特征	计量单位	工程量	金额/元 综合单价	金额/元 合价	金额/元 其中 人工费 定额人工费	金额/元 其中 人工费 规费	金额/元 其中 机械费	金额/元 其中 暂估价	备注
1	010515004001	钢筋笼	(1)钢筋种类、规格:HRB400 (2)钢筋搭接:满足设计及规范要求	t	0.355	6 491.56	2 304.50	269.38	53.87	237.07	—	—

【例 6.31】 依据【例 3.31】预应力梁钢筋工程量清单计算结果,计算钢筋综合单价并编制相应的清单计价表。

【解】 (1)定额工程量计算规则同清单工程量计算规则,计算详见【例 3.31】。

(2)分部分项工程量清单综合单价分析见表 6.74。

表 6.74 分部分项工程量清单综合单价分析表

序号	项目编号	项目名称	计量单位	定额编号	定额名称	定额单位	数量	单价/元 人工费 定额人工费	单价/元 人工费 规费	单价/元 材料费	单价/元 机械费	合价/元 人工费 定额人工费	合价/元 人工费 规费	合价/元 材料费	合价/元 机械费	合价/元 管理费	合价/元 利润	合价/元 风险费	综合单价/元
1	010515008001	预应力钢绞线	t	1-5-244	有黏结钢绞线	t	1.00	450.19	90.04	5 291.57	32.99	450.19	90.04	5 291.57	32.99	103.15	62.54	301.52	23 145.33
				1-5-246	预应力钢绞线张拉	t	1.00	706.31	141.26	—	643.94	706.31	141.26	0.00	643.94	172.63	104.66	88.44	
				1-5-247	单锚锚具安装	套	88.24	57.53	11.50	68.46	2.80	5 076.45	1 014.76	6 040.91	247.07	1 160.92	703.79	712.19	

注:钢筋相对量:6/1/0.068=88.24。

(3)编制分部分项工程量清单计价表(表6.75)。

6.5-15

表6.75　分部分项工程量清单计价表

序号	项目编码	项目名称	项目特征	计量单位	工程量	金额/元						备注
						综合单价	合价	其中				
								人工费		机械费	暂估价	
								定额人工费	规费			
1	010515008001	预应力钢绞线	(1)钢丝种类、规格:AS1×7-15.2 (2)锚具类型:单锚	t	0.068	23 145.33	1 573.88	423.84	84.73	62.83	—	—

6.6　金属结构工程

6.6.1　金属结构工程计价标准项目的划分及其与清单项目的组合

1.项目划分

在《云南省建设工程计价标准》中,金属结构工程分为金属结构制作、金属构件运输、金属结构安装、金属结构楼(墙)面板及其他4节。

2.清单项目与定额项目常见组合

详细内容见二维码6.6-1。

3.说明

详细内容见二维码6.6-2。

6.6-1

6.6.2　工程量计算规则

6.6-2

1.金属构制件作

(1)金属结构构件现场制作工程量按设计图示尺寸以质量计算。不扣除单个面积≤0.3 m²的孔洞质量,焊缝、柳钉、螺栓等不另增加质量。

(2)钢网架计算工程量时,不扣除单个面积≤0.3 m²孔眼的质量,焊缝、铆钉等质量不另增加。焊接空心球网架质量包括连接钢管杆件、连接球、支托和网架支座等零件的质量,螺栓球节点网架质量包括连接钢管杆件(含高强螺栓、销子、套筒、锥头或封板)、螺栓球、支托和网架支座等零件的质量。

(3)依附在钢柱上的牛腿及悬臂梁的质量等并入钢柱的质量内,钢柱上的柱脚板、加劲板、柱顶板、隔板和肋板并入钢柱工程量内。

(4)钢管柱上的节点板、加强环、内衬板(管)、牛腿等并入钢管柱的工程量计算。

(5)钢平台的工程量包括钢平台的柱、梁、板、斜撑等的质量,依附于钢平台上的钢扶梯及平台栏杆,应按相应构件另行列项计算。

(6)钢楼梯的工程量包括楼梯平台、楼梯梁、楼梯踏步等的质量,钢楼梯上的扶手、栏杆另行列项计算。

(7)钢栏杆包括扶手的质量,合并套用钢栏杆项目。

(8)机械或手工及动力工具除锈按设计要求以构件需除锈的展开面积计算。

2.金属结构安装

(1)构件安装工程量按成品构件的设计图示尺寸以质量计算,不扣除单个面积≤0.3 m²的孔洞质量,焊缝、铆钉、螺栓等不另增加质量。

（2）钢网架安装工程量不扣除孔眼的质量，焊缝、铆钉等不另增加质量。焊接空心球网架质量包括连接钢管杆件、连接球、支托和网架支座等零件的质量；螺栓球节点网架质量包括连接钢管杆件（含高强螺栓、销子、套筒、锥头或封板）、螺栓球、支托和网架支座等零件的质量。

（3）依附在钢柱上的牛腿及悬臂梁的质量等并入钢柱的质量内，钢柱上的柱脚板、加劲板、柱顶板、隔板和肋板并入钢柱工程量内。

（4）钢管柱上的节点板、加强环、内衬板（管）、牛腿等并入钢管柱的质量。

（5）钢吊车梁工程量包含吊车梁、制动梁、制动板、车档等。

（6）钢平台的工程量包括钢平台的柱、梁、板、斜撑等的质量，依附于钢平台上的钢格栅、钢扶梯及平台栏杆并入钢平台工程量内。

（7）钢楼梯的工程量包括楼梯平台、楼梯梁、楼梯踏步等的质量，钢楼梯上的扶手、栏杆并入钢楼梯工程量内。

（8）钢构件现场拼装平台摊销工程量按现场在平台上实施拼装构件的工程量计算。

3. 金属结构运输

金属结构构件运输（指企业自有附属加工厂加工的金属结构构件），其运输工程量等于制作工程量。

4. 金属结构楼（墙）面板及其他

（1）钢楼（承）板、屋面扳按设计图示尺寸以铺设面积计算，不扣除单个面积≤0.3 m² 的柱、垛及孔洞所占面积，屋面波纤保温棉面积同单层压型钢板屋面板面积。

（2）压型钢板、彩钢夹心板、采光板墙面板、墙面玻纤保温棉按设计图示尺寸以铺挂面积计算，不扣除单个面积≤0.3 m² 孔洞所占面积，墙面玻纤保温棉面积同单层压型钢板墙面板面积。

（3）钢板天沟按设计图示尺寸以质量计算，依附天沟的型钢并入天沟的质量内计算；不锈钢天沟、彩钢板天沟按设计图示尺寸以长度计算。

（4）金属构件安装使用的高强螺栓、花篮螺栓和剪力栓钉按设计图纸以数量以"套"为单位计算。

（5）槽铝檐口端面封边包角、混凝土浇捣收边板高度按 150 mm 考虑，工程量按设计图示尺寸以延长米计算；其他材料的封边包角、混凝土浇捣收边板按设计图示尺寸以展开面积计算。

6.6.3　计算示例

【例 6.32】　某钢结构实腹柱如图 3.37 所示，其高度为 3.3 m，已知运距为 5 km，图右侧为详图，左侧为详图剖面图，图中方框内数字表示构件的零件编号，分部分项工程量清单见表 6.76，计算实腹钢管柱综合单价并编制相应的清单计价表。

表 6.76　分部分项工程量清单

序号	项目编码	项目名称	项目特征	计量单位	工程量
1	010603001001	实腹钢柱	（1）柱类型：实腹钢柱 （2）钢材品种、规格：焊接 H 型钢 200×200×8×12 （3）单根柱质量：0.182 t （4）防火要求：满足设计及规范要求 （5）其他：包含螺栓连接，探伤，补油漆	t	0.182

【解】　（1）定额工程量计算规则同清单工程量计算规则，工程量计算过程详见【例 3.32】。

（2）分部分项工程量清单综合单价分析见表 6.77。

表 6.77　分部分项工程量清单综合单价分析表

序号	项目编号	项目名称	计量单位	定额编号	定额名称	定额单位	数量	单价/元				合价/元							综合单价/元
								人工费		材料费	机械费	人工费		材料费	机械费	管理费	利润	风险费	
								定额人工费	规费			定额人工费	规费						
1	010603002001	实腹钢柱	t	1-6-13	焊接H型钢柱	t	1	1 059.200	211.840	4 373.180	500.300	1 059.200	211.840	4 373.180	500.300	250.403	151.802	327.336	
				1-6-69	钢柱安装	t	1	444.020	88.800	5 000.64	192.050	444.020	88.800	5 000.64	192.050	104.648	63.44	294.68	13 131.99
				1-6-46	一类构件5 km运输	10 t	0.1	128.700	25.740	70.290	380.410	12.870	2.574	7.029	38.041	3.625	2.1976	3.316 63	

注:焊接H型钢柱及钢柱安装相对量:(0.182/1)/0.182=1;构件运输相对量(0.182/10)/0.182=0.1。

6.6-3

（3）编制分部分项工程量清单计价表（表 6.78）。

表 6.78　分部分项工程量清单计价表

序号	项目编码	项目名称	项目特征	计量单位	工程量	金额/元					
						综合单价	合价	其中			
								人工费		机械费	暂估价
								定额人工费	规费		
1	010603002001	实腹钢柱	(1)柱类型:实腹钢柱 (2)钢材品种、规格:焊接H型钢200×200×8×12 (3)单根柱质量:0.182 t (4)防火要求:满足设计及规范要求 (5)其他:包含螺栓连接,探伤,补油漆	t	0.182	13 131.99	2 390.02	275.93	132.93	—	—

【例6.33】　某压型楼板建筑如图3.38所示,分部分项工程量清单见表6.79,计算楼板综合单价并编制相应的清单计价表。

表 6.79　分部分项工程量清单

序号	项目编码	项目名称	项目特征	计量单位	工程量
1	010605001001	钢板楼板	(1)钢材品种、规格:压型钢板楼层板3 000 mm×3 000 mm (2)防火要求:满足设计及规范要求 (3)其他:包含螺栓连接	m²	162

【解】　（1）定额工程量计算规则同清单工程量计算规则,计算详见【例3.33】。

（2）分部分项工程量清单综合单价分析见表6.80。

表 6.80　分部分项工程量清单综合单价分析表

序号	项目编号	项目名称	计量单位	定额编号	定额名称	定额单位	数量	单价/元				合价/元							综合单价/元
								人工费		材料费	机械费	人工费		材料费	机械费	管理费	利润	风险费	
								定额人工费	规费			定额人工费	规费						
1	010605001001	钢板楼板	m²	1-6-92	压型钢板楼层板	100 m²	0.01	1 939.51	387.90	4 756.77	104.99	19.40	3.88	47.57	1.05	4.44	2.69	3.95	82.97

注:钢板楼板相对量:(162/100)/162=0.01。

6.6-4

（3）编制分部分项工程量清单计价表（表 6.81）。

表 6.81　分部分项工程量清单计价表

序号	项目编码	项目名称	项目特征	计量单位	工程量	金额/元					
						综合单价	合价	其中			
								人工费		机械费	暂估价
								定额人工费	规费		
1	010605001001	钢板楼板	(1)钢材品种、规格:压型钢板楼层板 3 000 mm×3 000 mm (2)防火要求:满足设计及规范要求 (3)其他:包含螺栓连接	m²	162	82.97	1 341.15	3 142.01	170.08	—	—

【例 6.34】　某墙面采用压型钢板的办公楼,钢板墙板分部分项工程量清单见表 6.82,计算墙板综合单价并编制相应的清单计价表。

表 6.82　分部分项工程量清单

序号	项目编码	项目名称	项目特征	计量单位	工程量
1	010605002001	钢板墙板	(1)钢材品种、规格:压型钢板 (2)层数:两层 (3)防火要求:满足设计及规范要求 (4)其他:包含螺栓连接	m²	52

【解】　（1）定额工程量计算规则同清单工程量计算规则,计算详见【例 3.34】。

（2）分部分项工程量清单综合单价分析见表 6.83。

表 6.83　分部分项工程量清单综合单价分析表

序号	项目编号	项目名称	计量单位	定额编号	定额名称	定额单位	数量	单价/元				合价/元							综合单价/元
								人工费		材料费	机械费	人工费		材料费	机械费	管理费	利润	风险费	
								定额人工费	规费			定额人工费	规费						
1	010605002001	钢板墙板	m²	1-6-96	压型钢板	100 m²	0.01	1 551.61	310.32	8 701.47	104.99	15.52	3.10	87.01	1.05	3.55	2.15	5.619	118.01

注:钢板墙板相对量:(52/100)/52=0.01。

（3）编制分部分项工程量清单计价表（表 6.84）。

6.6-5

表 6.84　分部分项工程量清单计价表

序号	项目编码	项目名称	项目特征	计量单位	工程量	金额/元					
						综合单价	合价	其中			
								人工费		机械费	暂估价
								定额人工费	规费		
1	010605002001	钢板墙板	（1）钢材品种、规格:压型钢板 （2）层数:两层 （3）防火要求:满足设计及规范要求 （4）其他:包含螺栓连接	m²	52	118.01	6 136.60	806.84	161.37	54.59	—

6.7　木结构工程

6.7.1　木结构工程计价标准项目的划分及其与清单项目的组合

1. 项目划分
在《云南省建设工程计价标准》中,木结构工程包括木屋架、木结构、屋面木基层 3 节。

2. 清单项目与定额项目常见组合
详细内容见二维码 6.7-1。

3. 说明
详细内容见二维码 6.7-2。

6.7-1

6.7.2　工程量计算规则

1. 本节工程量计算时均不扣除孔眼、开榫、切边的量

2. 木屋架

6.7-2

（1）木屋架、檩条工程量按设计图示尺寸以体积计算。附属于其上的木夹板、垫木、风撑、挑檐木、檩条三角条均按图示体积并入相应的屋架、檩条工程量内。单独挑檐木并入檩条工程量内。

（2）圆木屋架工程量按设计图示尺寸以体积计算,圆木屋架上的挑檐木、风撑等设计规定为方木时,应将方木体积乘以系数 1.7 折合成圆木并入圆木屋架工程量内。

（3）钢木屋架工程量按木屋架设计图示尺寸以体积计算。

（4）气楼屋架按设计图示尺寸以体积计算,工程量并入所依附的屋架工程量内。

（5）屋架的马尾、折角和正交部分半屋架,均按设计图示尺寸以体积计算,工程量并入相连屋架工程量内计算。

（6）简支檩木按设计图示尺寸以长度计算,设计无规定时,按相邻屋架或山墙中距增加 200 mm 计算,两端出山檩条长度算至博风板;连续檩的长度按设计长度乘以系数 1.05 计算。

3. 木构件

（1）木柱、木梁按设计图示尺寸以体积计算。

（2）木楼梯按设计图示尺寸以水平投影面积计算，不扣除宽度≤300 mm 的楼梯井，伸入墙内部分不另计算。

（3）木地楞按设计图示尺寸以体积计算。

4.屋面木基层

（1）屋面椽子、椽板、屋面板、挂瓦条、竹帘子工程量按设计图示尺寸以屋面斜面积计算，不扣除屋面烟囱、风帽底座、风道、小气窗及斜沟等所占面积，小气窗的出檐部分不增加面积。

（2）封檐板工程量按设计图示檐口外围长度计算。博风板按斜长度计算，设计无规定时每个大刀头增加长度 500 m。

6.7.3　计算示例

【例6.35】 6 m 跨度普通木屋架结构图如图 6.14 所示，分部分项工程量清单见表 6.85，一面刨光，上弦杆规格为 160 mm×160 mm，腹杆规格为 100 mm×100 mm，立杆规格为 100 mm×100 mm，下弦杆规格为 160 mm×160 mm；中间立杆高为 1 500 mm，两侧立杆高各为 750 mm，上弦杆长为 3 354 mm。计算木屋架综合单价并编制相应的清单计价表。

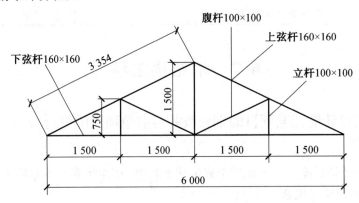

图 6.14　6 m 跨度普通木屋架结构图

表 6.85　分部分项工程量清单

序号	项目编码	项目名称	项目特征	计量单位	工程量
1	010701001001	木屋架	（1）跨度：6 m （2）材料品种、规格：方木屋架上弦杆规格为 160 mm×160 mm，腹杆规格为 100 mm×100 mm，立杆规格为 100 mm×100 mm，下弦杆规格为 160 mm×160 mm （3）拉杆种类：钢拉杆 （4）其他：包含夹板种类，防护材料种类	m³	0.39

【解】 （1）计算过程。

$$V=0.16×0.16×3.354×2+0.16×0.16×6+0.1×0.1×1.5+0.1×0.1×0.75×2+$$
$$\sqrt{1.5×1.5+0.75×0.75}×2×0.1×0.1=0.39(\text{m}^3)$$

（2）分部分项工程量清单综合单价分析见表 6.86。

表6.86　分部分项工程量清单综合单价分析表

序号	项目编号	项目名称	计量单位	清单综合单价组成明细															综合单价/元
				定额编号	定额名称	定额单位	数量	单价/元				合价/元							
								人工费		材料费	机械费	人工费		材料费	机械费	管理费	利润	风险费	
								定额人工费	规费			定额人工费	规费						
1	010701001001	木屋架	m²	1-7-3	方木屋架	10 m³	0.1	10 449.87	2 089.97	31 714.38	98.07	1 044.99	209.00	3 171.44	9.81	238.23	144.42	240.89	5 125.19
				1-16-180	20 m内人力搬运整体木屋架	m³	1	40.34	8.07	0.09	—	40.34	8.07	0.09	—	9.19	5.57	3.16	

注:方木屋架的相对量=0.39/10/0.39=0.1;搬运整体木屋架的相对量=0.39/1/0.39=1。

(3)编制分部分项工程量清单计价表(表6.87)。

6.7-3

表6.87　分部分项工程量清单计价表

序号	项目编码	项目名称	项目特征	计量单位	工程量	金额/元					
						综合单价	合价	其中			
								人工费		机械费	暂估价
								定额人工费	规费		
1	010701001001	木屋架	(1)跨度:6 m (2)材料品种、规格:方木屋架上弦杆规格为160 mm×160 mm,腹杆规格为100 mm×100 mm,立杆规格为100 mm×100 mm,下弦杆规格为160 mm×160 mm (3)拉杆种类:钢拉杆 (4)其他:包含夹板种类,防护材料种类	m³	0.39	5 125.19	1 998.83	423.28	84.66	3.82	—

6.8　门、窗工程

6.8.1　门、窗工程计价标准项目的划分及其与清单项目的组合

1. 项目划分

在《云南省建设工程计价标准》中,门、窗工程分为木门窗、金属门窗、金属卷帘(闸)、厂库房大门及特种门、其他门窗、门钢架及门窗套、窗台板、窗帘盒(轨)、门特殊五金9节。

6.8-1

2. 清单项目与定额项目常见组合

详细内容见二维码6.8-1。

3. 说明

详细内容见二维码6.8-2。

6.8-2

6.8.2　工程量计算规则

1. 木门窗

(1)木门框按设计图示框的中心线长度计算。

(2)木门扇按设计图示扇面积计算。

(3)成品套装木门按设计图示数量计算。

(4)木质防火门按设计图示洞口面积计算。

(5)木窗按设计图示窗洞口面积计算。门连窗按设计图示洞口面积分别计算门、窗面积,其中门的宽度算至门框的外边线。

2. 金属门窗

(1)门连窗按设计图示洞口面积分别计算门、窗面积,其中门的宽度算至门框的外边线。

(2)钢门、钢窗安装按设计图示洞口面积计算。

(3)铝合金门窗、塑钢门窗(飘窗、阳台封闭窗除外)均按设计图示洞口面积计算。

(4)纱门、纱窗扇按设计图示扇外围面积计算。

(5)飘窗、阳台封闭窗按设计图示框型材外边线尺寸以展开面积计算。

(6)钢质防火门、防盗门按设计图示门洞口面积计算。

(7)防盗窗按设计图示窗框外围面积计算。

(8)彩板钢门窗按设计图示门、窗洞口面积计算。彩板钢门窗附框按外框中心线长度计算。

(9)门带窗上亮与侧亮面积之和不超过地弹门、平开门、推拉门的,并入门内面积计算。超过时,门算至其立挺外边线,门扇上的上亮面积并入门内面积。

(10)一樘窗子(同一洞口)中由百叶窗和其他窗型组合而成时,百叶窗算至其窗框外边线。

3. 金属卷帘(闸)

(1)金属卷帘(闸)按设计图示卷帘门宽度乘以卷帘门高度(包括卷帘箱高度)以面积计算。依附于卷筒上的卷帘按设计高度计算,设计无要求的增加 600 mm 计算。

(2)电动装置安装按设计图示套数计算。

4. 厂库房大门、特种门

厂库房大门、特种门按设计图示门洞口面积计算。

5. 其他门窗

(1)全玻有框门扇按设计图示扇边框外边线尺寸以扇面积计算。

(2)全玻无框(条夹)门扇按设计图示扇面积计算,高度算至条夹外边线、宽度算至玻璃外边线。

(3)全玻无框(点夹)门扇按设计图示玻璃外边线尺寸以扇面积计算。

(4)无框亮子按设计图示门框与横梁或立柱内边缘尺寸玻璃面积计算。

(5)全玻转门按设计图示数量计算。

(6)不锈钢伸缩门按设计图示以长度计算。

(7)传感和电动装置按设计图示套数计算。

(8)防鼠网按边框外边线尺寸以面积计算。

(9)固定无框玻窗制作、安装按设计图示门窗洞口面积计算。

6. 门钢架、门窗套

(1)门钢架按设计图示尺寸以质量计算。

(2)门钢架基层、面层按设计图示饰面外围尺寸展开面积计算。

(3)门窗套(筒子板)龙骨、面层、基层均按设计图示饰面外围尺寸展开面积计算。

(4)成品门窗套按设计图示饰面外围尺寸展开面积计算。

7. 窗台板、窗帘盒、轨

(1)窗台板按设计图示长度乘宽度以面积计算。图纸未注明尺寸的,窗台板长度按窗框的外围宽度两边共加 100 mm 计算。窗台板凸出墙面的宽度按墙面外加 50 mm 计算。设计有要求的按设计图示尺寸计算。

（2）窗帘盒、窗帘轨按设计图示长度计算。

6.8.3　计算示例

【例 6.36】　计算门、窗工程【例 3.36】中 M0921 木质防火门综合单价并编制相应的清单计价表。（本题综合工日、材料、机械台班单价同计价标准）

【解】　（1）定额工程量计算规则同清单工程量计算规则。

$$M0921 的定额工程量 = 0.9 \times 2.1 \times 3 = 5.67 (m^2)$$

（2）分部分项工程量清单综合单价分析见表 6.88。

表 6.88　分部分项工程量清单综合单价分析表

序号	项目编号	项目名称	计量单位	清单综合单价组成明细													综合单价/元
				定额编号	定额名称	定额单位	数量	单价/元				合价/元					
								人工费		材料费	机械费	人工费		材料费	机械费	管理费	利润	风险费	
								定额人工费	规费			定额人工费	规费						
1	010801004001	木质防火门	m²	1-8-6	木质防火门安装	100 m²	0.01	2 837.84	567.56	54 052.97	—	28.38	5.68	540.53	—	6.46	3.92	29.25	614.22

注：管理费费率为 22.78%，利润费率为 13.81%，风险费费率为 5%

（3）编制分部分项工程量清单计价表（表 6.89）。

6.8-3

表 6.89　分部分项工程量清单计价表

序号	项目编码	项目名称	项目特征	计量单位	工程量	金额/元						备注
						综合单价	合价	其中				
								人工费		机械费	暂估价	
								定额人工费	规费			
1	010801004001	木质防火门	门代号及洞口尺寸：M0921、900 mm×2 100 mm	m²	5.67	614.22	3 482.60	160.91	32.18	0	—	—

6.9　屋面及防水工程

6.9.1　屋面及防水工程计价标准项目的划分及其与清单项目的组合

1. 工程项目划分

在《云南省建设工程计价标准》中，屋面及防水工程分为屋面工程、防水及其他 2 节定额内容。其中屋面工程包含块瓦屋面、沥青瓦屋面、金属板屋面、采光屋面、膜结构屋面共 5 个定额总项；防水及其他包含防水底层、隔离层，卷材防水，涂料防水，防水保护层，刚性防水，屋面排气管，屋面排水，变形缝、止水带、泛水条共 8 个定额总项。

2. 清单项目与定额项目常见组合

详细内容见二维码6.9-1。

3. 说明

详细内容见二维码6.9-2。

6.9-1

6.9.2　工程量计算规则

1. 屋面工程

（1）各种屋面和型材屋面（包括挑檐部分）均按设计图示尺寸以面积计算（斜屋面按斜面面积计算），不扣除房上烟囱、风帽底座、风道、小气窗、斜沟和脊瓦等所占面积，小气窗的出檐部分也不增加。型材屋面定额计算规则同清单规则。

6.9-2

（2）小青瓦屋脊按延长米计算，屋面不扣除其所占面积；沟头滴水按延长米计算，屋面面积须扣除沟头滴水所占面积。

（3）平板瓦、S形瓦、小青瓦屋面的正斜脊瓦、檐口线，按设计图示尺寸以长度计算。

（4）采光板屋面和玻璃采光顶屋面按设计图示尺寸以面积计算；不扣除面积≤0.3 m² 孔洞所占面积。

（5）膜结构屋面定额计算规则同清单规则。

2. 防水工程及其他

（1）防水。

①屋面防水，按设计图示尺寸以面积计算（斜屋面按斜面面积计算），不扣除房上烟囱、风帽底座、风道、屋面小气窗等所占面积，上翻部分也不另计算；屋面的女儿墙、伸缩缝和天窗等处的弯起部分，按设计图示尺寸计算；弯起部分≤300 mm 时，计入平面工程量内；弯起部分>300 mm 时，计入立面工程量内；设计无规定时，伸缩缝、女儿墙、天窗的弯起部分按500 mm 计算，计入立面工程量内。

②屋面防水透气膜按铺贴位置的设计图示尺寸以面积计算。

③楼地面防水、防潮层按设计图示尺寸以主墙间净面积计算，扣除凸出地面的构筑物、设备基础等所占面积，不扣除间壁墙及单个面积≤0.3 m² 柱、垛、烟囱和孔洞所占面积，平面与立面交接处，上翻高度≤300 mm时，按展开面积并入平面工程量内计算，高度>300 mm 时，按立面防水层计算。楼地面防水、防潮层定额计算规则同清单规则。

④墙基防水、防潮层，外墙按外墙中心线长度、内墙按墙体净长度乘以宽度，以面积计算。

⑤墙的立面防水、防潮层，不论内墙、外墙，均按设计尺寸以面积计算，定额计算规则同清单规则。

⑥基础底板的防水、防潮层，按设计图示尺寸以面积计算，不扣除桩头所占面积。

⑦桩头处外包防水按桩头投影外扩300 mm 以面积计算；地沟、电缆沟处防水按展开面积计算，均计入平面工程量。

⑧卷材防水附加层按设计铺贴尺寸以面积计算。

⑨屋面分隔缝按图示设计尺寸以屋面平面面积计算。

⑩屋面泛水金属压条，以压条延长米计算。

⑪止水带处加强防水层按设计尺寸以面积计算。

（2）屋面排水。

①水落管、镀锌铁皮天沟、檐沟，按设计图示尺寸以长度计算。

②水斗、下水口、雨水口、弯头、短管等均以设计数量计算。

③种植屋面排水按设计铺设排水层面积乘以厚度以体积计算；不扣除房上烟囱、风帽底座、风道、屋面小气窗、斜沟和脊瓦等所占面积，以及面积≤0.3 m² 的孔洞所占面积，屋面小气窗的出檐部分也不增加。

（3）变形缝与止水带。

变形缝（嵌填缝与盖板）与止水带按设计图示尺寸以长度计算，定额计算规则同清单规则。

6.9.3　计算示例

【例 6.37】　依据【例 3.41】编制的工程量清单,计算型材屋面综合单价并编制相应的清单计价表。(本题综合工日、材料、机械台班单价同定额)

【解】　(1)型材屋面定额工程量计算规则同清单工程量计算规则,计算过程及结果详见【例 3.41】。

(2)分部分项工程综合单价分析见表 6.90。

表 6.90　分部分项工程量清单综合单价分析表

序号	项目编号	项目名称	计量单位	定额编号	定额名称	定额单位	数量	单价/元				合价/元						综合单价/元
								人工费		材料费	机械费	人工费		材料费	机械费	管理费	利润	风险费	
								定额人工费	规费			定额人工费	规费						
1	010901002001	型材屋面	m²	1-9-24	金属压型板屋面	100 m²	0.01	2 456.75	491.36	9 286.42	1 402.42	24.57	4.91	92.86	14.02	5.85	3.55	7.29	153.06

注:①表中的数量是相对量:数量=(定额量/定额单位扩大倍数)/清单量。
②管理费费率取 22.78%,利润费率取 13.81%,风险费费率取 5%。

6.9-3

(3)编制分部分项工程量清单计价表(表 6.91)。

表 6.91　分部分项工程量清单计价表

序号	项目编码	项目名称	项目特征	计量单位	工程量	金额/元						备注
						综合单价	合价	其中				
								人工费		机械费	暂估价	
								定额人工费	规费			
1	010901002001	型材屋面	(1)型材品种:压型钢板 (2)金属檩条材料品种:不锈钢 (3)接缝、嵌缝材料种类:不锈钢	m²	58.58	153.06	8 966.12	1 439.16	287.84	821.54	—	—

【例 6.38】　依据【例 3.42】编制的工程量清单,计算屋面卷材防水综合单价并编制相应的清单计价表。(本题综合工日、材料、机械台班单价同定额)

【解】　(1)屋面卷材防水定额工程量计算规则同清单工程量计算规则,计算过程及结果详见【例 3.42】。

(2)分部分项综合单价分析见表 6.92。

表 6.92　分部分项工程量清单综合单价分析表

序号	项目编号	项目名称	计量单位	定额编号	定额名称	定额单位	数量	单价/元				合价/元						综合单价/元
								人工费		材料费	机械费	人工费		材料费	机械费	管理费	利润	风险费	
								定额人工费	规费			定额人工费	规费						
1	010902001001	屋面卷材防水	m²	1-9-43	改性沥青卷材	100 m²	0.01	287.26	57.45	4 365.93	0.00	2.87	0.57	43.66	0.00	0.65	0.40	2.41	50.57

注:①表中的数量是相对量:数量=(定额量/定额单位扩大倍数)/清单量。
②管理费费率取 22.78%,利润费率取 13.81%,风险费费率取 5%。

（3）编制分部分项工程量清单计价表（表6.93）。

6.9-4

表6.93　分部分项工程量清单计价表

序号	项目编码	项目名称	项目特征	计量单位	工程量	金额/元						备注
						综合单价	合价	其中				
								人工费		机械费	暂估价	
								定额人工费	规费			
1	010902001001	屋面卷材防水	（1）卷材品种：改性沥青 （2）防水层数：一层 （3）防水层做法：冷粘法	m²	49.04	50.57	2 479.73	140.87	28.17	0.00	—	—

6.10　保温隔热及防腐工程

6.10.1　保温隔热及防腐工程计价标准项目的划分及其与清单项目的组合

1.项目划分

在《云南省建筑工程计价标准》中,保温、隔热、防腐工程分为保温、隔热,防腐面层,其他防腐共3节。其中保温、隔热分为屋面保温隔热工程,天棚保温隔热工程,墙、柱面保温隔热工程,楼地面保温隔热工程,防火隔离带5个定额总项;防腐面层分为防腐混凝土、防腐砂浆、防腐胶泥、玻璃钢防腐、软聚氯乙烯板、块料防腐6个定额总项;其他防腐分为隔离层防腐、砌筑沥青浸渍砖、防腐油漆3个定额总项。

2.清单项目与定额项目常见组合

详细内容见二维码6.10-1。

3.说明

详细内容见二维码6.10-2。

6.10-1

6.10.2　工程量计算规则

1.保温隔热工程

（1）屋面保温隔热层工程量计算同清单规则,按设计图示尺寸以面积计算。扣除>0.3 m²孔洞所占面积,其他项目按设计图示尺寸以定额项目规定的计量单位计算。

（2）天棚保温隔热层工程量计算同清单规则,按设计图示尺寸以面积计算。扣除面积>0.3 m²柱、垛、孔洞所占面积,与天棚相连的梁按展开面积计算,其工程量并入天棚内。

6.10-2

（3）墙面保温隔热层工程量计算同清单规则,按设计图示尺寸以面积计算。扣除门窗洞口及面积>0.3 m²梁、孔洞所占面积;门窗洞口侧壁以及与墙相连的柱,并入保温墙体工程量内。墙体及混凝土板下铺贴隔热层不扣除木框架及木龙骨的体积。其中外墙按隔热层中心线长度计算,内墙按隔热层净长度计算。

（4）柱、梁保温隔热层工程量计算同清单规则,按设计图示尺寸以面积计算。柱按设计图示柱断面保温层中心线展开长度乘以高度以面积计算,扣除面积>0.3 m²梁所占面积,梁按设计图示梁断面保温层中心线展开长度乘以保温层长度以面积计算。

（5）楼地面保温隔热层工程量计算同清单规则,按设计图示尺寸以面积计算。扣除柱、垛及单个>0.3 m²孔洞所占面积。

（6）其他保温隔热层工程量计算同清单规则,按设计图示尺寸以展开面积计算。扣除面积>0.3 m²孔洞及占位面积。

（7）大于 0.3 m² 孔洞侧壁周围及梁头、连系梁等其他零星工程保温隔热工程量，并入墙面的保温隔热工程量内。

（8）柱帽保温隔热层，并入天棚保温隔热层工程量内。

（9）防火隔离带工程量按设计图示尺寸以面积计算。

2. 防腐工程

（1）防腐面层、隔离层及其他防腐工程量计算同清单规则，均按设计图示尺寸以面积计算。

（2）平面防腐工程量计算同清单规则，应扣除凸出地面的构筑物、设备基础等以及面积>0.3 m² 孔洞、柱、垛等所占面积，门洞、空圈、暖气包槽、壁龛的开口部分不增加面积。

（3）立面防腐工程量计算同清单规则，应扣除门、窗、洞口以及面积>0.3 m² 孔洞、梁所占面积，门、窗、洞口侧壁、垛凸出部分按展开面积并入墙面内。

（4）池、槽块料防腐面层工程量计算同清单规则，按设计图示尺寸以展开面积计算。

（5）砌筑沥青浸渍砖工程量按设计图示尺寸以面积计算，与清单规则不同。

（6）踢脚板防腐工程量按设计图示长度乘以高度以面积计算，扣除门洞所占面积，并相应增加侧壁展开面积。

（7）混凝土面及抹灰面防腐按设计图示尺寸以面积计算。

（8）苯板线条按图示尺寸以延长米计算。

（9）酸化处理按设计图示尺寸以面积计算。

（10）金属面防腐油漆项目，其工程量按设计图示尺寸以展开面积计算。

6.10.3　计算示例

【例 6.39】　清单工程量见【例 3.43】，试计算墙面保温隔热工程清单分项的综合单价并编制相应的清单计价表。（该工程外墙保温隔热做法：基层表面清理；刷界面剂；砂浆粘贴 50 mm 厚度的聚苯乙烯板）

【解】　（1）墙面保温隔热层工程量计算规则同清单工程量计算规则，计算过程及结果详见【例 3.43】。

（2）分部分项工程量清单综合单价分析见表 6.94。

表 6.94　分部分项工程量清单综合单价分析表

序号	项目编号	项目名称	计量单位	定额编号	定额名称	定额单位	数量	人工费（定额人工费）	人工费（规费）	材料费	机械费	人工费（定额人工费）	人工费（规费）	材料费	机械费	管理费	利润	风险费	综合单价/元
1	011001003001	保温隔热墙面	m²	1-10-61	聚苯乙烯板厚度50 mm	100 m²	0.010	2 079.66	415.94	2 576.73	—	20.80	4.16	25.77	—	4.74	2.87	2.92	61.25

注：（1）表中的数量是相对量：数量=（定额量/定额单位扩大倍数）/清单量。

（2）聚苯乙烯板的相对量：（137.33/100）/137.33=0.010。

（3）管理费费率取 22.78%，利润率取 13.81%，风险费费率取 5%。

（3）编制分部分项工程量清单计价表（表 6.95）。

6.10-3

表6.95　分部分项工程量清单计价表

序号	项目编码	项目名称	项目特征	计量单位	工程量	综合单价	合价	人工费		机械费	暂估价	备注
								定额人工费	规费			
1	011001003001	保温隔热墙面	(1)保温隔热部位:外墙 (2)保温隔热方式:外保温 (3)保温隔热材料品种、规格及厚度:聚苯乙烯板50 mm	m²	137.33	61.25	8 411.38	2 856.00	571.21	0.00	—	—

【**例6.40**】　清单工程量见【例3.44】,试计算柱保温隔热工程量清单分项的综合单价并编制相应的清单计价表。(该工程柱保温隔热做法:基层表面清理;刷界面砂浆;砂浆粘贴50 mm厚度的聚苯乙烯板)

【**解**】　(1)定额工程量计算规则同清单工程量计算规则,计算过程及结果详见【例3.44】。

(2)分部分项工程量清单综合单价分析见表6.96。

表6.96　分部分项工程量清单综合单价分析表

序号	项目编号	项目名称	计量单位	定额编号	定额名称	定额单位	数量	人工费		材料费	机械费	人工费		材料费	机械费	管理费	利润	风险费	综合单价/元
								定额人工费	规费			定额人工费	规费						
1	011001004001	保温柱、梁	m²	1-10-61	聚苯乙烯板厚度50 mm(柱面)	100 m²	0.010	2 079.66	415.94	2 576.73	0.00	20.80	4.16	25.77	0.00	4.74	2.87	2.92	61.25

注:(1)表中的数量是相对量:数量=(定额量/定额单位扩大倍数)/清单量。

(2)聚苯乙烯板的相对量:(13.2/100)/13.2=0.010。

(3)柱面保温根据墙面保温定额项目人工乘以系数1.19,材料乘以系数1.04。

(4)管理费费率取22.78%,利润率取13.81%,风险费费率取5%。

(3)编制分部分项工程量清单计价表(表6.97)。

表6.97　分部分项工程量清单计价表

序号	项目编码	项目名称	项目特征	计量单位	工程量	综合单价	合价	人工费		机械费	暂估价	备注
								定额人工费	规费			
1	011001004001	保温柱、梁	(1)保温隔热部位:外墙柱 (2)保温隔热方式:外保温 (3)保温隔热材料品种、规格及厚度:聚苯乙烯板50 mm	m²	13.2	61.25	808.49	274.52	54.90	0.00	—	—

【**例6.41**】　清单工程量见【例3.45】,试计算防腐工程清单分项的综合单价并编制相应的清单计价表。(该工程防腐混凝土面层做法:基层表面清理;涂刷2 mm厚水玻璃胶泥1∶0.15∶1.2∶1.1;摊铺水玻璃耐酸混凝土60 mm厚)

【解】　(1)定额工程量计算规则同清单工程量计算规则,计算过程及结果详见【例3.45】。

(2)分部分项工程量清单综合单价分析见表6.98。

表6.98　分部分项工程量清单综合单价分析表

序号	项目编号	项目名称	计量单位	清单综合单价组成明细														综合单价/元
				定额编号	定额名称	定额单位	数量	单价/元				合价/元						
								人工费		材料费	机械费	人工费		材料费	机械费	管理费	利润	风险费
								定额人工费	规费			定额人工费	规费					
1	011002001001	防腐混凝土面层(平面)	m²	1-10-84	水玻璃耐酸混凝土60 mm厚	100 m²	0.010	4 329.73	865.94	6 990.50	419.30	43.30	8.66	69.91	4.19	9.94	6.03	7.10	149.12
2	011002001002	防腐混凝土面层(立面)	m²	1-10-84	水玻璃耐酸混凝土60 mm厚(立面)	100 m²	0.010	5 975.03	1 195.00	6 990.50	419.30	59.75	11.95	69.91	4.19	13.69	8.30	8.39	176.17

注:(1)表中的数量是相对量:数量=(定额量/定额单位扩大倍数)/清单量。

(2)水玻璃耐酸混凝土(平面)的相对量:(116.16/100)/116.16=0.010。

(3)水玻璃耐酸混凝土(立面)的相对量:(21.67/100)/21.67=0.010。

(4)防腐工程按平面编制,立面施工时按相应定额项目人工费乘以系数1.38。

(5)管理费费率取22.78%,利润率取13.81%,风险费费率取5%。

6.10-4

(3)编制分部分项工程量清单计价表(表6.99)。

表6.99　分部分项工程量清单计价表

序号	项目编码	项目名称	项目特征	计量单位	工程量	金额/元						备注
						综合单价	合价	其中				
								人工费		机械费	暂估价	
								定额人工费	规费			
1	011002001001	防腐混凝土面层	(1)防腐部位:楼地面 (2)面层厚度:60 mm (3)混凝土种类:水玻璃耐酸混凝土 (4)胶泥种类、配合比:水玻璃胶泥1∶0.15∶1.2∶1.1	m²	116.16	149.12	17 321.89	5 029.41	1 005.88	487.06	—	—
2	011002001002	防腐混凝土面层	(1)防腐部位:墙面500 mm (2)面层厚度:60 mm (3)混凝土种类:水玻璃耐酸混凝土 (4)胶泥种类、配合比:水玻璃胶泥1∶0.15∶1.2∶1.1	m²	21.67	176.17	3 817.66	1 294.79	258.96	90.86	—	—

6.11　楼地面装饰工程

6.11.1　楼地面装饰工程计价标准项目的划分及其与清单项目的组合

1. 项目划分

在《云南省建筑工程计价标准》中，楼地面装饰工程分为楼地面垫层，找平层及整体面层，块料面层，木地板及复合地板面层，橡塑面层，其他材料面层，运动场地面层，踢脚线，楼梯面层，台阶装饰，零星装饰项目，分格嵌条、防滑条，标志、标线，酸洗打蜡共 14 节内容。

2. 清单项目与定额项目常见组合

详细内容见二维码 6.11-1。

3. 说明

详细内容见二维码 6.11-2。

6.11-1

6.11.2　工程量计算规则

6.11-2

(1)垫层按设计图示尺寸以体积计算。

(2)楼地面找平层及整体面层工程量计算同清单规则，按设计图示结构尺寸以面积计算。扣除凸出地面构筑物、设备基础、室内铁道、地沟等所占面积，不扣除间壁墙及单个面积≤0.3 m²柱、垛、附墙烟囱及孔洞所占面积。门洞、空圈、暖气包槽、壁龛的开口部分不增加面积。

(3)块料面层。

①块料面层按镶贴表面积计算，同清单规则。

②石材拼花按最大外围尺寸以矩形面积计算。有拼花的石材地面，按镶贴表面积扣除拼花的最大外围矩形面积计算面积。

③点缀按设计数量计算，计算主体铺贴地面面积时，不扣除点缀所占面积。

④石材底面刷养护液包括侧面涂刷，工程量按设计图示尺寸以底面积计算。

⑤石材表面刷保护液按设计图示尺寸以表面积计算。

⑥石材勾缝按石材设计图示尺寸以面积计算。

(4)木地板及复合地板面层工程量计算同清单规则，按镶贴表面积计算。门洞、空圈、暖气包槽、壁龛的开口部分并入相应的工程量内。

(5)运动场地面按设计图示尺寸以面积计算。

(6)橡塑面层工程量计算同清单规则，按镶贴表面积计算。门洞、空圈、暖气包槽、壁龛的开口部分并入相应的工程量内。

(7)其他材料面层工程量计算同清单规则，按镶贴表面积计算。门洞、空圈、暖气包槽、壁龛的开口部分并入相应的工程量内。

(8)踢脚线按设计图示长度乘以高度以面积计算，楼梯靠墙踢脚线(含锯齿形部分)贴块料按设计图示面积计算。

(9)楼梯面层工程量计算同清单规则，按设计图示尺寸以楼梯(包括踏步、休息平台及≤500 mm 的楼梯井)水平投影面积计算。楼梯与楼地面相连时，算至梯口梁内侧边沿；无梯口梁者，算至最上一层踏步边沿加 300 mm。

(10)台阶面层工程量计算同清单规则，按设计图示尺寸以台阶(包括最上层踏步边沿加 300 mm)水平投影面积计算。

(11)零星项目工程量计算同清单规则，按设计图示尺寸以面积计算。

(12)分格嵌条按设计图示尺寸以延长米计量。

(13)楼梯、台阶踏步金刚砂防滑条按设计图示尺寸以延长米计量。

(14)酸洗打蜡,按设计图示尺寸以表面积计算。

(15)标线按设计图示尺寸以面积计算。

(16)广角镜、防撞护角,按设计数量计算。

(17)盲道钉按设计数量计算。

6.11.3　计算示例

【例6.42】　【例3.46】中的陶瓷砖楼地面平面示意图如图6.15所示,试计算楼地面工程清单分项的综合单价并编制相应的清单计价表。(该工程楼地面做法为:80 mm 厚C15 素混凝土垫层,25 mm 厚1∶3 现拌水泥砂浆找平层,20 mm 厚1∶2.5 干混地面砂浆结合层,粘贴 800 mm×800 mm×10 mm 陶瓷地面砖面层,1∶1.5白水泥砂浆嵌缝,不要求酸洗打蜡,门底面贴地砖,齐外墙边)

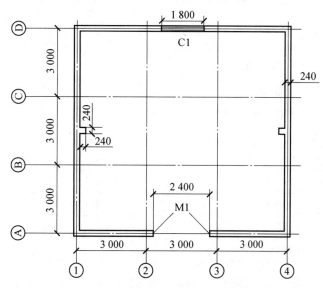

图 6.15　陶瓷砖楼地面平面示意图

【解】　(1)工程量计算。

①陶瓷地面砖面层(块料面层)按镶贴表面积计算,即
$$S=(9-0.24)\times(9-0.24)+0.24\times2.4-0.24\times0.24\times2=77.20(m^2)$$

②找平层工程量按设计图示结构尺寸以面积计算。扣除凸出地面构筑物、设备基础、室内铁道、地沟等所占面积,不扣除间壁墙及单个面积≤0.3 m² 柱、垛、附墙烟囱及孔洞所占面积。门洞、空圈、暖气包槽、壁龛的开口部分不增加面积。
$$S=(9-0.24)\times(9-0.24)=76.74(m^2)$$

③垫层工程量计算同清单规则,均为按设计图示尺寸以体积计算,即
$$V=(9-0.24)\times(9-0.24)\times0.08=6.14(m^3)$$

(2)1∶3 现拌水泥砂浆找平层定额基价的计算。

按《云南省建筑工程计价标准》总说明第七款第 6 条,即"本标准中所使用的砂浆均按干混预拌砂浆编制,若实际使用现拌砂浆或湿拌预拌砂浆时,按以下方法调整:①使用现拌砂浆的,除将项目中的干混预制砂浆调整为现拌砂浆外,砌筑项目按每立方米砂浆增加人工 0.382 工日,200 L 灰浆搅拌机 0.167 台班,同时扣除原项目中干混砂浆罐式搅拌机台班;其余项目按每立方米砂浆增加人工 0.382 工日,同时将原项目中干混砂浆罐式搅拌机调换为 200 L 灰浆搅拌机,台班消耗量不变。②使用湿拌预拌砂浆的,除将项目中的干混预拌砂浆调整为湿拌预制砂浆外,另按相应项目每立方米砂浆扣除人工 0.2 工日及干混砂浆罐式搅拌机台班数量。"根据该项内容可以套用楼地面装饰工程找平层及建筑面层定额1-11-15、1-11-17×5,进行定额基价换算。

①1-11-15 定额基价的换算。（查询 DBJ 53/T—61—2020 附录内容知配合比 1∶3 水泥砂浆单价为 284.61 元/m³）

平面砂浆找平层的单位估价见表 6.100。

表 6.100　平面砂浆找平层的单位估价表

工作内容：清理基层、调运砂浆、抹平、压实　　　　　　　　　　　　　　　　　　计量单位：100 m²

定额编号					1-11-15	1-11-16	1-11-17
项目名称					平面砂浆找平层		
					混凝土或硬基层上	填充材料上	厚度/mm
					厚度 20 mm		每增减 1
基价(元)					2 147.72	2 610.29	76.64
其中	人工费(元)				1 346.89	1 609.85	36.78
	其中	定额人工费(元)			1 122.41	1 341.54	30.65
		规费(元)			224.48	268.31	6.13
	材料费(元)				742.86	927.98	37.02
	机械费(元)				57.97	72.46	2.84
	名称		单位	单价(元)	数量		
人工	综合工日 19		工日	188.64	7.140	8.534	0.195
材料	干混地面砂浆 DS M20		m³	362.98	2.040	2.550	0.102
	预拌细石混凝土 C20		m³	374.83	—	—	—
	水		m³	5.94	0.400	0.400	—
机械	干混砂浆罐式搅拌机公称储量:20 000 L		台班	284.17	0.204	0.255	0.010

换算后综合工日消耗量 = 7.14+0.382×2.04 = 7.919(工日/100 m²)

换算后人工费 = 7.919×188.64 = 1493.84(元/100 m²)

换算后的材料费 = 742.86−362.98×2.040+284.61×2.04 = 582.99(元/100 m²)

查询 DBJ 53/T—58—2020 知 200 L 灰浆搅拌机台班单价(除税)为 244.70 元。

换算后的机械费 = 244.70×0.204 = 49.92(元/100 m²)

换算后定额基价 = 1 493.84+582.99+49.92 = 2 126.75(元/100 m²)

②1-11-17 定额基价的换算。

换算后综合工日消耗量 = 0.195+0.382×0.102 = 0.234(工日/100 m²)

换算后人工费 = 0.234×188.64 = 44.14(元/100 m²)

换算后的材料费 = 37.02−362.98×0.102+284.61×0.102 = 29.03(元/100 m²)

换算后的机械费 = 244.70×0.010 = 2.45(元/100 m²)

换算后定额基价 = 44.14+29.03+2.45 = 75.62(元/100 m²)

(3)分部分项工程量清单综合单价分析见表 6.101。

表6.101 分部分项工程量清单综合单价分析表

序号	项目编号	项目名称	计量单位	清单综合单价组成明细												综合单价/元
				定额编号	定额名称	定额单位	数量	单价/元				合价/元							
								人工费		材料费	机械费	人工费		材料费	机械费	管理费	利润	风险费	
								定额人工费	规费			定额人工费	规费						
1	010501001001	垫层	m³	1-5-1	垫层	10 m³	0.100	476.45	95.29	3 514.78	0.00	47.65	9.53	351.48	0.00	10.85	6.58	21.30	447.39
2	011102003001	块料楼地面	m²	1-11-15换	平面砂浆找平层（混凝土或硬基层上）厚20 mm	100 m²	0.009 9	1244.87	248.97	582.99	49.92	12.37	2.47	5.79	0.50	2.83	1.71	1.28	236.39
				1-11-17换 ×5	平面砂浆找平层厚度每增加1 mm	100 m²	0.009 9	183.90	36.80	145.15	12.25	1.83	0.37	1.44	0.12	0.42	0.25	0.22	
				1-11-54	陶瓷地面砖（水泥砂浆粘贴)每块面积0.64 m²以内	100 m²	0.010	3285.48	657.10	14 298.04	57.97	32.85	6.57	142.98	0.58	7.49	4.54	9.75	

注:(1)表中的数量是相对量:数量=(定额量/定额单位扩大倍数)/清单量。

(2)垫层的相对量:(6.14/10)/6.14=0.100。

(3)平面砂浆找平层的相对量:(76.74/100)/77.20=0.009 94。

(4)陶瓷地面砖(水泥砂浆粘贴)的相对量:(77.20/100)/77.20=0.010。

(5)管理费费率取22.78%,利润率取13.81%,风险费率取5%。

6.11-3

(4)编制分部分项工程量清单计价表(表6.102)。

表6.102 分部分项工程量清单计价表

序号	项目编码	项目名称	项目特征	计量单位	工程量	金额/元						备注
						综合单价	合价	其中				
								人工费		机械费	暂估价	
								定额人工费	规费			
1	010501001001	垫层	(1)混凝土种类:素混凝土 (2)混凝土强度等级:C15	m³	6.14	447.39	2 746.97	292.57	58.51	0.00	—	—
2	011102003001	块料楼地面	(1)找平层厚度、砂浆配合比:25 mm厚1:3现拌水泥砂浆 (2)结合层厚度、砂浆配合比:20 mm厚1:2.5干混砂浆 (3)面层材料品种、规格、颜色:800 mm×800 mm×10 mm陶瓷地面砖 (4)嵌缝材料种类:1:1.5白水泥	m²	77.20	236.39	18 249.62	3 632.78	726.57	92.46	—	—

【例6.43】 清单工程量见【例3.47】,试根据该例图示条件计算踢脚线工程清单分项的综合单价并编制相应的清单计价表。(做法:清理基层;1∶3干混抹灰砂浆打底10 mm厚,高度为150 mm;再抹1∶2干混抹灰砂浆15 mm厚,高度为150 mm)

【解】 (1)定额工程量的计算规则同清单工程量计算规则,踢脚线按设计图示长度乘以高度以面积计算,计算过程及结果详见【例3.47】。

(2)分部分项工程量清单综合单价分析见表6.103。

表6.103　分部分项工程量清单综合单价分析表

序号	项目编号	项目名称	计量单位	定额编号	定额名称	定额单位	数量	单价/元 人工费 定额人工费	单价/元 规费	材料费	机械费	合价/元 人工费 定额人工费	合价/元 规费	材料费	机械费	管理费	利润	风险费	综合单价/元
1	011105001001	水泥砂浆踢脚线	m²	1-11-93	水泥砂浆踢脚线	100 m²	0.010	5 024.58	1 004.92	1 003.94	72.46	50.25	10.05	10.04	0.72	11.46	6.95	4.47	93.94

注:(1)表中的数量是相对量:数量=(定额量/定额单位扩大倍数)/清单量。

(2)水泥砂浆踢脚线的相对量:(5.05/100)/5.05=0.010。

(3)管理费费率取22.78%,利润率取13.81%,风险费费率取5%。

6.11-4

(3)编制分部分项工程量清单计价表(表6.104)。

表6.104　分部分项工程量清单计价表

序号	项目编码	项目名称	项目特征	计量单位	工程量	金额/元 综合单价	合价	其中 人工费 定额人工费	其中 人工费 规费	机械费	暂估价	备注
1	011105001001	水泥砂浆踢脚线	(1)踢脚线高度:150 mm (2)底层厚度、砂浆配合比:1∶3干混抹灰砂浆打底10 mm厚 (3)面层厚度、砂浆配合比:1∶2干混抹灰砂浆15 mm厚	m²	5.05	93.94	474.39	253.74	50.75	3.66	—	—

【例6.44】 楼梯面层工程清单工程量见【例3.48】,试根据该例图示条件计算其综合单价并编制相应的清单计价表。(楼梯面层做法:①铺抹干混砂浆结合层20 mm厚;②铺贴陶瓷地面砖)

【解】 (1)楼梯面层定额工程量计算规则同清单规则,计算过程及结果详见【例3.48】。

(2)分部分项工程量清单综合单价分析见表6.105。

表6.105　分部分项工程量清单综合单价分析表

序号	项目编号	项目名称	计量单位	定额编号	定额名称	定额单位	数量	定额人工费	规费	材料费	机械费	定额人工费	规费	材料费	机械费	管理费	利润	风险费	综合单价/元
1	011106002001	块料楼梯面层	m²	1-11-107	陶瓷地面砖	100 m²	0.010	5 814.51	1 162.91	18 621.62	79.28	58.15	11.63	186.22	0.79	13.26	8.04	13.90	291.99

注:(1)表中的数量是相对量:数量=(定额量/定额单位扩大倍数)/清单量。

(2)陶瓷地面砖的相对量:(7.70/100)/7.70=0.010。

(3)管理费费率取22.78%,利润率取13.81%,风险费费率取5%。

6.11-5

（3）编制分部分项工程量清单计价表（表6.106）。

表6.106　分部分项工程量清单计价表

序号	项目编码	项目名称	项目特征	计量单位	工程量	综合单价	合价	定额人工费	规费	机械费	暂估价	备注
1	011106002001	块料楼梯面层	(1)黏结层厚度、材料种类:干混砂浆20 mm厚 (2)面层材料品种、规格:陶瓷地面砖	m²	27.70	291.99	2 248.29	447.72	89.54	6.10	—	—

【例6.45】　某台阶装饰工程清单工程量见【例3.49】,试根据该例图示条件计算该清单分项的综合单价并编制相应的清单计价表。(该台阶装饰工程做法:20 厚 1∶3 干混砂浆找平层;铺抹20 mm 厚 1∶2.5 干混砂浆结合层;铺设陶瓷地面砖、水泥砂浆擦缝)

【解】　(1)台阶面层定额工程量计算规则同清单工程量计算规则,计算过程及结果详见【例3.49】。

$$S_{找平层} = 3 \times (0.3 \times 3 + 0.3) = 3.60 (\text{m}^2)$$

(2)分部分项工程量清单综合单价分析见表6.107。

表6.107　分部分项工程量清单综合单价分析表

序号	项目编号	项目名称	计量单位	定额编号	定额名称	定额单位	数量	单价/元				合价/元							综合单价/元
								人工费		材料费	机械费	人工费		材料费	机械费	管理费	利润	风险费	
								定额人工费	规费			定额人工费	规费						
1	011107002001	块料台阶面	m²	1-11-15	平面砂浆找平层（混凝土或硬基层上）厚20 mm	100 m²	0.010	1 122.41	224.48	742.86	57.97	11.22	2.24	7.43	0.58	2.57	1.56	1.28	325.36
				1-11-119	陶瓷地面砖台阶装饰	100 m²	0.010	5 242.78	1 048.55	20 128.09	85.82	52.43	10.49	201.28	0.86	11.96	7.25	14.21	

注:(1)表中的数量是相对量:数量＝(定额量/定额单位扩大倍数)/清单量。

(2)平面砂浆找平层的相对量:(3.60/100)/3.60＝0.010。

(3)陶瓷地面砖台阶装饰的相对量:(3.60/100)/3.60＝0.010。

(4)管理费费率取22.78%,利润率取13.81%,风险费费率取5%。

6.11-6

（3）编制分部分项工程量清单计价表（表6.108）。

表6.108　分部分项工程量清单计价表

序号	项目编码	项目名称	项目特征	计量单位	工程量	金额/元					
						综合单价	合价	其中			备注
								人工费		机械费	暂估价
								定额人工费	规费		
1	011107002001	块料台阶面	(1)找平层厚度、砂浆配合比:20 mm厚干混砂浆 (2)黏结材料种类:干混砂浆 (3)面层材料品种、规格:陶瓷地面砖	m²	3.60	325.36	1 171.28	229.15	45.83	5.18	—　—

6.12　墙、柱面装饰与隔断、幕墙工程

6.12.1　墙、柱面装饰与隔断、幕墙工程计价标准项目的划分及其与清单项目的组合

1.项目划分

在《云南省建设工程计价标准》中,墙、柱面装饰与隔断、幕墙工程分为一般抹灰、装饰抹灰、镶贴块料面层、墙柱面装饰、隔断及幕墙工程6节。

2.清单项目与定额项目常见组合

详细内容见二维码6.12-1。

3.说明

详细内容见二维码6.12-2。

6.12-1

6.12-2

6.12.2　工程量计算规则

1. 抹灰

(1)内墙面、墙裙抹灰按设计图示结构尺寸以面积计算,扣除门窗洞口和单个面积>0.3 m² 以上的空圈所占的面积,不扣除踢脚线、挂镜线及单个面积≤0.3 m² 的孔洞和墙与构件交接处的面积。且门窗洞口、空圈、孔洞的侧壁面积亦不增加,附墙柱的侧面抹灰应并入墙面、墙裙抹灰工程量内计算。

(2)内墙面、墙裙的抹灰长度以主墙间的图示净长计算,墙面抹灰高度按设计图示尺寸计算,图示不明时,无吊顶天棚算至结构板底,有吊顶的,高度算至天棚底加 100 mm。

(3)外墙抹灰面积,按其垂直投影面积计算,应扣除门窗洞口、外墙裙(墙面和墙裙抹灰种类相同者应合并计算)和单个面积>0.3 m² 的孔洞所占面积,不扣除单个面积≤0.3 m² 的孔洞所占面积,门窗洞口及孔洞侧壁面积亦不增加。附墙柱侧面抹灰面积应并入外墙面抹灰工程量内。

(4)女儿墙(包括泛水、挑砖)内侧、阳台栏板(不扣除花格所占孔洞面积)内侧与阳台栏板外侧抹灰工程量按其垂直投影面积计算。女儿墙外侧并入外墙计算。

(5)独立柱(梁)抹灰按设计图示结构尺寸以面积计算。

(6)线条抹灰按设计图示尺寸以长度计算。

(7)装饰抹灰分格嵌缝按抹灰面面积计算。

(8)"零星项目"按设计图示尺寸以展开面积计算。

(9)打底抹灰按其面层工程量计算。

2. 块料面层

(1)石材圆柱饰面中,柱墩、柱帽是按圆弧形成品考虑的,按其圆的最大外径以周长计算;其他类型的柱帽、柱墩工程量按设计图示尺寸以展开面积计算。

(2)镶贴块料面层,按设计图示镶贴表面积计算;有吊顶天棚时,设计无规定的,高度算至天棚底加 100 mm。

(3)独立柱(梁)镶贴块料面层按设计图示饰面外围尺寸乘以高度以面积计算。

3. 墙饰面、柱(梁)饰面

(1)龙骨、基层、面层墙饰面项目按设计图示饰面尺寸以面积计算,扣除门窗洞口及单个面积>0.3 m² 以上的空圈所占的面积,不扣除单个面积≤0.3 m² 的孔洞所占面积,门窗洞口及孔洞侧壁面积亦不增加。

(2)柱(梁)饰面的龙骨、基层、面层按设计图示饰面尺寸以面积计算,柱帽、柱墩并入相应柱面积计算。

(3)型钢龙骨按设计图示尺寸以质量计算。

4. 幕墙、隔断

(1)玻璃幕墙、铝板幕墙以框外围面积计算;半玻璃隔断、全玻璃幕墙如有加强肋者,工程量按其展开面积计算。

(2)幕墙防火隔离带安装工程量按设计图示尺寸以延长米计算。

(3)幕墙与建筑物的封顶、封边按设计图示尺寸以面积计算。

(4)幕墙铝骨架调整按铝骨架的设计图示尺寸以理论质量计算后,扣除原幕墙定额项目中的铝骨架质量(不含施工损耗)计算。

(5)隔断按设计图示框外围尺寸以面积计算,扣除门窗洞口及单个面积>0.3 m² 的孔洞所占面积。

6.12.3　计算示例

【例 6.46】　某柱面抹灰工程的清单工程量见【例 3.50】,采用干混预拌砂浆,计算柱面抹灰的综合单价并编制相应的清单计价表。(本题综合工日、材料、机械台班单价同定额)

【解】　(1)定额工程量计算规则同清单工程量计算规则,工程量为 11.97 m²。

(2)分部分项工程量清单综合单价分析见表 6.109。

表 6.109　分部分项工程量清单综合单价分析表

序号	项目编码	项目名称	计量单位	工程量	定额编号	定额名称	定额单位	数量	清单综合单价组成明细											综合单价/元
									单价/元				合价/元							
									人工费		材料费	机械费	人工费		材料费	机械费	管理费	利润	风险费	
									定额人工费	规费			定额人工费	规费						
1	011202001001	柱、梁面一般抹灰	m²	12.25	1-12-6	抹灰砂浆(矩形柱(梁)面)	100 m²	0.01	2 417.11	483.42	877.87	98.61	24.17	4.83	8.78	0.99	5.52	3.35	2.38	50.03

注:(1)表中的数量是相对量:数量=(定额量/定额单位扩大倍数)/清单量。

(2)柱梁面一般抹灰的相对量:(11.97/100)/11.97=0.010。

(3)管理费费率为22.78%,利润费率为13.81%,风险费费率为5%。

6.12-3

(3)编制分部分项工程量清单计价表(表6.110)。

表 6.110　分部分项工程量清单计价表

序号	项目编码	项目名称	项目特征	计量单位	工程量	综合单价	金额/元					备注
							合价	其中				
								人工费		机械费	暂估价	
								定额人工费	规费			
1	011202001001	柱、梁面一般抹灰	(1)柱体类型:混凝土矩形柱 (2)面层厚度、砂浆配合比:18 mm、1:2.5	m²	11.97	50.03	598.80	289.33	57.87	11.80	—	—

6.13　天棚工程

6.13.1　天棚工程计价标准项目的划分及其与清单项目的组合

1. 项目划分

在《云南省建设工程计价标准》中,天棚工程分为天棚抹灰,平面、跌级天棚,其他天棚 3 节定额内容。其中平面、跌级天棚包含天棚龙骨、天棚基层、天棚面层、天棚灯带(槽)共 4 个定额总项。其他天棚包含艺术造型天棚、烤漆龙骨天棚、格栅吊顶天棚、吊筒式吊顶、藤条造型悬挂吊顶、织物软雕吊顶、装饰网架吊顶共 7 个定额总项。

6.13-1

2. 清单项目与定额项目常见组合

详细内容见二维码6.13-1。

3. 说明

详细内容见二维码6.13-2。

6.13-2

6.13.2　工程量计算规则

1. 天棚抹灰

按设计图示结构尺寸以展开面积计算。不扣除间壁墙、垛、柱、附墙烟囱、检查口和管道所占的面积,带梁天棚的梁两侧抹灰面积并入天棚面积内,板式楼梯底面抹灰面积(包括踏步、休息平台以及≤500 mm 宽的楼梯井)按水平投影面积乘以系数 1.15 计算,锯齿形楼梯底板抹灰面积(包括踏步、休息平台以及≤500 mm 宽的楼梯井)按水平投影面积乘以系数 1.37 计算。

2.天棚吊顶

(1)天棚龙骨按主墙间水平投影面积计算,不扣除间壁墙、垛、柱、附墙烟囱、检查口和管道所占的面积,扣除单个>0.3 m² 以上的孔洞、独立柱、天棚相连的窗帘盒所占的面积。斜面龙骨按斜面积计算。

(2)天棚吊顶的基层和面层均按设计图示饰面尺寸以展开面积计算。天棚面中的灯槽及跌级、阶梯式、锯齿形、吊挂式天棚面积按展开计算。不扣除间壁墙、垛、柱、附墙烟囱、检查口和管道所占的面积,扣除单个>0.3 m² 以上的孔洞、独立柱及与天棚相连的窗帘盒所占的面积。吊顶的基层和面层工程量应扣除灯箱所占面积。

(3)格栅吊顶、藤条造型悬挂吊顶、织物软雕吊顶和装饰网架吊顶,按主墙间水平投影面积计算。吊筒吊顶以最大外围水平投影尺寸,以外接矩形面积计算。

(4)挂片天棚吊顶,按设计图示尺寸以面积计算。

(5)铝扣板收口线、天棚装饰线抹灰,按设计图示尺寸以延长米计量。

(6)天棚石膏板灯箱,按设计图示尺寸以展开面积计算。

3.其他天棚

灯带(槽)定额计算规则同清单规则。

6.13.3　计算示例

【例 6.47】　某跌级天棚抹灰平面图如图 6.16 所示,外圈尺寸为 4.5 m×3.5 m,标高为 3 m,中间部分尺寸为 3.84 m×2.9 m,标高为 2.8 m。基层类型为混凝土,抹灰厚度为 15 mm,使用干混普通抹灰砂浆 DPM20 进行抹灰,砂浆配合比为 1∶1,包含三道以内装饰线。依据【例 3.52】编制的工程量清单,计算天棚抹灰综合单价并编制相应的清单计价表。(本题综合工日、材料、机械台班单价同定额)

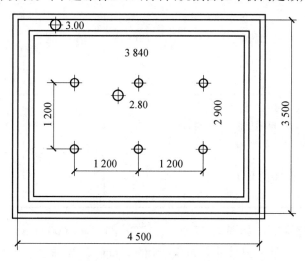

图 6.16　跌级天棚抹灰平面图

【解】　(1)定额工程量计算。

①天棚吊顶的基层和面层均按设计图示饰面尺寸以展开面积计算。天棚面中的灯槽及跌级、阶梯式、锯齿形、吊挂式天棚面积按展开计算。②铝扣板收口线、天棚装饰线抹灰,按设计图示尺寸以延长米计量。

$$S_{跌级天棚抹灰} = 4.5×3.5 + (2.9+3.84)×2×(3-2.8) = 18.45(m^2)$$

$$装饰线 \; L = (3.5+4.5)×2 + (2.9+3.84)×2 = 29.48(m)$$

(2)分部分项工程量清单综合单价分析见表 6.111。

表 6.111　分部分项工程量清单综合单价分析表

序号	项目编号	项目名称	计量单位	清单综合单价组成明细														综合单价/元
				定额编号	定额名称	定额单位	数量	单价/元				合价/元						
								人工费		材料费	机械费	人工费		材料费	机械费	管理费	利润	风险费	
								定额人工费	规费			定额人工费	规费						
1	011301001001	天棚抹灰	m²	1-13-1	混凝土面砂浆抹灰 8 mm	100 m²	0.011 7	1 277.72	255.55	363.17	53.42	14.95	2.99	4.25	0.63	3.42	2.07	1.42	90.55
				1-13-2×7	混凝土面砂浆抹灰每增减 1 mm	100 m²	0.011 7	1 112.51	222.53	320.88	33.81	13.02	2.60	3.75	0.40	2.97	1.80	1.23	
				1-13-10	装饰线 3 道以内	100 m	0.018 7	1 064.56	212.91	105.53	12.79	19.91	3.98	1.97	0.24	4.54	2.75	1.67	

注:(1)表中的数量是相对量:数量 =(定额量/定额单位扩大倍数)/清单量。

(2)管理费费率取 22.78%,利润率取 13.81%,风险费费率取 5%。

（3）编制分部分项工程量清单计价表（表 6.112）。

6.13-3

表 6.112　分部分项工程量清单计价表

序号	项目编码	项目名称	项目特征	计量单位	工程量	金额/元						备注
						综合单价	合价	其中				
								人工费		机械费	暂估价	
								定额人工费	规费			
1	011301001001	天棚抹灰	（1）基层类型:混凝土基层 （2）抹灰厚度、材料种类:15 mm,干混普通抹灰砂浆 DPM20 （3）砂浆配合比:1:1 （4）装饰线:三道以内	m²	15.75	90.55	1 426.16	754.00	150.81	19.84	—	—

【例 6.48】　某吊顶天棚平面图如图 6.17 所示,房间开间为 3 000 mm×3,进深为 6 000 mm,外墙厚 240 mm,间壁墙厚 120 mm,独立柱截面尺寸为 500 mm×500 mm,A、B 轴墙上有墙垛。其中小房间为一级吊顶,采用 600 mm×600 mm 的石膏板面层及不上人 U 形装配式轻钢天棚龙骨,大房间为二级吊顶,剖面图如图 6.18 所示,采用 400 mm×600 mm 的石膏板面层及不上人 U 形装配式轻钢天棚龙骨。依据【例 3.53】编制的工程量清单(表 6.113),计算吊顶天棚综合单价并编制相应的清单计价表。(本题综合工日、材料、机械台班单价同定额)

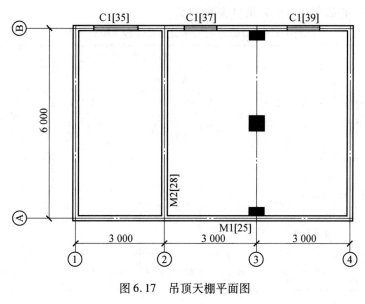

图 6.17　吊顶天棚平面图

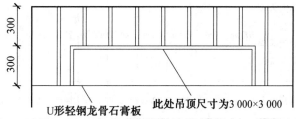

U 形轻钢龙骨石膏板　　　此处吊顶尺寸为 3 000×3 000

图 6.18　吊顶剖面图

表 6.113　分部分项工程量清单

序号	项目编码	项目名称	项目特征	计量单位	工程量
1	011302001001	吊顶天棚（平面）	(1)吊顶形式、吊杆规格、高度:射钉安装吊筋、300 mm (2)龙骨材料种类、规格、中距:不上人 U 形装配式轻钢天棚龙骨,600 mm×600 mm (3)面层材料品种、规格:石膏板 (4)嵌缝材料种类:石膏板	m²	16.59
2	011302001002	吊顶天棚（跌级）	(1)吊顶形式、吊杆规格、高度:射钉安装吊筋、600 mm (2)龙骨材料种类、规格、中距:不上人 U 形装配式轻钢天棚龙骨,400 mm×600 mm (3)面层材料品种、规格:石膏板 (4)嵌缝材料种类:石膏板	m²	33.87

【解】　(1)定额工程量计算。

①天棚龙骨按主墙间水平投影面积计算,不扣除间壁墙、垛、柱、附墙烟囱、检查口和管道所占的面积,扣除单个>0.3 m² 以上的孔洞、独立柱、天棚相连的窗帘盒所占的面积。斜面龙骨按斜面计算。②天棚吊顶的基层和面层均按设计图示饰面尺寸以展开面积计算。天棚面中的灯槽及跌级、阶梯式、锯齿形、吊挂式天棚面积按展开面积计算。不扣除间壁墙、垛、柱、附墙烟囱、检查口和管道所占的面积,扣除单个>0.3 m² 以上的孔洞、独立柱及与天棚相连的窗帘盒所占的面积。吊顶的基层和面层工程量应扣除灯箱所占面积。

$$S_{龙骨小} = (3-0.12) \times (6-0.24) = 16.59 (m^2)$$

$$S_{龙骨大} = (6-0.12) \times (6-0.24) = 33.87 (m^2)$$

$$S_{面层小} = (3-0.12) \times (6-0.24) = 16.59 (m^2)$$

$$S_{面层大} = (6-0.12) \times (6-0.24) + (3 \times 2 + 3 \times 2) \times 0.3 = 37.47 (m^2)$$

（2）分部分项工程量清单综合单价分析见表6.114。

表6.114　分部分项工程量清单综合单价分析表

序号	项目编号	项目名称	计量单位	清单综合单价组成明细														综合单价/元
				定额编号	定额名称	定额单位	数量	单价/元				合价/元						
								人工费		材料费	机械费	人工费		材料费	机械费	管理费	利润	风险费	
								定额人工费	规费			定额人工费	规费						
1	011302001001	吊顶天棚（平面）	m²	1-13-36	不上人U形装配式轻钢天棚龙骨平面	100 m²	0.01	1 827.92	365.59	2 481.64	121.67	18.28	3.66	24.82	1.22	4.19	2.54	2.74	99.11
				1-13-109	石膏板	100 m²	0.01	1 311.21	262.24	1 916.87	0.00	13.11	2.62	19.17	0.00	2.99	1.81	1.99	
2	011302001002	吊顶天棚（跌级）	m²	1-13-35	不上人U形装配式轻钢天棚龙骨跌级	100 m²	0.01	2 355.01	471.01	3 434.77	156.70	23.55	4.71	34.35	1.57	5.39	3.27	3.64	122.75
				1-13-109	石膏板	100 m²	0.011 1	1 311.21	262.24	1 916.87	0.00	14.55	2.91	21.28	0.00	3.32	2.01	2.20	

注：（1）表中的数量是相对量：数量＝（定额量/定额单位扩大倍数）/清单量。

（2）管理费费率取22.78%，利润率取13.81%，风险费率取5%。

6.13-4

（3）编制分部分项工程量清单计价表（表6.115）。

表6.115　分部分项工程量清单计价表

序号	项目编码	项目名称	项目特征	计量单位	工程量	金额/元					备注
						综合单价	合价	其中			
								人工费		机械费	暂估价
								定额人工费	规费		
1	011302001001	吊顶天棚（平面）	（1）吊顶形式、吊杆规格、高度：射钉安装吊筋、300 mm （2）龙骨材料种类、规格、中距：不上人U形装配式轻钢天棚龙骨，600 mm×600 mm （3）面层材料品种、规格：石膏板 （4）嵌缝材料种类：石膏板	m²	16.59	99.11	1 644.28	520.78	104.16	20.19	—	—
2	011302001002	吊顶天棚（跌级）	（1）吊顶形式、吊杆规格、高度：射钉安装吊筋、600 mm （2）龙骨材料种类、规格、中距：不上人U形装配式轻钢天棚龙骨，400 mm×600 mm （3）面层材料品种、规格：石膏板 （4）嵌缝材料种类：石膏板	m²	33.87	122.75	4 157.58	1 290.60	258.12	53.07	—	—

6.14　油漆、涂料、裱糊工程

6.14.1　油漆、涂料、裱糊工程计价标准项目的划分及其与清单项目的组合

1.项目划分

在《云南省建筑工程计价标准》中,油漆、涂料、裱糊工程分为木材面油漆,金属面油漆、涂料,抹灰面油漆、涂料,裱糊共 4 节。其中金属面油漆包括钢门窗、厂库门油漆,金属面其他油漆,金属面防火涂料共 3 个项目;抹灰面油漆、涂料包括室外油漆、涂料,室内油漆、涂料共 2 个项目。

6.14-1

2.清单项目与定额项目常见组合

详细内容见二维码6.14.1。

3.说明

详细内容见二维码6.14.2。

6.14-2

6.14.2　工程量计算规则

1.木门油漆工程

执行单层木门油漆的项目,其工程量计算规则及相应系数见表6.116。

表6.116　木门油漆工程量计算规则和系数表

序号	项目	系数	工程量计算规则(设计图示尺寸)
1	单层木门	1.00	门洞口面积
2	单层半玻门	0.85	
3	单层全玻门	0.75	
4	半截百叶门	1.50	
5	全百叶门	1.70	
6	厂库房大门	1.10	
7	纱门窗	0.80	
8	特种门(包括冷藏门)	1.00	
9	装饰门扇	0.90	扇外围尺寸面积
10	间壁、隔断	1.00	单面外围面积
11	玻璃间壁露明墙筋	0.80	
12	木栅栏、木栏杆(带扶手)	0.90	

注:多面涂刷按单面计算工程量。

2.木扶手及其他板条、线条油漆工程

(1)执行木扶手(不带托板)油漆的项目,其工程量计算规则及相应系数见表6.117。

表 6.117 木扶手(不带托板)油漆工程量计算规则和系数表

序号	项目	系数	工程量计算规则(设计图示尺寸)
1	木扶手(不带托板)	1.00	
2	木扶手(带托板)	2.50	
3	封檐板、博风板	1.70	延长米
4	黑板框、生活园地框	0.50	

(2)木线条油漆按设计图示尺寸以中心线长度计算。

3. 其他木材面油漆工程

(1)执行其他木材面油漆的项目,其工程量计算规则及相应系数见表 6.118。

表 6.118 其他木材面油漆工程量计算规则和系数表

序号	项目	系数	工程量计算规则(设计图示尺寸)
1	木板、胶合板天棚	1.00	长×宽
2	屋面板带檩条	1.10	斜长×宽
3	清水板条檐口天棚	1.10	
4	吸音板(墙面或天棚)	0.87	
5	鱼鳞板墙	2.40	长×宽
6	木护墙、木墙裙、木踢脚	0.83	
7	窗台板、窗帘盒	0.83	
8	出入口盖板、检查口	0.87	
9	壁橱	0.83	展开面积
10	木屋架	1.77	跨度(长)×中高×1/2
11	以上未包括的其余木材面油漆	0.83	展开面积

(2)木地板油漆按设计图示尺寸以面积计算,空洞、空圈、暖气包槽、壁龛的开口部分并入相应的工程量内;楼梯面油漆按展开面积计算。

(3)木龙骨刷防火、防腐涂料按设计图示尺寸以龙骨架投影面积计算。

(4)基层板刷防火、防腐涂料按实际涂刷面积计算。

(5)油漆面抛光打蜡按相应刷油部位油漆工程量计算规则计算。

4. 钢门窗、厂库门面等油漆

钢门窗、厂库门面等油漆项目,其工程量计算规则及相应系数见表 6.119。

表 6.119 执行单层门窗定额工程量系数表

序号	项目	系数	工程量计算方法
1	单层钢门窗	1.00	
2	双层(一玻一纱)钢门窗	1.48	
3	钢百叶钢门	2.74	按洞口面积
4	半截百叶钢门	2.22	
5	满钢门或包铁皮门	1.63	
6	钢折叠门	2.30	

续表6.119

序号	项目	系数	工程量计算方法
7	射线防护门	2.96	框(扇)外围面积
8	厂库房平开、推拉门	1.70	
9	铁丝网大门	0.81	
10	间壁	1.85	长×宽
11	平板屋面	0.74	斜长×宽
12	瓦笼板屋面	0.89	
13	排水、伸缩缝盖板	0.78	展开面积
14	吸气罩	1.63	水平投影面积

5. 金属面油漆工程

（1）执行金属面油漆、涂料项目，其工程量按设计图示尺寸以展开面积计算。质量在 500 kg 以内的单个金属构件，可参考表 6.120 中相应的系数，将质量（t）折算为面积。

表 6.120　金属面油漆项目质量折算面积参考系数表

序号	项目	系数
1	钢栅栏门、栏杆、窗栅	64.98
2	钢爬梯	44.84
3	踏步式钢扶梯	39.90
4	轻型屋架	53.20
5	零星铁件	58.00

（2）执行金属平板屋面、镀锌铁皮面（涂刷磷化、锌黄底漆）油漆的项目，其工程量计算规则及相应的系数见表 6.121。

表 6.121　金属平板屋面、镀锌铁皮面（涂刷磷化、锌黄底漆）油漆工程量计算规则和系数表

序号	项目	系数	工程量计算规则（设计图示尺寸）
1	平板屋面	1.00	斜长×宽
2	瓦垄板屋面	1.20	
3	排水、伸缩缝盖板	1.05	展开面积
4	吸气罩	2.20	水平投影面积
5	包镀锌薄钢板门	2.20	门窗洞口面积

6. 抹灰面油漆、涂料工程

（1）抹灰面油漆、涂料（另做说明的除外）按设计图示尺寸以面积计算。

（2）踢脚线刷耐磨漆按设计图示尺寸以长度计算。

（3）槽形底板、混凝土折瓦板、有梁板底、密肋梁板底、井字梁板底刷油漆、涂料按设计图示尺寸以展开面积计算。

（4）墙面及天棚面刷石灰油浆、白水泥、石灰浆、石灰大白浆、普通水泥浆、可赛银浆、大白浆等涂料工程量按抹灰面积工程量计算规则计算。

（5）混凝土花格窗刷（喷）油漆、涂料按设计图示尺寸以窗洞口面积计算。

（6）混凝土栏杆、花饰刷（喷）油漆、涂料按设计图示尺寸垂直投影面积计算。

（7）天棚、墙、柱面基层板缝粘贴胶带纸按相应天棚、墙、柱面基层板面积计算。

7. 裱糊工程

墙面、天棚面裱糊按设计图示尺寸以面积计算。

6.14.3　计算示例

【例 6.49】　某建筑平面图及剖面图如图 6.19 所示,门尺寸为 900 mm×2 700 mm,窗尺寸为 1 500 mm× 1 800 mm,窗离地高度为 900 mm,墙裙高度为 900 mm,地面刷过氯乙烯涂料,三合板木墙裙上润油粉,刷硝基清漆 6 遍,墙面、天棚刷双飞粉 2 遍(光面)。计算墙面和天棚涂料综合单价并编制相应的清单计价表。(本题综合工日、材料、机械台班单价同定额,地面和木墙裙的涂料油漆不计算,墙面天棚基层均为水泥砂浆)

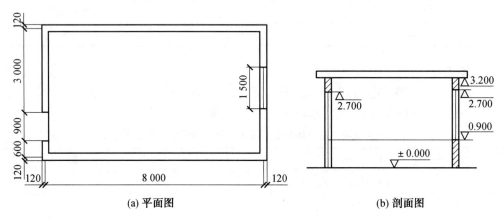

(a) 平面图　　　　　　　　　　(b) 剖面图

图 6.19　某建筑平面图及剖面图

【解】　(1)定额工程量计算规则同清单量计算规则。

$$墙面涂料=(7.76+4.26)×2×2.30-0.90×(2.70-0.90)-1.50×1.80=50.97(m^2)$$

$$天棚涂料=7.76×4.26=33.06(m^2)$$

(2)分部分项工程量清单综合单价分析见表 6.122。

表 6.122　分部分项工程量清单综合单价分析表

序号	项目编号	项目名称	计量单位	清单综合单价组成明细														综合单价/元
								单价/元				合价/元						
				定额编号	定额名称	定额单位	数量	人工费		材料费	机械费	人工费		材料费	机械费	管理费	利润	风险费	
								定额人工费	规费			定额人工费	规费						
1	011407001001	墙面喷刷涂料	m²	1-14-186	墙面喷刷涂料	100 m²	0.01	1 164.22	232.85	637.20	0.00	11.64	2.33	6.37	0.00	2.65	1.61	1.23	25.83
2	011407002001	天棚喷刷涂料	m²	1-14-187	天棚喷刷涂料	100 m²	0.01	1 520.12	304.03	702.02	0.00	15.20	3.04	7.02	0.00	3.46	2.10	1.54	32.37

注:管理费费率取 22.78%,利润率取 13.81%。

(3)编制分部分项工程量清单计价表(表 6.123)。

表 6.123　分部分项工程量清单计价表

序号	项目编码	项目名称	项目特征	计量单位	工程量	综合单价	合价	人工费 定额人工费	人工费 规费	机械费	暂估价
1	011407001001	墙面喷刷涂料	(1)基层类型:水泥砂浆 (2)喷刷涂料部位:墙面 (3)涂料品种、喷刷遍数:双飞粉2遍(光面)	m²	50.97	25.83	1 316.69	593.40	118.68	0.00	—
2	011407002001	天棚喷刷涂料	(1)基层类型:水泥砂浆 (2)喷刷涂料部位:天棚 (3)涂料品种、喷刷遍数:双飞粉2遍(光面)	m²	33.06	32.37	1 069.99	502.55	100.51	0.00	—

金额/元列的"其中"包含人工费、机械费、暂估价。

【**例 6.50**】　某房间平面图布置如图 6.20 所示,砖墙厚为 240 mm,门尺寸为 1 200 mm×2 400 mm,窗尺寸为 1 800 mm×1 500 mm,门窗框厚均为 90 mm 居中立樘,内墙面贴拼花墙纸,层高为 3 m,板厚为 100 mm。计算墙纸裱糊综合单价并编制相应的清单计价表。(内墙基层类型为水泥砂浆)

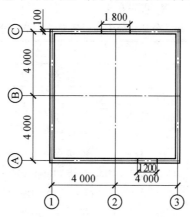

图 6.20　某房间平面布置图

【**解**】　(1)定额工程量计算规则同清单计算规则,计算过程详见【例 3.55】。
(2)分部分项工程量清单综合单价分析见表 6.124。

表 6.124　分部分项工程量清单综合单价分析表

序号	项目编号	项目名称	计量单位	定额编号	定额名称	定额单位	数量	单价/元 人工费 定额人工费	单价/元 人工费 规费	单价/元 材料费	单价/元 机械费	合价/元 人工费 定额人工费	合价/元 人工费 规费	合价/元 材料费	合价/元 机械费	管理费	利润	风险费	综合单价/元
1	011408001001	墙纸裱糊	m²	1-14-220	墙纸裱糊	100 m²	0.01	1 154.79	230.96	3 110.22	0.00	11.55	2.31	31.10	0.00	2.63	1.59	2.46	51.64

注:管理费费率取 22.78%,利润率取 13.81%。

（3）编制分部分项工程量清单计价表（表6.125）。

6.14-4

表6.125　分部分项工程量清单计价表

| 序号 | 项目编码 | 项目名称 | 项目特征 | 计量单位 | 工程量 | 综合单价 | 合价 | 人工费 | | 机械费 | 暂估价 |
								定额人工费	规费		
1	011408001001	墙纸裱糊	（1）基层类型:水泥砂浆 （2）裱糊部位:内墙面 （3）材料种类:普通对花墙纸	m²	82.72	51.64	4 272.02	955.24	191.05	0.00	—

【例6.51】　某餐厅室内装修,地面净尺寸为14.76 m×11.76 m四周一砖墙上有单层钢窗（1.8 m×1.8 m）8樘,单层木门（0.9 m×2.1 m）2樘,门均为外开。以上项目均刷调合漆两遍。试求相应项目油漆综合单价并编制相应的清单计价表。（本题综合工日、材料、机械台班单价同计价标准）

【解】　（1）单层木门及单层钢窗的定额工程量计算规则同清单工程量计算规则,计算过程详见【例3.56】。

（2）分部分项工程量清单综合单价分析见表6.126。

表6.126　分部分项工程量清单综合单价分析表

| 序号 | 项目编号 | 项目名称 | 计量单位 | 定额编号 | 定额名称 | 定额单位 | 数量 | 单价/元 | | | | 合价/元 | | | | | | | 综合单价/元 |
| | | | | | | | | 人工费 | | 材料费 | 机械费 | 人工费 | | 材料费 | 机械费 | 管理费 | 利润 | 风险费 | |
								定额人工费	规费			定额人工费	规费						
1	011401001001	木门油漆	m²	1-14-1	底油、调和漆两遍	100 m²	0.01	2 182.25	436.45	1 116.48	0.00	21.82	4.36	11.16	0.00	4.97	3.01	2.27	47.60
2	011402002001	金属窗油漆	m²	1-14-136	调和漆两遍	100 m²	0.01	1 097.10	219.42	295.72	0.00	10.97	2.19	2.96	0.00	2.50	1.52	1.01	21.14

注:管理费费率取22.78%,利润率取13.81%。

6.14-5

（3）编制分部分项工程量清单计价表（表6.127）。

表6.127 分部分项工程量清单与计价表

序号	项目编码	项目名称	项目特征	计量单位	工程量	金额/元					
						综合单价	合价	其中			
								人工费		机械费	暂估价
								定额人工费	规费		
1	011401001001	木门油漆	（1）门类型：木门 （2）洞口尺寸：900 mm × 2 100 mm （3）油漆品种、刷漆遍数：底漆1遍、调和漆1遍 （4）防护材料种类：油漆	m²	3.78	47.60	179.94	82.49	16.5	—	—
2	011402002001	金属窗油漆	（1）窗类型：钢窗 （2）洞口尺寸：1 800 mm × 1 800 mm （3）油漆品种、刷漆遍数：调和漆2遍 （4）防护材料种类：油漆	m²	25.92	21.14	548.04	284.37	56.87	—	—

6.15 其他装饰工程

6.15.1 其他装饰工程计价标准项目的划分及其与清单项目的组合

1. 项目划分

在《云南省建筑工程计价标准》中，其他装饰工程分为柜类、货架，压条、装饰线，扶手、栏杆、栏板装饰，暖气罩，浴厕配件，雨篷、旗杆，招牌、灯箱，美术字安装，石材、瓷砖加工共9节。其中压条、装饰线包括木装饰线、金属装饰线、石材装饰线、其他装饰线共4个项目；扶手、栏杆、栏板装饰包括栏杆（带扶手）安装，栏板（带扶手）安装，护窗栏杆（带扶手）安装，靠墙扶手安装，单独扶手，弯头，成品栏杆、栏板（带扶手）安装共6个项目；雨篷、旗杆包括雨篷，旗杆共2个项目；招牌、灯箱包括基层，面层共2个项目；美术字安装包括木质字、金属字、石材字、聚氯乙烯字、亚克力字共5个项目；石材、瓷砖加工包括石材倒角、磨边，石材开槽，石材开孔，瓷砖倒角、开孔共4个项目。

2. 清单项目与定额项目常见组合

详细内容见二维码6.15-1。

3. 说明

详细内容见二维码6.15-2。

6.15-1

6.15.2 工程量计算规则

6.15-2

1. 柜类、货架

（1）柜类、货架工程量按各项目计量单位计算。其中以"m²"为计量单位的项目，其工程量均按正立面的高度（包括脚的高度在内）乘以宽度计算。

（2）黑板以边框外边线按面积计算。

2. 压条、装饰线

(1)压条、装饰线条按线条中心线长度计算。压条、装饰线条带 45°割角者,按线条外边线长度计算。

(2)石膏角花、灯盘按设计图示数量计算。

(3)成品装饰柱按根计算。

3. 扶手、栏杆、栏板装饰

(1)栏杆、栏板、扶手(另做说明的除外)均按设计图示尺寸中心线长度(包括弯头长度)计算。设计为成品整体弯头时,工程量需扣除整体弯头的长度(设计不明确的,按每只整体弯头 400 mm 计算)。

(2)整体弯头按设计图示数量计算。

(3)成品栏杆栏板、护窗栏杆按设计图示尺寸中心线长度(不包括弯头长度)计算。

4. 暖气罩

暖气罩(包括脚的高度在内)按边框外围尺寸垂直投影面积计算,成品暖气罩安装按设计图示数量计算。

5. 浴厕配件

(1)石材洗漱台按设计图示尺寸以展开面积计算,挡板、吊沿板面积并入其中,不扣除孔洞、挖弯、削角所占面积。成品洗漱台柜安装以组计算。

(2)石材台面面盆开孔按设计图示数量计算。

(3)盥洗室台镜(带框)、盥洗室木镜箱按边框外围面积计算。

(4)盥洗室塑料镜箱、毛巾杆、毛巾环、浴帘杆、浴缸拉手、肥皂盒、卫生纸盒、晒衣架、晾衣绳等按设计图示数量计算。

6. 雨篷、旗杆

(1)雨篷按设计图示尺寸水平投影面积计算。

(2)不锈钢旗杆按设计图示数量计算。

(3)电动升降系统和风动系统按套数计算。

7. 招牌、灯箱

(1)木骨架按设计图示饰面尺寸正立面面积计算。

(2)钢骨架按设计图示尺寸乘以单位理论质量计算。

(3)基层板、面层板按设计图示饰面尺寸展开面积计算。

(4)广告牌面层,按设计图示尺寸以展开面积计算。

8. 美术字

美术字按设计图示数量计算。

9. 石材、瓷砖加工

(1)石材、瓷砖倒角、切割按块料设计倒角、切割长度计算。

(2)石材磨边按实际打磨长度计算。

(3)石材开槽按块料成型开槽长度计算。

(4)石材、瓷砖开孔按成型孔洞数量计算。

6.15.3　计算示例

【例 6.52】　某商店铝合金柜台共有 6 个,清单工程量见【例 3.57】,计算柜台的综合单价并编制相应的清单计价表。(本题综合工日、材料、机械台班单价同定额)

【解】　(1)定额工程量计算规则同清单工程量计算规则,计算过程详见【例 3.57】。

(2)分部分项工程量清单综合单价分析见表 6.128。

表6.128　分部分项工程量清单综合单价分析表

序号	项目编号	项目名称	计量单位	定额编号	定额名称	定额单位	数量	单价/元				合价/元							综合单价/元
								人工费		材料费	机械费	人工费		材料费	机械费	管理费	利润	风险费	
								定额人工费	规费			定额人工费	规费						
1	011501001001	柜台	个	1-15-1	柜台	个	1	154.06	30.81	691.86	—	154.06	30.81	691.86	—	35.09	21.28	46.66	979.76

注:管理费费率取22.78%,利润率取13.81%。

（3）编制分部分项工程量清单计价表（表6.129）。

6.15-3

表6.129　分部分项工程量清单计价表

序号	项目编码	项目名称	项目特征	计量单位	工程量	金额/元					
						综合单价	合价	其中			
								人工费		机械费	暂估价
								定额人工费	规费		
1	011501001001	柜台	（1）台柜规格：1 500 mm × 900 mm×500 mm （2）材料种类、规格：铝合金 （3）五金种类、规格：一般五金	个	6	979.76	5 878.53	924.36	184.86	0.00	—

【例6.53】　某砖墙房间室内贴铝合金装饰线（槽线≤20 mm），长、宽如图6.21所示,墙厚为200 mm,计算铝合金装饰线的综合单价并编制相应的清单计价表。（本题综合工日、材料、机械台班单价同定额）

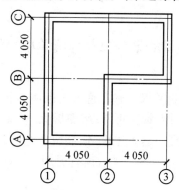

图6.21　贴铝合金装饰线条房间平面示意图

【解】　（1）装饰线条的定额工程量计算规则同清单工程量计算规则,计算过程详见【例3.58】。
（2）分部分项工程量清单综合单价分析见表6.130。

表6.130 分部分项工程量清单综合单价分析表

序号	项目编号	项目名称	计量单位	定额编号	定额名称	定额单位	数量	单价/元				合价/元							综合单价/元
								人工费		材料费	机械费	人工费		材料费	机械费	管理费	利润	风险费	
								定额人工费	规费			定额人工费	规费						
1	11502001001	金属装饰线	m	1-15-43	金属装饰线	100 m	0.01	356.84	71.37	299.74	0.00	3.57	0.71	3.00	0.00	0.81	0.49	0.43	9.01

注:管理费费率取22.78%,利润率取13.81%。

（3）编制分部分项工程量清单计价表（表6.131）。

6.15-4

表6.131 分部分项工程量清单计价表

序号	项目编码	项目名称	项目特征	计量单位	工程量	金额/元					
						综合单价	合价	其中			
								人工费		机械费	暂估价
								定额人工费	规费		
1	11502001001	金属装饰线	（1）基层类型:水泥砂浆 （2）线条材料品种、规格、颜色:槽线≤20 mm （3）防护材料种类:一般防护	m	31.6	9.01	284.86	112.76	22.55	0.00	—

6.16 拆除工程

6.16.1 拆除工程计价标准项目的划分及其与清单项目的组合

1. 项目划分

在《云南省建筑工程计价标准》中,拆除及运输工程分为砌体拆除,混凝土及钢筋混凝土构件拆除,木构件拆除,抹灰层铲除,块料面层铲除,龙骨及饰面拆除,屋面拆除,铲除油漆涂料裱糊面,栏杆扶手拆除,门窗拆除,金属构件拆除,其他构配件拆除,楼层运出垃圾、建筑垃圾外运,材料、构件运输共14节内容。未包含管道、卫生洁具及一般灯具的拆除内容,发生时按《云南省通用安装工程计价标准》(DBJ 53/T—63—2020)相应规定执行。

2. 清单项目与定额项目常见组合

详细内容见二维码6.16-1。

3. 说明

详细内容见二维码6.16-2。

6.16-1

6.16.2 工程量计算规则

（1）墙体拆除。

各种墙体拆除按实拆墙体体积以"m³"计量,不扣除0.3 m³以内孔洞和构件所占的体积,

6.16-2

隔墙及隔断的拆除按实拆面积以"m²"计量。

（2）钢筋混凝土构件拆除。

混凝土及钢筋混凝土的拆除按实拆体积以"m³"计量,楼梯拆除按水平投影面积以"m²"计量,无损切割按切割构件断面以"m²"计量,钻芯按实钻孔数以"孔"计量。

（3）木构件拆除。

各种屋架、半屋架拆除按跨度分类以榀计量,檩、椽拆除不分长短按实拆根数计量,望板、油毡、瓦条拆除按实拆屋面面积以"m²"计量。

（4）楼地面面层铲除。

楼地面面层铲除按水平投影面积以"m²"计量;踢脚线按实际铲除长度以"m"计量;各种墙、柱面面层的拆除或铲除均按实拆面积以"m²"计量,楼梯面层拆除按楼梯水平投影面积计量,不扣除≤500 mm 以内的楼梯井。

（5）墙柱面面层铲除。

各种墙、柱面面层的拆除或铲除均按实拆面积以"m²"计量。

（6）天棚面拆除。

天棚面层拆除按水平投影面积以"m²"计量。各种龙骨及饰面拆除均按实拆投影面积以"m²"计量。

（7）屋面拆除。

屋面拆除按屋面的实拆面积以"m²"计量。

（8）铲除油漆涂料裱糊面。

油漆涂料裱糊面层铲除均按实际铲除面积以"m²"计量。

（9）栏杆扶手拆除。

栏杆扶手拆除均按实拆长度以"m"计量。

（10）门窗拆除。

拆整樘门、窗均按樘计量,拆门、窗扇以"扇"计量。

（11）金属构件拆除。

各种金属构件拆除均按实拆构件质量以"t"计量。

（12）其他构配件拆除。

暖气罩、嵌入式柜体拆除按正立面边框外围尺寸垂直投影面积计量;窗台板拆除按实拆长度计量;筒子板拆除按洞口内侧长度计量;窗帘盒、窗帘轨拆除按实拆长度计量;干挂石材骨架拆除按拆除构件的质量以"t"计量;干挂预埋件拆除以"块"计量;防火隔离带按实拆长度计量。

（13）建筑垃圾运输按虚方体积计算,以"m³"(体积)与运输距离计算。

（14）木材部分按材积计算,以 630 kg/m³ 计。

（15）砖瓦按实运数量计算,砂石、杂砖、炉渣等按堆放原方计算。

（16）其他材料不分规格以吨计量,并考虑运输距离。

6.16.3　计算示例

【例6.54】　清单工程量见【例3.59】,试根据该例图示条件计算墙体拆除工程清单分项的综合单价并编制相应的清单计价表。（该砖墙砌体材料为黏土砖,采用人工拆除,并利用自卸汽车将建筑垃圾运往场内100 m 处,无楼层间的搬运,虚方系数为 1.25）

【解】　（1）定额工程量的计算。

①墙体拆除按实拆墙体体积以"m³"计量,不扣除 0.3 m³ 以内孔洞和构件所占的体积。

$$V = (4+6) \times 2 \times 0.24 \times 3 - 1.8 \times 2.1 \times 0.24 = 13.49 (\text{m}^3)$$

②建筑垃圾运输按虚方体积计算,以"m³"(体积)与运输距离计算。

$$V = 13.49 \times 1.25 = 16.86 (\text{m}^3)(1.25 \text{ 为虚方系数})$$

（2）分部分项工程量清单综合单价分析见表6.132。

表6.132　分部分项工程量清单综合单价分析表

序号	项目编号	项目名称	计量单位	清单综合单价组成明细														综合单价/元
				定额编号	定额名称	定额单位	数量	单价/元				合价/元						
								人工费		材料费	机械费	人工费		材料费	机械费	管理费	利润	风险费	
								定额人工费	规费			定额人工费	规费						
1	011601001001	砖砌体拆除	m³	1-16-5	拆除砌体（黏土砖砖）	m³	1.000	59.83	11.96	—	—	59.83	11.96	—	—	13.63	8.26	4.68	207.41
				1-16-98	建筑垃圾场内运输运距100 m以内	10 m³	0.125	399.50	79.90	—	199.37	49.94	9.99	—	24.92	11.83	7.17	5.19	

注：（1）表中的相对量数量=（定额量/定额单位扩大倍数）/清单量，小数点后保留3位有效数字。

（2）拆除砌体的相对量：（13.49/1）/13.49=1.000。

（3）建筑垃圾场内运输的相对量：（16.86/10）/13.49=0.125。

（4）管理费费率取22.78%，利润率13.81%，风险费费率取5%。

6.16-3

（3）编制分部分项工程量清单计价表（表6.133）。

表6.133　分部分项工程量清单计价表

序号	项目编码	项目名称	项目特征	计量单位	工程量	金额/元						备注
						综合单价	合价	其中				
								人工费		机械费	暂估价	
								定额人工费	规费			
1	011601001001	砖砌体拆除	（1）砌体名称：墙 （2）砌体材质：黏土砖 （3）拆除高度：3 000 mm （4）拆除砌体的截面尺寸：240 mm （5）砌体表面的附着物种类：无	m³	13.49	207.41	2 797.91	1 480.76	296.07	336.19	—	—

【例6.55】　清单工程量见【例3.60】，试根据该例图示条件计算钢筋混凝土墙拆除工程清单分项的综合单价并编制相应的清单计价表。（该墙为现浇钢筋混凝土墙，采用人工拆除，并利用自卸汽车将建筑垃圾运往场内100 m处，无楼层间的搬运，虚方系数为1.25）

【解】　（1）定额工程量的计量。

（1）钢筋混凝土的拆除按实拆体积以"m³"计算。

$$V=4×4×0.24×3-2.1×0.9×0.24=11.07(m^3)$$

②建筑垃圾运输按虚方体积计算，以"m³"（体积）与运输距离计算。

$$V=11.07×1.25=13.84(m^3)$$

（2）分部分项工程量清单综合单价分析见表6.134。

表6.134　分部分项工程量清单综合单价分析表

序号	项目编号	项目名称	计量单位	定额编号	定额名称	定额单位	数量	单价/元 人工费 定额人工费	单价/元 人工费 规费	单价/元 材料费	单价/元 机械费	合价/元 人工费 定额人工费	合价/元 人工费 规费	合价/元 材料费	合价/元 机械费	合价/元 管理费	合价/元 利润	合价/元 风险费	综合单价/元
1	011602002001	钢筋混凝土构件拆除	m³	1-16-15	现浇钢筋混凝土拆除（墙构件）	m³	1.000	648.16	129.63	2.55	—	648.16	129.63	2.55	—	147.65	89.51	50.88	1 177.42
				1-16-98	建筑垃圾场内运输运距100 m以内	10 m³	0.125	399.50	79.90	—	199.37	49.94	9.99	—	24.92	11.83	7.17	5.19	

注:(1)表中的相对数量=(定额量/定额单位扩大倍数)/清单量,小数点后保留3位有效数字。
(2)现浇钢筋混凝土(墙构件)拆除的相对量:(11.07/1)/11.07=1.000。
(3)建筑垃圾场内运输的相对量:(13.84/10)/11.07=0.125。
(4)管理费费率取22.78%,利润率取13.81%,风险费费率取5%。

6.16-4

(3)编制分部分项工程量清单计价表(表6.135)。

表6.135　分部分项工程量清单计价表

序号	项目编码	项目名称	项目特征	计量单位	工程量	金额/元 综合单价	金额/元 合价	金额/元 其中 人工费 定额人工费	金额/元 其中 人工费 规费	金额/元 其中 机械费	金额/元 其中 暂估价	备注
1	011602002001	钢筋混凝土构件拆除	(1)构件名称:钢筋混凝土墙 (2)拆除构件的厚度:240 mm (3)构件表面的附着物种类:无	m³	11.07	1 177.42	13 034.01	7 727.94	1 545.97	275.88	—	—

【例6.56】　清单工程量见【例3.61】,试根据条件计算门窗拆除工程清单分项的综合单价并编制相应的清单计价表。(该门为铝合金门,采用人工拆除,不涉及建筑垃圾搬运)

【解】　(1)定额工程量的计算。

拆整樘门、窗均按樘计量,门拆除工程量为1樘。

(2)分部分项工程量清单综合单价分析见表6.136。

表6.136　分部分项工程量清单综合单价分析表

序号	项目编号	项目名称	计量单位	定额编号	定额名称	定额单位	数量	单价/元 人工费 定额人工费	单价/元 人工费 规费	单价/元 材料费	单价/元 机械费	合价/元 人工费 定额人工费	合价/元 人工费 规费	合价/元 材料费	合价/元 机械费	合价/元 管理费	合价/元 利润	合价/元 风险费	综合单价/元
1	011610002001	金属门窗拆除	樘	1-16-73	整樘门窗	10 樘	0.100	191.39	38.28	—	—	19.14	3.83	—	—	4.36	2.64	1.50	31.47

注:(1)表中的相对量数量=(定额量/定额单位扩大倍数)/清单量,小数点后保留3位有效数字。

（2）金属门窗拆除的相对量：（1/10）/1=0.100。

（3）管理费费率取22.78%,利润率取13.81%,风险费费率取5%。

（3）编制分部分项工程量清单计价表（表6.137）。

6.16-5

表6.137　分部分项工程量清单计价表

序号	项目编码	项目名称	项目特征	计量单位	工程量	综合单价	合价	人工费		机械费	暂估价	备注
								定额人工费	规费			
1	011610002001	金属门窗拆除	（1）室内高度:3 000 mm （2）拆除构件的规格尺寸:900 mm×2 100 mm	樘	1.00	31.47	31.47	19.14	3.83	—	—	—

6.17　措施项目

　　措施项目费指为完成工程项目施工,按照绿色施工、安全操作规程、文明施工规定的要求,发生于该工程施工准备和施工过程中的技术、生活、安全、环境保护等方面的费用。由施工技术措施项目费和施工组织措施项目费构成,包括人工费、材料费、机械费和企业管理费、利润。

　　施工技术措施项目费由脚手架工程费、模板工程费、垂直运输费、超高增加费、大型机械设备进出场及安拆费、大型机械设备基础、排水降水费等组成。

　　施工组织措施费由安全文明施工、环境保护、临时设施费,绿色施工措施费,冬雨季施工增加费,工程定位复测费,工程交点、场地清理费,压缩工期增加费,夜间施工增加费,市政工程行车、行人干扰费增加费,已完工程及设备保护费,特殊地区施工增加费等组成。

6.17.1　脚手架工程

1.项目划分

　　在《云南省建设工程计价标准》中,脚手架工程为外脚手架、里脚手架、满堂脚手架、基础及板浇灌脚手架、悬空脚手架和挑脚手架、整体提升架、外装饰吊篮、安全网、电梯井脚手架、架空运输道、粉饰脚手架、烟囱（水塔）脚手架、防护架、斜道、外墙面装饰装修脚手架共14节。

2.清单项目与计价标准项目常见组合

　　详细内容见二维码6.17-1。

3.说明

　　详细内容见二维码6.17-2。

6.17-1

4.工程量计算规则

　　（1）落地式外脚手架按不扣除门、窗、洞口、空圈等所占面积的外墙外边线长度（包括凸出外墙的墙垛及附墙井道）乘以外墙高度以面积计算。

　　（2）型钢悬挑脚手架按不扣除门窗、洞口、空圈等所占面积的外墙外边线长度（包括凸出外墙的墙垛及附墙井道）乘以搭设高度以面积计算。

6.17-2

　　（3）现浇混凝土、砖、石独立柱按设计图示尺寸的结构外围周长另加3.6 m乘以高度以面积计算。

　　（4）现浇混凝土内墙按不扣除门、窗、洞口、空圈等所占面积的单面内墙长度（包括凸出墙面的柱、墙垛）乘以内墙高度以面积计算。若双面墙长度不一致时,以单面较大墙长为准。

（5）现浇钢筋混凝土单梁、连续梁按梁顶面至地面（或楼面）间的高度乘以梁净长以面积计算。

（6）现浇混凝土大型设备基础自垫层上表面高度在1.2 m以外的,按其外形周长乘以垫层上表面至外形顶面之间的平均高度以面积计算。

（7）高度50 m内每增加一排脚手架按批准的施工方案以实际搭设的垂直投影面积计算。

（8）附着式升降脚手架按提升范围不扣除门、窗、洞口、空圈等所占面积的墙面垂直投影面积计算。

（9）里脚手架按不扣除门、窗、洞口、空圈等所占面积的墙面垂直投影面积计算。

（10）满堂脚手架按室内净面积计算,其高度在3.6～5.2 m之间时计算基本层,5.2 m以外,每增加1.2 m计算一个增加层,不足0.6 m舍去不计。

计算公式:满堂脚手架增加层=(室内净高–5.2)/1.2。

（11）基础及现浇板浇灌脚手架。

①用于基础施工时,浇灌脚手架按所浇灌基础的外围水平投影面积以面积计算。

②现浇钢筋混凝土板浇灌脚手架,按板(包括与板连接的梁、现浇楼梯、阳台、雨篷)的外围水平投影面积以面积计算。

（12）架空通廊按其结构外围水平周长乘以设计室内地坪或设计室外地坪至架空通廊结构上表面间的平均高度以面积计算。

（13）悬空脚手架按所搭设的水平投影面积计算。

（14）挑脚手架按搭设长度乘以层数以长度计算。

（15）外装饰吊篮按所服务的外墙垂直投影面积计算,不扣除门窗洞口所占面积。

（16）安全网。

①施工组织设计未明确时,外脚手架架体内架设的安全平网区分首层网、层间网、随层网,按外墙外边线每边各加0.85 m乘以网宽1.8 m以"m²"计量。

②挑出式安全网宽度按3.6 m计算。

③无落地式外脚手架独立架设的首层网在地面以上的建筑总层数小于10层时,按外墙外边线每边各加1.5 m乘以网宽度3 m计算;建筑总层达到10层及以上时,按外墙外边线每边各加3 m乘以网宽度6 m计算;独立架设的首层网执行外墙相应高度的挑出式安全网定额。

④满堂脚手架安全网按所搭设的满堂脚手架工程量结合安全网封闭的层数以面积计算。

（17）电梯井脚手架每一电梯台数为一孔,区分高度以座计量。

（18）架空运输道按搭设长度以延长米计量。

（19）粉饰脚手架按楼地面至平均粉饰高度止的内墙面垂直投影面积计算,不扣除门窗洞口所占面积。

（20）烟囱(水塔)脚手架。

非滑模施工的烟囱(水塔)用脚手架,区别不同高度、直径以座计量。

烟囱内衬脚手架,按烟囱内衬砌体的面积计算。

（21）贮仓按单筒外边线长乘以高度以面积计算。

（22）贮油(水)池、化粪池按外壁周长乘以壁高以面积计算。

（23）现浇混凝土框架式设备基础脚手架,按现浇混凝土柱、墙、梁相应规定计算。

（24）防护架、水平防护架按所搭设的长度乘以宽度以面积计算;垂直防护架按自然地坪至最上一层横杆之间的搭设高度乘以实际搭设长度以面积计量。

（25）独立斜道、依附斜道区别高度以座计量。

（26）外墙面装饰脚手架,按所装饰范围内不扣除门窗洞口所占面积包括凸出外墙的墙垛及附墙井道的垂直投影面积计算。

5. 计算示例

【例6.57】　某建筑轴线尺寸如图6.22所示,其中轴网开间为3 600 mm、3 600 mm,进深为3 600 mm、1 500 mm,墙厚为200 mm,轴线居中布置,层高为4.2 m,板厚为120 mm,室内顶面装饰,搭设满堂脚手架。

满堂脚手架清单工程量见表6.138。试计算满堂脚手架的综合单价并编制相应的清单计价表。(本题综合工日、材料、机械台班单价同定额)

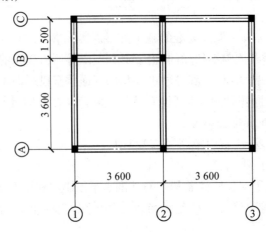

图6.22 建筑平面图

表6.138 分部分项工程量清单

序号	项目编码	项目名称	项目特征	计量单位	工程量
1	011701006001	满堂脚手架	(1)搭设方式:逐列逐排搭设 (2)搭设高度:4.08 m (3)脚手架材质:钢管	m²	32.64

【解】 (1)室内高度>3.6 m,顶面装饰,应计取满堂脚手架基本层,按室内净面积计算工程量。

$$S_{满堂} = (3.6+1.5-0.2×2)×(3.6-0.2)+(3.6+1.5-0.2)×(3.6-0.2) = 32.64(m^2)$$

满堂脚手架平网根据相关安全要求,在满堂脚手架内设置双层平网。

$$S_{网} = 32.64×2 = 65.28(m^2)$$

(2)分部分项工程量清单综合单价分析见表6.139。

表6.139 分部分项工程量清单综合单价分析表

序号	项目编码	项目名称	计量单位	定额编号	定额名称	定额单位	数量	单价/元 人工费 定额人工费	单价/元 人工费 规费	单价/元 材料费	单价/元 机械费	合价/元 人工费 定额人工费	合价/元 人工费 规费	合价/元 材料费	合价/元 机械费	合价/元 管理费	合价/元 利润	合价/元 风险费	综合单价/元
1	011701006001	满堂脚手架	m²	1-18-35	满堂脚手架基本层	100 m²	0.01	928.96	185.79	535.76	150.63	9.29	1.86	5.36	1.51	2.14	1.30	1.07	24.96
				1-18-44	平挂式安全网	100 m²	0.02	25.74	5.15	75.49	—	0.51	0.10	1.51	—	0.12	0.07	0.12	

注:(1)管理费费率取22.78%,利润率取13.81%。

(2)满堂脚手架中的安全网材料量乘以系数0.16,其他不变,235.29−32.08×5.93+0.16×32.08×5.93=75.49。

(3)平挂式安全网相对量:65.28/100/32.64=0.02。

6.17−3

(3)编制分部分项工程量清单计价表(表6.140)。

表6.140　分部分项工程量清单计价表

序号	项目编码	项目名称	项目特征	计量单位	工程量	金额/元						备注
						综合单价	合价	其中				
								人工费		机械费	暂估价	
								定额人工费	规费			
1	011701006001	满堂脚手架	(1)搭设方式:逐列逐排搭设 (2)搭设高度:4.08 m (3)脚手架材质:钢管	m²	32.64	24.96	814.66	320.02	64.00	49.17	—	—

【例6.58】　某两层建筑,轴网如图6.22所示,轴网开间为3 600 mm、3600 mm,进深为3 600 mm、1 500 mm,内外墙厚均为240 mm,内外墙轴线均居中布置,层高为3.6 m,板厚为120 mm,室外地坪标高为 -0.3 m,女儿墙高度为600 mm。分部分项清单工程量见表6.141,计算外脚手架、里脚手架综合单价并编制相应的清单计价表。

表6.141　分部分项工程量清单

序号	项目编码	项目名称	项目特征	计量单位	工程量
1	011701002001	外脚手架	(1)搭设方式:双排外脚手架 (2)搭设高度:8.1 m (3)脚手架材质:钢管	m²	207.04
2	011701003001	里脚手架	(1)搭设方式:单排里脚手架 (2)搭设高度:3.48 m (3)脚手架材质:钢管	m²	57.21

【解】　(1)计算思路。

落地式外脚手架定额工程量计算规则同清单工程量计算规则,按不扣除门、窗、洞口、空圈等所占面积的外墙外边线长度(包括凸出外墙的墙垛及附墙井道)乘以外墙高度以面积计算。

外脚手架需架设平挂式安全网,平挂式安全网包括首层网、层间网、随层网。执行平挂式定额时,随层网中的安全网材料量乘以系数0.07。施工组织设计未明确时,外脚手架架体内架设的安全平网区分首层网、层间网、随层网,按外墙外边线每边各加0.85 m乘以网宽1.8 m以"m²"计量。

里脚手架定额工程量计算规则同清单工程量计算规则,里脚手架按不扣除门、窗、洞口、空圈等所占面积的墙面垂直投影面积计算。

(2)工程量计算。

$$外墙脚手架面积 S_外 = (7.2+5.1+0.24×2)×2×(3.6+3.6+0.3+0.6) = 207.04(m^2)$$

$$首层网面积 S_首 = (7.2+5.1+0.24×2+0.85+0.85)×2×1.8 = 52.13(m^2)$$

$$随层网 S_随 = (7.2+5.1+0.24×2+0.85+0.85)×2×1.8 = 52.13(m^2)$$

$$内墙里脚手 S_里 = (3.6-0.24+5.1-0.24)×(3.6-0.12)×2 = 57.21(m^2)$$

（3）分部分项工程量清单综合单价分析见表6.142。

表6.142 分部分项工程量清单综合单价分析表

序号	项目编号	项目名称	计量单位	清单综合单价组成明细														综合单价/元
				定额编号	定额名称	定额单位	数量	单价/元				合价/元						
								人工费		材料费	机械费	人工费		材料费	机械费	管理费	利润	风险费	
								定额人工费	规费			定额人工费	规费						
1	011701002001	外脚手架	m²	1-18-4	双排脚手架	100 m²	0.01	787.39	157.47	934.76	78.00	7.87	1.57	9.35	0.78	1.81	1.10	1.12	24.59
				1-18-44	平挂式首层网	100 m²	0.0025	25.74	5.15	235.29	—	0.06	0.01	0.59	—	0.01	0.01	0.03	
				1-18-44	平挂式随层网	100 m²	0.0025	25.74	5.15	58.37	—	0.06	0.01	0.15	—	0.01	0.01	0.01	
2	011701003001	里脚手架	m²	1-18-34	里脚手架	100 m²	0.01	414.80	82.96	57.49	59.96	4.15	0.83	0.57	0.60	0.96	0.58	0.38	8.07

注:(1)平挂式随层网执行平挂式定额时,随层网中的安全网材料量乘以系数0.07,235.29-32.08×5.93(1-0.07)=58.37。

(2)平挂式首层网、随层网相对量为52.13/100/207.04=0.0025。

6.17-4

（4）编制分部分项工程量清单计价表（表6.143）。

表6.143 分部分项工程量清单计价表

序号	项目编码	项目名称	项目特征	计量单位	工程量	金额/元						备注
						综合单价	合价	其中				
								人工费		机械费	暂估价	
								定额人工费	规费			
1	011701002001	外脚手架	(1)搭设方式:双排外脚手架 (2)搭设高度:7.5 m (3)脚手架材质:钢管	m²	207.04	24.59	5 090.40	1 656.86	331.36	161.49	—	—
2	011701003001	里脚手架	(1)搭设方式:单排里脚手架 (2)搭设高度:3.38 m (3)脚手架材质:钢管	m²	57.21	8.07	461.79	237.31	47.46	34.30	—	—

6.17.2 混凝土模板及支架

1.项目划分

在《云南省建设工程计价标准》中,混凝土模板及支架分为现浇混凝土模板、预制混凝土模板、预应力混凝土模板、铝合金模板、构筑物混凝土模板共5节。

2.清单项目与计价标准项目常见组合

详细内容见二维码6.17-5。

3.说明

详细内容见二维码6.17-6。

6.17-5

4.工程量计算规则

（1）现浇混凝土构件模板。

现浇混凝土模板工程量,除另有规定者,按模板与混凝土的接触面积(扣除后浇带所占面积)计算。

6.17-6

①基础。

基础模板区别基础类型按模板与混凝土的接触面积计算。

框架式设备基础、箱型基础分别按基础、柱、墙、梁、板的有关规定计算。

a.有肋式带形基础。有肋式带形基础梁的高度(基础扩大面至肋顶面高度)不大于1.2 m时,基础底板、梁模板合并计算执行有肋式带形基础定额;有肋式带形基础梁的高度大于1.2 m时,带形基础底板模板按无肋式带形基础定额执行,基础扩大面以上肋的模板执行混凝土墙模板相应定额。

b.满堂基础。无肋式满堂基础有扩大或角锥形柱墩时,其模板并入无肋式满堂基础模板计算。有肋式满堂基础肋高度(凸出基础底板上表面至肋顶面高度)不大于1.2 m时,基础底板、肋模板合并计算执行有肋式满堂基础定额;有肋式满堂基础梁高度大于1.2 m时,底板模板按无肋式满堂基础模板定额执行,凸出基础底板的肋模板按混凝土墙模板相应定额计算。

c.设备基础。以设备基础单体体积划分,分别按模板与混凝土的接触面积计算,执行相应定额。

d.地脚螺栓套孔区别孔深以个计量。

②柱。柱模板按模板与混凝土的接触面积计算。

a.柱高从柱基上表面或楼板上表面算至上一层楼板上表面或柱顶上表面,无梁板柱算至柱帽下表面。

b.依附于柱上的牛腿模板面积并入柱模板计算,执行相应柱的模板定额。

c.构造柱按图示外露部分计算模板面积。带马牙槎构造柱的槎接部分按槎接宽度乘以柱高计算。

③梁。梁模板按模板与混凝土的接触面积计算。

④墙、电梯井壁。墙、电梯井壁模板按模板与混凝土的接触面积计算,不扣除单孔面积小于0.3 m² 的孔洞面积,孔洞侧壁模板亦不增加;扣除单孔面积大于0.3 m² 的孔洞面积,孔洞侧壁模板面积并入墙、电梯井壁模板内计算。

a.外墙八字脚处及暗梁、暗柱模板并入墙模板内计算。

b.凸出墙面的柱、梁按相应的柱、梁定额执行。

c.外墙梁侧立面与墙面在同一垂直面时,高度自基础上表面或楼板上表面算至上一层楼板上表面;外墙梁侧立面与墙面不在同一垂直面时,高度自基础上表面或楼板上表面算至梁下表面;内墙高度自基础上表面或楼板上表面算至上一层楼板或梁下表面。

d.爬模工程量按照爬升设备模板系统与混凝土构件的接触面积计算。

⑤板。按模板与混凝土的接触面以面积计算,不扣除单孔面积小于0.3 m² 的孔洞面积,孔洞侧壁模板亦不增加;扣除单孔面积大于0.3 m² 的孔洞面积,孔洞侧壁模板面积并入板模板工程量内计算。

a.有梁板按梁及板的模板与混凝土的接触面积合并计算。有梁板中的弧形梁,模板高度自梁底算至板底,弧形梁底模板并入弧形梁内执行弧形梁定额,板执行有梁板定额。

b.柱帽按模板与混凝土的接触面积并入无梁板工程量内计算。

c.有多种板连接时,以墙的中心线划分。

d.现浇混凝土悬挑板、雨篷、阳台按图示外挑部分尺寸的水平投影面积计算,挑出墙外的悬臂梁及板边不另计算模板面积。

e.挑檐、天沟与板(包括屋面板、楼板)连接时,以外墙外边线为界计算;与圈梁(包括其他梁)连接时,以梁外边线分界计算。外边线以外为挑檐、天沟。

⑥其他。

a.预制钢筋混凝土板补现浇板时,按现浇平板定额执行。

b.现浇钢筋混凝土整体楼梯(含直形楼梯及弧形楼梯)模板按包括休息平台、平台梁、斜梁和楼层板连接梁的不重叠的楼梯水平投影面积累计计算,不扣除宽度小于500 mm的楼梯井所占面积,楼梯踏步、踏步板、平台梁等侧面模板不另计算,伸入墙内部分亦不增加。若整体楼梯与现浇楼板无梯梁连接时,以楼梯的最后一个踏步边缘加 300 mm 为界计算。整体楼梯不包括基础,楼梯基础另按相应定额计算。

c. 混凝土台阶不包括梯带,按图示台阶尺寸的水平投影面积计算,若图示尺寸不明确时,以台阶的最后一个踏步边缘加 300 mm 为界计算。台阶端头两侧不另计算模板面积。架空式混凝土台阶,按现浇楼梯计算。凸出台阶的梯带另行计算。场馆看台按设计图示尺寸以水平投影面积计算。

d. 现浇混凝土梁柱接头、池槽、电缆沟、排水沟、线条等按混凝土实体项目的体积计算。

e. 对拉螺栓堵眼增加费区分墙面、柱面、梁面,按模板接触面积分别计算。

f. 后浇带按模板与后浇带混凝土的接触面积计算。

g. 现浇混凝土模板支撑超高增加按构件超高部分的模板面积计算。

⑦人工挖孔桩护壁模板按混凝土与模板接触面积计算。

(2)预制、预应力构件混凝土模板。

预制、预应力混凝土构件模板工程量,按相应构件混凝土制作工程量计算。

(3)铝合金模板。

①铝合金模板工程量按模板与混凝土的接触面积计算。

②现浇钢筋混凝土墙、板上单孔面积 $\leq 0.3 \text{ m}^2$ 的孔洞不予扣除,洞侧壁模板亦不增加,单孔面积 $> 0.3 \text{ m}^3$ 时应予扣除,洞侧壁模板面积并入墙、板模板工程量内计算。

③柱与梁、柱与墙、梁与梁等连接重叠部分以及伸入墙内的梁头、板头与砖接触部分,均不计算模板面积。

④楼梯模板工程量按水平投影面积计算。

(4)构筑物模板。

构筑物的模板工程量,除另有规定外,区分构件类别,按混凝土实体项目工程量以体积计算。

①池类。池底、池壁区分不同形状、模板材质,按混凝土与模板的接触面积计算;池盖区分无梁、有肋按混凝土与模板的接触面积计算,球形池盖按混凝土体积计算;池内立柱区分模板材质按混凝土与模板的接触面积计算;池内坑槽、壁基梁均按混凝土与模板的接触面积计算。

②井类。井底、井壁区分不同形状按混凝土与模板的接触面积计算。

③贮仓。区分不同构件及形状按混凝土体积计算;筒仓壁按滑模施工区分不同内径按混凝土体积计算。

④水塔。塔身区分筒式、柱式按混凝土体积计算;水塔水箱区分内外壁按混凝土体积计算;塔顶、槽底、回廊及平台均按混凝土体积计算;滑模施工倒锥壳水塔筒身区分支筒高度按混凝土体积计算;水箱地面上制作区分水箱不同容积按混凝土体积计算。

⑤烟囱。滑模施工烟囱筒身区分不同高度,按混凝土体积计算。

5. 计算示例

【例 6.59】　图 3.64 所示为杯形基础组合钢模板清单工程量见表 6.144,计算杯形基础模板综合单价并编制相应的清单计价表。(本题综合工日、材料、机械台班单价同计价标准)

表 6.144　措施项目清单

序号	项目编码	项目名称	项目特征	计量单位	工程量
1	011702001001	基础	杯形基础	m²	7.80

【解】　(1)杯形基础的模板定额工程量计算规则同清单工程量计算规则,按模板与现浇混凝土构件的接触面积计算,杯形基础模板按包括杯形侧面积,中部杯口棱台体杯内、杯外的模板与混凝土的接触面积以平方米计量。

(2)分部分项工程量清单综合单价分析见表 6.145。

表 6.145　分部分项工程量清单计价表

序号	项目编号	项目名称	计量单位	清单综合单价组成明细															
				定额编号	定额名称	定额单位	数量	单价/元				合价/元							综合单价/元
								人工费		材料费	机械费	人工费		材料费	机械费	管理费	利润	风险费	
								定额人工费	规费			定额人工费	规费						
1	011702001001	基础	m²	1-18-120	杯形基础组合钢模板	100 m²	0.01	2 841.57	568.31	1 472.33	275.76	28.42	5.68	14.72	2.76	6.52	3.95	3.10	65.16

注:(1)管理费费率取 22.78%,利润率取 13.81%,风险费费率 5%。

(2)杯形基础模板相对量:7.80/100/7.80 = 0.01。

(3)编制分部分项工程量清单计价表(表 6.146)。

6.17-7

表 6.146　分部分项工程量清单计价表

序号	项目编码	项目名称	项目特征	计量单位	工程量	金额/元						备注
						综合单价	合价	其中				
								人工费		机械费	暂估价	
								定额人工费	规费			
1	11702001001	基础	杯形基础	m²	7.80	65.16	508.25	221.64	44.33	21.51	—	—

【例 6.60】　某墙体轴网如图 3.65 所示,轴网开间为 3 600 mm、3 600 mm,进深为 3 600 mm、1 500 mm,其中矩形柱截面尺寸为 400 mm×400 mm,高度为 3 m,框架梁截面尺寸为 300 mm×500 mm,无板连接。分部分项清单工程量见表 6.147,计算柱模板、梁模板综合单价并编制相应清单计价表。(模板选用组合钢模板,综合工日、材料、机械台班单价同计价标准)

表 6.147　分部分项工程量清单

序号	项目编码	项目名称	项目特征	计量单位	工程量
1	011702002001	矩形柱	高度 3 m	m²	35.4
2	011702006001	矩形梁	支撑高度 2.5 m	m²	38.09

【解】　(1)柱、梁模板定额工程量计算规则同清单工程量计算规则,按模板与混凝土的接触面积计算。

(2)分部分项工程量清单综合单价分析见表 6.148。

表 6.148　分部分项工程量清单综合单价分析表

序号	项目编号	项目名称	计量单位	定额编号	定额名称	定额单位	数量	单价/元 定额人工费	单价/元 规费	材料费	机械费	合价/元 定额人工费	合价/元 规费	材料费	机械费	管理费	利润	风险费	综合单价/元
1	011702002001	矩形柱	m²	1-18-138	组合钢模板矩形柱	100 m²	0.01	2 934.62	586.92	1 451.36	272.44	29.35	5.87	14.51	2.72	6.73	4.08	3.16	67.42
2	011702006001	矩形梁	m²	1-18-148	组合钢模板矩形梁	100 m²	0.01	2 735.13	547.03	1 710.92	311.58	27.35	5.47	17.11	3.12	6.29	3.81	3.16	66.30

注:(1)管理费费率取 22.78%,利润率取 13.81%,风险费费率取 5%。

(2)矩形柱模板相对量:35.40/100/35.40＝0.01。

(3)矩形梁模板相对量:38.09/100/38.09＝0.01。

6.17-8

(3)编制分部分项工程量清单计价表(表 6.149)。

表 6.149　分部分项工程量清单计价表

序号	项目编码	项目名称	项目特征	计量单位	工程量	金额/元 综合单价	合价	其中 人工费 定额人工费	其中 人工费 规费	机械费	暂估价	备注
1	011702002001	矩形柱	高度 3 m	m²	35.4	67.42	2 386.56	1 043.41	208.68	96.44	—	—
2	011702006001	矩形梁	支撑高度 2.5 m	m²	38.09	66.30	2 525.48	1 041.81	208.36	118.68	—	—

【例 6.61】　某墙体轴网如图 3.66 所示,轴网开间为 3 600 mm、3 600 mm,进深为 3 600 mm、1 500 mm,内外墙厚度均为 200 mm,轴线居中布置,M1 尺寸为 1 200 mm×1 200 mm,C1 尺寸为 1 500 mm×1 800 mm,其中板厚为 120 mm,层高为 3 m。分部分项工程量清单见表 6.150,计算墙模板综合单价并编制相应清单计价表。(本题综合工日、材料、机械台班单价同计价标准)

表 6.150　分部分项工程量清单

序号	项目编码	项目名称	项目特征	计量单位	工程量
1	011702011001	直形墙	组合钢模板直形墙	m²	170.21

【解】　(1)墙模板定额工程量计算规则同清单工程量计算规则,按模板与混凝土的接触面积计算,不扣除单孔面积小于 0.3 m² 的孔洞面积,孔洞侧壁模板亦不增加;扣除单孔面积大于 0.3 m² 的孔洞面积,孔洞侧壁模板面积并入墙模板内计算。

(2)分部分项工程量清单综合单价分析见表 6.151。

表 6.151 分部分项工程量清单综合单价分析表

序号	项目编号	项目名称	计量单位	定额编号	定额名称	定额单位	数量	单价/元				合价/元								综合单价/元
								人工费		材料费	机械费	人工费		材料费	机械费	管理费	利润	风险费	
								定额人工费	规费			定额人工费	规费						
1	011702011001	直形墙	m²	1-18-162	组合钢模板直形墙	100 m²	0.01	2 453.79	490.76	844.38	229.76	24.54	4.91	8.44	2.30	5.63	3.41	2.46	51.69

注:(1)管理费费率取 22.78%,利润率取 13.81%,风险费费率 5%。

(2)墙模板相对量:170.21/100/170.21=0.01。

6.17-9

(3)编制分部分项工程量清单计价表(表 6.152)。

表 6.152 分部分项工程量清单计价表

序号	项目编码	项目名称	项目特征	计量单位	工程量	金额/元					备注
						综合单价	合价	其中			
								人工费		机械费	暂估价	
								定额人工费	规费			
1	011702011001	直形墙	组合钢模板直形墙	m²	170.21	51.69	8 798.87	4 176.60	835.32	391.07	—	—

6.17.3 垂直运输

1. 项目划分

在《云南省建设工程计价标准》中,垂直运输分为建筑物垂直运输、构筑物垂直运输、装饰装修垂直运输3节。

2. 清单项目与计价标准项目常见组合

详细内容见二维码 6.17-10。

3. 说明

详细内容见二维码 6.17-11。

6.17-10

4. 工程量计算规则

(1)建筑物垂直运输。

①区别建筑物结构类型、檐高或层数、设计室外地坪以下、以上,按建筑面积以平方米计量。

6.17-11

②建筑面积按 GB 50353—2013 计算。

(2)构筑物垂直运输。

①烟囱、水塔、筒仓以座计量。超过规定高度时再按每增高 1 m 定额计算,超过高度不足 0.5 m 时舍去不计。

②贮池以外壁外围结构水平投影面积以平方米计量。

③高度超过 3.6 m 的围墙、挡墙,按自然地坪至墙本体结构上表面间的高度乘以墙长度的垂直投影面积以平方米计量。

（3）装饰装修工程垂直运输。

垂直运输工程量根据装饰装修的楼层不同，区别建筑物檐高、垂直运输高度，分别按不同垂直运输高度的定额项目人工费以万元为单位计算。

5. 计算示例

【例6.62】 某商住楼平面示意如图6.23所示，该商住楼1～5层为商场，为型钢-混凝土组合结构（含5层出屋面电梯机房），6～15层为住宅，为现浇框架结构（含15层出屋面电梯机房），各楼层层高见表6.153，设计室外地坪标高为-0.6 m；图中墙体厚度均为240 mm，尺寸线标注于墙中，出屋面电梯机房墙中线尺寸为3 m×3 m，现浇钢筋混凝土屋面板厚均为120 mm。5层及以下（含五层出屋面电梯机房）现浇混凝土采用泵送入模，5层以上（含15层出屋面电梯机房）现浇混凝土采用机吊入模。试计算不含全部室内、室外装修工程（已另行发包）内容的工程使用塔式起重机施工的垂直运输直接费。

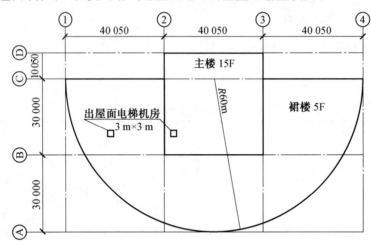

图6.23　某商住楼平面示意图

表6.153　各楼层层高情况表

位置	1层	2～4层	5层	6～15层
主楼	4.8 m	4.5 m	4.8 m	3.1 m
裙楼	4.8 m	4.5 m	4.8 m	—
电梯机房	出屋面层高均为3.3 m			

【解】 （1）确定檐高或层数。出屋面电梯机房高度或层数不纳入计算。

主楼（共15层）檐高 $=4.8+4.5×3+4.8+3.1×10+0.6-0.12=54.58$（m）

裙楼（共5层）檐口高度 $=4.8+4.5×3+4.8+0.6-0.12=23.58$（m）

（2）按不同结构类型、高度等分别计算建筑面积。

①主楼（1～15层）。

建筑面积 $=(40.05+0.24)×(40.05+0.24)×15+(3+0.24)×(3+0.24)=24\ 359.76$（m²）

其中，

1～5层（型钢-混凝土组合结构）$=(40.05+0.24)×(40.05+0.24)×5=8\ 116.42$（m²）

3.6 m<层高4.5～4.8 m<5.1 m，层高超高超过0.5 m但不足1.5 m，按超高1 m计。

6～15层（现浇框架结构）$=(40.05+0.24)×(40.05+0.24)×(15-5)+(3+0.24)×(3+0.24)$

$=16\ 243.34$（m²）

层高<3.6 m，无层高超高增加。

②裙房（共5层）。

型钢-混凝土组合结构 $=[π×(60+0.24)×(60+0.24)/2-(30+0.24)×(40+0.24)]×5+(3+0.24)×(3+0.24)$

$$= 22\ 405.18(\text{m}^2)$$

其中，

$$层高 4.5 \sim 4.8\ \text{m} = [\pi \times (60+0.24) \times (60+0.24)/2 - (30+0.24) \times (40+0.24)] \times 5 = 22\ 394.68(\text{m}^2)$$

$$层高 3.3\ \text{m} < 3.6\ \text{m} = (3+0.24) \times (3+0.24) = 10.50(\text{m}^2)$$

（3）计算使用塔式起重机施工的垂直运输直接费。

依据垂直运输相关说明第一条第 7 款规定，定额建筑物层高按 3.6 m 以内编制层高，超过 3.6 m 建筑，另计层高超高垂直运输增加费，每超过 1 m，其超高部分按相应定额增加 10%，超高高度不是 0.5 m 舍去不计；第一条第 10 款规定，型钢-混凝土组合结构檐高 140 m（或 39 层）内，按现浇框架结构相应定额乘系数 1.1；第一条第 17 款规定，建筑物的现浇混凝土按泵送编制，如现浇混凝土采用非泵送时，垂直运输相应定额乘以调增系数 10%，再乘以非泵送混凝土数量占全部混凝土数量的百分比；第一条第 18 款规定，房屋建筑工程不包括独立发承包的装饰装修工程时，建筑物垂直运输檐高超过 20 m 或层数 6 层以上建筑物，相应定额施工电梯台班量乘以系数 0.65，其他不变。

①主楼。

1 ~ 5 层：1 ~ 5 层为型钢-混凝土组合结构，按现浇框架结构相应定额乘以系数 1.1，按层高超高 1 m，相应定额增加 10%，定额编号为 1-18-396。

定额消耗量调整：[（1-18-396）-施工电梯机械费×（1-0.65）]×1.1×1.1。

定额基价调整：

人工费 = 817.44×1.1×1.1 = 989.10（元/100 m²）。

机械费 = （3 241.39-574.42×2.867+574.42×2.867×0.65）×1.1×1.1 = 3 224.64（元/100 m²）。

调整后定额基价 = 989.10+3 224.64 = 4 213.74（元/100 m²）。

垂直运输直接费 = 8 116.42×4 123.74/100 = 342 004.84（元）。

6 ~ 15 层：5 层以上（含 15 层出屋面电梯机房）现浇混凝土采用机吊入模，现浇混凝土采用非泵送时，垂直运输相应定额乘以调增系数 10%，再乘以非泵送混凝土数量占全部混凝土数量的百分比，定额编号为 1-18-396。

定额消耗量调整：[（1-18-396）-施工电梯机械费×（1-0.65）]×1.1。

定额计价调整：

人工费 = 817.44×1.1 = 899.18（元/100 m²）。

机械费 = （3 241.39-574.42×2.867+574.42×2.867×0.65）×1.1 = 2 931.49（元/100 m²）。

调整后定额基价 = 899.18+2 931.49 = 3 830.67（元/100 m²）。

垂直运输直接费 = 16 243.34×3 830.67/100 = 622 228.75（元）。

②裙房：1 ~ 5 层为型钢-混凝土组合结构，按现浇框架结构相应定额乘以系数 1.1，按层高超高 1 m，相应定额增加 10%，定额编号为 1-18-393。

1 ~ 5 层定额消耗量调整：[（1-18-393）-施工电梯机械费×（1-0.65）]×1.1×1.1。

定额基价调整：

人工费 = 812.94×1.1×1.1 = 983.66（元/100 m²）。

机械费 = （2 160.04-328.35×1.586+328.35×1.586×0.65）×1.1×1.1 = 2 393.11（元/100 m²）。

调整后定额基价 = 983.66+2 393.11 = 3 376.76（元/100 m²）。

垂直运输直接费 = 22 394.68×3 376.76/100 = 756 214.60（元）。

电梯机房定额消耗量调整：[（1-18-393）-施工电梯机械费×（1-0.65）]×1.1。

定额基价调整：

人工费 = 812.94×1.1 = 894.23（元/100 m²）。

机械费 = （2 160.04-328.35×1.586+328.35×1.586×0.65）×1.1 = 2 175.55（元/100 m²）。

调整后定额基价 = 894.23+2 175.55 = 3 069.78（元/100 m²）。

垂直运输直接费 = 10.50×3 069.78/100 = 322.33(元)。

按给定条件计算的该商住楼垂直运输直接费总计:

342 004.84+622 228.75+756 214.60+322.33 = 1 720 770.51(元)。

6.17-12

6.17.4　建筑物超高增加

1. 项目划分

在《云南省建设工程计价标准》中,建筑物超高增加分为建筑物施工超高增加、装饰装修施工超高增加 2 节。

2. 清单项目与计价标准项目常见组合

详细内容见二维码 6.17-13。

6.17-13

3. 说明

详细内容见二维码 6.17-14。

4. 工程量计算规则

6.17-14

(1)建筑物施工超高增加。

①建筑物施工超高增加,按高度超过 20 m 或层数 6 层以上的建筑面积以平方米计量。

②建筑面积按 GB 50353—2013 计算。

③建筑物 20 m 以上的层超过 3.6 m 时,每超过 1 m 按相应定额增加 15% 计算,超高高度不足 0.5 m 舍去不计。

④建筑物高度虽超过 20 m,但不足一层的,高度每增高 1 m,按相应定额增加 15% 计算,超高高度不足 0.5 m 舍去不计。

⑤其他机械降效按有关项目中的定额其他机械费乘以降效率计算。

(2)装饰装修工程施工超高增加。

①装饰装修工程施工超高增加按装饰装修项目所在高度的项目人工费以"万元"为单位计算。

②其他机械降效按装饰装修项目中的定额其他机械费乘以降效率计算。

5. 计算示例

【例 6.63】 某综合楼平面图如图 3.68 所示,图中的墙体厚度均为 240 mm,尺寸线标注于墙中,设计室内外高差为 0.6 m,各层的层高见表 6.154,分部分项工程量清单见表 6.155。现浇钢筋混凝土楼屋面板厚度为 120 mm。试计算该综合楼的超高增加费综合单价并编制相应的清单计价表。

表 6.154　各层层高示意表

部位名称	1 层	2~3 层	4~7 层
主楼	4.5 m	3.6 m	3.3 m

表 6.155　分部分项工程量清单

序号	项目编码	项目名称	项目特征	计量单位	工程量
1	011704001001	超高施工增加	(1)建筑物建筑类型及结构形式:钢筋混凝土 (2)建筑物檐口高度、层数:25.38 m,7 层 (3)单层建筑物檐口高度超过 20 m,多层建筑物超过 6 层部分的建筑面积:685.75 m	m²	685.75

【解】 主楼檐高 $H = 0.6+4.5+3.6×2+3.3×4-0.12 = 25.38(\text{m})$。

主楼层数 $N = 7$ 层。

檐高超高 20 m 的部分为主楼的 6~7 层。

$S_{标准层} = (28.05+0.24)×(24+0.24) = 685.75(\text{m}^2)$。

(1)第六层超过 20 m 部分的高度为 2.2 m,相应定额乘以系数:2×0.15 = 0.3。

工程量为该层建筑面积 $S_1 = S = 685.75(\text{m}^2)$。

（2）第七层层高为 3.3 m<3.6 m。

工程量为该层建筑面积 $S_2 = S = 685.75(\text{m}^2)$。

（3）分部分项工程量清单综合单价分析见表 6.156。

表 6.156　分部分项工程量清单综合单价分析表

序号	项目编号	项目名称	计量单位	定额编号	定额名称	定额单位	数量	单价/元				合价/元							综合单价/元
								人工费		材料费	机械费	人工费		材料费	机械费	管理费	利润	风险费	
								定额人工费	规费			定额人工费	规费						
1	011704001001	超高施工增加	m²	1-18-512	超高增加建筑物檐高 30 m 以内	100 m²	0.01	1 741.18	348.24	—	42.09	17.41	3.48	—	0.42	3.97	2.41	1.38	37.81
				1-18-512 ×0.3	超高增加建筑物檐高 30 m 以内	100 m²	0.01	522.35	104.47	—	12.63	5.22	1.04	—	0.13	1.19	0.72	0.42	

注：（1）由于第 6 层超过 20 m 部分的高度为 2.2 m，第 6 层超高施工增加定额乘以系数 0.3。

（2）超高增加相对量：685.75/100/685.75=0.01。

（3）管理费费率取 22.78%，利润率取 13.81%，风险费费率 5%。

（4）编制分部分项工程量清单计价表（表 6.157）。

6.17-15

表 6.157　分部分项工程量清单计价表

序号	项目编码	项目名称	项目特征	计量单位	工程量	金额/元						备注
						综合单价	合价	其中				
								人工费		机械费	暂估价	
								定额人工费	规费			
1	011704001001	超高施工增加	（1）建筑物建筑类型及结构形式:钢筋混凝土 （2）建筑物檐口高度、层数:25.5 m,7 层 （3）单层建筑物檐口高度超过 20 m,多层建筑物超过 6 层部分的建筑面积:684.54 m	m²	685.75	37.81	927.02	522.16	104.46	375.24	—	—

6.17.5　大型机械设备进出场及安拆

1. 项目划分

在《云南省建设工程计价标准》中,大型机械设备进出场及安拆分为大型机械设备安拆、塔式起重机及施工电梯基础、大型机械设备进出场 3 节。

2. 清单项目与计价标准项目常见组合

详细内容见二维码 6.17-16。

6.17-16

3. 说明

详细内容见二维码 6.17-17。

4. 工程量计算规则

（1）大型机械设备安拆费按台次计算。

6.17-17

（2）大型机械设备进出场费按台次计算。

（3）塔式起重机轨道式基础铺设按两轨中心线的实际铺设长度以米计量,固定式基础以"座"计量。

6.17.6　基础措施

1. 项目划分

在《云南省建设工程计价标准》中,基础措施分为基坑支护工程,基坑支护垂直运输,施工排水、降水
3 节。

2. 清单项目与计价标准项目常见组合

详细内容见二维码 6.17-18。

3. 说明

详细内容见二维码 6.17-19。

6.17-18

4. 工程量计算规则

（1）基坑支护工程。

①桩机支架平台。

a. 打桩支架按审定的施工组织设计,按水平投影面积以平方米计量。

b. 在沟槽（基坑）内打桩时,打桩机的临时支架按沟槽（基坑）的实际上口面积计算,沟槽
（基坑）宽度在 3 m 以内不得计算。

6.17-19

c. 砖渣回填铺垫碾压工程量按审定的施工组织设计以铺垫面积乘以平均厚度以米计算。

②喷射平台。

混凝土喷射平台搭设按立面喷射面积以平方米计量。

③挡土板。

按设计文件（或施工组织设计）规定的支挡范围,以面积计算。

（2）基坑支护垂直运输。

①混凝土拆除物及零星土、石方垂直运输工程量按深度 3.6 m 以下的图示尺寸或构件图示尺寸以体积
计算。

②周转材料上及下垂直运输工程量按深度 3.6 m 以下的材料质量以吨计量。

（3）施工排水、降水。

①轻型井点、喷射井点排水的井管安装、拆除以"根"为单位计算,使用以"套·天"计量,累计根数不足
一套时,以一套计量。

②真空深井、自流深井排水的安装拆除按井的数量以"座"计算,使用以"座·天"计量。

③无砂混凝土管井点的安装拆除,按设计或施工组织设计深度以延长米计算,使用按井口数以"座·
天"计量。

④集水井按设计图示数量以"座"计算,使用按井口数以"座·天"计量。

⑤使用天数以每昼夜（24 h）为一天,并按施工组织设计要求的使用天数计算。

6.17.7　施工组织措施费

详细内容见二维码 6.17-20。

6.17-20

第3编　建筑工程计量计价管理及实训

第7章　建筑工程价款结算与合同价款调整

7.1　合同价款的预付与期中支付

7.1.1　工程预付款

工程预付款是指在工程正式开工前,用于承包人为合同工程施工购置材料、工程设备,购置或租赁施工设备,修建临时设施,以及组织施工队伍进场等所需的款项。

1. 预付备料款的确定

工程预付款额度,主要是保证施工所需材料和构件的正常储备。工程预付款额度一般根据施工工期、建安工作量、主要材料和构件费用占建安工程费的比例,以及材料储备周期等因素经测算确定。

(1)百分比法。

发包人根据工程的特点、工期长短、市场行情、供求规律等因素,在合同条件中约定工程预付款的百分比。GB 50500—2013 规定包工包料工程的预付款支付比例不低于签约合同价(扣除暂列金额)的10%,不宜高于签约合同价(扣除暂列金额)的30%。

$$预付款数额=签约合同价(扣除约定扣除金额)×工程备料款额度$$

(2)公式计算法。

公式计算法是根据主要材料(含结构件等)占承包工程总价的比例、材料储备定额天数和年度施工天数等因素,通过公式计算预付款额度的一种方法。其计算公式为

$$工程预付款数额=[承包工程总价×材料比例(\%)]×材料储备定额天数/年度施工天数$$

式中,年度施工天数按 365 天日历天数计算;材料储备定额天数由当地材料供应的在途天数、加工天数、整理天数、供应间隔天数、保险天数等因素决定。

2. 预付备料款的支付流程

GB 50500—2013 规定:

(1)承包人应在签订合同或向发包人提供与预付款等额的预付款保函后向发包人提交预付款支付申请。

(2)发包人应在收到支付申请的 7 天内进行核实,向承包人发出预付款支付证书,并在签发支付证书后的 7 天内向承包人支付预付款。

(3)发包人没有按合同约定按时支付预付款的,承包人可催告发包人支付;发包人在付款期满后的 7 天内仍未支付的,承包人可在付款期满后的第 8 天起暂停施工。发包人应承担由此增加的费用和延误的工期,并向承包人支付合理利润。

(4)承包人的预付款保函的担保金额根据预付款扣回的数额相应递减,但在预付款全部扣回之前一直保持有效。发包人应在预付款扣完后的 14 天内将预付款保函退还给承包人。

3. 预付备料款的扣回

GB 50500—2013 规定:预付款应从每一个支付期应支付给承包人的工程进度款中扣回,直到扣回的金额达到合同约定的预付款金额为止。

预付备料款扣款的方法一般有以下两种:

(1)按合同约定扣款。

预付款的扣款方法由发包人和承包人通过协商后在合同中予以确定,一般是在承包人完成金额累计达到合同总价的一定比例后,由承包人开始向发包人还款,发包人从每次应付给承包人工程进度款中扣回工程预付款,发包人至少在合同规定的完工期前将工程预付款的总金额逐次扣回。如从工程进度款累计金额超过合同价格的 10%、20% 或 30% 等额度开始起扣,每月从进度款中按一定比例扣回。

(2)起扣点计算法。

从未施工工程的主要材料及构件的价值相当于工程预付款数额时起扣,此后每次结算工程价款时,按材料所占比例扣减工程价款,至工程竣工前全部扣清。起扣点的计算公式如下:

$$T = P - m/N$$

式中　T——起扣点(即工程预付款开始扣回时)的累计完成工程造价;

　　　P——承包工程合同总额;

　　　m——工程预付款总额;

　　　N——主要材料及构件所占比例。

工程进度款的累计金额超过起扣点金额的当月为起扣月,起扣月应扣回的预付款按下式计算:

$$起扣月应扣预付款 = (当月累计工程进度款 - 起扣点金额) \times 主材比例$$

超过起扣点后,月度应扣回的预付款按下式计算:

$$月度应扣回的预付款 = 当月工程进度款 \times 主材比例$$

4. 安全文明施工费的支付

GB 50500—2013 规定:

(1)发包人应在工程开工后的 28 天内预付不低于当年施工进度计划的安全文明施工费总额的 60%,其余部分按照提前安排的原则进行分解,并与进度款同期支付。

(2)发包人没有按时支付安全文明施工费的,承包人可催告发包人支付。发包人在付款期满后的 7 天内仍未支付的,若发生安全事故的,发包人应承担相应的责任。

(3)承包人应对安全文明施工费专款专用,在财务账目中单独列项备查,不得挪作他用,否则发包人有权要求其限期改正;逾期未改正的,造成的损失和延误的工期由承包人承担。

5. 预付备料款的担保

(1)预付款担保的概念及作用。

预付款担保是指承包人与发包人签订合同后领取预付款前,承包人正确、合理使用发包人支付的预付款而提供的担保。其主要作用是保证承包人能够按合同规定的目的使用并及时偿还发包人已支付的全部预付金额。如果承包人中途毁约,中止工程,使发包人不能在规定期限内从应付工程款中扣除全部预付款,则发包人有权从该项担保金额中获得补偿。

(2)预付款担保的形式。

预付款担保的主要形式为银行保函。预付款担保金额通常与发包人的预付款是等值的。预付款一般逐月从工程进度款中扣除,预付款担保金额也相应逐月减少。承包人的预付款保函的担保金额根据预付款扣回的数额相应扣减,但在预付款全部扣回之前一直保持有效。

预付款担保也可采用发承包双方约定的其他形式,如由担保公司提供担保,或采取抵押等担保形式。

7.1.2　期中支付

合同价款的期中支付,即工程进度款支付,是指发包人在合同工程施工过程中,按照合同约定对付款周期内承包人完成的合同价款给予支付的款项。发承包双方应按照合同约定的时间、程序和方法,根据工程计量结果,办理期中价款结算,支付进度款。进度款支付周期,应与合同约定的工程计量周期一致。

1. 工程计量

(1)一般规定。

①工程量必须按照工程相关的现行国家计量规范规定的工程量计算规则计算。

②工程计量可选择按月或按工程形象进度分段计量,具体计量周期在合同中约定。

③因承包人原因造成的超出合同范围施工或返工的工程量,发包人不予计量。

(2)单价合同计量。

①单价合同计量一般规定。

a. 工程量必须以承包人完成合同工程应予计量的工程量确定。

b. 在施工中进行工程计量时,若发现招标工程量清单中出现缺项、工程量偏差,或因工程变更引起工程量增减时,应按承包人在履行合同义务中实际完成的工程量计算。

②单价合同计量的程序。

a. 承包人应当按照合同约定的计量周期和时间,向发包人提交当期已完工程量报告。发包人应在收到报告后 7 天内核实,并将核实计量结果通知承包人。发包人未在约定时间内进行核实的,承包人提交的计量报告中所列的工程量视为承包人实际完成的工程量。

b. 发包人认为需要进行现场计量核实时,应在计量前 24 小时通知承包人,承包人应为计量提供便利条件并派人参加。双方均同意核实结果时,双方应在上述记录上签字确认。承包人收到通知后不派人参加计量,视为认可发包人的计量核实结果。发包人不按照约定时间通知承包人,致使承包人未能派人参加计量,则计量核实结果无效。

c. 如承包人认为发包人的计量结果有误,应在收到计量结果通知后的 7 天内向发包人提出书面意见,并应附上其认为正确的计量结果和详细的计算资料。发包人收到书面意见人提出的书面意见后,应在 7 天内对承包人的计量结果进行复核后通知承包人。发承包人对复核计量结果仍有异议的,按照合同约定的争议解决办法处理。

d. 承包人完成已标价工程量清单中每个项目的工程量并经发包人核实无误后,发承包双方应对每个项目的历次计量报表进行汇总,以核实最终结算工程量。发承包双方应在汇总表上签字确认。

(3)总价合同的计量。

①总价合同计量一般规定。

a. 采用工程量清单方式招标形成的总价合同,其工程量按"单价合同计量"的规定计算。

b. 采用经审定批准的施工图及其预算方式发包形成的总价合同,除按照工程变更规定进行工程量增减外,总价合同各项目的工程量应为承包人用于结算的最终工程量。

c. 总价合同约定的项目计量应以合同工程经审定批准的施工图纸为依据,发承包双方应在合同中约定工程计量的形象目标或时间节点进行计量。

②总价合同计量的程序。

a. 承包人应在合同约定的每个计量周期内对已完成的工程进行计量,并向发包人提交达到工程形象目标完成的工程量和有关计量资料的报告。

b. 发包人应在收到报告后 7 天内对承包人提交的计量资料进行复核,以确定实际完成的工程量和工程形象目标。对其有异议的,应通知承包人共同进行复核。

2. 工程进度款支付

(1)工程进度款的计算。

①单价合同。

已标价工程量清单中的单价项目,承包人应按工程计量确认的工程量与综合单价计算。如综合单价发生调整的,以发承包双方确认调整的综合单价计算进度款。

②总价合同。

对于已标价工程量清单中的总价项目和采用经审定批准的施工图及其预算方式发包形成的总价合同,承包人应按合同中约定的进度款支付分解,分别列入进度款支付申请中的包括安全文明施工费和本周期应支付的总价项目的金额中。

③甲供料金额。

发包人提供的甲供材料金额,应按发包人签约提供的单价和数量从进度款支付中扣除,列入本周期应扣减的金额中。

④变更、签证、索赔金额。

承包人现场签证和得到发包人确认的变更、签证索赔金额,应列入本周期应增加的工程进度款金额中。

(2)工程进度款支付程序。

①工程进度款支付周期:工程进度款支付周期应与合同约定的工程计量周期一致。

②进度款的支付比例:工程进度款的支付比例按照合同约定,按期中结算价款总额计,不低于60%,不高于90%。

③进度款支付申请。

承包人应在每个计量周期到期后7天内向发包人提交已完工程进度款支付申请一式四份,详细说明此周期认为有权得到的款额,包括分包人已完工程的价款。支付申请的内容包括:

a. 累计已完成的合同价款。

b. 累计已实际支付的合同价款。

c. 本周期合计完成的合同价款,其中包括:本周期已完成单价项目的金额;本周期应支付的总价项目的金额;本周期已完成的计日工价款;本周期应支付的安全文明施工费;本周期应增加的金额。

d. 本周期合计应扣减的余额,其中包括:本周期应扣回的预付款;本周期应扣减的金额。

e. 本周期实际应支付的合同价款。

④进度款支付证书。

发包人应在收到承包人进度款支付申请后的14天内,根据计量结果和合同约定对申请内容予以核实,确认后向承包人出具进度款支付证书。若发承包双方对部分清单项目的计量结果出现争议,发包人应对无争议部分的工程计量结果向承包人出具进度款支付证书。

发包人应在签发进度款支付证书后的14天内,按照支付证书列明的金额向承包人支付进度款。若发包人逾期未签发进度款支付证书,则视为承包人提交的进度款支付申请已被发包人认可,承包人可向发包人发出催告付款的通知。发包人应在收到通知后的14天内,按照承包人支付申请阐明的金额向承包人支付进度款。

发包人未按规定支付进度款的,承包人可催告发包人支付,并有权获得延迟支付的利息;发包人在付款期满后的7天内仍未支付的,承包人可在付款期满后的第8天起暂停施工。发包人应承担由此增加的费用和延误的工期,向承包人支付合理利润,并应承担违约责任。

⑤支付证书的修正。

发现已签发的任何支付证书有错、漏或重复的数额,发包人有权予以修正,承包人也有权提出修正申请,经发承包双方复核同意修正的,应在本次到期的进度款中支付或扣除。

7.2　合同价款的调整

7.2.1　合同价款的约定

合同价款是合同文件的核心要素,建设项目无论是招标发包,还是直接发包,合同价款的具体数额均在"合同协议书"中载明。

1. 签约合同价与合同价格

签约合同价是指发承包双方在工程合同中约定的工程造价,即包括了分部分项工程费、措施项目费,其他项目费、规费和税金的合同总金额。

签约合同价即为中标价,因为中标价是指评标时经过算术修正的、并在中标通知书中声明招标人接受的投标价格。根据《中华人民共和国招标投标法》第四十六条有关规定:"招标人与中标人应当……按照招标文件和中标人的投标文件订立书面合同,招标人和中标人不得再行订立背离合同实质性内容的其他协议",所以中标的中标价受法律保护,发包人应根据中标通知书确定的价格签订合同。

合同价格是指发包人用于支付承包人按照合同约定完成承包范围内全部工作的金额,包括合同履行过程中按合同约定发生的价格变化(即合同价款的调整)。

2. 合同价款的约定

(1)实行招标的工程合同价款应在中标通知书发出之日起 30 日内,由发承包双方依据招标文件和中标人的投标文件在书面合同中约定。

(2)合同约定不得违背招、投标文件中关于工期、造价、质量等方面的实质性内容。招标文件与中标人投标文件不一致的地方,应以投标文件为准。

(3)不实行招标的工程合同价款,应在发承包双方认可的工程价款基础上,由发承包双方在合同中约定。

(4)实行工程量清单计价的工程,应当采用单价合同。合同工期较短、建设规模较小、技术难度较低,且施工图设计已审查完备的建设工程可采用总价合同;紧急抢险、救灾以及施工技术特别复杂的建设工程可以采用成本加酬金合同。

3. 合同条款中应约定的事项

发承包双方应在合同条款中对下列事项进行约定:

(1)预付工程款的数额、支付时间及抵扣方式。

(2)安全文明施工措施费的支付计划、使用要求等。

(3)工程计量与支付工程进度款的方式、数额及时间。

(4)工程价款的调整因素、方法、程序、支付及时间。

(5)施工索赔与现场签证的程序、金额确认与支付及时间。

(6)承担计价风险的内容、范围以及超出约定内容、范围的调整办法。

(7)工程竣工价款结算编制与核对、支付及时间。

(8)工程质量保证(保修)金的数额、预留方式及时间。

(9)违约责任以及发生工程价款争议的解决方法及时间。

(10)与履行合同、支付价款有关的其他事项等。

合同中没有按照上述要求约定或约定不明的,若发承包双方在合同履行中发生争议,由双方协商确定;当协商不能达成一致的,按 GB 50500—2013 的规定执行。

7.2.2　合同价款调整的一般规定

(1)以下事项(但不限于)发生,发承包双方应当按照合同约定调整合同价款:法律法规变化、工程变更、项目特征不符、工程量清单缺项、工程量偏差、物价变化、暂估价、计日工、现场签证、不可抗力、提前竣工(赶工补偿)、误期赔偿、施工索赔、暂列金额、发承包双方约定的其他调整事项。

(2)出现合同价款调增事项(不含工程量偏差、索赔),或调减事项(不含工程量偏差、施工索赔)后的 14 天内,承包人应提交合同价款调增(或调减)报告并附上相关资料给发包人,若在 14 天内未提交合同价款调增(或调减)报告的,视为承包人对该事项不存在调整价款请求。

(3)发包人应在收到承包人合同价款调增报告及相关资料之日起 14 天内对其核实,予以确认的应书面通知承包人。如有疑问时,应向承包人提出协商意见。发包人在收到合同价款调增报告之日起 14 天内未确认、也未提出协商意见的,视为承包人提交的合同价款调增报告已被发包人认可。发包人提出协商意见的,承包人应在收到协商意见后的 14 天内对其核实,予以确认的应书面通知发包人。如承包人在收到发包人的协商意见后 14 天内既不确认也未提出不同意见的,应视为发包人提出的意见已被承包人认可。承包人收到发包人合同价款调减报告的处理方式同理。

(4)如发包人与承包人对不同意见不能达成一致的,只要不实质影响发承包双方履约的,双方应继续履行合同义务,直到其按照合同争议的解决方式得到处理。

(5)经发承包双方确认调整的合同价款,作为追加(减)合同价款,应与工程进度款或结算款同期支付。

7.2.3　法律法规变化引起合同价款调整

法律法规变化引起合同价款调整,首先按双方合同约定进行合同价款调整。若合同中没有按照要求约定或约定不明的,发承包双方在合同履行中发生争议,则由双方协商确定;协商不能达成一致的,按 GB 50500—2013 规定执行。

(1)招标工程以投标截止日前 28 天,非招标工程以合同签订前 28 天为基准日,其后因国家的法律、法规、规章和政策发生变化引起工程造价增减变化的,发承包双方应当按照省级或行业建设主管部门或其授权的工程造价管理机构据此发布的规定调整合同价款。

(2)因承包人原因导致工期延误,并在合同工程原定竣工时间之后,不予调增合同价款,但可调减合同价款。

7.2.4　工程变更引起合同价款调整

1. 适用范围

合同实施过程中由发包人提出或由承包人提出经发包人批准的合同工程任何一项工作的增减、取消或施工工艺、顺序、时间的改变;设计图纸的修改;施工条件的改变;招标工程量清单的错漏从而引起合同条件的改变或工程量的增减变化。

2. 合同价款调整方法

GB 50500—2013 规定:

(1)因工程变更引起已标价工程量清单项目或其工程数量发生变化时,应按照下列规定调整:

①已标价工程量清单中有适用于变更工程项目的,采用该项目的单价。但当工程变更导致该清单项目的工程数量发生变化,且工程量偏差超过 15% 时,该项目单价的调整原则为:当工程量增加 15% 以上时,增加部分的工程量的综合单价应予调低;工程量减少 15% 以上时,减少后剩余部分的工程量的综合单价应予调高。

②已标价工程量清单中没有适用但有类似于变更工程项目的,可在合理范围内参照类似项目的单价。

③已标价工程量清单中没有适用也没有类似于变更工程项目的,应由承包人根据变更工程资料、计量规则和计价办法、工程造价管理机构发布的信息价格和承包人报价浮动率,提出变更工程项目的单价,并应报发包人确认后调整。承包人报价浮动率可按下列公式计算:

$$招标工程:承包人报价浮动率 L=\left(1-\frac{中标价}{招标控制价}\right)\times100\%$$

$$非招标工程:承包人报价浮动率 L=\left(1-\frac{报价}{施工图预算}\right)\times100\%$$

④已标价工程量清单中没有适用也没有类似于变更工程项目,且工程造价管理机构发布的信息价格缺少的,应由承包人根据变更工程资料、计量规则、计价办法和通过市场调查等取得有合法依据的市场价格提出变更工程项目的单价,并应报发包人确认后调整。

(2)工程变更引起施工方案改变并使措施项目发生变化时,由承包人提出调整措施项目费的,应事先将拟实施的方案提交发包人确认,并应详细说明与原方案措施项目相比的变化情况。拟实施的方案经发承包双方确认后执行,并应按照下列规定调整措施项目费:

①安全文明施工费,应按照实际发生变化的措施项目调整,但费率必须按国家或省级、行业建设主管部门的规定计算,不得作为竞争性费用。

②单价措施项目费,应按照实际发生变化的措施项目,按"因工程变更引起已标价工程量清单项目或其工程数量发生变化的调整规定"确定单价。

③按总价(或系数)计算的措施项目费,按照实际发生变化的措施项目调整,但应考虑承包人报价浮动因素,即调整金额按照实际调整金额乘以承包人报价浮动率计算。

④如果承包人未事先将拟实施的方案提交给发包人确认,则应视为工程变更不引起措施项目费的调整或承包人放弃调整措施项目费的权利。

(3)当发包人提出的工程变更因非承包人原因删减了合同中的某项原定工作或工程,致使承包人发生的费用或(和)得到的收益不能被包括在其他已支付或应支付的项目中,也未被包含在任何替代的工作或工程中,则承包人有权提出并应得到合理的费用及利润补偿。

3. 合同价款调整实例

【例 7.1】　某工程项目合同中基础工程土方工程量为 100 000 m³,分部分项工程量清单综合单价为60 元/m³,土方开挖时发生工程变更,使得土方工程量变为 108 000 m³。施工单位要求重新调整土方综合单价,是否可以调整?

【解】　因为 100 000×15% = 115 000(m³)>108 000(m³),即变更后土方工程量没有达到规定要求重新确定单价的标准(即15%),所以变更后的土方工程综合单价仍为原综合单价 60 元/m³。

【例 7.2】　某施工合同中 C35 钢筋混凝土矩形柱的综合单价为 505.58 元/m³,施工过程中设计变更为C40 钢筋混凝土矩形柱。已知:C35 钢筋混凝土单价为 388.35 元/m³,C40 混凝土单价为 402.91 元/m³,则C40 钢筋混凝土矩形柱的综合单价为多少比较合理?

【解】　根据判断,此类工程变更价款调整属于已标价工程量清单中有类似于变更工程项目的,可在合理范围内参照类似项目的单价。

$$C40 \text{ 的综合单价}=C35 \text{ 综合单价}+(变更后材料价格-合同中的材料价格)×材料消耗量$$
$$=505.58+(402.91-388.35)×10.15/10=520.36(元/m³)$$

其中,10.15 为 10 m³ 钢筋混凝土矩形柱的混凝土消耗量。

7.2.5　招标工程量清单问题引起合同价款调整

包括由于工程量清单中项目特征不符、工程量清单缺项及工程量偏差引起的合同价款调整。

1. 项目特征不符引起合同价款调整

发包人在招标工程量清单中对项目特征的描述,应被认为是准确的和全面的,并且与实际施工要求相符合。承包人应按照发包人提供的工程量清单,根据其项目特征描述的内容及有关要求实施合同工程,直到其被改变为止。

承包人应按照发包人提供的设计图纸实施合同工程,若在合同履行期间出现设计图纸(含设计变更)与招标工程量清单任一项目的特征描述不符,且该变化引起该项目工程造价增减变化的,应按照实际施工的项目特征,按 GB 50500—2013 有关工程变更的规定重新确定相应工程量清单项目的综合单价,并调整合同价款。

2. 工程量清单缺项引起合同价款调整

合同履行期间,由于招标工程量清单项目缺项,新增分部分项工程量清单项目的,应按照 GB 50500—2013 关于"因工程变更引起已标价工程量清单项目或其工程数量发生变化"的相关规定进行调整。

新增分部分项工程量清单项目后,引起措施项目发生变化的,应按照 GB 50500—2013 关于"因工程变更引起施工方案改变并使措施项目发生变化"的相关规定,在承包人提交的实施方案被发包人批准后,调整合同价款。

由于招标工程量清单中措施项目缺项,承包人应将新增措施项目实施方案提交发包人批准后,按照GB 50500—2013关于"因工程变更引起已标价工程量清单项目或其工程数量发生变化、因工程变更引起施工方案改变并使措施项目发生变化"的规定调整合同价。

3. 工程量偏差引起合同价款调整

合同履行期间,当应予计算的实际工程量与招标工程量出现偏差,且符合下述规定时应调整合同价。

①对于任一招标工程量清单项目,当规定的工程量偏差和工程变更原因导致工程量偏差超过 15% 时,可进行调整。当工程量增加 15% 以上时,增加部分的工程量的综合单价应予调低;当工程量减少 15% 以上时,减少后剩余部分的工程量的综合单价应予调高。

②当工程量偏差或工程变更原因导致工程量偏差超过 15%,且该变化引起相关措施项目相应发生变化时,按系数或单一总价方式计价的,工程量增加的措施项目费适当调增,工程量减少的措施项目费适当调减。

【例 7.3】 某大学一幢学生宿舍楼项目的投标文件中,分部分项工程量清单与计价表中"抹灰面油漆"的清单工程量为 22 962.71 m²、综合单价为 19 元/m²、该分部分项工程费为 436 291.49 元。在施工中,承包方发现各层宿舍房间的内置阳台内墙立面乳胶漆项目漏项,经监理工程师和发包人确认,其工程量偏差 4 320 m²,根据规范的规定,经与承包人协商,将此项目综合单价调减为 18 元/m²。问题:"抹灰面油漆"分部分项工程量清单调整后分部分项工程费为多少?

【解】

$$实际工程量 \, Q_1 = 22\,962.71 + 4\,320 = 27\,282.71(\text{m}^2)$$

$$Q_1 > 1.15 \times 22\,962.71 = 26\,407.12(\text{m}^2)$$

调整后分部分项工程费:

$$S = 1.15 Q \times P_0 + (Q_1 - 1.15 Q) \times P_1$$

$$S = 1.15 \times 22\,962.71 \times 19 + (27\,282.71 - 1.15 \times 22\,962.71) \times 18$$

$$= 501\,735.21 + 875.59 \times 18 = 517\,495.83(\text{元})$$

7.2.6 计日引起合同价款调整

计日工是指在施工过程中,承包人完成发包人提出的工程合同范围以外的零星项目或工作,按合同中约定的单价计价的一种方式。

GB 50500—2013 规定:

①发包人通知承包人以计日工方式实施的零星工作,承包人应予执行。

②采用计日工计价的任何一项变更工作,在该项变更的实施过程中,承包人应按合同约定提交下列报表和有关凭证送发包人复核:工程名称、内容和数量;投入该工作所有人员的姓名、工种、级别和耗用工时;投入该工作的材料名称、类别和数量;投入该工作的施工设备型号、台数和耗用台时;发包人要求提交的其他材料和凭证。

③任一计日工项目持续进行时,承包人应在该项工作实施结束后的 24 小时内,向发包人提交有计日工记录汇总的现场签证报告一式三份。发包人在收到承包人提交现场签证报告后的 2 天内予以确认,并将其中一份返还给承包人,作为计日工计价和支付的依据。发包人逾期未确认也未提出修改意见的,应视为承包人提交的现场签证报告已被发包人认可。

④任一计日工项目实施结束后,承包人应按照确认的计日工现场签证报告核实该类项目的工程数量,并应根据核实的工程数量和承包人已标价工程量清单中的计日工综合单价计算,提出应付价款;已标价工程量清单中没有该类计日工单价的,由发承包双方按"工程变更"的规定商定计日工综合单价计算。

⑤每个支付期末,承包人应按"进度款支付"的规定向发包人提交本期间所有计日工记录的签证汇总表,并说明本期间自己认为有权得到的计日工金额,调整合同价款,列入进度款支付。

7.2.7 物价变化类引起合同价款调整

1. 物价变化引起合同价款调整

(1)物价变化。

合同履行期间,因人工、材料、工程设备和价格波动影响合同价格时,应根据合同约定,按 GB 50500—2013 的价格指数调整价格差额或造价信息调整价格差额,调整合同价款。

承包人采购材料和工程设备的,应在合同中约定主要材料、工程设备价格变化的范围或幅度;当没有约定且材料、工程设备单价变化超过 5% 时,超过部分的价格应按 GB 50500—2013 的价格指数调整价格差额或造价信息调整价格差额方法计算调整材料、工程设备费。

发生合同工期延误的,应按下列规定确定合同履行期的价格调整:

①因非承包人原因导致工期延误的,计划进度日期后续工程的价格,应采用计划进度日期与实际进度日期两者的较高者。

②因承包人原因导致工期延误的,计划进度日期后续工程的价格,应采用计划进度日期与实际进度日期两者的较低者。

发包人供应材料和工程设备的,应由发包人按照实际变化调整,列入合同工程的工程造价内。

【例7.4】　某项目招标控制价中水泥的单价、投标报价中水泥的单价、施工过程中水泥的单价,以及各月供应量见表 7.1。施工合同约定:水泥单价发生上涨或下降的情况,其幅度在±5% 以内(含 5%)的,其价差由承包人承担或受益;幅度在±5% 以外的,其超过部分的价差由发包人承担或受益。

表 7.1　水泥单价及供应量

名称	水泥土单价	供应量	小计
单位	元/吨	t	元
基期价格(招标控制价编制价格)1 月	400	—	—
投标报价	390	—	—
2 月信息价	450	500	225 000
3 月信息价	460	200	92 000
4 月信息价	440	300	132 000
5 月信息价	430	400	172 000
6 月信息价	420	300	126 000
7 月信息价	420	700	294 000
8 月信息价	440	400	176 000
9 月信息价	450	200	90 000
10 片信息价	460	800	368 000
11 月信息价	460	300	138 000
12 月信息价	470	200	94 000
合计	—	4 300	1 907 000

问题:(1)根据合同约定,水泥单价的变化,是否可以进行合同价款的调整?

(2)若可以调整,则水泥调整金额为多少? 水泥最终结算金额又为多少?

【解】　(1)水泥加权平均单价=1 907 000/4 300=443.49(元/吨)。

基期价格相差 5% :

$$-5\% : 400 \times (1-5\%) = 380(元/吨)$$

$$+5\% : 400 \times (1+5\%) = 420(元/吨)$$

因为 443.49(元/吨)>420(元/吨),根据施工合同约定,可以进行合同价款的调整。

(2)水泥调整金额=(443.49-420)×4 300=101 007(元)。

水泥最终结算金额=390×4 300+(443.49-420)×4 300=1 778 007(元)

2. 暂估价引起合同价款调整

(1)暂估价的含义。

暂估价是指招标人在工程量清单中提供的用于支付必然发生但暂时不能确定价格的材料、工程设备的单价以及专业工程的金额。

(2)材料、工程设备暂估价的计价原则。

①发包人在招标工程量清单中给定暂估价的材料、工程设备不属于依法必须招标的,应由承包人按照合同约定采购,经发包人确认单价后取代暂估价,调整合同价款。

②发包人在招标工程量清单中给定暂估价的材料、工程设备属于依法必须招标的,应由发承包双方以招标的方式选择供应商,确定价格,并应以此为依据取代暂估价,调整合同价款。

(3)专业工程暂估价的计价原则。

①发包人在招标工程量清单中给定暂估价的专业工程不属于依法必须招标的,应按照 GB 50500—2013 "工程变更"相应条款的规定确定专业工程价款,并应以此为依据取代专业工程暂估价,调整合同价款。

②发包人在招标工程量清单中给定暂估价的专业工程,依法必须招标的,应当由发承包双方依法组织招标选择专业分包人,并接受有管辖权的建设工程招标投标管理机构的监督,还应符合以下要求:

a.除合同另有约定外,承包人不参加投标的专业工程发包招标,应由承包人作为招标人,但拟定的招标文件、评标工作、评标结果应报送发包人批准。与组织招标工作有关的费用应当被认为已经包括在承包人签约合同价(投标总报价)中。

b.承包人参加投标的专业工程发包招标,应由发包人作为招标人,与组织招标工作有关的费用由发包人承担。同等条件下,应优先选择承包人中标。

c.应以专业工程发包中标价为依据取代专业工程暂估价,调整合同价款。

3.暂列金额引起合同价款调整

暂列金额是指招标人在工程量清单中暂定并包括在合同价款中的一笔款项。用于工程合同签订时尚未确定或者不可预见的所需材料、设备、服务的采购,施工中可能发生的工程变更、合同约定调整因素出现时的工程价款调整,以及发生的索赔、现场签证确认等的费用。

已签约合同价中的暂列金额由发包人掌握使用。发包人按照 GB 50500—2013 的规定支付后,暂列金额余额归发包人所有。

7.2.8　工程索赔类引起合同价款调整

1.不可抗力引起合同价款调整

不可抗力指发承包双方在工程合同签订时不能预见的,对其发生的后果不能避免,并且不能克服的自然灾害和社会突发事件。

因不可抗力事件导致的人员伤亡、财产损失及其费用增加,发承包双方应按以下原则分别承担并调整工程价款和工期:

(1)合同工程本身的损害、因工程损害导致第三方人员伤亡和财产损失以及运至施工场地用于施工的材料和待安装的设备的损害,应由发包人承担。

(2)发包人、承包人人员伤亡由其所在单位负责,并承担相应费用。

(3)承包人的施工机械设备损坏及停工损失,应由承包人承担。

(4)停工期间,承包人应发包人要求留在施工场地的必要的管理人员及保卫人员的费用,由发包人承担。

(5)工程所需清理、修复费用,由发包人承担。

不可抗力解除后复工的,若不能按期竣工,应合理延长工期。发包人要求赶工的,赶工费用应由发包人承担。

因不可抗力解除合同的,应按 GB 50500—2013"合同解除的价款结算与支付"的相关规定办理。

2.提前竣工引起合同价款调整

提前竣工(赶工)费是指承包人应发包人的要求,采取加快工程进度的措施,使合同工程工期缩短,由此产生的应由发包人支付的费用。

（1）招标人应根据相关工程的工期定额合理计算工期,压缩的工期天数不得超过定额工期的20%,超过的应在招标文件中明示增加赶工费用。

（2）发包人要求合同工程提前竣工的,应征得承包人同意后与承包人商定采取加快工程进度的措施,并应修订合同工程进度计划。发包人应承担承包人由此增加的提前竣工(赶工补偿)费用。

（3）发承包双方应在合同中约定提前竣工每日历天应补偿额度,此项费用应作为增加合同价款列入竣工结算文件中,应与结算款一并支付。

【例7.5】　某建设项目采用工程量清单计价方式招标,发包人与承包人签订了施工合同,合同工期为600天。施工合同中约定发包人要求合同工程每提前竣工1天,应补偿承包人10 000元(含税金)的赶工补偿费。实际施工过程中,发包方因市场需求要求工程提前10天竣工,则赶工补偿费如何支付?

【解】　按照合同约定的赶工补偿标准以及实际施工过程中的赶工时段,计算该工程的赶工补偿费 = 10 000 元/天×10 天 = 100 000(元)。

3. 误期赔偿引起合同价款调整

承包人未按照合同工程的计划进度施工,导致实际工期超过合同工期(包括经发包人批准的延长工期),承包人应向发包人赔偿损失的费用。

GB 50500—2013 规定:

（1）承包人未按照合同约定施工,导致实际进度迟于计划进度的,承包人应加快进度,实现合同工期。合同工程发生误期,承包人应赔偿发包人由此造成的损失,并按照合同约定向发包人支付误期赔偿费。即使承包人支付误期赔偿费,也不能免除承包人按照合同约定应承担的任何责任和应履行的任何义务。

（2）发承包双方应在合同中约定误期赔偿费,并应明确每日历天应赔额度。误期赔偿费应列入竣工结算文件中,并应在结算款中扣除。

（3）在工程竣工之前,合同工程内的某单项(位)工程已通过了竣工验收,并且该单项(位)工程接收证书中表明的竣工日期并未延误,而是合同工程的其他部分产生了工期延误,则误期赔偿费应按照已颁发工程接收证书的单项(位)工程造价占合同价款的比例幅度予以扣减。

【例7.6】　某建设项目由发包人和承包人签订了建设工程施工承包合同,承包合同规定:工程分为三个标段施工,工程项目的开工日期为2018年7月20日,完工日期为2018年12月7日,施工日历天数为140天。并约定:承包人必须按提交的各项工程进度计划的时间节点组织施工,否则,每误期1天,向发包人支付20 000元,若存在已竣工的工程项目,则误期赔偿标准可以按比例扣减。在实际施工过程中,标段1和标段2均已按期完成,标段3因承包人自身原因导致工程误期5天,标段3的工程价款占整个建设项目合同价款的40%。则误期赔偿费应该如何确定?

【解】　（1）该工程标段3的误期赔偿是由于承包人自身原因导致的,则这部分工程误期的风险应由承包人自己承担。

（2）按照合同约定标段3的工程价款占整个合同价款的40%,则标段3导致的误期赔偿的标准为20 000×40% = 8 000(元/天)。

（3）按照合同约定的竣工日期,该工程由于承包人原因延误5天,需承包人支付发包人5天的误期赔偿费。

按照合同约定的误期赔偿标准以及实际施工过程中的误期时间,计算该工程的误期赔偿费 = 8 000×5 = 40 000(元)。

4. 索赔引起合同价款调整

索赔是指工程合同履行过程中,合同当事人一方因非己方的原因而遭受损失,按合同约定或法律法规规定应由对方承担责任,从而向对方提出补偿的要求。

（1）施工索赔的原因分析。

①发包人违约。发包人违约的原因包括(但不限于):移交工地延误;提供的基准点、基准线、基准标高错误而导致的索赔;图纸发放延误;施工图认可延误;指令下达延误;支付预付款延误;工程进度款支付延

误;发包人负责提供设备或材料延误;材料认可延误;检查施工质量(隐蔽工程)延误;发包人指定的分包商或供货商的延误;交工验收延误;发包人要求停工引起的延误;发包人提前占用永久工程引起的损失;发包人原因导致施工条件发生变化;因发包人的原因终止合同。

②承包人违约。承包人违约的原因包括(但不限于):未能按照合同协议书中约定或监理人的指示在约定时间内完成工程;工程质量未达到合同协议书中约定的质量标准;未经发包人同意擅自将工程转包、分包给其他人;未向发包人支付应付的材料费和设备等费用,给发包人造成损失;未按合同约定办理保险;无理扣留和拒绝支付分包商;未按合同约定的程序通知发包人检查隐蔽工程质量;由于承包人过错导致的工程拒收和再次检验;对施工过程管理不善造成发包人或第三方利益损失;因承包人的原因终止合同。

③合同问题。合同问题包括(但不限于):合同措辞不当、说明不清、条款二义性;构成合同文件的各部分文件(图纸)约定不一致;合同中遗漏了对相关问题的约定;合同文件文字打印错误;采用不同的工程习惯用语;采用不同的法律体系。

④工程变更。工程变更包括(但不限于):设计变更;实施合同约定以外的额外工程;改变合同工程的基线、标高、位置或尺寸;改变合同中任何一项工作的质量或其他特性;改变合同中任何一项工作的施工时间或施工顺序;改变合同中任何一项工作的已批准的施工工艺。

⑤监理指令。监理指令包括(但不限于):指令承包人加速施工;要求进行某项施工;要求更换某些材料;要求采取某些措施;对已经合格的材料和工程质量进行二次检验。

⑥不可抗力或不利的物质条件。不可抗力或不利的物质条件包括(但不限于):地质、水文条件的变化;恶劣的气候条件;出现文物、化石等;地震、洪水等自然灾害等自然不可抗力;战争、军事政变、罢工、示威、游行等社会不可抗力。

(2)索赔的合同价款调整方法。

GB 50500—2013 规定:

①当合同一方向另一方提出索赔时,应有正当的索赔理由和有效证据,并应符合合同的相关约定。

②根据合同约定,承包人认为非承包人原因发生的事件造成了承包人的损失,应按以下程序向发包人提出索赔:

a.承包人应在知道或应当知道索赔事件发生后 28 天内,向发包人提交索赔意向通知书,说明发生索赔事件的事由。承包人逾期未发出索赔意向通知书的,丧失索赔的权利。

b.承包人应在发出索赔意向通知书后 28 天内,向发包人正式提交索赔通知书。索赔通知书应详细说明索赔理由和要求,并应附必要的记录和证明材料。

c.索赔事件具有连续影响的,承包人应继续提交延续索赔通知,说明连续影响的实际情况和记录。

d.在索赔事件影响结束后的 28 天内,承包人应向发包人提交最终索赔通知书,说明最终索赔要求,并应附必要的记录和证明材料。

③承包人索赔应按下列程序处理:

a.发包人收到承包人的索赔通知书后,应及时查验承包人的记录和证明材料。

b.发包人应在收到索赔通知书或有关索赔的进一步证明材料后的 28 天内,将索赔处理结果答复承包人,如果发包人逾期未做出答复,视为承包人索赔要求已被发包人认可。

c.承包人接受索赔处理结果的,索赔款项应作为增加合同价款,在当期进度款中进行支付;承包人不接受索赔处理结果的,应按合同约定的争议解决方式办理。

④承包人要求赔偿时,可以选择以下一项或几项方式获得赔偿:延长工期;要求发包人支付实际发生的额外费用;要求发包人支付合理的预期利润;要求发包人按合同的约定支付违约金。

⑤若承包人的费用索赔与工期索赔要求相关联时,发包人在做出费用索赔的批准决定时,应结合工程延期,综合做出费用赔偿和工程延期的决定。

⑥发承包双方在按合同约定办理了竣工结算后,应被认为承包人已无权再提出竣工结算前所发生的任何索赔。承包人在提交的最终结清申请中,只限于提出竣工结算后的索赔,提出索赔的期限应自发承包双

方最终结清时终止。

⑦根据合同约定,发包人认为由于承包人的原因造成发包人的损失,应参照承包人索赔的程序进行索赔。

⑧发包人要求赔偿时,可以选择以下一项或几项方式获得赔偿:延长质量缺陷修复期限;要求承包人支付实际发生的额外费用;要求承包人按合同的约定支付违约金。

⑨承包人应付给发包人的索赔金额可从拟支付给承包人的合同价款中扣除,或由承包人以其他方式支付给发包人。

5. 现场签证引起合同价款调整

现场签证是指发包人现场代表(或其授权的监理人、工程造价咨询人)与承包人现场代表就施工过程中涉及的责任事件所做的签认证明。

(1)常见的现场签证。

在施工过程中,当发现合同工程内容因场地条件、地质水文、发包人要求不一致时,承包人应提供所需的相关资料,并提交发包人签证认可,作为合同价款调整的依据。

①完成合同以外的零星项目。完成合同以外的零星项目包括(但不限于):零星用工、修复工程、技改项目、二次装修等。

②非承包人责任的事件。非承包人责任的事件包括(但不限于):停水、停电、停工超过规定的时间;窝工、机械租赁、材料租赁等的损失;发包人资金不到位,致使长时间停工、机械闲置的损失。

③场地条件、地质水文、发包人要求。场地条件、地质水文、发包人要求包括(但不限于):开挖基础后发现有地下管道、电缆、古墓等;由于地质资料不详或虽提供但与实际情况不符,造成基础开挖时措施费用增加;发包人提出修改设计或各种变更,导致施工现场的签证发生。

(2)现场签证相关规定。

GB 50500—2013 规定:

①承包人应发包人要求完成合同以外的零星项目、非承包人责任事件等工作的,发包人应及时以书面形式向承包人发出指令,并应提供所需的相关资料;承包人在收到指令后,应及时向发包人提出现场签证要求。

②承包人应在收到发包人指令后的 7 天内,向发包人提交现场签证报告,发包人应在收到现场签证报告后的 48 小时内对报告内容进行核实,予以确认或提出修改意见。发包人在收到承包人现场签证报告后的 48 小时内未确认、也未提出修改意见的,应视为承包人提交的现场签证报告已被发包人认可。

③现场签证工作完成后的 7 天内,承包人应按照现场签证内容计算价款,报送发包人确认后,作为增加合同价款,与进度款同期支付。

④合同工程发生现场签证事项,未经发包人签证确认,承包人便擅自施工的,除非征得发包人同意,否则发生的费用由承包人承担。

(3)现场签证费用计算。

①现场签证的工作如已有相应的计日工单价,现场签证中应列明完成该类项目所需的人工、材料、工程设备和施工机械台班的数量。

②现场签证的工作如没有相应的计日工单价,应在现场签证报告中列明完成该签证工作所需的人工、材料设备和施工机械台班的数量及单价。

7.3　竣工结算与支付

GB 50500—2013 规定,工程完工后,发承包双方必须在合同约定时间内办理工程竣工结算。竣工结算办理完毕,发包人应将竣工结算文件报送工程所在地或有该工程管辖权的行业管理部门的工程造价管理机构备案,竣工结算文件应作为工程竣工验收备案和交付使用的必备文件。

7.3.1　竣工结算的编制与复核依据

1. 竣工结算的含义

工程竣工结算是指工程项目完工并经竣工验收合格后,发承包双方按照施工合同的约定对所完成的工程项目进行的合同价款的计算、调整和确认。工程竣工结算分为单位工程竣工结算、单项工程竣工结算和建设项目竣工总结算,其中单位工程竣工结算和单项工程竣工结算也可看作是分阶段结算。

2. 竣工结算的编制和复核依据

根据 GB 50500—2013 的规定,工程竣工结算由承包人或受其委托具有相应资质的工程造价咨询人编制,由发包人或受其委托具有相应资质的工程造价咨询人核对。工程竣工结算应根据下列依据编制和复核:

(1) GB 50500—2013 及各专业工程工程量计算规范。

(2) 建设工程施工合同。

(3) 发承包双方实施过程中已确认的工程量及其结算的合同价款。

(4) 发承包双方实施过程中已确认调整后追加(减)的合同价款。

(5) 建设工程设计文件及相关资料。

(6) 投标文件。

(7) 其他依据。

7.3.2　竣工结算编制和复核原则

在采用工程量清单计价的方式下,工程竣工结算编制和复核的原则如下:

(1) 分部分项工程和措施项目中的单价项目。

依据双方确认的工程量与已标价工程量清单的综合单价计算;如发生调整的,以发承包双方确认调整的综合单价计算。

(2) 措施项目中的总价项目。

依据已标价工程量清单的项目和金额计算;如发生调整,以发承包双方确认调整的金额计算,其中安全文明施工费必须按照国家或省级、行业建设主管部门的规定计算,不得作为竞争性费用。

(3) 其他项目。

①计日工应按发包人实际签证确认的事项计算。

②暂估价应按照 GB 50500—2013 "暂估价" 的相关规定计算。

③总承包服务费应依据已标价工程量清单金额计算,如发生调整的,以发承包双方确认调整的金额计算。

④索赔费用应依据发承包双方确认的索赔事项和金额计算。

⑤现场签证费用应依据发承包双方签证资料确认的金额计算。

⑥暂列金额应减去工程价款调整(包括索赔、现场签证等)金额计算,如有余额归发包人。

(4) 规费和税金。

GB 50500—2013 规定:规费和税金按照国家或省级、行业建设主管部门的规定计算,不得作为竞争性费用。规费中的工程排污费应按工程所在地环境保护部门规定标准缴纳后按实列入。

(5) 发承包双方在合同工程实施过程中已经确认的工程计量结果和合同价款,在竣工结算办理中应直接进入结算。

7.3.3　竣工结算编审的相关规定

GB 50500—2013 规定:

(1) 合同工程完工后,承包人应在经承发包双方确认的合同工程期中价款结算的基础上汇总、编制并完成竣工结算文件,应在提交竣工验收申请的同时向发包人提交竣工结算文件。

　　承包人未在合同约定的时间内提交竣工结算文件,经发包人催告后 14 天内仍未提交或没有明确答复的,发包人有权根据已有资料编制竣工结算文件,作为办理竣工结算和支付结算款的依据,承包人应予以认可。

　　(2)发包人应在收到承包人提交的竣工结算文件后的 28 天内核对。发包人经核实,认为承包人还应进一步补充资料和修改结算文件,应在上述时限内向承包人提出核实意见,承包人在收到核实意见后的 28 天内按照发包人提出的合理要求补充资料,修改竣工结算文件,并再次提交给发包人复核后批准。

　　(3)发包人应在收到承包人再次提交的竣工结算文件后的 28 天内予以复核,将复核结果通知承包人,并应遵守以下规定:

　　①发包人、承包人对复核结果无异议的,应在 7 天内在竣工结算文件上签字确认,竣工结算办理完毕。

　　②发包人或承包人对复核结果认为有误的,无异议部分签证确认,办理不完全竣工结算;有异议部分由发承包双方协商解决,协商不成的,应按照合同约定的争议解决方式处理。

　　(4)发包人在收到承包人竣工结算文件后的 28 天内,不核对竣工结算或未提出审核意见的,应视为承包人提交的竣工结算文件已被发包人认可,竣工结算办理完毕。

　　(5)承包人在收到发包人提出的核实意见后的 28 天内,不确认也未提出异议的,视为发包人提出的核实意见已被承包人认可,竣工结算办理完毕。

　　(6)发包人委托造价咨询人核对竣工结算的,工程造价咨询人应在 28 天内核对完毕。核对结论与承包人竣工结算文件不一致的,应提交给承包人复核,承包人应在 14 天内将同意核对结论或不同意见的说明提交工程造价咨询人。工程造价咨询人收到承包人提出的异议后,应再次复核,复核无异议的,应在 7 天内在竣工结算文件上签字确认,竣工结算办理完毕;复核后仍有异议的,无异议部分签证确认,办理不完全竣工结算;有异议部分由发承包双方协商解决,协商不成的,按照合同约定的争议解决方式处理。

　　承包人逾期未提出书面异议的,应视为工程造价咨询人核对的竣工结算文件已被承包人认可。

　　(7)对发包人或发包人委托的造价咨询人指派的专业人员与承包人指派的专业人员经核对后无异议并签名确认的竣工结算文件,除非发包人能提出具体、详细的不同意见,发承包人都应在竣工结算文件上签名确认,若其中一方拒不签认的,按下列规定办理。

　　①若发包人据不签认的,承包人可不提供竣工验收备案资料,并有权拒绝与发包人或其上级部门委托的工程造价咨询人重新核对竣工结算文件。

　　②若承包人据不签认的,发包人要求办理竣工验收备案的,承包人不得拒绝提供竣工验收资料,否则,由此造成的损失,承包人承担相应责任。

　　(8)合同工程竣工结算核对完成,发承包双方签字确认后,发包人不得要求承包人与另一个或多个工程造价咨询人重复核对竣工结算。

　　(9)发包人对工程质量有异议,拒绝办理工程竣工结算的,已竣工验收或已竣工未验收但实际投入使用的工程,其质量争议应按该工程保修合同执行,竣工结算应按合同约定办理;已竣工未验收且未实际使用的工程以及停工、停建工程的质量争议,双方应就有争议部分委托有资质的检测鉴定机构进行检测,并应根据检测结果确定解决方案,或按工程质量监督机构的处理决定执行后办理竣工结算,无争议部分的竣工结算应按合同约定办理。

7.3.4　质量保证金

1. 质量保证金的含义

　　根据《建设工程质量保证金管理办法》(建质〔2017〕138 号)的规定,建设工程质量保证金(以下简称"保证金")是指发包人与承包人在建设工程承包合同中约定,从应付的工程款中预留,用以保证承包人在缺陷责任期内对建设工程出现的缺陷进行维修的资金。

2. 质量保证金的预留及使用

（1）质量保证金的预留。

发包人应按照合同约定的质量保证金比例从结算款中预留质量保证金。

（2）质量保证金的使用。

承包人未按合同约定履行属于自身责任的工程缺陷修复义务的，发包人有权从质量保证金中扣除用于缺陷修复的各项支出。经查验，工程缺陷属于发包人原因造成的，应由发包人承担查验和缺陷修复的费用。

3. 质量保证金的返还

在合同约定的缺陷责任期终止后，发包人应按 GB 50500—2013 有关"最终结清"有关规定，将剩余的质量保证金返还给承包人。

7.3.5　结算款支付

工程竣工结算文件经发承包双方签字确认的，应当作为工程结算的依据，未经对方同意，另一方不得就已生效的竣工结算文件委托工程造价咨询人重复审核，发包人应当按照竣工结算文件及时支付竣工结算款。

1. 竣工结算款支付申请

承包人应根据办理的竣工结算文件向发包人提交竣工结算款支付申请。该申请应包括下列内容：

（1）竣工结算合同价款总额。

（2）累计已实际支付的合同价款。

（3）应预留的质量保证金。

（4）实际应支付的竣工结算款金额。

2. 竣工结算支付证书

发包人应在收到承包人提交竣工结算款支付申请后 7 天内予以核实，向承包人签发竣工结算支付证书。

3. 支付竣工结算款

（1）发包人签发竣工结算支付证书后的 14 天内，应按照竣工结算支付证书列明的金额向承包人支付结算款。

（2）发包人在收到承包人提交的竣工结算款支付申请后 7 天内不予核实，不向承包人签发竣工结算支付证书的，视为承包人的竣工结算款支付申请已被发包人认可；发包人应在收到承包人提交的竣工结算款支付申请 7 天后 14 天内，按照承包人提交的竣工结算款支付申请列明的金额向承包人支付结算款。

（3）发包人未按 GB 50500—2013 规定支付竣工结算款的，承包人可催告发包人支付，并有权获得延期支付的利息。发包人在竣工结算支付证书签发后或者在收到承包人提交的竣工结算款支付申请 7 天后 56 天内仍未支付的，除法律另有规定外，承包人可与发包人协商将该工程折价，也可直接向人民法院申请将该工程依法拍卖。承包人就该工程折价或拍卖的价款优先受偿。

4. 预付款、进度款、竣工结算计算实例

【例 7.7】　昆明市某发包人与承包人签订了某办公楼总承包施工合同。2018 年 6 月 1 日开工，2019 年 2 月 28 日竣工。承包范围包括土建工程和水、电、通风及弱电工程等、签约合同价为 2 011.809 7 万元（其中，安全文明施工费为 31.755 1 万元，专业工程暂估价为 50 万元，暂列金额为 150 万元）。本项目综合税率为 10.3%。总承包合同约定如下：

（1）发包人向承包人支付合同价（扣除暂列金额）20% 的工程预付款。

（2）工程预付款应从未施工工程中所需的主要材料及设备价值相当于工程预付款时开始起扣，分三个月扣完，以抵充工程款的方式陆续收回，第一个月按预付款 40% 抵充。第二、三个月分别按预付款 30% 抵充。

（3）关于安全文明施工费支付比例和支付期限的约定：执行《云南省建筑工程安全防护、文明施工措施费用管理暂行办法》（云南省住房和城乡建设厅公告第 28 号），其中安全措施费用按照开工阶段支付 40%，合同工程量过半阶段支付 40%，竣工阶段支付 20%。

（4）工程质量保证金为承包合同总价的 3%，在竣工结算时一次扣除。

（5）发包人按每月承包人应得工程进度款的 80% 支付。

（6）除设计变更、政策性价格调整、合同规定的主要材料价格浮动 ±10% 以外的调整、现场签证其他不可抗力因素外，合同价格不做调整，竣工结算时一次性计入。经发包人的工程师代表签认的承包人在各月报审的进度款和审定的进度款见表 7.2。根据合同约定计算出变更签证等增加费用为 401.4425 万元（含税）。主要材料的比例为 62.5%。

问题（在不考虑其他合同条款的前提下）：

（1）本项目的工程预付款为多少？

（2）本项目预付备料款的起扣点是多少？

（3）本项目每月应支付的工程进度款为多少？

（4）本项目扣除质量保证金后的结算款为多少？

【解】　（1）合同价扣除暂列金额后的金额为

　　　　2 011.809 7（合同价款）−150×（1+10.36%）（含税的暂列金额）= 1 846.269 7（万元）

本项目的工程预付款为 1 846.269 7×20% = 369.25（万元）。

（2）本项目预付备料款的起扣点为

　　　　　　$T = P - M/N = 2\ 011.809\ 7 - 369.25/62.5\% = 1\ 421.00$（万元）

由表 7.2 可知，2018 年 12 月累计工程进度款为 1 422.89 万元，所以，从 2018 年 12 月起扣工程预付款。分三个月抵扣完毕，第一个月扣 40%，应扣 369.25×40% = 147.70（万元），第二、三个月分别扣 30%，分别应扣 369.25×30% = 110.78（万元）。

（3）本项目每月应支付的工程进度款见表 7.3。

其中，安全文明施工措施费：

①开工阶段支付 40%：31.7551×（1+10.36%）×40% = 14.02（万元）。

②工程量过半时支付 1 846.269 7/2 = 923.13（万元），2018 年 10 月累计工程进度款为 1 013.89 万元。所以，2018 年 10 月应支付安全文明施工措施费为 31.755 1×（1+10.36%）×40% = 14.02（万元）。

③竣工阶段支付 20%：31.7551×（1+10.36%）×20% = 7.01（万元）。

（4）本项目扣除质量保证金后的结算款为

［2 011.809 7（签约合同价）−（150+50）×（1+10.36%）（含税暂列金额和专业工程暂估价）+401.442 5（含税的变更签证等费用）］×（1−3%）= 2 192.53×（1−3%）= 2 126.76（万元）。

表 7.2　各月报审的进度款和审定的进度款

万元

序号	名称	2018 年 6 月	2018 年 7 月	2018 年 8 月	2018 年 9 月	2018 年 10 月	2018 年 11 月	2018 年 12 月	2019 年 1 月	2019 年 2 月	合计
1	每月报审进度款	196.88	210.37	240.22	221.56	210.88	219.52	230.49	216.41	163.39	1909.72
2	每月审定进度款	189.88	196.23	223.56	206.67	197.55	193.78	215.22	190.39	142.76	1756.04

表 7.3　每月应支付工程进度款计算表

万元

序号	名称	2018 年 5 月	2018 年 6 月	2018 年 7 月	2018 年 8 月	2018 年 9 月	2018 年 10 月	2018 年 11 月	2018 年 12 月	2019 年 1 月	2019 年 2 月	合计
1	每月报审进度款	—	196.88	210.37	240.22	221.56	210.88	219.52	230.49	216.41	163.39	1 909.72

续表7.3

序号	名称	2018 年5 月	2018 年6 月	2018 年7 月	2018 年8 月	2018 年9 月	2018 年10 月	2018 年11 月	2018 年12 月	2019 年1 月	2019 年2 月	合计
2	每月审定进度款	—	189.88	196.23	223.56	206.67	197.55	193.78	215.22	190.39	142.76	1 756.04
3	审定进度款累计	—	189.88	386.11	609.67	816.34	1 013.89	1 207.67	1 422.89	1 613.28	1 756.04	—
4	每月 80%审定进度款	—	151.90	156.98	178.85	165.34	158.04	155.02	172.18	152.31	114.21	1 404.84
5	安全文明施工措施费	—	14.02	—	—	—	14.02	—	—	—	7.01	35.05
6	预付款	369.25	—	—	—	—	—	—	—	—	—	369.25
7	预付款抵扣	—	—	—	—	—	—	—	147.70	110.78	110.78	369.25
8	每月应支付进度款(4+5+6-7)	369.25	165.92	156.98	178.85	165.34	172.06	155.02	24.48	41.53	10.44	1 439.88

7.3.6　最终结清

最终结清是指合同约定的缺陷责任期终止后,承包人已按合同规定完成全部剩余工作且质量合格的,发包人与承包人结清全部剩余款项的活动。

1. 最终结算支付申请

缺陷责任期终止后,承包人应按合同约定向发包人提交最终结清支付申请。发包人对最终结清支付申请有异议的,有权要求承包人进行修正和提供补充资料。承包人修正后,应再次向发包人提交修正后的最终结清支付申请。

2. 最终支付证书

发包人应在收到最终结清支付申请后的 14 天内予以核实,并应向承包人签发最终支付证书。发包人未在约定时间内核实,又未提出具体意见的,应视为承包人提交的最终结清支付申请已被发包人认可。

3. 最终结清付款

发包人应在签发最终结清支付证书后的 14 天内,按照最终结清支付证书列明的金额向承包人支付最终结清款。发包人未按期最终结清支付的,承包人可催告发包人支付,并有权获得延期支付利息。最终结清时,承包人被预留的质量保证金不足以抵减发包人工程缺陷修复费用的,承包人应承担不足部分的补偿责任。

承包人对发包人支付的最终结清款有异议的,应按照合同约定的争议解决方式处理。

7.4　合同解除的价款结算与支付

7.4.1　合同解除

发承包双方协商一致解除合同的,按照达成的协议办理结算和支付合同价款。

7.4.2　不可抗力解除合同

由于不可抗力致使合同无法履行解除合同的,发包人除应向承包人支付合同解除之日前已完成工程但尚未支付的合同价款,还应支付下列金额:

(1)GB 50500—2013 规定的压缩工期天数超过定额工期 20%,应由发包人承担的费用。

（2）已实施或部分实施的措施项目应付价款。

（3）承包人为合同工程合理订购且已交付的材料和工程设备货款。

（4）承包人撤离现场所需的合理费用，包括员工遣送费和临时工程拆除、施工设备运离现场的费用。

（5）承包人为完成合同工程而预期开支的任何合理费用，并且该项费用未包括在本款其他各项支付之内。

发承包双方办理结算合同价款时，应扣除合同解除之日前发包人应向承包人收回的价款。当发包人应扣除的金额超过了应支付的金额，承包人应在合同解除后的 56 天内将其差额退还给发包人。

7.4.3　违约解除合同

1. 承包人违约

因承包人违约解除合同的，发包人应暂停向承包人支付任何价款。发包人应在合同解除后 28 天内核实合同解除时承包人已完成的全部合同价款，以及按施工进度计划已运至现场的材料和工程设备货款，按合同约定核算承包人应支付的违约金以及造成损失的索赔金额，并将结果通知承包人。发承包双方应在 28 天内予以确认或提出意见，并应办理结算合同价款。如果发包人应扣除的金额超过了应支付的金额，承包人应在合同解除后的 56 天内将其差额退还给发包人。发承包双方不能就解除合同后的结算达成一致的，按照合同约定的争议解决方式处理。

2. 发包人违约

因发包人违约解除合同的，发包人除应按照前述有关不可抗力解除合同的规定向承包人支付各项价款外，还需按合同约定核算发包人应支付的违约金以及给承包人造成损失或损害的索赔金额费用。该笔费用由承包人提出，发包人核实后应与承包人协商确定后的 7 天内向承包人签发支付证书。协商不能达成一致的，应按照合同约定的争议解决方式处理。

第8章 计量计价与计算机辅助练习实训

8.1 计量与计价习题

8.1.1 建筑工程

1. 土石方工程

（1）某工程混凝土基础平面图及剖面图如图8.1所示，垫层采用C10混凝土，土壤为二类土，人工挖土，挖土深度为1.3 m，垫层底面放坡。①计算并编制人工挖沟槽土方工程量清单；②基于云南省现行计价标准计算人工挖沟槽土方工程的综合单价并编制相应的清单计价表。

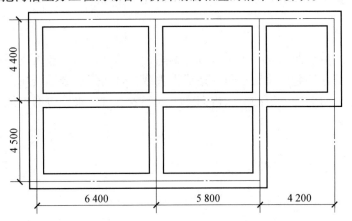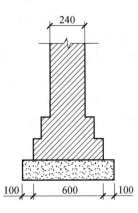

图8.1　某工程混凝土基础平面及剖面图

（2）某工程人工挖基坑，混凝土基础垫层长为1.6 m，宽为1.3 m，支模板浇灌，深度为2.2 m，土壤为三类土，采用人工装车，自卸汽车运土1 km弃置。①计算并编制人工挖基坑工程量清单；②基于云南省现行计价标准计算人工挖基坑工程的综合单价并编制相应的清单计价表。

2. 地基处理、基坑与边坡支护工程

（1）某工程平面布置图如图8.2所示，采用堆载预压地基，载荷为100 kN/m²，地基轴线居中标注，墙体宽度为200 mm。①计算并编制预压地基工程量清单；②基于云南省现行计价标准计算预压地基工程的综合单价并编制相应的清单计价表。

（2）某边坡需要喷射C25混凝土支护，厚度为5 cm，喷射范围长为10 m，高差为4 m，边坡坡度系数为0.75。①计算并编制喷射混凝土支护工程量清单；②基于云南省现行计价标准计算喷射混凝土支护工程的综合单价并编制相应的清单计价表。

3. 桩基工程

某工程设计为预制混凝土桩基础，现场采用2.5 t履带式柴油打桩机陆上打预制钢筋混凝土方桩300根（设计桩身长为8 m，桩尖高度为0.4 m，桩截面为450 mm×450 mm）。①计算并编制打桩工程量清单；②基于云南省现行计价标准计算打桩工程的综合单价并编制相应的清单计价表。（注：方桩分2段预制硫黄胶泥接桩预制厂到施工现场运距为10 km，桩顶标高为-0.5 m，自然地面标高为±0.000 m）

4. 砌筑工程

（1）某工程平面图如图8.3所示，墙体轴线居中标注，外墙厚度为240 mm，散水宽度为900 mm。①计算

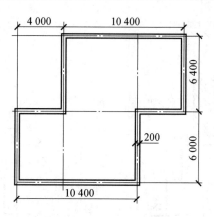

图 8.2　某工程平面布置图

并编制散水工程量清单;②基于云南省现行计价标准计算散水工程的综合单价并编制相应的清单计价表。
(注:20 cm 砂垫层,20 cm 水泥砂浆面层)

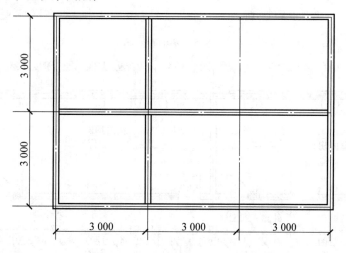

图 8.3　某工程平面图

(2)某单层砖混加工用房图纸如图 8.4～图 8.8 所示,砖墙和砖柱的基础均为 M10 砌筑砂浆平毛石基础,M10 砌筑砂浆砌筑一砖混水内外墙,M10 砌筑砂浆砌混水砖柱,屋面板(平板)为 C20 钢筋混凝土,板厚为 80 mm;门窗过梁为砖过梁。①计算并编制 M10 彻筑砂浆砌筑内外墙及砖柱平毛石基础、M10 砌筑砂浆砌筑一砖混水内外墙、砖柱的工程量清单;②基于云南省现行计价标准计算内外墙及砖柱平毛石基础、一砖混水内外墙、砖柱的综合单价并编制相应的清单计价表。(注:综合工日、材料、机械台班单价同计价标准)

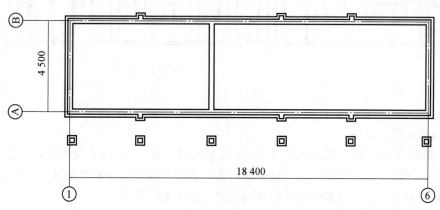

图 8.4　基础平面图

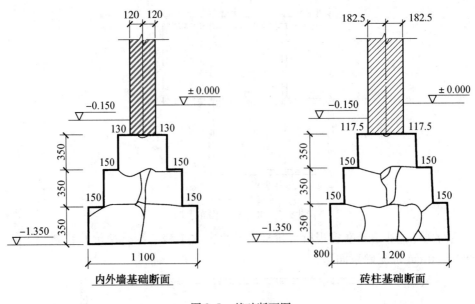

图 8.5　基础断面图

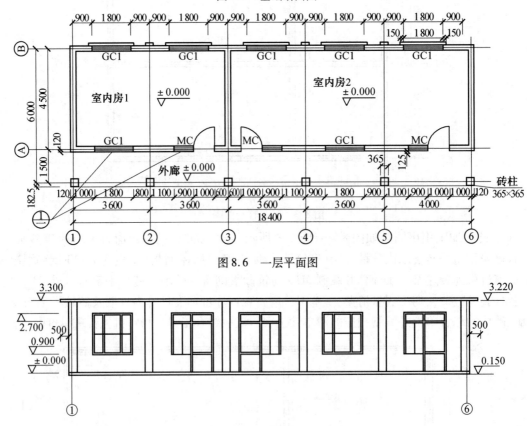

图 8.6　一层平面图

图 8.7　正立面图

5. 混凝土及钢筋混凝土工程

（1）某工程的条形基础平面图如图 8.9 所示，混凝土强度等级 C30（商品混凝土），垫层为 C15 素混凝土，出边距离 100 mm，厚度为 100 mm。①计算并编制条形基础等混凝土工程量清单；②基于云南省现行计价标准计算条形基础等混凝土工程的综合单价并编制相应的清单计价表。

（2）某工程共有 16 个独立基础，其平面及剖面如图 8.10 图所示。独立基础混凝土强度等级 C30，垫层为素混凝土 C15，厚度为 100 mm，出边距离 100 mm。①计算并编制杯形基础混凝土工程量清单；②基于云南省现行计价标准计算杯形基础混凝土工程的综合单价并编制相应的清单计价表。

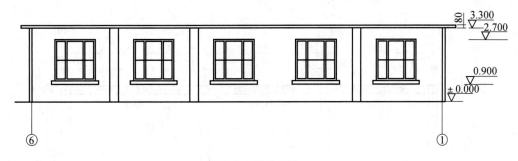

图 8.8　背立面图

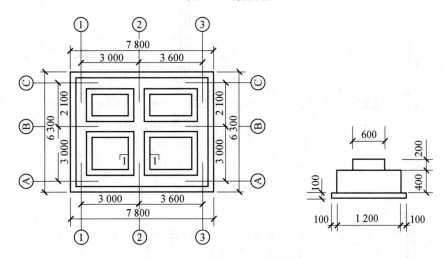

图 8.9　某工程条形基础平面图

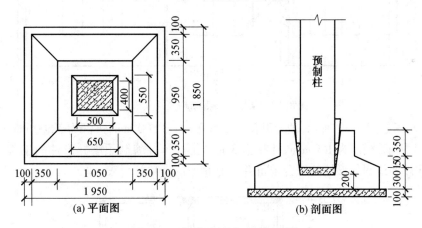

图 8.10　杯形基础平面及剖面图

（3）某单层砖混结构建筑平面图及立面如图 8.11、8.12 所示，内外墙厚度均为 240 mm，现浇混凝土楼板厚度 120 mm，混凝土强度等级 C30；板下设圈梁，圈梁尺寸为 240 mm×300 mm（含板厚），混凝土强度等级 C30；门窗洞口数据见表 8.1，洞口顶设置过梁，尺寸为 240 mm×200 mm，混凝土强度等级 C25；构造柱尺寸为 240 mm×240 mm（带马牙槎），混凝土强度等级 C25，基础顶标高为-0.3 m。①计算并编制相关项目的工程量清单；②基于云南省现行计价标准计算相关项目的综合单价并编制相应的清单计价表。

表 8.1　门窗表

类型	序号	名称	设计编号	洞口尺寸/mm	数量
普通门	1	实木门	M0921	900×2 100	3
普通窗	2	铝合金平开窗	C1518	1 500×1 800	3
	3	铝合金平开窗	C1818	1 800×1 800	3

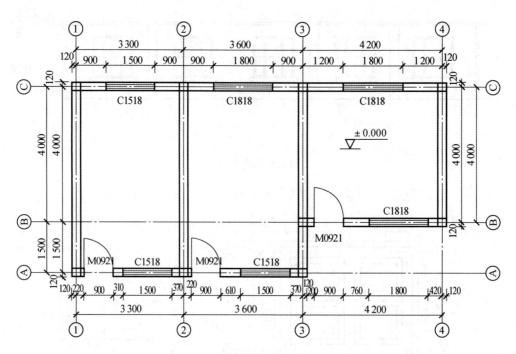

图 8.11 某单层砖混结构建筑平面图

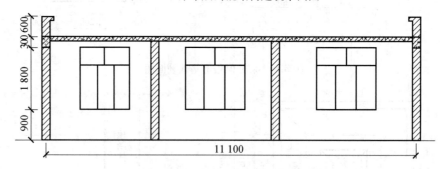

图 8.12 某单层砖混结构建筑立面图

（4）某建筑平面图如图 8.13 所示，轴距开间为 3 500 mm、3 500 mm，进深为 3 500 mm、1 500 mm，异形柱截面尺寸如图 8.14 所示，板厚为 120 mm，柱高为 3 m。①计算并编制预制异形柱的工程量清单；②基于云南省现行计价标准计算预制异形柱的综合单价并编制相应的清单计价表。

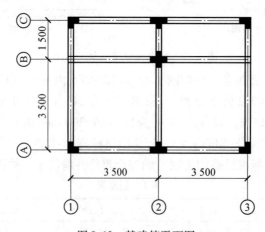

图 8.13 某建筑平面图

（5）某工程的条形基础平面图及剖面图如图 8.15 所示，混凝土强度等级 C30，依据 16G101-3 布置钢筋，等级为 HRB400，保护层厚度取 40 mm，分布筋搭接长度取 150 mm。①计算并编制现浇混凝土条形基础

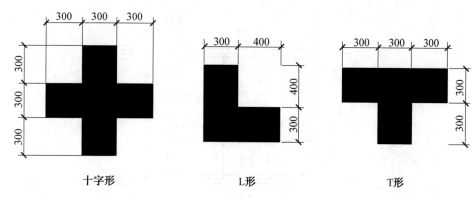

图 8.14　预制异形柱大样图

钢筋的工程量清单;②基于云南省现行计价标准计算现浇混凝土条形基础钢筋的综合单价并编制相应的清单计价表。

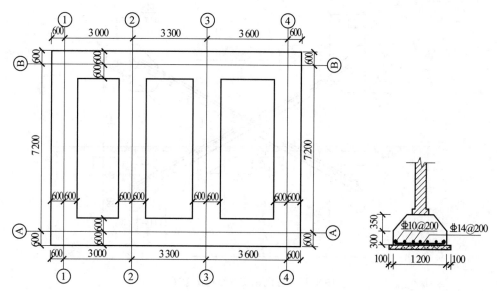

图 8.15　某工程条形基础平面及剖面图

（6）某现浇混凝土板配筋平面图如图 8.16 所示,混凝土强度等级 C30,墙厚为 240 mm,板厚为 120,负筋按构造要求配置分布筋Φ6@250,分布筋搭接长度取 150 mm,保护层厚度为 15 mm。①计算并编制浇混凝土板钢筋的工程量清单;②基于云南省现行计价标准计算浇混凝土板钢筋的综合单价并编制相应的清单计价表。

6.金属结构工程

某工程共有柱间钢支撑 24 个,钢支撑结构图如图 8.17 所示,钢板厚度为 8 mm。①计算并编制钢支撑的工程量清单;②基于云南省现行计价标准计算钢支撑的综合单价并编制相应的清单计价表。

7.木结构工程

某砖木结构民房平面图及剖面图如图 8.18 所示,民房开间为 5×3 000 mm,进深为 6 000 mm,木檩规格为 φ120 mm,木檩长度为开间长度。①计算并编制单根木檩的工程量清单;②基于云南省现行计价标准计算木檩的综合单价并编制相应的清单计价表。

8.门、窗工程

（1）某车库有铝合金卷帘门共 1 樘,立面图如图 8.19 所示,门洞口尺寸为 3 200 mm×3 100 mm,卷筒罩展开面积安装时测量为 3 m²。①计算并编制金属卷帘门的工程量清单;②基于云南省现行计价标准计算金属卷帘门的综合单价并编制相应的清单计价表。

（2）某飘窗有铝合金塑钢窗共 11 樘,框外围展开宽度为 5 400 mm,高度为 2 100 mm。①计算并编制铝

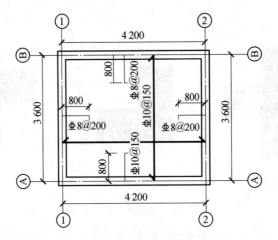

图 8.16 某现浇混凝土板配筋平面图

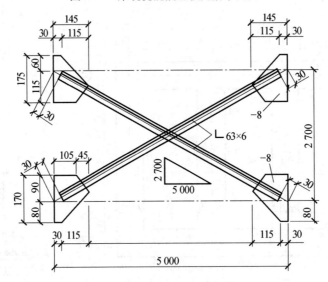

图 8.17 柱间钢支撑结构示意图

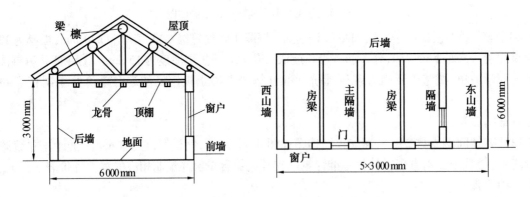

图 8.18 某砖木结构民房平面图及剖面图

合金塑钢窗的工程量清单;②基于云南省现行计价标准计算铝合金塑钢窗的综合单价并编制相应的清单计价表。

9. 屋面及防水工程

(1)某墙面防水平面图如图 8.20 所示,墙高度为 3 m,墙厚为 200 mm,轴线居中标注墙上某洞口尺寸为 1 000 mm×500 mm,使用玛蹄脂玻璃纤维布进行墙面涂膜,做法为二布三油一遍。①计算并编制墙面涂膜防水的工程量清单;②基于云南省现行计价标准计算墙面涂膜防水的综合单价并编制相应的清单计价表。

(2)某地面防水平面图如图 8.21 所示,墙厚为 200 mm,轴线居中标注,楼面铺聚氨酯涂膜防水,涂膜厚

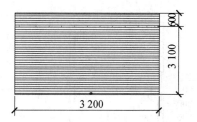

图 8.19　铝合金卷帘门立面图

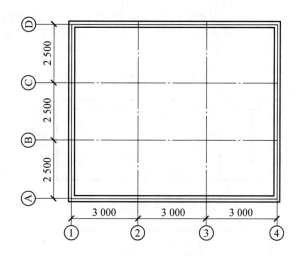

图 8.20　某墙面防水平面图

度为 10 mm,涂膜一遍。①计算并编制楼(地)面涂膜防水的工程量清单;②基于云南省现行计价标准计算楼(地)面涂膜防水的综合单价并编制相应的清单计价表。

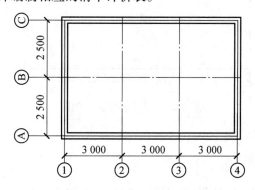

图 8.21　楼(地)面防水平面图

10. 保温、隔热及防腐工程

(1)某建筑平面图及立面图如图 8.22、8.23 所示,该工程外墙保温做法为:基层外表清理;刷界面砂浆;刷 30 mm 厚胶粉聚苯颗粒;门窗边的保温宽度为 120 mm。①计算并编制保温墙面的工程量清单;②基于云南省现行计价标准计算保温墙面的综合单价并编制相应的清单计价表。

(2)某工程的屋面平面图如图 8.24 所示,屋面保温工程做法为:清理基层;调制保温混合料;铺填 100 mm 厚水泥珍珠岩保温层。①计算并编制保温隔热屋面的工程量清单;②基于云南省现行计价标准计算保温隔热屋面的综合单价并编制相应的清单计价表。

(3)某水池平面示意图如图 8.25 所示,池壁厚 240 mm,轴线居中标注,立面防腐高度为 3 m,水池防腐具体做法:基层表面清理;制运环氧树脂胶泥 1∶0.08∶2;涂环氧树脂胶泥 650 mm 打底料;铺砌耐酸瓷砖,砖尺寸为 230 mm×113 mm×65 mm。①计算并编制防腐工程的工程量清单;②基于云南省现行计价标准计算防腐工程的综合单价并编制相应的清单计价表。

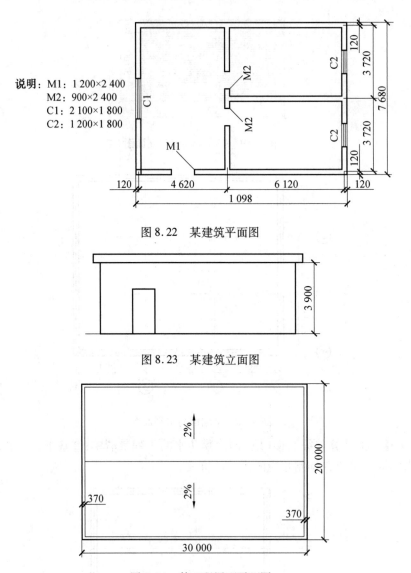

图 8.22　某建筑平面图

图 8.23　某建筑立面图

图 8.24　某工程屋面平面图

8.1.2　装饰工程

1. 楼地面装饰工程

（1）某房间平面示意图如图 8.26 所示,轴距为 4 500 mm,房间外墙为 240 mm 厚混凝土墙,外墙轴线居中标注,外墙有宽 1 500 mm 的门洞口,门框居中布置,框厚为 60 mm。门洞口地面铺设条形实木地板成品企口,基层为杉木龙骨基层,齐外墙边。①计算并编制实木地板的工程量清单;②基于云南省现行计价标准计算实木地板的综合单价并编制相应的清单计价表。

（2）某二层楼房的双跑楼梯平面图如图 8.27 所示,楼梯面层先铺抹 20 mm 厚干混砂浆结合层,再铺贴陶瓷地面砖。①计算并编制楼梯面层的工程量清单;②基于云南省现行计价标准计算楼梯面层的综合单价并编制相应的清单计价表。

（3）某楼地面地砖中,有 4 块尺寸为 400 mm×400 mm 的正方形装饰石材如图 8.28 所示,该石材零星装饰工程做法为:20 mm 厚 1∶3 干混砂浆找平层;20 mm 厚 1∶2.5 干混砂浆结合层;粘贴 400 mm×400 mm×10 mm 装饰石材;1∶1.5 白水泥砂浆嵌缝,不要求酸洗打蜡。①计算并编制装饰石材的工程量清单;②基于云南省现行计价标准计算装饰石材的综合单价并编制相应的清单计价表。

2. 墙、柱面装饰与隔断、幕墙工程

某建筑平面图如图 8.29 所示,轴线居中标注,层高为 3 300 mm,外墙厚为 240 mm,内墙厚为200 mm,窗

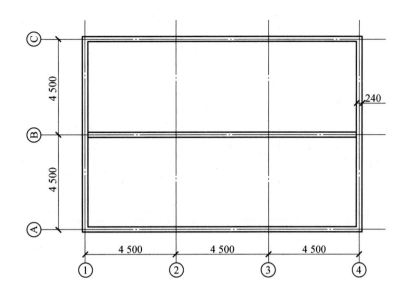

图 8.25　某水池平面示意图

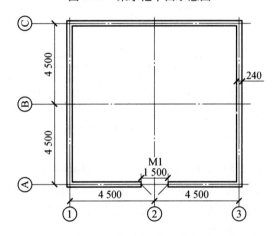

图 8.26　某房间平面示意图

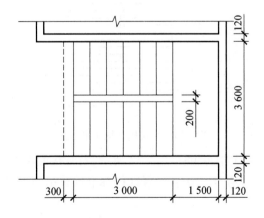

图 8.27　楼梯平面图

C1 尺寸为 1 500 mm×2 000 mm,离地高度 900 mm,框厚为 60 mm 居中立樘;门 M1 尺寸为 1 200 mm×2 100 mm,框厚为 60 mm 居中立樘,石材墙面总厚度为 40 mm(包括结合层、面层)。①计算并编制外墙块料墙面的工程量清单;②基于云南省现行计价标准计算外墙块料墙面的综合单价并编制相应的清单计价表。

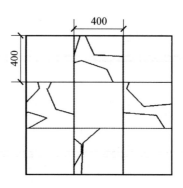

图 8.28　楼地面部分地砖平面图

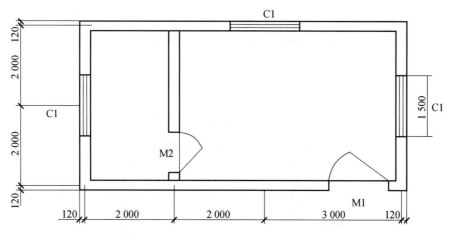

图 8.29　某建筑平面图

3. 天棚工程

（1）板式楼梯抹灰平面图如图 8.30 所示,投影尺寸为 3 000 mm×3 000 mm,踏步总高度为 3 m,踏步高度为200 mm,板厚为 100 mm。楼梯基层为混凝土,抹灰厚度为 15 mm,使用干混普通抹灰砂浆 DPM20 抹灰,砂浆配合比为 1∶1。①计算并编制板式楼梯抹灰的工程量清单;②基于云南省现行计价标准计算板式楼梯抹灰的综合单价并编制相应的清单计价表。

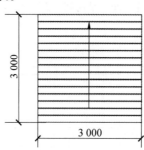

图 8.30　板式楼梯抹灰平面图

（2）某吊顶天棚的平面图及剖面图如图 8.31、8.32 所示,石膏板面涂双飞粉两遍,刷乳胶漆两遍。①计算并编制吊顶天棚的工程量清单;②基于云南省现行计价标准计算吊顶天棚的综合单价并编制相应的清单计价表。

4. 油漆、涂料、裱糊工程

（1）某项目的油漆工程有 10 樘有腰单层木门,尺寸为 900 mm×2 100 mm,5 樘无腰双层木门,尺寸为 1 500 mm×2 400 mm,2 樘半玻单层木门尺寸为 1 800 mm×2 100 mm。①计算并编制油漆工程的工程量清单;②基于云南省现行计价标准计算油漆工程的综合单价并编制相应的清单计价表。

（2）某餐厅室内装修,地面净尺寸为 14 760 mm×11 760 mm,四周一砖墙上有单层钢窗 C1（1 800 mm×

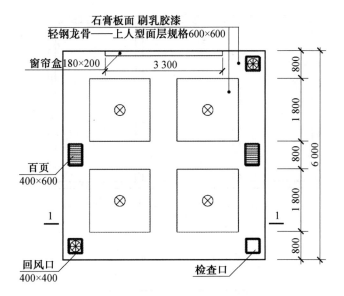

图 8.31　吊顶平面图

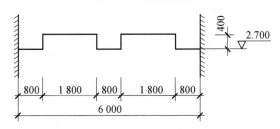

图 8.32　吊顶剖面图

1 800 mm)共 8 樘,单层木门 M1(900 mm×2 100 mm)共 2 樘,单层全玻木门 M2(1 500 mm×2 700 mm)共 2 樘,门均为外开;木墙裙高 1.2 m,设挂镜线一道(截面尺寸为 50 mm×10 mm),木质窗帘盒(截面尺寸为 200 mm×150 mm,比窗洞每边宽 100 mm),木方格吊顶天棚(面积同地面净面积),以上项目均刷底漆一遍、调和漆两遍;腻子种类为石膏粉。①计算并编制相应油漆工程的工程量清单;②基于云南省现行计价标准计算相应油漆工程的综合单价并编制相应的清单计价表。

5. 其他装饰工程

某建筑雨篷长为 3 000 mm、宽为 1 800 mm,悬挑部分饰面采用点支式固定红色有机玻璃板,并刷防护油漆。①计算并编制雨篷装饰的工程量清单;②基于云南省现行计价标准计算雨篷装饰的综合单价并编制相应的清单计价表。

8.1.3　拆除工程

(1)某建筑平面示意图如图 8.33 所示,轴线居中标注,墙厚为 240 mm,墙垛厚为 200 mm,两个内墙门洞宽为 900 mm,现拆除室内地面砖。①计算并编制地面砖拆除的工程量清单;②基于云南省现行计价标准计算地面砖拆除的综合单价并编制相应的清单计价表。

(2)某建筑平面示意图如图 8.34 所示,轴线居中标注,墙中心线围成的矩形尺寸为 4 000 mm×6 000 mm,墙厚为 240 mm,墙高为 3 m,门洞尺寸为 1 800 mm×2 100 mm,现准备铲除墙内墙面壁纸。①计算并编制铲除壁纸的工程量清单;②基于云南省现行计价标准计算铲除壁纸的综合单价并编制相应的清单计价表。

8.1.4　措施项目

(1)某建筑墙体平面布置图如图 8.35 所示,轴网居中标注,开间为 3 000 mm、3 000 mm、3 000 mm,进深为 3 000 mm、1 000 mm,墙厚为 240 mm,层高为 4.0 m,板厚为 120 mm,室内顶面装饰搭设满堂脚手架。①计算并编制满堂脚手架的工程量清单;②基于云南省现行计价标准计算满堂脚手架的综合单价并编制相应的

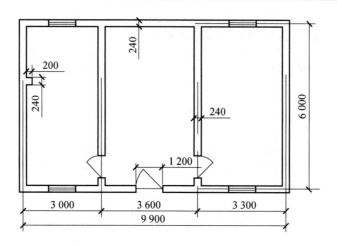

图 8.33　某建筑平面示意图

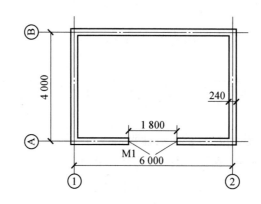

图 8.34　某建筑平面示意图

清单计价表。

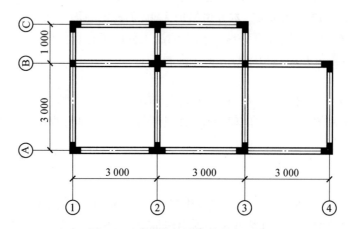

图 8.35　某建筑与墙体平面布置图

（2）某工程的基础平面图及剖面图如图 8.36 所示，模板工程为组合钢模支撑。①计算并编制基础模板的工程量清单；②基于云南省现行计价标准计算基础模板的综合单价并编制相应的清单计价表。

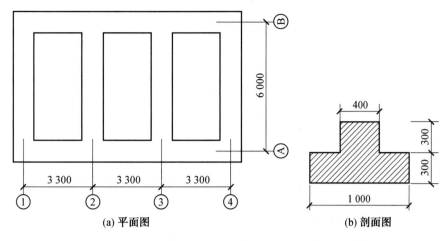

图 8.36　某工程基础平面图及剖面图

8.2　建筑工程的工程量清单编制实训

8.2.1　实训案例一

1. 工程概况

（1）工程名称：×××商住楼；建设单位为××公司；建设地点为××省××市。

（2）建筑分类：二类高层居住建筑，地下一层，地上十一层；其中，一、二层为商业，三～十一层为住宅，建筑高度为 33.80 m。

8.2-1

（3）工程位置：西临××路，南临××路，东临××路；基地地势平坦。

（4）建筑抗震设防分类：丙类建筑，抗震等级为二级；抗震设防烈度为 8 度。

（5）建筑耐火等级：二级，工程设计使用年限为 50 年；建筑结构安全等级为二级；建筑结构形式为框剪结构。

（6）建筑面积：2 975.11 m²（商业面积为 575.85 m²；住宅面积为 2 399.20 m²），占地面积为 292.4 m²。

2. 结构说明

（1）设计规范：混凝土结构施工图平面整体表示方法制图规则和构造详图集 16G101-1～3。

（2）本工程混凝土结构必须符合下列要求：

①混凝土强度等级见表 8.2。

表 8.2　混凝土材料强度选用表

标高	柱	梁、板	楼梯	构造柱	圈梁
基础顶标高～屋面	详层高表	详层高表	同本层板	C20	C20

②混凝土结构耐久性的环境类别：本工程建筑物室内混凝土构件正常环境按一类环境考虑；卫生间、厨房环境类别为二类；露天混凝土构件、无侵蚀水以及土壤直接接触混土构件按二类 a 环境考虑。

③钢筋混凝土保护层厚度按表 8.3 确定。

表 8.3　混凝土的保护层最小厚度　　　　　　　　　　　　　　　　　　　　mm

环境类别	板墙壳		梁柱杆	
	≤C25	>C25	≤C25	>C25
一	20	15	25	20

续表8.3

环境类别		板墙壳		梁柱杆	
		≤C25	>C25	≤C25	>C25
二	a	25	20	30	25
	b	30	25	40	35
三	a	35	30	45	40
	b	45	40	55	50
处于地下水影响的环境		基础梁、底板及地下室迎水面墙为40			

注:(1)工程中,如采用预制构件时保护层另按规定执行。

(2)基础中钢筋混凝土保护层厚度应从垫层顶面算起,保护层厚度为40 mm。

(3)板中分布筋的保护层不应小于10 mm;梁、柱箍筋或拉筋保护层不应小于15 mm。

(4)处于二类环境中的悬臂板表面应另加10~15 mm防水水泥砂浆粉刷保护或相应措施。

(5)选用构件的保护层厚度应同时满足防火要求。

(6)保护层厚度不应小于受力主钢筋的公称直径。

(7)当梁、柱、墙中纵向受力钢筋的保护层厚度大于50 mm时,应在保护层内设置A4@100钢筋网防止混凝土收缩开裂。

(8)表中所示厚度为最外层钢筋的保护层厚度。

(3)地基基础设计:长螺旋钻孔灌注桩。

(4)上部结构设计及构造要求。

①本工程框架梁柱钢筋连接、接头间距、钢筋的搭接率、接头范围内箍筋的做法按16G101的要求执行。

②钢筋的锚固和搭接长度应根据本工程的抗震等级、所选用的钢筋种类按16G101-1 P57~58、P60~61要求执行。框架柱上下层受力纵筋的搭接和锚固做法按16G101-1相关要求执行。

③在施工中,当需要以强度等级较高的钢筋替代原设计中的纵向受力钢筋时,应按照钢筋受拉承载力设计值相等的原则换算,并应满足最小配筋率要求。

④未注钢筋混凝土现浇楼板和梯板分布筋为A6@200。

⑤混凝土结构构造详图除按标准图集16G101要求执行外,根据本工程特点绘制的构造详图见总说明所附详图。填充墙与钢筋混凝土结构构件间的拉结等构造按《蒸压加气混凝土砌块建筑构造》(03J104)相关要求施工。所有钢筋混凝土框架柱、构造柱与填充砌体连结处及纵横砌体连结处沿砌体高@500设2A6拉筋,宜沿墙长全长贯通,有门窗洞口时伸至门窗洞口边。墙体与构造柱施工顺序为先砌墙、后浇柱。砌筑墙与构造柱连接处应砌成马牙槎。本工程梁底模拆除后方可实施砌墙,砖必须润水,砖墙与梁水平缝部位粉刷层内采用贴300宽钢丝网加强。

⑥屋面板上要砌女儿墙时先现浇C20素混凝土400高,宽度同女儿墙。楼梯间和人行通道的填充墙应采用A4 100×100钢丝网砂浆面层加强。

⑦现浇挑檐、雨罩等外露结构的局部伸缩缝间距不宜大于12 m。

⑧除图中注明的构造柱外其余按下列条件所给位置设置构造柱:

WGZ、GZ;200×200,4C12,A6@200,或GZ1,240×120,4C12,A6@200

a.楼层间构造柱。内外墙交接处;楼电梯间四角无框架柱处;孤墙垛处;门洞宽大于2.0 m的两侧;悬挑梁端部;墙长超过5.0 m中分处但中分后柱距应小于5.0 m;楼梯中间休息平台梁位置(此处构造柱全楼层设置,上端与梁铰接,下端做法详见柱梁加强大样)。

b.屋顶女儿墙构造柱。框架柱的柱顶位置;女儿墙转角处;主次梁交叉处;悬挑梁端部;墙长超过3.9 m的中分处。

⑨圈梁除图中注明者外其余按下列条件位置设置圈梁(梁宽同墙宽)。

a.楼梯中间平台下墙顶QL1断面200×250,配筋上2C12、下2C16,A6@200。

b.墙高大于4.0 m的中部或门窗洞顶位置断面200×250,配筋4C12,A6@200(兼做过梁时另详见具体设计)。

⑩门窗洞顶无梁者设钢筋混凝土过梁,宽同墙厚,高为 200 mm,伸入墙内各 250 mm,配筋上 2C12、下 2C14,A6@200。

(5)框架梁、次梁采用平法制图详细做法详图集 16G101-1,楼梯梁及支撑梯梁的构造柱两侧均设附加箍筋各 3A10@50 及吊筋。

3. 建筑说明

(1)地下室:本工程地下一层为 Ⅱ 类汽车库,防水等级二级,抗渗等级 P8,防水做法详见表 8.4。

表 8.4　地下室防水做法

地下室底板防水做法	地下室外侧壁防水做法
20 厚 1:2 水泥砂浆铁板赶光	
钢筋混凝土自防水底板	回填土分层夯实
50 厚 C25 细实混凝土保护层	60 厚挤塑聚苯板(XPS)保护层
干铺无纺聚氨酯纤维布一层	20 厚 1:3 水泥砂浆保护层
4 厚高分子改性沥青防水卷材一道	4 厚高分子改性沥青防水卷材一道
20 厚 1:3 水泥砂浆找平层	20 厚 1:3 水泥砂浆找平层
100 厚 C15 混凝土垫层	钢筋混凝土自防水侧墙
素土夯实	

(2)墙体工程。

①内墙混凝土面及顶棚粉刷砂浆为 1:2 水泥砂浆,砖墙面为 M5 混合砂浆。

②墙体除注明外均为 200 厚蒸压加气混凝土砌块,其抗压强度≥5 MPa,用 M5 混合砂浆砌筑;其构造和技术要求详见《蒸压加气混凝土砌块建筑构造》(03J104)。

③墙身防潮层:在室内地坪下 60 mm 处做 20 厚 1:2 水泥砂浆内加3%~5% 防水剂的墙身防潮层。

④轻质墙材料为非燃烧体且耐火极限大于等于 2 h;砌筑墙体预留洞过梁见结施说明。

⑤所有墙与梁柱、墙体连结处加钉 300 mm,宽 10 mm×10 mm 小网钢丝网片(缝两侧各 150 mm)。

⑥凡墙上预留或后凿的孔洞,安装完毕后须用 C20 细石混凝土填实,然后再做粉刷饰面层。

⑦未标注门垛均为 100 mm。

(3)楼地面厨房、卫生间。

①无淋浴卫生间防水沿墙上翻 1 200 mm,有淋浴卫生间防水沿墙上翻 2 000 mm。

②所有卫生间周边(门洞口除外)以楼层标高起,做 200 mm 高 C20 混凝土墙基,宽度同墙厚(与梁同时浇筑)。

③卫生间装修构造。

a. 卫生间地面防水构造:防滑地砖面层;25 厚 1:2.5 水泥砂浆结合层;4 厚高分子改性沥青防水卷材一道;20 厚 1:2.5 水泥砂浆找平层;100 厚 C15 混凝土垫层;素土夯实。

b. 卫生间楼面防水构造:防滑地砖面层;25 厚 1:2.5 水泥砂浆结合层;4 厚高分子改性沥青防水卷材一道;20 厚 1:2.5 水泥砂浆找平层;结构层。

c. 卫生间墙面构造:300 mm×300 mm 墙砖。

d. 天棚构造:双飞粉乳胶漆。

(4)屋面及防水水等级:Ⅱ 级,合理使用年限 15 年。屋面及防水做法如下:

①不保温不上人屋面做法:见西南地区建筑标准设计通用图《刚性、柔性防水隔热层面》P22。

②保温上人屋面做法:

a. 35 厚 C20 细石混凝土刚性保护层。

b. 干铺无纺聚氨酯纤维布一层,每块瓦必须用 12 号铜丝及水泥钉固定。

c. 30 厚挤塑聚苯板(XPS)保温层。

d. 20 厚 1∶3 水泥砂浆保护层。

e. 4 厚高分子改性沥青防水卷材一道。

f. 20 厚 1∶3 水泥砂浆保护层。

g. 1.55 厚高分子改性沥青涂膜防水一道。

h. 20 厚 1∶3 水泥砂浆找平层。

i. 发泡混凝土找坡层,最小厚 30。

j. 结构层。

③筒板瓦斜屋面、斜板、挑檐做法:

a. 2 号青灰色黏土筒板瓦,瓦梗用卧瓦砂浆填筑,石灰砂浆勾缝。

b. 1∶1∶4 水泥石灰砂浆,加水泥重 3% 的麻刀卧瓦,最薄处>20。

c. 20 厚 1∶3 水泥砂浆找平,满铺 1 厚钢板网,菱孔 15×40,搭接处用 18 号镀锌铁丝绑扎,并与预埋的 A10 钢筋头绑牢。

d. 30 厚挤塑聚苯板(XPS)保温层(用于挑檐部位时无此保温层)。

e. 4 厚高分子改性沥青防水卷材一道。

f. 20 厚 1∶3 水泥砂浆找平层。

g. 钢筋混凝土板,预埋 A10 钢筋头间距小于 900 mm×900 mm,伸出板面。

(5)室内装修详见表 8.5。

表 8.5　室内装修表

部位、做法房间	地面	楼面	墙面	踢脚(高 120)	顶棚
公共走道、楼梯间	防滑地砖 地面做法详见西南 11J312-3121 Da(1)/12	防滑地砖 楼面做法详见西南 11J312-3121 L(1)/12	乳胶漆墙面 做法详见西南 11J515-N09/7	地砖踢脚板 做法详见西南 11J312-4107 Ta/69	乳胶漆顶面 做法详见西南 11J515-P08/32
辅助用房、仓库、电设备间	混凝土原浆 抹光找平	混凝土原浆 抹光找平	M5 混合砂浆	水泥砂浆 踢脚做法详见西南 11J312-4101Ta/68	水泥砂浆抹面
卧室、储藏室、客厅、餐厅	混凝土原浆 抹光找平	混凝土原浆 抹光找平	M5 混合砂浆	水泥砂浆 踢脚做法详见西南 1J312-4101Ta/68	双飞粉涂料 顶面做法详见西南 11J515-P06/31
厨房、花园房	水泥砂浆 地面做法详见西南 11J312-3103D/7	水泥砂浆 楼面做法详见西南 11J312-3103L/7	M5 混合砂浆	水泥砂浆踢脚 做法详见西南 11J312-4101Ta/68	乳胶漆顶面 做法详见西南 11J515-P08/32
商铺	水泥砂浆 地面做法详见西南 11J312-3103D/7	水泥砂浆 楼面做法详见西南 11J312-3103L/7	M5 混合砂浆	水泥砂浆踢脚 做法详见西南 11J312-4101Ta/68	涂料顶面 做法详见西南 11J515-P06/31
阳台	水泥砂浆 地面做法详见西南 11J312-3103D/7	水泥砂浆 楼面做法详见西南 11J312-3103L/7	按外立面设计	—	乳胶漆顶面 做法详见西南 11J515-P08/32

注:西南 11J 为西南地区建筑标准设计通用图,11J312 为《楼地面》,11J515 为《室内装修》。

(6)室外装修。

室外墙体 20 厚 M10 水泥砂浆,外墙装饰材料颜色见效果图及立面图,外墙涂料均选用无机环保弹性涂料,施工时应先做色样,经建设单位、监理单位、设计单位认可后再行施工。

（7）室外工程。

①散水:建筑四周无坡道台阶处设散水(详一层平面图),做法详见西南 11J8121/4。

②排水沟做法详见西南 11J8122a/3。

③室外踏步做法详见西南 11J8121a/7(砖砌踏步)。

④踏步挡墙做法详见西南 11J8128/7。

⑤坡道做法详见西南 11J812B/6。

注:西南 11J812 为《室外附属工程》。

8.2.2　实训案例二

1. 工程概况

（1）工程名称:×××住宅楼。

（2）区域位置:项目位于昆明市。

（3）建筑面积为 4 671.80 m²;建筑构造详见表 8.6 所示。

表 8.6　建筑构造表

结构形式	结构体系	主体地上层数	主体地下层数	主体高度	地下室埋深	裙房层数	设计使用年限
钢筋混凝土结构	剪力墙	13 层	1 层	37.7 m	2.9 m	—	50 年

（4）设计使用年限:50 年。

建筑分类:高层住宅。

建筑抗震设防类别:乙类。

抗震等级:二级,抗震设防烈度为 8 度。

耐火等级:二级。

防水等级:Ⅱ级。

（5）采用的图集:《混凝土结构施工图平面整体表示方法制图规则和构造详图.现浇混凝土框架、剪力墙、梁、板:16G101-1》。

2. 结构说明

（1）混凝土。

①地下室底板、地下室外墙、地下室顶板抗渗等级 P6。

②地下室底板、地下室外墙、地下室顶板、水池、水箱、中水处理池、化粪池掺加 8% 抗裂膨胀剂和纤维;后浇带掺加 10% 抗裂膨胀剂和纤维。

③各部位混凝土强度等级见楼层表。

（2）钢筋。

楼层梁和板纵筋的搭接:上部纵筋在跨中 1/3 范围内,下部纵筋在支座处。公称直径 14 以下钢筋采用绑扎连接,直径 14 以上采用锥螺纹连接。

（3）砌块。

①砌块材料:200 蒸压加气混凝土;砌块强度等级≥Mu5.0;砂浆采用专用配套砌筑砂浆;砂浆强度等级为 M5.0;砌块允许容重 6.5。

②为增强填充砌体的稳定性和整体性,除注明者外,下列情况宜设置钢筋混凝土构造柱:

a. 墙长度大于 5 m 时。

b. 墙长超过层高 2 倍时或墙高超过 4 m 时。

c. 墙体端部为自由端部。

d. 填充墙应沿剪力墙(框架柱)全高每隔 600 设 2φ6 拉筋,拉筋沿墙全长贯通。

e. 填充墙墙顶部应与框架梁密切结合。砌体与框架梁、柱及剪力墙等混凝土构件交接处的表面缝隙应采用钢丝网水泥抹灰或耐碱玻璃布聚合物黏结层等弹性防护材料处理。墙体抹灰应在砌体充分收缩稳定后进行。

③填充墙构造柱、水平系梁(门窗过梁)及压顶大样如图8.37所示。

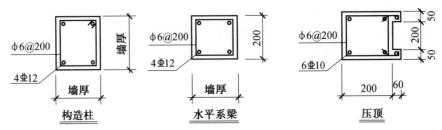

图8.37 构造柱、水平系梁及压顶大样图

3. 建筑说明

(1)墙体。

①外檐墙在窗下皮设100高现浇混凝土带。内配2φ10/φ4@250,宽同墙厚。

②墙体防潮:±0.000地坪标高以下60处用1:2防水水泥砂浆抹20厚防潮层,凡埋置在土层以内的砖砌体与土接触面均用1:2防水水泥砂浆抹面20厚。

③地下室通风竖井砌筑时,应随砌随抹平压光,保证风道密实,内侧平整。

④梁柱与墙及其他轻质墙体交接处,应在墙面上加钉300宽钢丝网以防抹灰裂缝。

(2)楼地面。

①卫生间、水泵房、水箱间等有水的房间楼面均做1 800 mm高、1.5厚聚氨酯防水涂料,做防水处理地面均比相邻房间完成面标高低20 mm,做法详建筑做法表。

②卫生间等用水房间,楼地面四周除门洞外,均应做120 mm高C20混凝土翻边,宽同墙身。

③建筑周边散水如无特殊注明外宽度均为900 mm,做法详见西南集11J812-4-1(《室外附属工程》)。

(3)屋面。

①屋面防水采用聚氨酯涂膜防水+APF自黏性改性沥青卷材防水层做法,其黏结剂及施工方法应符合生产厂家要求,并应满足屋面防水工程规范要求。

②屋面排水坡度及部位详建施单体图,屋面除注明外均为建筑找坡。

③在屋面保护层上设6 000 mm×6 000 mm分格缝,缝宽10 mm,密封膏嵌缝。

④屋面泛水做法详见西南11J201-26-3。

⑤屋面检修孔做法详见西南11J201-56-2b,屋面检修爬梯详见西南11J201-60-1。

⑥透气管、烟道、风管出屋面做法详见西南11J201-58、59。

⑦屋面变形缝平屋面变形缝做法详见11J201-27-3。

⑧避雷带支架安装做法详见西南11J201-60。

⑨屋面排水构件做法详见西南11J201-49～52。

注:西南J201为西南地区建筑标准设计通用图《刚性、柔性防水隔热屋面》。

(4)室内装修详见表8.7。

表8.7 室内装修表

部位做法 房间名称	楼地面			踢脚		墙裙		墙面			顶棚
	芝麻白 花岗岩	水泥砂浆	防滑地砖 有防水层	水泥砂浆	花岗岩	普通面砖	乳胶漆	水泥砂浆 乳胶漆	刮泥子 普通面砖	水泥砂浆	水泥砂浆 乳胶漆
	西南11J312 芝麻白 花岗岩 3143L/P19	西南11J 312 3102 L/P7	西南11J 312 3122 L/P12	西南11J 312 4101 Tb/P68	西南11J 312 4109 Tb/P70	西南11J 515Q06 /P23	西南11J 515Q03 /P22	西南11J 515N08 /P7	西南11J 515N12 /P8	西南11J 515N03 /P6	西南11J 515P06 /P31

续表8.7

部位做法 房间名称	楼地面			踢脚		墙裙		墙面			顶棚
	芝麻白花岗岩 西南11J312 芝麻白花岗岩 3143L/P19	水泥砂浆 西南11J 312 3102 L/P7	防滑地砖 有防水层 西南11J 312 3122 L/P12	水泥砂浆 西南11J 312 4101 Tb/P68	花岗岩 西南11J 312 4109 Tb/P70	普通面砖 西南11J 515Q06 /P23	乳胶漆 西南11J 515Q03 /P22	水泥砂浆 乳胶漆 西南11J 515N08 /P7	刮泥子 普通面砖 西南11J 515N12 /P8	水泥砂浆 西南11J 515N03 /P6	水泥砂浆 乳胶漆 西南11J 515P06 /P31
自行车库	—	√	—	—	—	—	—	—	—	√	√
卧室、客厅、餐厅	—	√	—	√	—	—	—	√	—	—	√
厨房	—	—	√	—	—	√	—	—	—	√	√
卫生间	—	—	√	—	—	—	—	—	√	—	√
楼梯间	√	—	—	—	√	—	—	—	—	√	√
电梯前厅	√	—	—	—	√	—	√	—	—	√	√
配电房等	—	√	—	—	—	—	—	—	—	√	√
公共走道	√	—	—	—	—	—	√	—	—	√	√
电梯机房	—	√	—	—	—	—	—	—	—	√	√
阳台	—	—	—	—	—	√	—	—	√	—	√

注:11J312 为西南地区建筑标准设计通用图《楼地面》,11J515 为西南地区建筑标准设计通用图《室内装修》。

(5)外装修。

①屋面做法说明。

a. 40 厚 C20 细石混凝土,内配 A4@ 150 双向钢筋。

b. 20 厚 1∶3 水泥沙浆找平层。

c. 50 厚聚苯板保温层。

d. 高分子改性沥青卷材一层。

e. 渗透结晶型防水涂料一道。

f. 发泡混凝土找坡层(平均厚 150)。

g. 现浇钢筋混凝土屋面 120 厚。

②砖墙外墙面做法说明。

a. 外墙涂料饰面。

b. 20 厚 1∶3 聚合物水泥砂浆。

c. 加气混凝土砌块墙体。

③混凝土墙外墙面做法说明。

a. 外墙涂料饰面。

b. 20 厚珍珠岩砂浆。

c. 加气混凝土砌块墙体。

8.2.3　实训案例三

本项目为×××图书馆一层(108 室)修缮工程,施工内容为原彩钢板隔墙拆除,原顶面及梁侧面重刷乳胶漆,墙面重刷乳胶漆,金属门窗刷油漆,重装防盗门。

8.2-3

8.2.4　实训案例四

某钢结构工程,采购成品钢构件安装,成品钢构件已包含防锈漆,采用超声波探伤,钢构件安装到位且±0.00 m 标高以下柱脚混凝土浇筑完后,再刷超薄型防火涂料 2 mm 厚。

列式计算下列构件清单工程量:①-1.2~3.6 m 标高钢柱 GZ1 构件安装;②3.6 m 层钢框梁 CKL1 构件安装;③1、2 项钢构件的防火涂料。

基础数据:①钢柱、钢梁含防锈漆成品价 7 500 元/t,人工费、机械费、其余材料按定额基价计算;②钢材理论质量为 7 850 kg/m²;③热轧 H 型钢 HN600×200×11×17 理论质量为 103 kg/m,表面积为 2.96 m²/m,截面积为 0.011 37 m²。

8.2-4

特别说明:实腹钢构件是指腹部构件能够在模型中参与承受轴力及弯矩,如 H 型钢柱、角钢、槽钢、工字钢、方管、矩管、箱型构件、T 型钢、C 型钢、Z 型钢、圆管等。空腹钢构件的腹杆或腹板不考虑承受轴力及弯矩,只对翼缘构件相对形状及稳定性支撑作用,减少翼缘构件的计算长度,如格构式构件、桁架、蜂窝梁、腹板连续开孔并且无补强的梁柱等。

8.3　计算机辅助计量

8.3.1　工程计量软件概述

1.概述

工程量计算是编制工程计价的基础工作,具有工作量大、烦琐、费时、细致等特点,约占工程计价工作量的 50%~70%,计算的精确度和速度也直接影响着工程计价文件的质量。20 世纪 90 年代初,随着计算机技术的发展,出现了利用表格法算量的计量工具,代替了手工计算的工作,之后逐渐发展到目前广泛使用的算量软件。

算量软件作为工程软件中的重要组成部分,随着科学技术的发展,尤其是计算机技术的进步,经过不断更新磨合升级,成为建筑工程中不可或缺的重要工具。

近年来,在工程量计算方面又出现了建筑信息模型(building in formation modeling,BIM)和云计算等更为先进的信息技术。BIM 是以建筑工程项目的各项相关信息数据为基础,建立的数字化建筑模型。具有可视化、协调性、模拟性、优化性和可出图五大特点,给工程建设信息化带来重大变革。BIM 技术采用以数据为中心的协作方式,实现数据共享,大大提高了建筑行业工效,同时,BIM 技术是能够提升建筑品质,实现绿色、模拟的设计和建造。

BIM 目前已经在全球范围内得到业界的广泛认可,它可以帮助实现建筑信息模型的集成,从建筑的设计、施工、运行直至终结的建筑全生命周期,各种信息始终整合于一个三维模型信息数据库中,设计团队、施工单位、设施运营部门和业主等各方人员可以基于 BIM 进行协同工作,提高工作效率、节省资源、降低成本。

BIM 技术对工程造价信息化建设将带来巨大影响,适用于工程计价和工程造价管理的计量要求。它不仅能够使工程造价管理与设计工作关系更加密切,交互的数据信息更加丰富,相互作用更加明显,还可以实现施工过程中工程造价动态管理的可视化、可控化。

现代建设工程将更加注重分工的专业化、精细化和协作。一是由于建筑单体的体量大、复杂度高,其三维信息量非常巨大,在自动计算工程量时会消耗巨大的计算机资源,计算效率低。二是智能建筑、节能设施等各类专业工程越来越复杂,其技术更新越来越快,可以通过协作来高速完成复杂工程的精细计量,如可以通过云技术将钢筋计量、装饰工程计量、电气工程计量、智能工程计量、幕墙工程计量等分别放入"云端",进行多方配合,协作完成,不仅可以保证计量质量,提高计算速度,也能减少对本地资源的需求,显著提高计算的效率,降低成本。

应用工程计量软件可以提高工程的效率,减少造价人员的手算量,同时可以提升工程量算量结果的准确性;并且可以将历史信息有效地以电子化的形式进行管理储存,推进信息化建设。目前市场上应用较为广泛的工程计量软件有广联达、鲁班、PKPM、清华斯维尔、宏业、品茗、新点等。

2. 常用计量软件概述

(1)广联达软件。

1998 年广联达在北京成立,其在自主平台研发的广联达工程造价软件是现在应用较为广泛的工程造价软件,软件功能较完善,拥有大量的用户,是市场占有率最高的一款造价软件。

目前该公司推出的最新版计量软件为广联达 BIM 土建算量一体化平台 GTJ2025。GTJ2025 内置了 GB 50854—2013 及全国各地清单定额计算规则、G101 系列平面表示方法钢筋规则;可通过智能识别 CAD 图纸、一键导入 BIM 三维设计模型、云协同等方式建立 BIM 土建计量模型。该版软件在 GTJ2021 基础上进行了进一步的升级,模型的构件类型可覆盖装配式、钢混、二次结构、装饰装修工程、基础工程、主体工程、基坑支护、土方工程等,可满足估概算、招投标预算、施工过程、竣工结算全过程的建模需求。同时全面升级算量模式,不仅提供算量、提量、检查、审核的精细化算量服务,而且可实现工程量秒计算。

广联达软件最为人称道的是它的产品服务,广联达相比其他造价产品更新速度较快,功能较完善,每次较大的软件功能更新或造价相关政策文件发布均为客户提供免费的培训及教学,24 小时售后服务为客户解决图纸识别及软件应用的各类问题。

(2)鲁班算量软件。

鲁班算量软件是可以自动进行工程量计算的工程算量软件。它是基于 AutoCAD 绘图平台开发的,所以在将 CAD 绘制图形和相关文档导入时,可以自动识别内容进行后续工程量计算步骤,最后完成工程量标注图和算量平面图的输出。

鲁班算量软件的优势主要在于:它拥有数据的自动检查和校对功能,这样能使数据计算的准确性大大提高,自动修正数据可以避免绝大多数由于技术人员失误导致的数据错误,降低了工程造价工作人员的工作压力,缩短工作时间,从而提高工程预算的整体效率;鲁班钢筋算量软件也具有相对的优势,在导入构件操作中,鲁班软件拥有向导的功能,可以更加方便地进行钢筋的定义工作;鲁班算量软件的操作简便易行,命令简单易懂,方便各层次的技术人员使用。此外,鲁班算量软件也拥有高精度、高质量的结果输出,可以既高效又精确地完成工程量的计算工作。

鲁班算量软件的问题与不足:虽然鲁班算量软件可以识别 CAD 的制图文件,但是如果绘图人员未使用正版的 AutoCAD 软件或者在制图过程中出现些许失误,就会导致鲁班算量软件在进行自动计算工程量的过程中出现错误或者使运算的速度下降,甚至可能出现计算崩溃的问题;鲁班的钢筋算量软件在导入上有自身的优势,但相较广联达等钢筋算量软件也略有不足,如广联达钢筋算量软件可以在导入的图形平面进行相应标注。鲁班算量软件最大的不足在于它只能用于计算工程量,而无法进行计价工作。这是因为鲁班软件自身没有相配适的计价软件,并且它导出的文件只能被神机妙算套价软件所识别,这就使其在最终工程造价形成阶段缺少市场竞争力。

(3)清华斯维尔软件。

斯维尔 BIM 三维算量软件是清华大学与斯维尔公司联合开发,适合全国大部分省、区、市的计量规则软件,应用较广。目前的算量软件既有基于 CAD 平台的也有基于 Revit 平台的。由于现在大部分设计院提供的成果文件是 CAD,所以它常用的算量软件是它的"BIM-三维算量 for CAD"。

斯维尔"BIM-三维算量 for CAD"是国内首创基于 AutoCAD 平台的第三代工程量计算软件,符合 GB 50500—2013规范。软件旨在通过二维图纸转化成三维图形建模,利用直接识别设计院电子文档的方式,把电子文档转化为面向工程量及套价计算的图形构件对象,以真正面向图形的方法,对图中各构件关联清单、定额、配筋,结合钢筋标准规范、工程量计算规则,高效直观地解决了工程量的计算及套价,提高了工程量计算速度与精确度,把算量工作人员从繁重的计算中解放出来。

斯维尔 BIM 三维算量软件最大的特点和优势是它可以将土建算量和钢筋算量在同一软件中进行。它在绘制的建筑图及结构图的构件上可以直接定义和铺设钢筋,不需要重新导入构件与定义钢筋,简化了算量的步骤。同时清华斯维尔算量软件还可以生成钢筋布置施工图,可视化施工图有利于对工作人员因操作失误引起的钢筋设置问题进行检查与修正,同时利用钢筋施工图可以方便后续施工阶段,减少因图纸不清晰或表述不明确引起的问题。

但随着其他工程算量软件的不断更新升级,清华斯维尔工程算量软件的优势渐趋衰微。

(4)PKPM 系列软件。

PKPM 系列软件包括 STAT 建筑工程造价软件、CMIS 建筑施工技术软件、CMIS 建筑施工项目管理软件、施工企业信息化管理软件等。它是中国建筑科学研究院 PKPM 软件研究所在自主研发的 CFG 图形平台基础上开发的。依托 PKPM 结构设计软件的技术优势,PKPM 计量软件不仅可以根据造价人员的需要在 PKPM 造价软件中建模,而且可以直接读取 PKPM 和其他软件的结构模型数据,从而省去了重新录入模型的工作,大大简化造价人员的工作,还可把 AutoCAD 设计图形转化成概预算模型数据。

该软件最大特点和优势是依托设计阶段 PKPM 模型数据文件,可将大量的模型输入工作省略,从而实现从设计、投标到施工管理的一次建模全程使用,各种 PKPM 软件随时随地调用。

该软件的缺点是使用门槛较高,需要拿到结构设计人员的 PKPM 模型数据文件。且在构件划分和绘制方面有些细节未考虑到造价技术实际应用。总的来说,PKPM 是一款有实力有潜力的造价软件,但是算量软件细节考虑欠缺,使得这款优秀的软件市场占有率极低。

(5)品茗软件。

品茗软件总部位于中国杭州,成立于 1996 年,是专业的工程建设行业软件和电子招投标系统提供商。

品茗 BIM 土建钢筋算量软件通过识别 CAD 图纸和手工三维建模两种方式,把设计蓝图转化为面向工程量与计价计算的图形构件对象,整体考虑各类构件之间的扣减关系,非常直观地解决了工程造价人员在招标过程中的算量、过程提量和结算阶段土建工程量计算和钢筋工程量计算中的各类问题。底层采用国际领先的 AutoCAD 图形开发平台,独创 RACD 导入技术,让工程模块快速导入,并利用 SPM 识别技术,通过数据库进行大数据类比分析,以达到图纸识别的全面性与准确性。其特色功能有桩基础一键识别,快速转化;部分柱构件与柱共有属性钢筋不一致时,可单独调整单个构件钢筋属性,可快速识别区分梁核心区范围不同等级混凝土工程量。但根据市场反馈其在准确性方面还需要进行验证。

(6)新点软件。

国泰新点软件股份有限公司在 1998 年成立于江苏省,是政企信息化整体解决方案提供商。它开发的新点 BIM 量筋合一算量软件属于算量行业里的新秀,集合了许多老牌算量软件的优点,上手比较容易。

新点 BIM 量筋合一算量软件采用创新的数据库平台和三维图形技术,无需安装 CAD,电脑配置要求低。使用了工作区的概念,建模的时候不需要分割图纸;它的节点构件、异型构件装饰处理起来比较方便。可根据构件特征和属性,智能挂接对应清单及定额。软件自带 CAD 图纸管理系统,CAD 转化识别建模速度快、识别率高、纠错功能强。点击报表中计算式,可自动定位到相应构件进行反查,精准核查构件数据来源及计算过程。采用实时计算技术,构件画完即可查看该构件土建和钢筋工程量。软件整体汇总计算快,可在模型修改重新汇总计算时,只计算修改部分,大幅缩短模型重算时间,操作高效便捷。另外软件可与新点清单造价软件实现数据互通,在模型出量的同时,可直接导出工程量至造价软件,还可在造价软件中打开模型,查看工程量数据来源;可满足工程造价人员在项目各阶段对工程量计算方面的需求。

8.3.2　工程计量软件演示

1. 软件简要操作步骤

(1)新建工程。

在分析图纸了解对象工程的基本概况后,对于新建工程,选择相应的清单库、定额库,对工程相关信息进行设置。例如,工程名称、楼层标高、钢筋设置、抗震等级、保护层厚度、混凝土标号、计算设置、节点设置、箍筋设置和搭接设置等。

（2）建立轴网。

建立轴网的目的是绘制构件时用来确定构件的位置。通过分析图纸，观察轴网的轴号及轴距，根据图纸信息选择适用的轴网，常用的轴网有正交、斜交、圆弧轴网，输入进深和开间距离，调整对齐轴号。

（3）构件定义。

建筑物中构件种类很多，大的承重构件有基础、柱、梁、板、剪力墙、楼梯等，小的非承重构件有门、窗、洞口、砌体墙、室内装修等。但这些构件定义的思路大体一致，根据图纸信息依次输入构件的名称、截面尺寸、钢筋信息、套取相应清单定额。

（4）构件绘制。

结合图纸确定构件位置，运用绘图操作，如点线面布置、智能布置、自动生成等操作绘制定义好的构件。再通过旋转、镜像、对齐、查改标注等操作，把绘制好的构件调整至图示位置。

（5）汇总计算。

对建立好的模型汇总计算得到相关数据，如钢筋工程量、土建工程量、水电安装工程量、费用构成等，并导出所需报表。常用的表格有工程技术经济指标表、构件类型级别直径汇总表、钢筋接头汇总表、钢筋级别直径汇总表、清单汇总表、定额汇总表、构件做法汇总表等。

2. 广联达软件演示

以本章实训案例一为例，对广联达软件计量进行演示，相关内容详见二维码 8.3-1 ~ 8.3-6。

（1）前期准备	二维码 8.3-1	（2）基础土方	二维码 8.3-2
（3）主体结构	二维码 8.3-3	（4）二次结构	二维码 8.3-4
（5）装修工程	二维码 8.3-5	（6）零星结构	二维码 8.3-6

参考文献

［1］GB 50500—2013,建设工程工程量清单计价规范［S］.北京:中国计划出版社,2013.

［2］GB 50584—2013,房屋建筑与装饰工程工程量计算规范［S］.北京:中国计划出版社,2013.

［3］吴佐民.房屋建筑与装饰工程工程量计算规范图解［M］.北京:中国建筑工业出版社,2016.

［4］DBJ 53/T—58—2020,云南省建设工程造价计价规则及机械仪器仪表台班费用定额［S］.昆明:云南科技出版社,2021.

［5］DBJ 53/T—61—2020,云南省建筑工程计价标准［S］.昆明:云南科技出版社,2021.

［6］二级造价工程师职业资格考试培训教材编审委员会.建设工程计量与计价实务［M］.北京:中国建筑工业出版社,2020.

［7］二级造价工程师职业资格考试培训教材编审委员会.建筑安装工程计价与计量实务［M］.昆明:云南科技出版社,2019.

［8］全国造价工程师职业资格考试培训教材编审委员会.建设工程造价管理基础知识［M］.北京:中国计划出版社,2019.

［9］二级造价工程师职业资格考试培训教材编审委员会.建设工程造价管理基础知识［M］.昆明:云南科技出版社,2019.

［10］张建平,张宇帆.建筑工程计量与计价［M］.北京:机械工业出版社,2019